21世纪高职高专系列规划教材

# 金工实习

主　　编　苏华礼
副主编　徐　铭　侯广军　王　瑞
参编人员　吴海群　侯永强
　　　　　李　涛　琚　海

西南师范大学出版社

**内容提要**

本书是根据国家教育部新颁布的《金工实习教学基本要求》以及作者长期从事金工实习教学的经验，并结合培养应用型工程技术人才的实践教学特点而编写的。

本书主要介绍工程材料及热处理基础知识、铸造工艺、锻压、焊接和金属切削加工基础知识、车工、刨削、铣削、磨削加工、钳工、数控技术和特种加工。每章均附有相关工种的实习安全技术和复习思考题。本书重点突出，注重对工程素质的培养和对新技术、新材料、新工艺内容的介绍。

**图书在版编目（CIP）数据**

金工实习/苏华礼主编．—重庆：西南师范大学出版社，2008.9

（21世纪高职高专系列规划教材）

ISBN 978-7-5621-4306-2

Ⅰ．金…　Ⅱ．苏…　Ⅲ．金属加工—实习—高等学校：技术学校－教材　Ⅳ．TG－45

中国版本图书馆CIP数据核字（2008）第139726号

**21世纪高职高专系列规划教材**

**金工实习**

---

**主　　编：** 苏华礼

**副 主 编：** 徐　铭　侯广军　王　瑞

**策　　划：** 周安平　卢　旭

**责任编辑：** 杜珍辉

**特约编辑：** 杜颖华

**封面设计：** 辉煌时代

**出版发行：** 西南师范大学出版社

地址：重庆市北碚区天生路1号

邮编：400715　市场营销部电话：023－68868624

网址：http://www.xscbs.com

**经　　销：** 全国新华书店

**印　　刷：** 自贡新华印刷厂

**开　　本：** 787 mm×1092 mm　1/16

**印　　张：** 20.5

**字　　数：** 370千

**版　　次：** 2009年1月　第2版

**印　　次：** 2009年1月　第1次印刷

**书　　号：** 978-7-5621-4306-2

---

**定　　价：** 32.00元

# 编写说明

作为高等教育的重要组成部分，高等职业教育是以培养具有一定理论知识和较强实践能力，面向生产、面向服务和管理第一线职业岗位的实用型、技能型专门人才为目的的职业技术教育，是职业技术教育的高等阶段。目前，高等职业教育教学改革已经从专业建设、课程建设延伸到了教材建设层面。根据国家教育部关于要求发展高等职业技术教育，培养职业技术人才的大纲要求，我们组织编写了这套《21世纪高职高专系列规划教材》。本系列教材坚持以就业为导向，以能力为本位，以服务学生职业生涯发展为目标的指导思想，以与专业建设、课程建设、人才培养模式同步配套作为编写原则。

从专业建设角度，相对于普通高等教育的“学科性专业”，高等职业教育属于“技术性专业”。技术性专业的知识往往由与高新技术工作相关联的那些学科中的有关知识所构成，这种知识必须具有职业技术岗位的有效性、综合性和发展性。本套教材不但追求学科上的完整性、系统性和逻辑性，而且突出知识的实用性、综合性，把职业岗位所需要的知识和实践能力的培养融会于教材之中。

从课程建设角度，现有的高等职业教育教材从教育内容上需要改变“重理论轻实践”、“重原理轻案例”，教学方法上则需要改变“重传授轻参与”、“重课堂轻现场”，考核评价上则需改变“重知识的记忆轻能力的掌握”、“重终结性的考试轻形成性考核”的倾向。针对这些情况，本套教材力求在整体教材内容体系以及具体教学方法指导、练习与思考等栏目中融入足够的实训内容，加强实践性教学环节，注重案例教学，注重能力的培养，使职业能力的培养贯穿于教学的全过程。同时，使公共基础类教材突出职业化，强调通用能力、关键能力的培养，以推动学生综合素质的提高。

从人才培养模式角度，高等职业教育人才的培养模式的主要形式是产学结合、工学交替。因此，本教材为了满足有学就有练、学完就能练、边学边练的实际要求，纳入新技术引用、生产案例介绍等来满足师生教学需要。同时，为了适应学生将来因为岗位或职业的变动而需要不断学习的情况，教材的编写注重采用新知识、新工艺、新方法、新标准，同时注重对学生创造能力和自我学习能力的培养，力争实现学生毕业与就业上岗的零距离。

为了更好地落实指导思想和编写原则，本套教材的编写者既有一定的教学经验、懂得教学规律，又有较强的实践技能。同时，我们还聘请生产一线的技术专家来审稿，保证教材的实用性、先进性、技术性。总之，该套教材是所有参与编写者辛勤劳作和不懈努力的成果，希望本套教材能为职业教育的提高和发展作出贡献。

这就是我们编写这套教材的初衷。

# 前　言

本书根据国家教育部颁布的高等工科院校《金工实习教学基本要求》精神，并结合培养应用型工程技术人才的实践教学特点而编写。

金工实习是实践性很强的技术基础课。学生在金工实习过程中，通过自己独立的思考、实际操作，将有关机械制造基础工艺知识、工艺方法和工艺实践有机结合起来，进行工程实践综合能力的训练和思想品德、创新能力的培养。

为适应教学改革的需要，本书在编写中对金工实习在教学内容、教学方法和教学手段上进行了创新，既继承传统，又注重引入新内容。传统实习内容约占60%，新材料、新工艺、新技术占40%，以体现教材的系统性和先进性。在教学实习中，提倡启发式、讨论式教学，提倡在原有教学基础上，采用多媒体教学和网络教学等先进教学手段进行讲授。

本书内容以热加工和冷加工实习为主，包括工程材料及热处理基础知识、铸造工艺、锻压、焊接、金属切削加工基础知识、车工、刨削、铣削加工、磨削加工、钳工、数控技术、特种加工。

本教材力求取材新颖、联系实际、结构紧凑、文字简练、基本概念清晰、重点突出，注重培养学生分析问题和解决问题的能力。在编写时，以改革传统金工实习教学内容，建立系统观念为主线，以传统加工、特种加工、先进制造技术、计算机技术为平台，通过学生亲自动手操作来开启思维，建立工程系统观念。

本教材编写具有以下特点：

(1) 在内容上兼顾实习与课堂教学。

(2) 注重对学生进行工程素质、创新能力的培养，并新增创新设计一节，各章节习题都增加了相应的内容。

(3) 在介绍传统金工实习的基础上，注重介绍新设备、新技术及新工艺知识。

(4) 加强数控加工技术的编写，使学生将数控理论和数控操作有机结合起来，为学生毕业进入社会工作打下一个坚实的基础。

本书由苏华礼任主编，编写前言、第十一章；徐铭编写第一章、第二章、第九章；侯广军编写第五章；王瑞编写第四章、第六章；吴海群编写第十章；侯永强编写第十二章；李涛编写第七章；琚海编写第三章、第八章。

本书编写前期，得到蔡光起教授、张琳娜教授的指导。在编写过程中，参考了许多有关的教材和资料，并借鉴了一些高校的金工实习教学改革的成果，我的几位学生刘海建、杨文、王金刚等参加了绘图工作。在此向他们和所有关心、支持、帮助本书出版的同志们表示衷心的感谢。

由于编者水平有限，时间仓促，书中难免存在错误疏漏之处，恳请使用本书的老师、学生提出宝贵意见。

编　者

2008 年 2 月

# 目　　录

# 第一章　工程材料及热处理基本知识

金属材料在现代工业、农业、国防、科学技术以及日常生活中都得到了广泛的应用，它是一切生产和生活活动的物质基础，是制造各类机械零件的基本材料。这主要缘于它具有良好的物理、机械性能，用简便的方法就能加工成所需要的零件。

机械制造中所用的金属材料以合金为主，较少使用纯金属，这是因为合金比纯金属有更好的机械性能，而且成本较低。只有为了满足机器上某些特定要求（如高导电、导热性能）时，才考虑使用纯金属来制造零件。

合金是由两种以上的合金元素或金属与非金属元素组成的具有金属特性的物质。最常用的合金有以铁为基础的铁碳合金，如碳素钢、合金钢、灰口铸铁等；还有以铜或铝为基础的铜合金和铝合金，如黄铜、青铜、硅铝明等。

为了经济合理地选用材料，必须对常用合金材料的种类、特点和性能有所了解。

## 第一节　金属材料的性能

金属及合金的性能包括机械（力学）、物理、化学和工艺性能。

### 一、机械性能

金属材料的机械（力学）性能主要有：弹性、塑性、强度、硬度、冲击韧性等。

1. 弹性

金属在外力的作用下，随着力的增大，可先后发生弹性变形、塑性变形，直至断裂。

通常在室温下的静拉伸试验机上，缓慢地对试棒施加载荷（外力），使试棒受轴向拉力；随着拉力的增大，试棒逐渐变形伸长，直至拉断。如图 1－1 所示。在拉伸过程中，试验机自动记录了每一瞬间的载荷 $P$ 和变形量（拉伸量）$\Delta L$，并给出它们之间的关系(图1－2)，我们通常称之为拉伸曲线。

金属材料受外力作用时产生变形，当外力撤去后能恢复其原来形状的性能，叫弹性。

当材料受外力作用时，其内部也产生了抵抗力，单位横截面积上的抵抗力就称为应力，以 $\sigma$ 表示。

$$\sigma=\frac{P}{F} \tag{1-1}$$

式中：$P$——外力（N）；

$F$——横截面积（$m^2$）；

$\sigma$——应力（Pa）。

拉伸曲线中，外力不超过 $P_e$ 时，外力与变形成正比，这时试棒只产生弹性变形。金

属材料保持弹性变形时的最大应力以 $\sigma_e$ 表示

$$\sigma_e=\frac{P_e}{F_0} \tag{1-2}$$

式中：$P_e$——弹性变形极限载荷（N）；

$F_0$——试棒原始横截面积（$m^2$）；

$\sigma_e$——试棒产生弹性变形时的最大应力（Pa）。

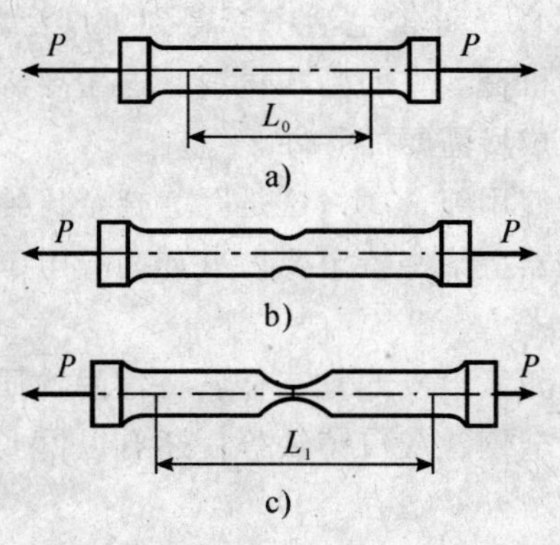


图 1-1 拉伸试验

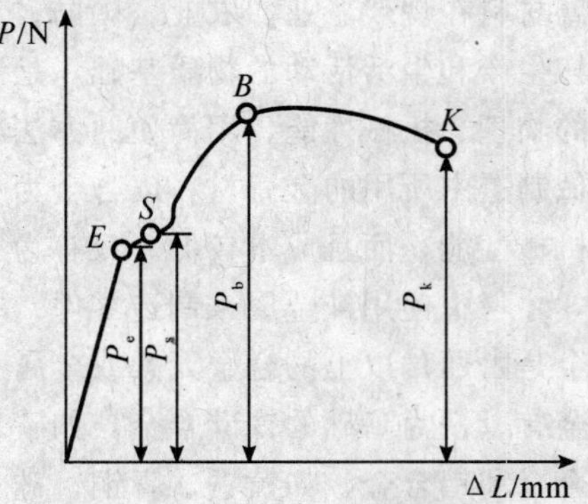


图 1-2 低碳钢的拉伸曲线

2. 塑性

金属材料在外力作用下产生永久变形而不会引起破坏的能力，称为塑性。在外力消失后留下来的这部分不可恢复的变形，称为塑性变形。当外力增大到 $P_s$ 时，$S$ 点的曲线几乎呈水平状态，这说明拉力虽不增加，伸长却继续增加，这种现象称为“屈服”。通常用屈服极限（$\sigma_s$）表示金属对开始发生微量塑性变形的抗力。塑性变形常用延伸率（$\delta$）或断面收缩率（$\Psi$）表示，即

屈服极限

$$\sigma_s=\frac{P_s}{F_0} \tag{1-3}$$

延伸率

$$\delta=\frac{\Delta L}{L_0}=\frac{L_1-L_0}{L_0}\times100\% \tag{1-4}$$

断面收缩率

$$\Psi=\frac{F_0-F_k}{F_0}\times100\% \tag{1-5}$$

式中：$P_s$——屈服极限载荷（N）；

$L_0$——试棒原始长度（mm）；

$L_1$——试棒拉断后的长度（mm）；

$F_k$——试棒拉断后断口处的截面积（$m^2$）。

$\delta$，$\Psi$ 愈大，表示材料的塑性愈好。良好的塑性是顺利进行压力加工的重要条件，塑性差的材料在加工变形过程中容易开裂。

3. 强度

试样在受拉过程中，从开始加载荷到断裂前所能承受的最大应力，称为抗拉强度（$\sigma_b$）。

$$\sigma_b=\frac{P_b}{F_0} \tag{1-6}$$

式中：$P_b$——试样在拉断前的最大载荷（N）；

$F_0$——试样原始横截面积（$m^2$）；

$\sigma_b$——抗拉强度（Pa）。

抗拉强度是金属材料机械性能的重要指标，是设计和选材的主要依据之一。

外力增加到最大值 $P_b$ 后，试棒某一部分变细，出现了“缩颈”，如图 1-1b）所示，以后变形集中在缩颈附近。由于截面缩小，使试件继续变形所需的外力下降，外力达到 $P_k$ 时，试棒在缩颈处断裂。

4．硬度

金属材料表面抵抗外物压入的能力，称为硬度。测量硬度常用压入法：把淬硬的钢球或金刚石圆锥压入金属材料的表层，然后根据压痕的面积或深度来确定被测金属的硬度值。常用的硬度指标有布氏硬度和洛氏硬度两种。

（1）布氏硬度

布氏硬度试验即施加大小为 $P$ 的载荷，把直径为 $D$ 的钢球压入金属表面，如图1-3所示，然后去除载荷，测量钢球表面所压出的圆形凹陷的直径 $d$，据此计算压痕球面积 $F$，求出每单位面积所受的力，用以作为金属的硬度值，以符号 HB 表示。

$$HB=\frac{P}{F}=\frac{2P}{2\pi D\left(D-\sqrt{D^2-d^2}\right)} \tag{1-7}$$

式中：$P$——压力（kgf）；

$F$——压痕的面积（$mm^2$）；

$D$——球体直径（mm）；

$d$——压痕平均直径（mm）；

HB——布氏硬度（$kgf/mm^2$）。

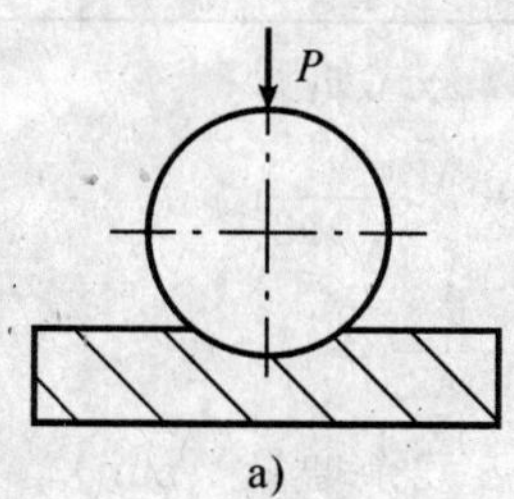


a)

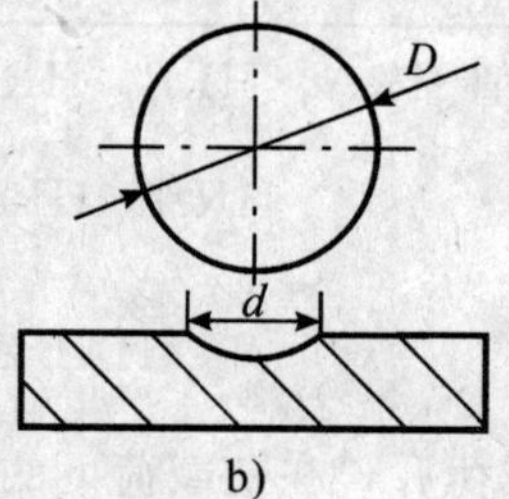


b)

图 1-3　布氏硬度原理

用布氏硬度试验测量金属材料硬度时，当试验压头为淬火钢球时，硬度符号为 HBS，适用于布氏硬度值低于 450 的金属材料；当试验压头为硬质合金球时，硬度符号为 HBW，适用于布氏硬度值为 450～650 的金属材料。

由于载荷和钢球直径是定值，所以测量时只要测出压痕的直径 $d$，再根据直径查表，就可求出 HBS（HBW）值。

（2）洛氏硬度

洛氏硬度试验是用顶角为 120°的金刚石圆锥或直径为 1.588 mm 的钢球做压头，在初

载荷 $P_0$ 及总载荷（初载荷 $P_0$ + 主载荷 $P_1$）分别作用下压入被测材料表面（图 1-4a），b)），然后卸除主载荷，在初载荷下测量压痕深度残余增量 $e$，计算硬度值（图 1-4c)）。试验时，可通过洛氏硬度计上的刻度盘直接读出洛氏硬度值。

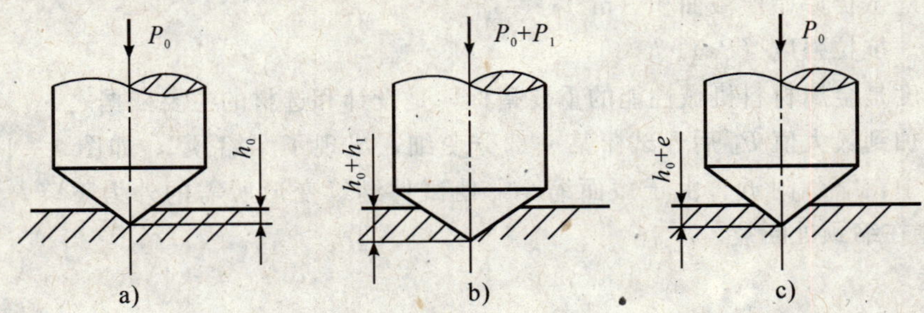


图 1-4　洛氏硬度试验原理

根据所用的压头和载荷不同，洛氏硬度有几种硬度标尺，常用的有 A，B，C 三种。洛氏硬度值用符号 HR 表示，符号后面加字母表示所使用的标尺，硬度值写在字母后面。例如，HRC 70 表示用 C 标尺测定的洛氏硬度值为 70。洛氏硬度标尺的实验条件和应用范围见表 1-1。

表 1-1　洛氏硬度标尺的实验条件和应用范围

| 符号 | 压头 | 初载荷 kgf（N） | 主载荷 kgf（N） | 测量范围 | 应用范围 |
|---|---|---|---|---|---|
| HRA | 顶角 120°金刚石圆锥 | 10（98.1） | 50（490.3） | 60～85 | 硬质合金或表面处理过的零件。 |
| HRB | 直径 1.588 mm 钢球 | 10（98.1） | 90（882.6） | 26～100 | 退火钢、灰铸铁及有色金属等。 |
| HRC | 顶角 120°金刚石圆锥 | 10（98.1） | 140（1373） | 20～67 | 淬火钢、调质钢等。 |

三种标尺的硬度值 HRA，HRB，HRC 的计算公式如下

$$\text{HRA（HRC）}=100-\frac{e}{0.002} \tag{1-8}$$

$$\text{HRB}=130-\frac{e}{0.002} \tag{1-9}$$

式中：$e$——卸除主载荷后，在初载荷下的压痕深度残余增量（mm）。

洛氏硬度与布氏硬度可以利用查表的方法相互进行换算。

硬度试验方法简便易行、测量迅速，不需要特别试样，试验后零件不被破坏。因此，硬度试验在工业生产中应用十分广泛。

硬度也是机械性能的一项重要指标，可根据测得的硬度值估计出材料的耐磨性和近似抗拉强度。一般来说，硬度值较高时耐磨性能好。

由于硬度反映金属材料在局部范围内对塑性变形的抗力，故硬度与强度之间有一定的关系。对未淬硬的钢，就数值来说，其大致关系为

$$\sigma_b \approx \frac{10}{3}\text{HB} \tag{1-10}$$

5. 冲击韧性

金属材料抵抗冲击载荷而不被破坏的能力，称为冲击韧性。冲击韧性的测定是在冲击试验机上（图 1-6）用一定高度的摆锤将试样（图 1-5）打断，测出打断试样所需的冲击功 $A_k$（J），再用试样断口处的截面积 $F$（$cm^2$）去除，所得的商即为冲击韧性值 $a_k$（$J/cm^2$）。

$$a_k=\frac{A_k}{F} \tag{1-11}$$

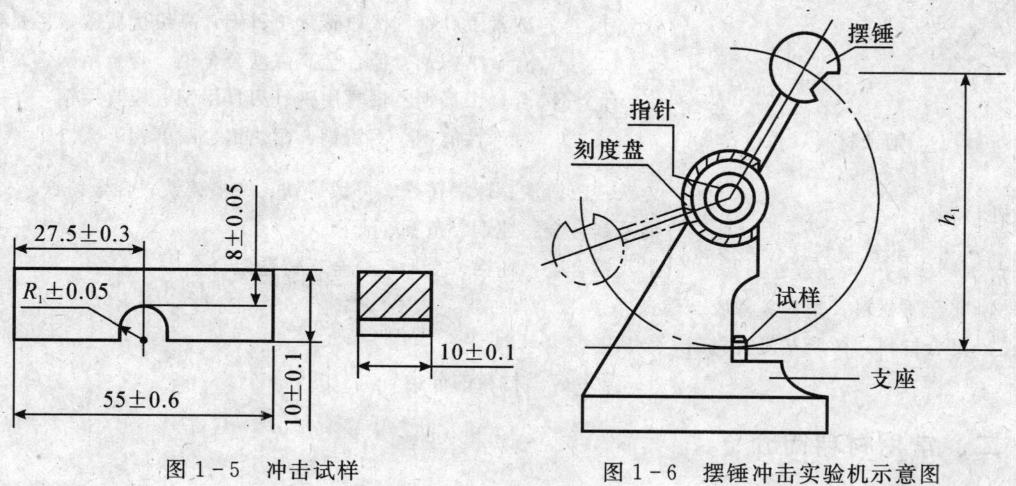


图 1-5　冲击试样　　图 1-6　摆锤冲击实验机示意图

## 二、物理性能

金属材料的物理性能主要有：密度、熔点、热膨胀性、磁性、热电性、导电性等。机械零件的用途不同，对其物理性能的要求也不同。在选用材料时应满足零件对物理性能方面的要求，例如飞机上的一些零件要选用密度小的材料，如铝合金等。

## 三、化学性能

金属材料的化学性能主要有：

（1）耐腐蚀性。指金属抵抗各种介质侵蚀的能力。一般金属零件易受空气中氧、水蒸气等的侵蚀，有的还易受酸、碱腐蚀，所以应根据要求选用化学稳定性良好的材料。

（2）抗氧化性。指金属在高温下抗氧化的能力。现代工业的许多设备和零件是在高温下工作的，因此要求有良好的抗氧化性。

## 四、工艺性能

金属材料制成零件时，要经过铸造、锻压、焊接及切削加工等过程，称为工艺过程。

工艺性能往往是由物理性能、化学性能、机械性能综合作用所决定的，不能单用一个性能参数表示。如铸造性能取决于金属的流动性和收缩性，而此二者与金属材料的种类、成分、浇注温度的高低、铸型导热能力和对金属流动的阻力等多种因素有关；可锻性则可用金属材料的塑性和变形应力等因素衡量。

# 第二节 常用材料

## 一、常用材料分类

常用材料的分类如图 1-7 所示。

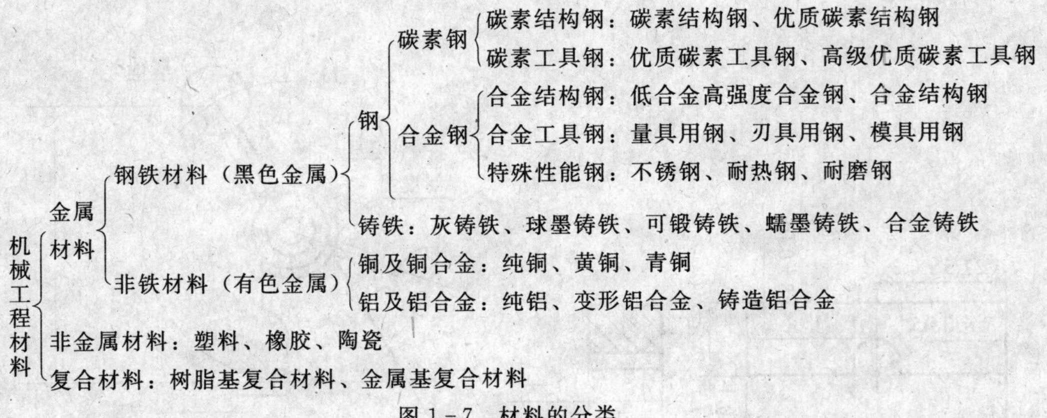


图 1-7 材料的分类

## 二、常用材料简介

### （一）常用钢铁材料

钢铁材料是指钢和铸铁。工业用钢按化学成分分为碳素钢和合金钢两大类。碳素钢是碳的质量分数小于 2.11% 的铁碳合金。合金钢是为了改善和提高碳素钢的性能或使之获得某些特殊性能，在碳素钢的基础上特意加入某些合金元素而得到的以铁为基础的多元合金。合金钢的性能比碳素钢更加优良，因此合金钢的用量逐渐增大。

(1) 碳素钢以铁和碳为主要元素，常含有硅、锰、硫、磷等杂质成分。由于这类钢容易冶炼、价格低廉、工艺性好，在机械制造业中得到了广泛的应用。表 1-2 列出了碳素钢的牌号、种类和用途。

(2) 合金钢是在碳素钢的基础上加入一些合金元素而形成的。常用的合金元素有锰、硅、铬、钼、钨、钒、钛、硼等。工业上常按用途把合金钢分成合金结构钢、合金工具钢、特殊性能钢。表 1-3 列出了合金钢的牌号、种类和用途。

(3) 铸铁是以铁和碳为主的合金，其碳的质量分数大于 2.11%，此外还含有硅、锰、硫、磷等元素。由于铸铁生产方法简便、成本低廉、性能优良，所以成为了人类最早使用和广泛使用的材料之一。根据碳在铸铁中存在的形式及形态不同，铸铁可分为灰铸铁、球墨铸铁、可锻铸铁、蠕墨铸铁、合金铸铁等。常用铸铁的牌号、种类和用途见表 1-4。

### （二）常用非铁材料（有色金属）

工业上把钢铁以外的金属称为非铁材料（有色金属），非铁材料（有色金属）及其合金具有钢铁材料所没有的许多特殊的力学、物理和化学性能，是现代工业中不可缺少的金属材料。非铁材料（有色金属）常用的有铝及铝合金、铜及铜合金等。

表 1-2 碳素钢的牌号、种类和用途

| 种 类 | 碳素结构钢 | 优质碳素结构钢 | 一般工程用铸造碳钢 | 碳素工具钢 |
| --- | --- | --- | --- | --- |
| 牌号举例 | Q195,Q215,Q235,Q255 | 08F,08,15,20,35,45,60,45Mn | ZG200-390,ZG270-500,ZG339-639 | T7,T8,T10,T10A,T12,T13 |
| 牌号意义 | 如Q235,字母“Q”表示屈服点的汉语拼音第一个字母;235表示屈服强度值。 | 两位数字表示钢中平均碳的质量分数的万分之几。锰的质量分数在0.7%~1.2%时加“Mn”表示。 | “ZG”表示铸钢,前三位数字表示最小屈服强度值,后三位数字表示最小抗拉强度值。碳的质量分数越高,强度越高。 | “T”表示碳,其后的数字表示碳的质量分数的千分之几,“A”表示高级优质。 |
| 用途举例 | 建筑结构件、螺栓、小轴、销、键、连杆、法兰盘、锻件坯料等。 | 冲压件、焊接件、轴、齿轮、活塞销、套筒、蜗杆、弹簧等。 | 机座、箱体、连杆、齿轮、棘轮等。 | 冲头、錾子、板牙、圆锯片、丝锥、钻头、锉刀、刮刀、量规、冷切边模等。 |

表 1-3 常用合金钢的牌号、种类和用途

| 类 别 | 牌号举例 | 牌号意义 | 应用举例 |
| --- | --- | --- | --- |
| 低合金高强度结构钢 | Q345C<br>Q390C | 第一个字母“Q”表示屈服点的汉语拼音第一个字母,“345”表示屈服点的数值(MPa),最后一个字母“C”表示质量等级。 | 用于制造工程结构件,如压力容器、桥梁、船舶等。 |
| 合金结构钢 | 20Cr<br>50Mn2<br>GCr15 | 前面两位数字表示钢中平均碳的质量分数的万分之几;元素符号表示所含合金元素;元素符号后面的数字表示该元素平均质量分数的百分数,质量小于1.5%时一般不标出。若为高级优质钢,则在钢号后面加“A”。如40Cr表示$\omega$(C)为0.04%,$\omega$(Cr)<1.5%的合金结构钢。滚动轴承钢前面加字母G,Cr后面的数字表示该元素平均质量分数的千分数。 | 用于制作各种轴类、连杆、齿轮、重要螺栓、弹簧及弹性零件、滚动轴承、丝杆等。 |
| 合金工具钢及高速钢 | 9Si Cr<br>W18Cr4V | 前面一位数字表示钢中碳的平均质量分数(%),当$\omega$(%)≥1.0%时不标出,$\omega$(C)<1.0%时用千分之几表示。高速钢例外,其$\omega$(C)<1.0%也不标出。合金元素平均质量分数的表示法同合金结构钢。 | 用于制作各种刀具(如丝锥、板牙、车刀、钻头等)、模具(如冲裁模、拉丝模、热锻模等)、量具(如千分尺、塞规等)。 |
| 特殊性能钢 | 1Cr18Ni9<br>15CrMo2 | 前面一位数字表示钢中碳的平均质量分数,以千分之几表示。当$\omega$(C)≤0.03%时,钢号前以“00”表示,当$\omega$(C)≤0.08%时,钢号前以“0”表示。合金元素平均质量分数的表示法同合金结构钢。 | 用于制作各种耐腐蚀及耐热零件,如汽轮机叶片、手术刀、锅炉等。 |

表 1-4　常用铸铁的牌号、种类和用途

| | 类别 | | | | |
|---|---|---|---|---|---|
| | 灰铸铁 | 球墨铸铁 | 可锻铸铁 | 蠕墨铸铁 | 合金铸铁 |
| 常用种类 | HT150<br>HT200<br>HT350 | QT400-18<br>QT600-3<br>QT900-2 | KTH330-08<br>KTH370-12<br>KTZ650-02 | RUT300<br>RUT340<br>RUT380 | RTCr16<br>RTSi5 |
| 牌号意义 | “HT”表示灰铸铁，数字表示最小抗拉强度值。 | “QT”表示球墨铸铁，前面数字表示最小抗拉强度值，后面数字表示断后伸长率。 | “KTH”表示黑心可锻铸铁，“KTZ”表示珠光体可锻铸铁，数字意义同球墨铸铁。 | “RUT”表示蠕墨铸铁，数字表示最小抗拉强度。 | “RT”表示耐热铸铁，化学符号表示合金元素，数字表示合金元素质量分数的百分数。 |
| 用途举例 | 底座、床身、泵体、气缸体、阀门、凸轮等。 | 扳手、犁刀、曲轴、连杆、机床主轴等。 | 扳手、犁刀、船用电机壳、传动链条、阀门、管接头等。 | 齿轮箱体、汽缸盖、活塞环、排气管。 | 化工机械零件、炉底、坩埚、换热器等。 |

1. 铝及铝合金

(1) 纯铝。密度小 (2.7 g/cm$^3$)，导电、导热性仅次于银和铜，在大气中有良好的耐腐蚀性，强度低，塑性好。工业纯铝（如 1060，1035 等）主要用于制造电缆和日用器皿等。铝与硅、铜、锰、镁等元素组成的铝合金，强度较高。

(2) 铝合金。铝合金分为变形铝合金和铸造铝合金。

变形铝合金的塑性好，常制成板材、管材的功能型材，用于制造蒙皮、油箱、铆钉和飞机构件等。按主要性能特点和用途，变形铝合金又可分为防锈铝（如 505）、硬铝（如 2A11)、超硬铝（如 7A04）和锻铝（如 2A70)。

铸造铝合金（如 ZAlSi12）的铸造性好，一般用于制造形状复杂及有一定力学性能要求的零件，如仪表壳体、内燃机汽缸、活塞、泵体等。

铝硅合金又称硅铝明。

2. 铜及铜合金

(1) 纯铜。具有优良的导电性、导热性和耐腐蚀性。纯铜的强度低、塑性好，工业上加工纯铜（如 T2，T3 等）主要用于制造电缆、油管等，很少用来制造机械零件。

(2) 黄铜。以锌为主要合金元素的铜合金。加入适量的锌，能够提高铜的强度、塑性和耐腐蚀性。只加锌的铜合金称为普通黄铜（如 H62，H70)；如在其中再加适量铅、锰、锡、硅、铝元素可形成特殊黄铜（如 HPb59-1，HMn58-2 等)，能进一步提高其力学性能、耐腐蚀性和切削加工性；还有用于铸造的铸造黄铜（如 ZCuZu38)。黄铜主要用于制造弹簧、衬套及耐腐零件等。

(3) 青铜。原指锡合金，现在以硅、铝、铅等为主要合金元素的铜合金也称为青铜。青铜按主加元素的不同分锡青铜（如 QSn4-3)、铝青铜（如 QAl5)、铍青铜（如 QBe2）及用于铸造的铸造锡青铜（如 ZCuSn10Pb1）等。青铜的耐磨及减摩性好，耐腐蚀性好，主要用于制造轴瓦、蜗轮及要求减摩、耐腐的零件。

### （三）非金属材料

长期以来，金属一直是机械工程上使用的主要材料，这是因为金属材料具有良好的力学性能和工业性能。但随着科学技术的发展，对材料的要求越来越高，不但要求高强度，而且要求重量轻、耐腐、耐高温、耐低温和良好的电气性能等。因此，近年来已有许多非金属材料如塑料、橡胶、陶瓷等用于各类机械工程结构。

1. 塑料

塑料是以合成树脂为基础，加入各种添加剂（如增塑剂、润滑剂、稳定剂、填充剂等）制成的高分子材料。塑料具有密度低、耐腐蚀、绝缘、绝热、隔音、减摩、耐磨、价格低、成形方便等优点，因此被广泛地用于包装、日用消费品、农业、交通、运输、航空、电子、化工、通信、机械、建筑材料等领域。塑料的缺点是强度及硬度低，耐热性差。塑料有多种分类方法。

（1）按热性能分

① 热塑性塑料。典型的品种有聚乙烯、聚丙烯、聚氯乙烯、聚苯乙烯、尼龙、ABC塑料、聚甲醛、聚砜、有机玻璃等。这类塑料的特点是易于加工成形，可反复使用多次，强度较高，但耐热性和刚度较低。

② 热固性塑料。典型的品种有环氧、酚醛、氨基、不饱和聚酯树脂等。这类塑料具有较高的耐热性和刚度，但脆性大，不能反复成形和再生使用。

（2）按用途分

① 通用塑料。通用塑料产量大、用途广、价格低，主要有聚乙烯、聚丙烯、聚氯乙烯、聚苯乙烯、酚醛塑料和氨基塑料六大品种。

② 工程塑料。工程塑料具有较好的力学性能，是用做工程结构材料的塑料，常用的有 ABC 塑料、聚酰胺、聚甲醛、聚四氟乙烯等。

③ 特种塑料。特种塑料是指耐热或具有特殊性能和特殊用途的塑料，品种主要有氟塑料、有机硅树脂、环氧树脂、离子交换树脂等。

2. 橡胶

橡胶是在室温下处于高弹态的高分子材料。工业上使用的橡胶是在生橡胶（天然或合成的）中加入各种配合剂经硫化后制成的。橡胶最大的特点是弹性好，具有良好的吸振性、电绝性、耐磨性和化学稳定性。

橡胶分天然橡胶、合成橡胶和特种橡胶。天然橡胶有很好的综合性能，广泛用于制造轮胎、胶带、胶管等。合成橡胶种类很多，常用的有丁苯橡胶、顺丁橡胶、氯丁橡胶等，用于制造机械中的密封圈、减振器、电线包皮、轮胎、胶带等。特种橡胶有乙丙橡胶、硅橡胶、氟橡胶、聚氨酯橡胶等。

3. 陶瓷

陶瓷包括整个硅酸盐材料和氧化物材料，是无机非金属材料的总称。陶瓷具有高硬度、高耐磨性、高熔点、高化学稳定性、高抗压强度；但很脆，成形和加工都较困难。

陶瓷分普通陶瓷和特殊陶瓷。普通陶瓷是由黏土、长石、石英等天然原料，经粉碎、成形和烧制而成，主要用于建筑工程、一般电气工业、生活用品及艺术品等。特殊陶瓷是为满足工程上特殊需要用人工提炼的、纯度较高的化合物制成的，如高温陶瓷、电容器陶瓷、磁性陶瓷、压电陶瓷等。

### （四）复合材料

复合材料是由两种或两种以上性质不同的物质组成的人工合成材料。复合材料既保留了组成材料各自的优点，又得到了单一材料无法具备的优良综合性能，突出的特点是重量轻，综合力学性能好，是人们按照要求而设计的一种新型材料。

组成复合材料的物质可分为两类：一类为基体材料，起黏结作用；另一类是增强材料，起提高强度和韧性的作用。

按增强材料的形态不同，复合材料分为纤维复合、层叠复合、颗粒复合三种类型；按基体材料的不同，复合材料可分为聚合物基复合、金属基复合、无机非金属基复合三大类型。

目前应用较多的是树脂纤维复合材料，如玻璃纤维树脂复合材料、碳纤维树脂复合材料。玻璃纤维树脂复合材料俗称玻璃钢，是应用最多的复合材料。

复合材料广泛用于航空、宇航、船舶、军工、汽车、化工和机械工业。

## 三、新材料的研究及其发展

新材料是指那些新出现或正在发展中的、具有优异性能和特殊功能的材料。发展和研制高新材料体现了国家利益，是一项国家战略。

国内新材料研究已在一些方面取得了重大进展，例如在高性能陶瓷材料方面的研究水平和材料性能达到或接近了国际先进水平；在高温超导材料、铷铁硼永磁材料、高温合金和金属间化合物结构材料等方面，都取得了在国际上有重要影响的研究成果。

国家支柱产业、高新技术产业和现代国防的发展，极大地刺激和带动了高性能结构材料等的发展。例如我国轿车年产量到 2010 年将达到 400 万辆，因此对高性能、低成本、高可靠性的材料，特别是对先进的热塑性树脂基复合材料及高强、高韧、成形性高的钢板和轻合金的需求非常迫切。新材料的研究要有系统性和超前性，并形成产业化。

新材料的研究要注重学科交叉、综合，利用现代科学技术的最新成就，例如近年兴起的纳米材料、智能材料、先进复合材料和生态环境材料等都是学科交叉的结果。新材料的发展也带动和促进基础材料和传统材料的改造与更新，例如对我国产量接近世界第一的钢铁，正在进行“超级钢”的研究发展计划。

总之，21 世纪新材料将向高性能化、多功能化、复合化、智能化和低成本化方向发展。

# 第三节　常用热处理方法

热处理是利用加热和冷却的方法来改变金属的内部组织，从而改善和提高其性能的一种工艺。通过热处理可充分发挥金属材料的潜力，延长机器零件的使用寿命和节约金属材料，因此很多零件都要进行热处理。热处理的方法很多，基本的有淬火、回火、退火、正火和表面热处理。热处理的操作分为以下三个阶段：

（1）加热：把需要热处理的工件置于加热炉中，加热到所需的温度。

（2）保温：在该温度下保持一定的时间，使工件热透。

（3）冷却：把加热好的工件置于适当的介质中进行冷却，以获得一定冷却速度。

将以上三阶段绘在时间、温度坐标上，则构成如图 1 - 8 所示的热处理工艺曲线。

为了了解各种热处理方法对钢的组织和性能的影响，必须研究在加热和冷却过程中钢的相变规律。钢的相变是用铁碳合金相图来表示的。

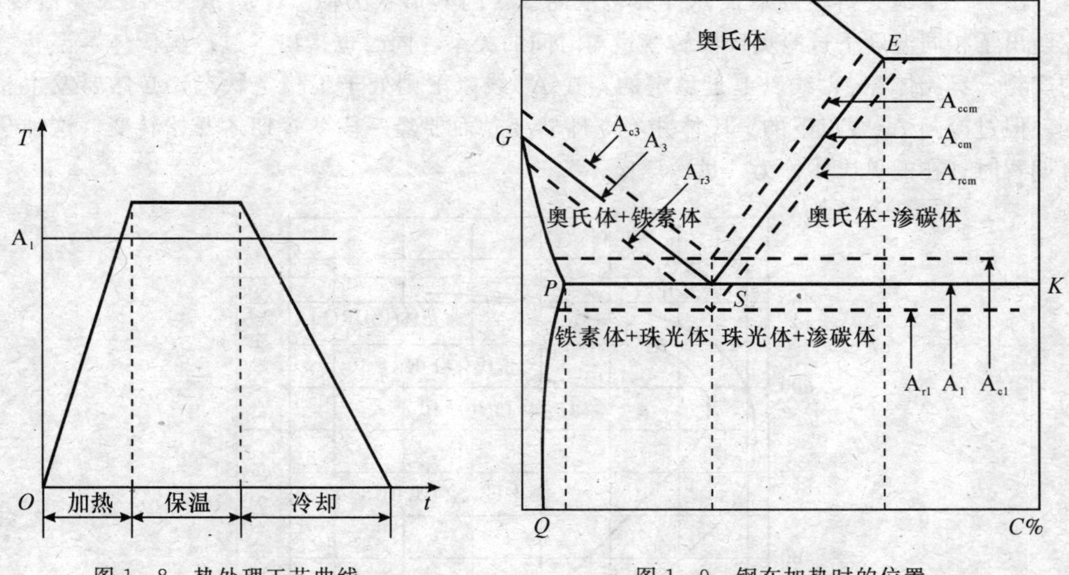


图 1-8　热处理工艺曲线　　　图 1-9　钢在加热时的位置

在铁碳合金相图中，*PAS*，*GS*，*ES* 线反映了不同含碳量的钢在加热和冷却时组织转变的临界温度。在热处理工艺中要经常用到这些线，为了方便起见，通常以 $A_1$，$A_3$，$A_{cm}$ 来表示，如图 1-9 所示。

冷却时奥氏体转变为珠光体的温度称为 $A_{r1}$，加热时珠光体转变成奥氏体的温度为 $A_{c1}$，平衡状态下为 $A_1$。同理，冷却时从奥氏体中析出铁素体的温度为 $A_{r3}$，加热时铁素体转变为奥氏体的温度为 $A_{c3}$，平衡状态下为 $A_3$。

## 一、钢在加热时的相变

例如：共析钢在常温下具有珠光体晶粒，当它被加热到 $A_{c1}$ 以上时，在渗碳体和铁素体片层的交界面上开始形成奥氏体晶核；随着温度的升高和保温时间的延长，奥氏体的晶粒也随之长大；加热温度超过 $A_{c1}$ 愈多，所得的奥氏体晶粒愈粗大。引起奥氏体晶粒显著粗化的现象称为“过热”。

## 二、钢在冷却时的相变

在热处理生产中，常见的冷却方式有等温冷却和连续冷却两种方式。

等温冷却是把钢加热到奥氏体状态，然后快速冷却到 $A_{r1}$ 以下某一温度，并在此温度下停留一段时间，使奥氏体发生转变，然后再冷却到室温，如图 1-10 曲线 1 所示。连续冷却是把加热到奥氏体状态的钢以一定的冷却速度连续冷却到室温，如曲线 2 所示。

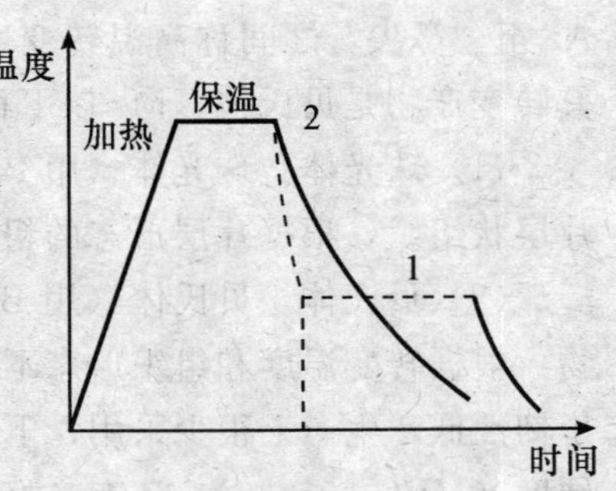


图 1-10　两种冷却方式

钢的最终性能取决于奥氏体冷却转变后的组织，因此，研究在不同的条件下奥氏体冷却时的转变具有重要的意义。

1. 共析钢过冷奥氏体等温转变曲线

图 1-11 是共析钢的奥氏体等温转变曲线，因其形状类似“C”，故又名“C”曲线。它给出了相同温度下过冷奥氏体转变量与时间的关系，同时也指出了过冷奥氏体等温转变的产物。奥氏体在 $A_1$ 线以上是稳定的，在 $A_1$ 线以下则处于不稳定状态，必然要发生相变。但过冷到 $A_{r1}$ 线以下的奥氏体并不立即转变，而要经一段孕育期才开始转变，这种孕育期暂时存在的奥氏体称为“过冷奥氏体”。

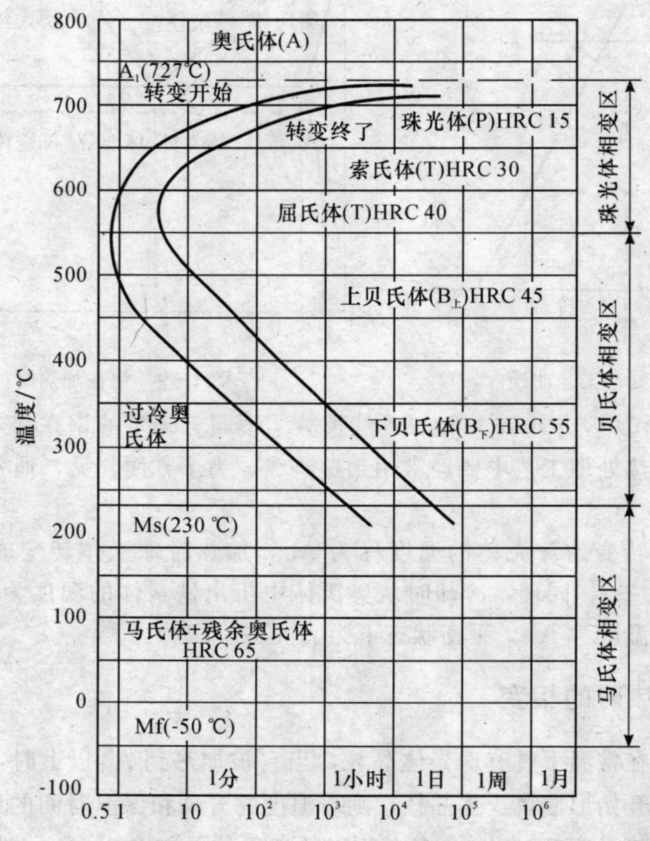


图 1-11 共析钢奥氏体等温转变曲线

2. 过冷奥氏体等温转变产物的组织和性能

由“C”曲线可知，共析钢过冷奥氏体在三个不同的温度区间可发生三种不同的转变。$A_1$ 至“鼻尖”之间称高温转变区，其产物是珠光体；“鼻尖”至 Ms 之间称中温转变区，其转变产物是贝氏体；Ms 以下称低温转变区，其转变产物是马氏体。

(1) 珠光体。珠光体（用 P 表示）是铁素体和渗碳体的机械混合物，在通常情况下是片层状组织，根据片层形态的粗细可分为珠光体、索氏体、屈氏体。

(2) 贝氏体。贝氏体（用 B 表示）是含碳过饱和的铁素体与渗碳体或碳化物的混合物。根据转变温度和组织形态不同，贝氏体一般可分为上贝氏体和下贝氏体。上贝氏体由于韧性低，生产上很少采用；下贝氏体中的碳化物细小、分布均匀，不仅有较高的强度和硬度（HRC 45～55），还有良好的韧性和塑性。

下贝氏体是在 350 ℃至 M 之间等温转变形成的，在显微镜下呈黑色针状。

（3）马氏体。当冷却速度极快时，奥氏体被过冷到 Ms 以下，此时仅有 $\gamma-Fe$ 向 $\alpha-Fe$ 晶格转变，而碳原子由于无法扩散而留在 $\alpha-Fe$ 中，形成碳在 $\alpha-Fe$ 中的过饱和固溶体，这种组织称马氏体，用 M 表示。

3. 影响“C”曲线的因素

影响“C”曲线的因素主要是钢中的含碳量和合金元素含量。

（1）含碳量的影响。含碳量对“C”曲线的位置和形状都有重要的影响。在正常热处理的条件下，亚共析钢“C”曲线随着含碳量的增加而右移，过共析钢“C”曲线随着含碳量的增加而左移，故碳钢中以共析钢“C”曲线的“鼻尖”离纵坐标轴最远，过冷奥氏体最稳定。

（2）合金元素的影响。所有溶入奥氏体的合金元素（除 Co 外），如 Ni，Mn，Si，W 和 Mo 等都能增加奥氏体的稳定性，使“C”曲线右移，使钢的淬透性提高。

4. 过冷奥氏体的等温冷却转变曲线在连续冷却中的应用

在实际生产中，多数热处理是在钢奥氏体化后，采取连续冷却方式来完成的。但由于过冷奥氏体连续冷却的转变趋向测定困难，许多使用广泛的钢种其连续冷却转变曲线至今未被测出，所以目前生产中还常应用过冷奥氏体等温转变曲线来分析奥氏体在连续冷却时的转变。

保证奥氏体不分解，而被全部保留到 Ms 以下进行马氏体转变的最低冷却速度，称为临界冷却速度。它是选择淬火剂的依据，对淬火工艺和零件质量有着十分重要的影响。

## 三、钢的淬火与回火

1. 淬火

淬火是将钢加热至临界温度以上，保温后进行快速冷却的热处理方法，目的是提高钢的硬度和耐磨性。

（1）淬火温度

亚共析钢加热至 $A_{c3}$ 以上 30 ℃～50 ℃（图 1－9）使其奥氏体化，淬火后形成马氏体；如加热温度低于 $A_{c3}$，组织中将出现奥氏体和铁素体，淬火后得到的是马氏体和铁素体，使钢的硬度降低。过共析钢加热到 $A_{c1}$ 以上 30 ℃～50 ℃，其组织为奥氏体和渗碳体，淬火后得到的是马氏体和粒状渗碳体组织。由于渗碳体硬度很高，它的存在不但不会降低钢的硬度，反而可以增加其耐磨性。

1－丝锥；2－钻头；3－铣刀；4－圆片；5－钢圈；6－弹簧

图 1－12　各种形状的零件浸入淬火介质的方法

如果将钢加热至 $A_{ccm}$ 以上，淬火后不仅保留大量的残余奥氏体，而且会因温度太高而得到粗大的马氏体，使耐磨性、韧性降低，故过共析钢不应加热至 $A_{ccm}$ 以上进行淬火。

（2）淬火剂

为得到足够的冷却速度，必须选用适当的淬火剂（也称冷却剂）。淬火剂是影响钢的淬火质量的一个关键因素。

生产中常采用的淬火剂是水和油。水是最便宜而且冷却能力较强的淬火剂，常用于碳钢工件的淬火，其临界冷却速度 $v_k$ 较大。当水中溶有少量的食盐或火碱时，还可显著地增强其冷却能力。

矿物油也是应用很广的淬火剂，但其冷却能力较差，只用于临界冷却速度 $v_k$ 较低的合金钢的淬火。

（3）淬火方法

双液淬火：先把加热好的工件投入冷却能力较强的冷却剂中冷却到稍高于 Ms 的温度，避免珠光体转变，然后立即转入冷却能力较弱的冷却剂中进行马氏体转变，以减小淬火应力。

分级淬火：将加热好的工件放入温度在 M 附近的溶盐中停留 2～5 min，使工件内外温度趋于一致后取出在空气中冷却，产生马氏体相变。由于工件内外温度一致，整个截面几乎同时发生相变，因而大大减小了内应力。

等温淬火：将加热好的工件放入稍高于 Ms 温度的溶盐中进行等温转变，以获得下贝氏体，然后取出空冷。

2. 回火

回火是将淬火后的钢重新加热到 $A_{c1}$ 以下某一温度，保温后加以冷却（一般在空气中冷却）的热处理方法。其目的是：减小淬火产生的内应力；获得硬度、强度、塑性和韧性适当配合的机械性能，以满足各种零件的不同要求；将不稳定的马氏体和残余奥氏体转变成较为稳定的组织，以免零件在工作过程中因组织转变而产生形状和尺寸的变化。

（1）钢在回火时的组织转变

淬火后得到的马氏体与残余奥氏体皆是次平衡组织，它们都有向稳定平衡状态转变的趋势。如果将淬火钢重新加热，随着温度的升高，它将按以下四个阶段进行转变：回火马氏体（100 ℃～200 ℃）、下贝氏体（200 ℃～300 ℃）、回火屈氏体（300 ℃～500 ℃）、回火索氏体（500 ℃～600 ℃）。

（2）回火时机械性能的变化

回火是赋予零件最终性能的热处理工序。随着回火温度的升高，低碳钢和中碳钢的硬度不断下降；而高碳钢在 100 ℃左右回火时，硬度反而稍有提高，在 200 ℃～500 ℃回火时硬度几乎保持不变，之后随回火温度的升高逐渐降低。

在 200 ℃～300 ℃回火时，由于内应力消除，强度极限 $\sigma_b$、屈服极限 $\sigma_s$ 和弹性极限 $\sigma_e$ 都逐渐提高。

钢的塑性和韧性一般随回火温度升高而提高，但碳钢的韧性并不是连续地升高，在 250 ℃～350 ℃之间回火时，韧性出现明显的下降，这种现象称为回火脆性。

（3）回火种类

低温回火：回火温度为 150 ℃～250 ℃，目的是降低淬火钢的内应力和脆性，而保持其高硬度（HRC 56～65）和耐磨性，主要用于工、模具、滚动轴承和渗碳淬火后的零件的回火。低温回火后的组织是回火马氏体。

中温回火：回火温度为 350 ℃～500 ℃，目的是获得高的弹性极限和屈服极限，并具有一定的硬度（HRC 40～50）和韧性，主要用于各种弹簧的回火。中温回火后的组织是回火屈氏体。

高温回火：回火温度为 500 ℃～650 ℃，其组织是回火索氏体，目的是获得既有一定强度和硬度（HRC 25～35），又有良好的韧性和塑性的综合机械性能。生产上通常把淬火后再经高温回火的处理称为调质。调质广泛用于中碳钢和合金调质钢的重要零件的热处理，如轴、齿轮、连杆等。

淬火和回火是不可分割的两个工序。对于未淬火的钢，回火没有意义；淬火钢不经回火，工件也不能直接使用。

## 四、钢的退火与正火

1. 退火

退火是将钢加热到适当的温度，保温后缓慢冷却下来的热处理方法。其目的是：使铸件、锻件的粗大晶粒细化，以提高钢的强度、塑性和韧性；消除铸件、锻件在冷却过程中由于冷却不均、变形不均而造成的内应力，以防变形和开裂；消除铸件、锻件在冷却过程中由于冷却过快而形成的不平衡组织，以降低钢的硬度，便于切削加工。

退火根据钢的成分和目的的不同，分为完全退火、球化退火和去应力退火等。

（1）完全退火。将亚共析钢加热至 $A_{c3}$ 以上 30 ℃～50 ℃，保温后缓慢冷却（通常是炉冷）的操作称为完全退火。为了提高生产率，在冷却至 600 ℃时，可将工件出炉空冷。

（2）球化退火。球化退火是将共析钢和过共析钢加热至稍高于 $A_{c1}$ 的温度，保温后缓慢冷却，使钢中渗碳体变成粒状。这种粒状渗碳体和铁素体的机械混合物称为球状（粒状）珠光体。

（3）去应力退火。去应力退火是将钢加热至 $A_{c1}$ 以下某一温度（500 ℃～650 ℃），保温后随炉冷却的热处理方法。去应力退火时，钢不发生相变，应力是在加热而主要是在保温过程中消除的。去应力退火主要用来消除铸件、锻件、焊接件、冲压件以及零件在切削加工过程中的内应力，以防在以后的切削加工或长期使用过程中产生变形和开裂。

2. 正火

正火是将亚共析钢加热至 $A_{c3}$ 以上 30 ℃～50 ℃或将过共析钢加热至 $A_{c1}$ 以上 30 ℃～50 ℃，保温后在空气中冷却的热处理方法。因此，正火与退火的主要区别是前者的冷却速度稍快，得到的珠光体较细，机械性能也较退火高。

总之，退火和正火多数情况下都是作为预备热处理工序，目的是消除先前热加工工序（铸造、锻造等）的某些缺陷，为以后的加工工艺（切削加工、热处理）作好组织上的准备。但是退火，尤其是正火，当其处理后性能满足要求时，也可作为最终热处理工序，而无须淬火和回火。

## 五、常用热处理设备

加热炉是热处理加热的专用设备，根据热处理的方法不同，所用加热炉也不同。常用的加热炉有箱式电阻炉、井式电阻炉和盐浴炉等。

1. 箱式电阻炉

箱式电阻炉根据使用温度不同，可分为高温、中温、低温箱式电阻炉。它是利用电流通过布置在炉膛内的电热元件发热，借辐射或对流作用将热量传递给工件，使工件加热。

图 1-13 所示是常用的中温箱式电阻炉结构示意图。这种炉子的外壳用钢板和型钢焊接而成，内砌轻质耐火砖，电热元件布置在炉膛两侧和炉底，热电偶从炉顶或后壁插入炉膛，通过检温仪表显示和控制温度。中温箱式电阻炉通称 RX3 型，R 代表电阻炉，X 代表箱式，3 为设计序号。如 RX3-45-9 表示炉子的功率为 45 kW，最高工作温度为 950 ℃。

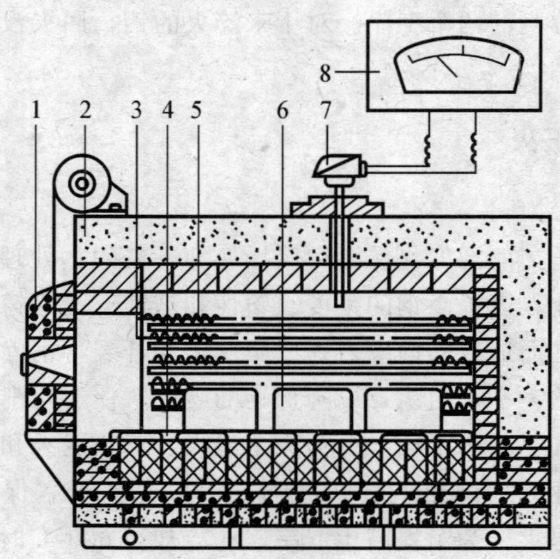


1-炉门；2-炉体；3-炉膛；4-耐热钢炉；5-电热元件；
6-工件；7-热电偶；8-控温仪表

图 1-13　中温箱式电阻炉

箱式电阻炉适用于钢铁材料和非钢铁材料（有色金属）的退火、正火、淬火、回火热处理的加热。

2. 井式电阻炉

井式电阻炉的工作原理与箱式电阻炉相同，根据使用温度不同，分为高温、中温、低温井式电阻炉，常用的是中温井式电阻炉。

图 1-14 所示是中温井式电阻炉的结构示意图。这种炉子一般用于长形工件的加热。因炉体较高，一般均置于地坑中，仅露出地面 600～700 mm。井式电阻炉比箱式电阻炉具有更优越的性能，炉顶装有风扇，加热温度均匀，细长工件可以垂直吊挂，并可利用各种起重设备进料和出料。井式电阻炉型号为 RJ，R 代表电阻炉，J 代表井式。如 RJ-40-9 型的炉子表示功率为 40 kW，最高工作温度为 950 ℃。井式电阻炉主要用于轴类零件或质量要求较高的细长工件的退火、正火、淬火工艺的加热。

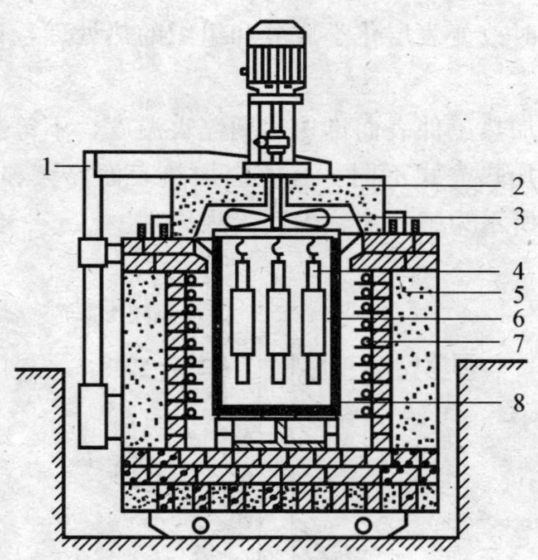


1 -炉盖升降机构；2 -炉盖；3 -风扇；4 -工件；5 -炉体；
6 -炉膛；7 -电热元件；8 -装料筐

图 1 - 14　中温井式电阻炉

井式电阻炉和箱式电阻炉使用都比较简单，在使用过程中应经常清除炉内的氧化铁屑，进出料时必须切断电源，不得碰撞炉衬或靠近电热元件，以保证安全和电阻炉的使用寿命。

3. 盐浴炉

盐浴炉是用溶盐作为加热介质的炉型，根据工作温度不同分为高温、中温、低温盐浴炉，如图 1 - 15 所示。高、中温盐浴炉采用电极的内加热式，把低电压、大电流的交流电通入置于盐槽内的两个电极上，利用两电极间溶盐电阻发热效应，使溶盐达到预定温度，通过对流、传导作用，使工件加热。低温盐浴炉采用电阻丝的外加热式。盐浴炉可以完成多种热处理工艺的加热，其特点是加热速度快、均匀，氧化和脱碳少，是中小型工、模具的主要加热方式。

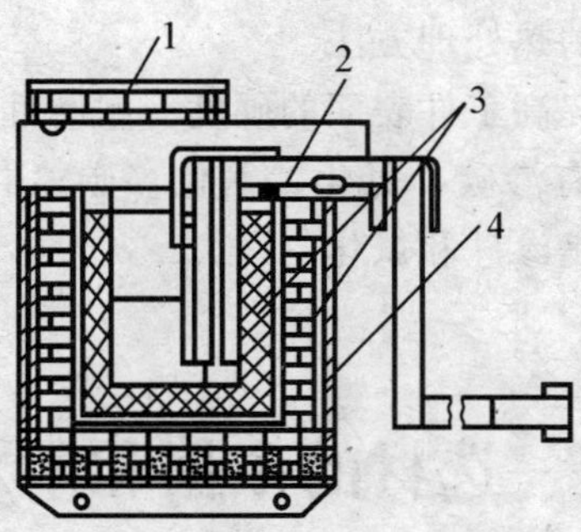


1 -炉盖；2 -电极；3 -炉衬；4 -炉体

图 1 - 15　盐浴炉

## 六、钢的表面热处理

某些在弯曲、扭转等交变载荷、冲击载荷以及摩擦条件下工作的零件，如曲轴、齿轮、凸轮轴等，要求具有高的强度、硬度、耐磨性以及高的疲劳强度，而心部又要有足够的塑性和韧性。为此，工业上广泛采用表面热处理工艺来达到这些要求。

表面热处理大致分为两类：一类是只改变表层组织而不改变表层化学成分的热处理，

叫表面淬火；另一类是同时改变表层化学成分和组织的热处理，称为化学热处理。

1. 表面淬火

表面淬火是通过快速加热工件表面迅速达到淬火温度，不等热量传到心部就立即快速冷却的热处理工艺。根据加热方式不同，有感应加热表面淬火和火焰加热表面淬火两种，而前者最常用。图 1-16 所示为感应加热表面淬火原理。

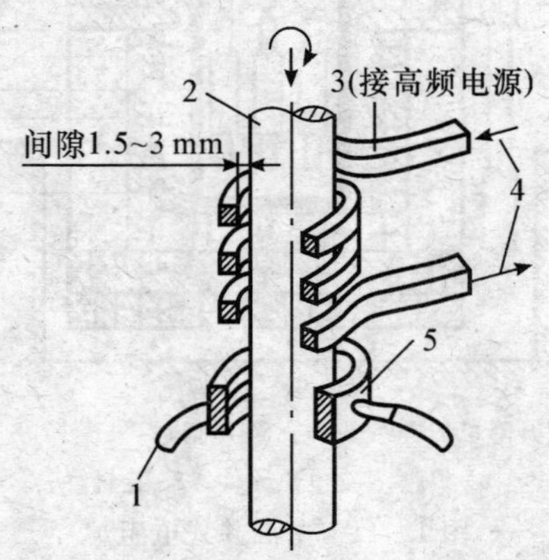


1-淬火介质；2-工件；3-加热感应圈；4-感应圈冷却水；5-淬火喷水套

图 1-16 感应加热表面淬火原理

表面淬火的优点是加热速度快，因而生产率高，表面氧化、脱碳和变形都很小，淬火层的深度容易控制（靠改变频率）且机械性能高，淬火操作易于机械化、自动化。

进行感应加热表面淬火最适宜的钢种是中碳钢，如 45，40Cr。

火焰加热表面淬火设备简单、投资少，但控制困难，淬火质量差，一般用于单件小批生产以及大件的表面淬火。

2. 化学热处理

化学热处理是将钢件放在某种介质中加热和保温，使介质中某一种或几种元素渗入工件表面层，以改变其化学成分的热处理方法。

化学热处理的目的主要是提高工件表面的硬度、耐磨性、疲劳强度和耐腐蚀性等。根据渗入元素不同，化学热处理有渗碳、氮化、氰化（碳氮共渗）、渗硼、渗硫、渗铝、渗铬、渗硅等。其中，最常用的是渗硅和氮化。

## 第四节 选材的依据和基本原则

无论设计、制造新的机械设备或革新旧的设备，正确地选择材料以及合理地制定热处理工艺都是一项十分重要的工作。这项工作在很大程度上影响到产品的质量、寿命和生产成本。选择具体材料的基本原则是：所选择材料的机械性能满足零件受力状态及应力大小；材料的工艺性能应该便于加工，在大批量生产时，材料的工艺性能尤为重要；在满足上述使用性能的前提下，所选材料应该廉价并符合本国资源条件。

### 一、齿轮的选材

齿轮的设计和选材首先应保证齿轮心部具有较高的强度和适当的韧性（调质状态或低碳

马氏体状态)，同时，齿部应具有较高的疲劳强度和表面耐磨性（采用化学热处理或表面淬火及机械强化法——喷丸或滚压等)。因此，重要的转动齿轮一般采用下述两种选材方案：

(1) 调质钢——正火或调质处理，表面淬火或化学处理。

(2) 渗碳钢——渗碳或碳氮共渗，淬火、回火。

## 二、轴类零件的选材

几乎所有的机械中都有轴类零件。常用的轴有主轴、曲轴、花键轴、齿轮轴等，轴的功能是传递动力或运动。

轴在运转时，承受交变的弯曲应力和扭转应力，有时还有不同程度的冲击载荷。所以，轴经常因出现磨损、形变和疲劳断裂而失效。

轴类零件通常用调质钢制造，热处理工艺采用整体调质和局部表面淬火处理。

## 三、箱体类零件的选材

强度和刚度是设计箱体结构、选择箱体材料以及拟订工艺方案的基本出发点。

由于形态复杂，绝大多数箱体都选用铸铁制造。铸铁的铸造性好，价格低廉，又具有消振能力，所以工作平稳的和中等载荷的箱体一般都采用灰口铸铁或球墨铸铁制造，例如金属切削机床中的各种箱体。

要求重量轻、散热良好的箱体，例如飞机发动机汽缸，多采用铝合金铸造；载荷较大但结构形状简单、体积较大而生产批量较小的箱体，为了减轻重量也可采用各种低碳钢型材拼制成焊接件；焊接的箱体采用焊接性能优良的钢材如 Q235，20 等。

## [复习思考题]

1-1　金属材料的机械（力学）性能主要包括哪几方面？其主要指标有哪些？

1-2　工业上常用的金属材料都有哪些？

1-3　实习车间的车床床身、齿轮、轴、螺栓、手锯、锤子、游标卡尺各是用什么材料制造出来的？

1-4　Q235，45，T10A，QT600-3，Q235B，20Cr，55Si2Mn，W18Cr4V 等材料牌号的意义是什么？

1-5　简述塑料的种类、性能、特点和用途。

1-6　橡胶具有哪些优良的性能？

1-7　复合材料的组织和基本性能有什么特点？

1-8　热处理的基本工艺方法有哪些？热处理的操作有几个阶段？

1-9　工件浸入冷却介质的方式对淬火质量有何影响？

1-10　你能否从外表判别出工件是否经过热处理？依据是什么？

1-11　如果加工零件时频繁打刀，可采取什么办法加工？热处理工序一般安排在零件加工过程中的哪些位置？各进行何种热处理？目的分别是什么？

1-12　锉刀、车床主轴、弹簧各应选择怎样的热处理方法？

1-13　常用热处理加热设备有几种？

# 第二章 铸造工艺

[铸造实习安全技术]

1. 必须穿戴好工作服、帽、鞋等防护用品。

2. 造型时，不要用嘴吹型（芯）砂；造型工具应正确使用，用完后不要乱放；翻转和搬动砂箱时要小心，防止压伤手脚。

3. 浇注前，浇包须烘干；浇注时，浇包内的金属液不可过满；搬运浇包和浇注过程中要保持平稳，严防发生倾覆和飞溅事故；操作者与金属液保持一定的距离，且不能位于金属液易飞溅的方向，不操作者应远离浇包；多余的金属液应妥善处理，严禁乱倒乱放。

4. 铸件在铸型中应保持足够的冷却时间，不要去碰未冷却的铸件。

5. 清理铸件时，应注意周围环境，正确使用清理工具，合理掌握用力大小和方向，防止飞出的清理物伤人。

## 第一节 铸造概述

将熔化的液体金属浇注到具有与零件形状相似的铸型型腔中，待其凝固冷却后获得毛坯或零件的方法，称为铸造。铸造所获得的毛坯称为铸件。

铸造具有以下优点：

(1) 可制成形状复杂的铸件，如各种箱体、床身、机架等。

(2) 适用范围很广，工业上常用的金属均可用铸造的方法制成零件，铸件的重量可以从几克到数百吨。

(3) 原材料来源广泛，并可直接利用报废的机件及切屑；一般情况下，铸造不需用昂贵的设备，故铸件的成本较低。

(4) 铸件的形状及尺寸与零件接近，因而切削加工的工作量较小，能节省金属材料。

由于铸造具有以上这些优点，因此在工业中获得广泛的应用。在机械设备中，铸件在重量上占有很大的比重，如在金属切削机床中，铸件的重量约占70%～80%，在重型机械设备中，铸件的重量可达85%以上。

根据生产方法的不同，铸造可分为砂型铸造和特种铸造两大类。砂型铸造是最常用的基本铸造方法，目前世界各国用砂型铸造生产的铸件，约占铸件总重量的90%以上。

砂型铸造又可分为湿型（砂型未经烘干处理）铸造和干型（砂型经烘干处理）铸造两种。砂型铸造的工艺过程如图 2-1 所示。

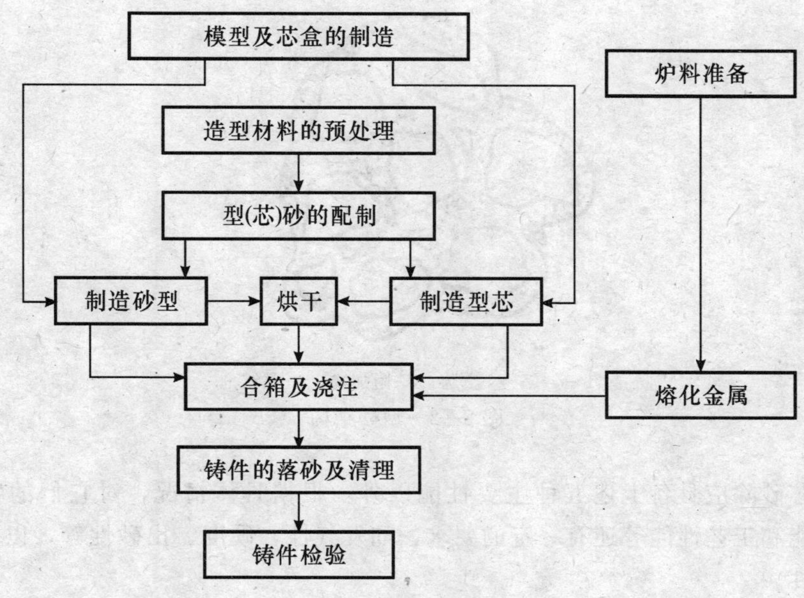


图 2-1　砂型铸造工艺过程

# 第二节　造型材料

造型材料是指制造砂型和型芯时所用的型砂、芯砂及涂料等。它们质量的好坏，对铸件的质量有很大影响。

## 一、型砂和芯砂应具备的性能

铸型在浇注凝固过程中要承受液体金属的冲刷、静压力和高温的作用，要排出大量气体，型芯还要承受铸件凝固时的收缩压力等，因而对型砂和芯砂的性能有如下要求：

(1) 可塑性。型砂和芯砂在外力作用下可塑造成形，当外力消除后仍能保持外力作用时的形状，这种性能称为可塑性。可塑性好，易于成形，能获得型腔清晰的铸型，从而保证铸件具有精确的轮廓尺寸。

(2) 强度。砂型承受外力作用而不易破坏的性能称为强度。铸型必须具有足够的强度，这样在浇注时才能承受金属液体的冲击和压力，不会发生变形和毁坏，如冲砂、塌箱等，从而防止铸件产生夹砂、砂眼等缺陷。

(3) 耐火性。型砂和芯砂在高温金属液体作用下不软化、不熔融烧结及不粘附在铸件表面上的性能称为耐火性。耐火性差会造成铸件表面粘砂，增加清理和切削加工的困难，粘砂严重时，还会使铸件成为废品。

(4) 透气性。型砂和芯砂在紧实后能使气体通过的能力叫透气性。当液体金属浇入铸型后，在高温作用下，砂型和型芯中会产生大量气体，液体金属内部也会分离出气体。如果透气性差，部分气体就留在液体金属内而不能排出，铸件中便会产生气孔等缺陷。型砂结构如图 2-2 所示。

(5) 退让性。铸件冷却收缩时，砂型和型芯的体积可以被压缩的性能称为退让性。退让性差时，铸件收缩困难，会使铸件产生内应力，甚至产生变形或裂纹等缺陷。

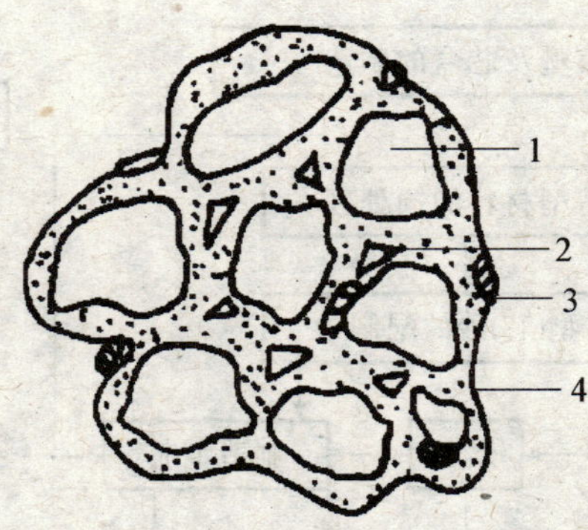


1-砂粒；2-空隙；3-附加物；4-黏结剂

图 2-2 型砂结构

型砂和芯砂除应具备上述五种主要性能以外，根据具体情况，对它们的物理化学性能、机械性能和工艺性能等还有一定的要求，如发气性、硬度、出砂性等，以保证获得质量优良的铸件。

## 二、型砂、芯砂所用的原材料

型砂和芯砂由原砂、旧砂、黏结剂、附加材料和水混合搅拌而成。

(1) 原砂

原砂遍布于江、河、湖、海的岸边滩底，其主要组成物有石英砂、长石砂等。

石英的主要成分是二氧化硅（$SiO_2$）。根据二氧化硅含泥量和其他杂质的含量，造型用砂可分为石英砂、石英—长石砂及黏土砂三种。石英砂中 $SiO_2$ 含量高，耐火性好，可用于配制铸钢件用的型砂和芯砂；石英—长石砂主要用于配制铸铁件及有色金属件用的型砂和芯砂；黏土砂主要用做铸铁及有色金属铸件用的型砂、芯砂的附加物。

(2) 旧砂

已经使用过了的型砂称为旧砂。旧砂经过适当处理后，仍可掺在型砂中使用，以节约新砂的用量，降低生产成本。通常，生产一吨铸件需用几吨造型材料，故旧砂回用具有很大的经济意义。

(3) 黏结剂

在型砂或芯砂中加入黏结剂的目的是使型砂具有一定的强度和可塑性。常用的黏结剂有高岭土和膨润土。

高岭土又叫普通黏土或白泥，一般用于干的型砂和芯砂中。膨润土又叫陶土，常用于湿的型砂和芯砂中。当型、芯形状复杂或有其他特殊要求时，可用水玻璃、亚麻仁油、糖浆等做黏结剂。

(4) 附加材料

为了改善和提高型砂、芯砂的性能，有时还需加入煤粉、木屑、重油等附加材料。型砂中加入煤粉可防止铸件表面粘砂；型砂和芯砂中加入木屑，则可以改善透气性、退让性。煤粉一般是加在湿型型砂中，木屑则加在干型的型砂和芯砂中，重油能在砂粒表面形成均匀薄膜，浇注时很快在型内形成还原性气氛。

## 三、型砂的种类

型砂根据用途的不同可分为面砂、填充砂、单一砂及型芯砂四种。

(1) 面砂。铸型表面直接与液体金属接触的一层型砂，称为面砂。它应具有较高的可塑性、耐火性和强度，才能保证铸件的质量。面砂厚度一般约为 20～30 mm，通常都是新砂。

(2) 填充砂。用来充填砂箱中除面砂以外的其余部分的砂，称为填充砂，又叫背砂。它只要求有较好的透气性和一定的强度，一般将旧砂经处理后即可作为填充砂使用。

(3) 单一砂。单一砂是指造型时，不分面砂和填充砂，砂型由同一种型砂构成。它适用于大批量生产、机械化程度较高的小型铸件的造型。

(4) 型芯砂。在铸造过程中型芯处于金属液的包围之中，工作条件比型砂恶劣，因此型芯砂应具有更高的强度、耐火性、透气性和退让性。

可用手感法检验型砂的性能，如图 2-3 所示。

a) 手捏可成砂团，表明型砂湿度适当

b) 手松开后砂团表面手印清晰，表明成形性好

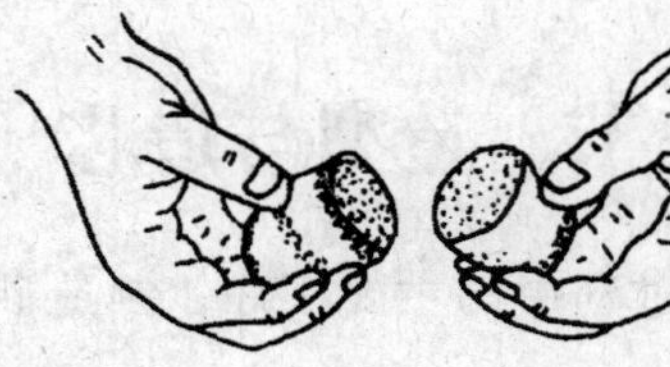

c) 用双手把砂团挤断后，断面处型砂应无碎裂，同时有足够强度

图 2-3 手感法检验型砂性能

## 四、辅助材料

常用的辅助材料为造型涂料和分型砂。为了防止粘砂、获得表面光洁的铸件，常在干型型腔表面和型芯表面涂刷一薄层涂料，使型腔或型芯与金属液隔离。使用时，一般将涂料加水搅拌后涂在型腔内壁或型芯外表面。通常，铸钢件的涂料用石英粉，铸铁件的涂料用石墨粉。

分型砂是干燥、颗粒均匀且较细的原砂。为了防止在造型过程中砂箱与底板之间、砂箱与砂箱之间的型砂层粘附，损坏铸型，可预先撒上一层分型砂使之分隔开来，以便使造型过程顺利进行。

## 五、型砂和芯砂的制备

型砂和芯砂的制备，可分为两个阶段。

(1) 原料的制备。原砂和黏结剂必须先过筛，大块的要碾碎，旧砂过筛前应先除去金属块。黏结剂和附加材料也要碾碎过筛。

(2) 混砂及松砂。把准备好的原料先作干混，然后加水湿混。这些混合都在混砂机中进行，碾轮式混砂机如图 2-4 所示。型砂使用前需通过松砂机松砂。

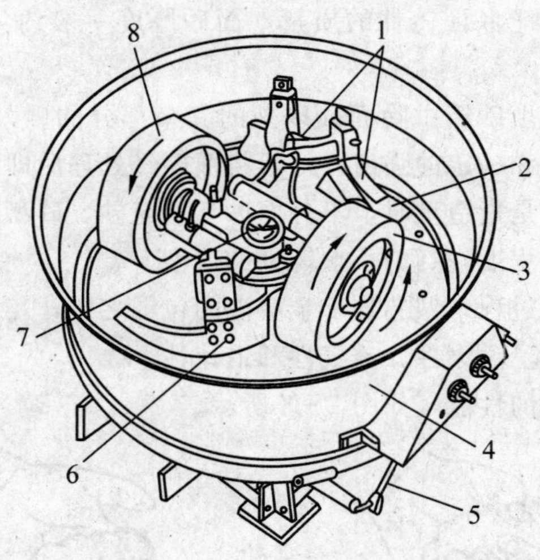


1，6-刮板；2-卸料口；3，8-碾轮；4-防护罩；5-拉杆；7-主轴

图 2-4　碾轮式混砂机

# 第三节　造型与造芯

砂型和型芯的制造是铸造工艺过程中的主要工序。制造砂型和型芯，需借助模型和芯盒。

## 一、模型和芯盒

制造砂型时，外部轮廓与零件相似的模样称为模型。铸件内部的孔穴是由型芯形成的，制造型芯的模型称为型芯盒（简称芯盒）。

模型和芯盒可以用木材或金属材料（铸铁、铜合金、铝合金）等制成。单件小批量生产时，模型和芯盒多用木材制造；大批量生产时，模型和芯盒则常用金属材料制造。

模型是根据零件图绘制成的铸造工艺图来制造的，制造模型时应注意以下几点：

(1) 分型面。分型面是砂箱之间铸型的分界面。合理的分型面可保证造型方便、取模容易，并可保证铸件质量。

(2) 收缩量与加工余量。铸件在冷凝过程中，体积要收缩，而铸件获得后还需进行机械加工，因此在制模时必须要考虑加放收缩量及加工余量。不同的金属材料具有不同的收缩率，一般灰铸铁为 0.5%～1%，铸钢为 1.5%～2%，铜合金为 1.2%～1.6%，铝合金为 1%～1.2%。加工余量的大小由铸件加工精度的要求来决定，具体数值可查阅有关手册。

(3) 拔模斜度。为使模型容易从砂型中取出，型芯容易从芯盒中取出，在模型上沿分型面的垂直侧壁和芯盒的内壁均应做出一定的斜度。拔模斜度一般规定为 0.5～3。

(4) 铸造圆角。凡铸件相邻两个表面的相交角，制造模型时，均应做成圆角。这样可使造型方便，并可防止铸件粘砂或产生裂纹。

图 2-5 为拔模斜度与铸造圆角的示意图。

(5) 型芯头。型芯头的作用是便于型芯在铸型中定位，以保证铸件内腔位置的正确。

制造模型时，应在相应的部位做出型芯头，同时在芯盒上做出型芯座。当铸型合箱时，型芯头与型芯座之间应保持微量间隙，以防止因过盈量大而压坏型芯头，或因间隙过大金属熔液进入型芯头而阻塞型芯通气。

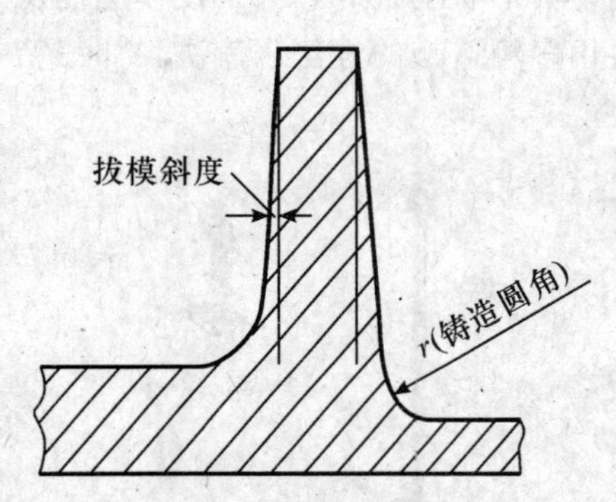


图 2-5　拔模斜度与铸造圆角

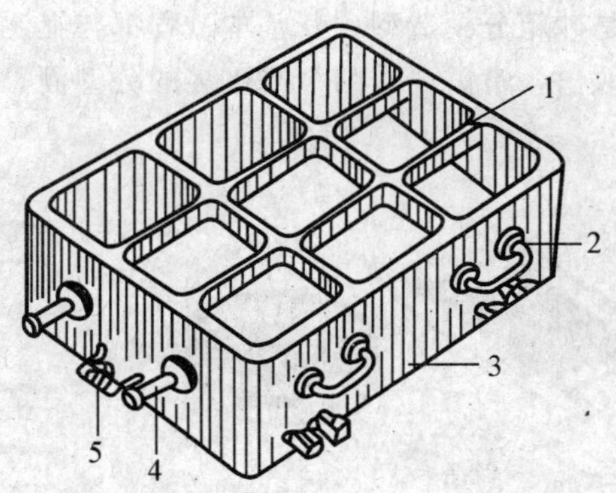


1-横挡；2-吊环；3-箱体；4-抬手；5-定位孔

图 2-6　砂　箱

## 二、造型

造型可分手工造型和机器造型两种。

### (一) 手工造型

1. 砂箱和工具

造型时，为便于舂砂、翻砂和搬运砂型，以及使砂型能承受较大的金属液压力，通常需要砂箱。以灰口铸铁制作的砂箱应用最广。常见的砂箱结构如图 2-6 所示。

手工造型时，还需要其他工具，如图 2-7 和 2-8 所示。

2. 造型

手工造型方法简便，目前单件或小批量生产铸件仍以此法为主。手工造型的方法很多，常见的有砂箱造型、脱箱造型、地坑造型和刮板造型等。下面简略介绍这些造型方法。

(1) 砂箱造型。两箱分模造型是最主要也是应用最广泛的一种砂箱造型方法。它的模型分为两半，铸型型腔位于上、下两个砂箱之中。

图 2-9 是两箱分模造型法的示意图。

①造下型。将下半模放在底板上，套下砂箱（又称底箱），然后先加入面砂，再加填充砂。每加入一层砂，都要用捣砂锤或风动锤均匀捣实，当型砂高出砂箱时，应刮去多余的型砂。用通气针扎出通气孔，以增加砂型的透气性，再翻转砂箱，修整分型面并撒分型砂，吹去模型上的干砂。

②造上型。将上半模按定位销放置于下半模上，随后将上砂箱与下砂箱对齐，在骑缝处做好记号，再将浇口棒和两个冒口棒置放于适当位置，然后加入面砂、填充砂，并均匀捣实。刮去上箱多余的型砂，扎通气孔，拔去浇口棒和冒口棒，开好外浇口。

③起模，修型翻转上砂箱，清洁分型面。用水润湿模型周围的型砂，用拔模针取出上下两半模型，并对型腔进行修整。

④开横浇口和内浇口。在下砂箱上挖出横浇口和内浇口，并进行修整，吹去松散的型砂。

⑤合箱和紧固。在砂型内撒上石墨粉（干型则应刷上涂料并烘干），放入型芯，翻转上砂箱，对准上下砂箱的记号合拢，紧固上下砂型。

凡是砂箱分模造型，其基本过程都与上述相似。当铸件形状复杂时，为了使模型能从砂型中取出，常需要有两个或更多的分型面，这时就要用多箱造型的方法来解决，如三箱造型等。

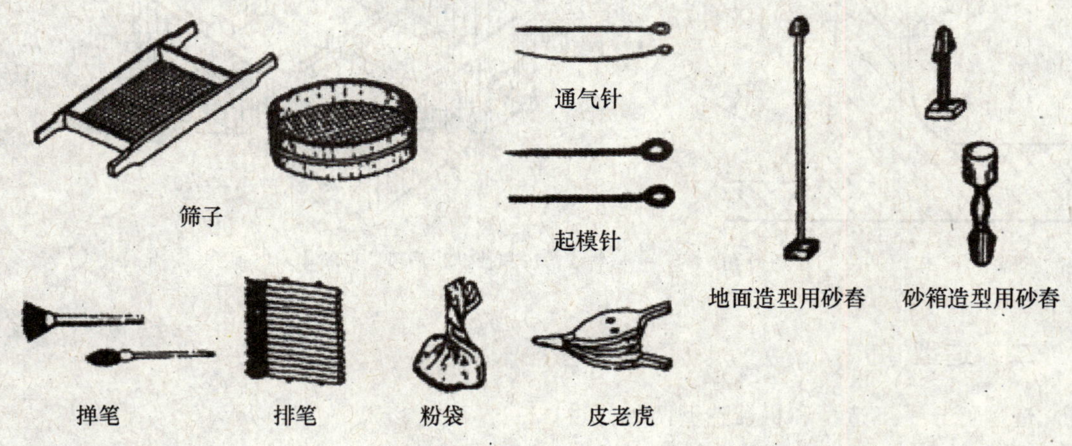


图 2-7　手工造型常用的工具

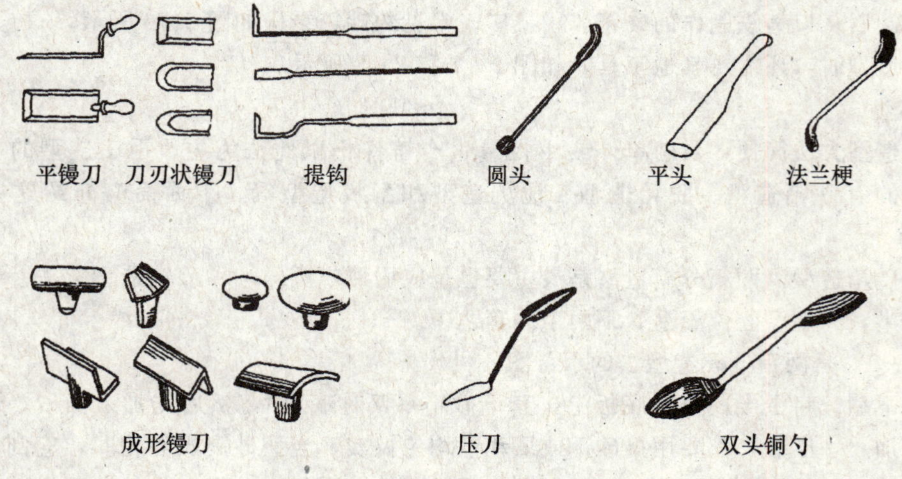


图 2-8　常用的修型工具

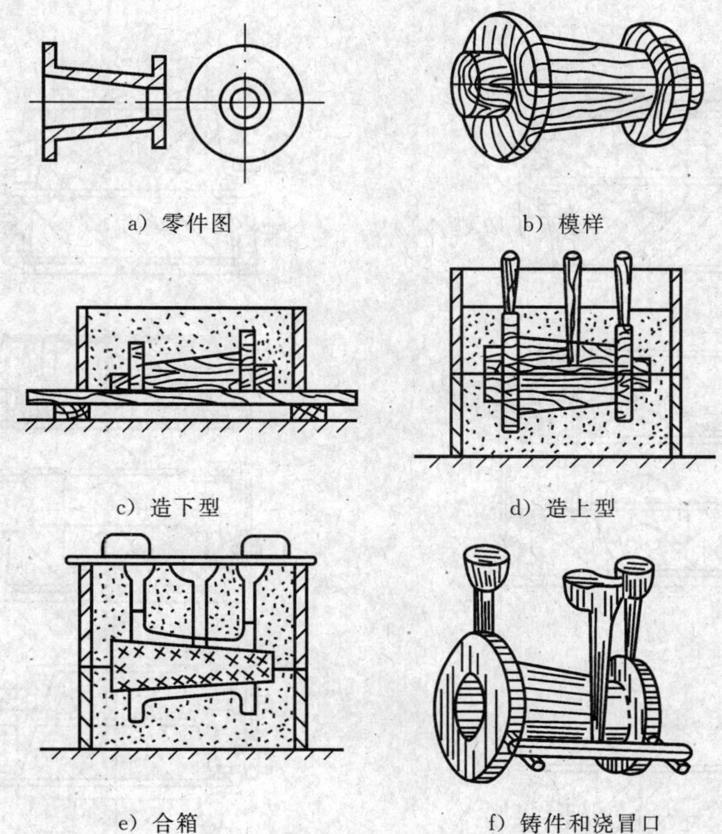

图 2-9 分模造型

（2）脱箱造型。脱箱造型的主要优点是铸型选好后，可将砂箱脱开，以供制造下一个铸型使用。这样，用一套砂箱可造出许多铸型，并且上下砂箱有定位销孔，可减少合箱定位时间，提高生产率。图 2-10 是双面模板脱箱造型工艺过程示意图。图中，上下砂箱及模板用定位销孔固定，先造下箱（图 2-10a）），下箱造好后，将上下砂箱连同模板、托板翻 180°，再造上箱（图 2-10b））；抬起已造好的上箱，即完成了上箱的起模工序（图 2-10c）），再沿定位销方向抬起模板，即完成了下箱的起模工序（图 2-10d））；然后合箱（图 2-10e）），最后脱去上下砂箱，加上一个套箱以待浇注（图 2-10f））。

脱箱造型一般用于批量较大的小型铸件的铸造。

（3）地坑造型。地坑造型就是在铸造车间的砂地上直接制造砂型，也称地面造型。造型前先挖一个地坑，坑底铺入适量焦炭，埋入一根通气管以便通气。焦炭上面逐层填砂舂实，到一定高度时，用锤轻敲模型使其打入砂内，四周再填砂舂实。刮平分型面，放上砂箱，用定位桩固定砂箱位置，在此位置放入浇口棒与冒口棒，填砂舂实砂箱，刮平砂面后拔出浇口捧与冒口棒，吊起砂箱取出模型，铸型空腔便已形成。经过修型，安放好预制的型芯，合箱后加上压铁准备浇注。这种方法适用于大型单件、要求较高而又无合适砂箱的铸件。

图 2-11 为大型轴承盖铸件的地坑造型示意图。

（4）刮板造型。这种造型法是利用刮板代替实体模型制造铸型的方法。刮板的运动形式很多，最常用的是绕垂直轴旋转的刮板，称为立式刮板。图 2-12 为皮带轮铸件的立式刮板造型示意图。图中，a）为铸件，b）为立式刮板，c）为刮制下型，d）为刮制上型，

e）为合箱。

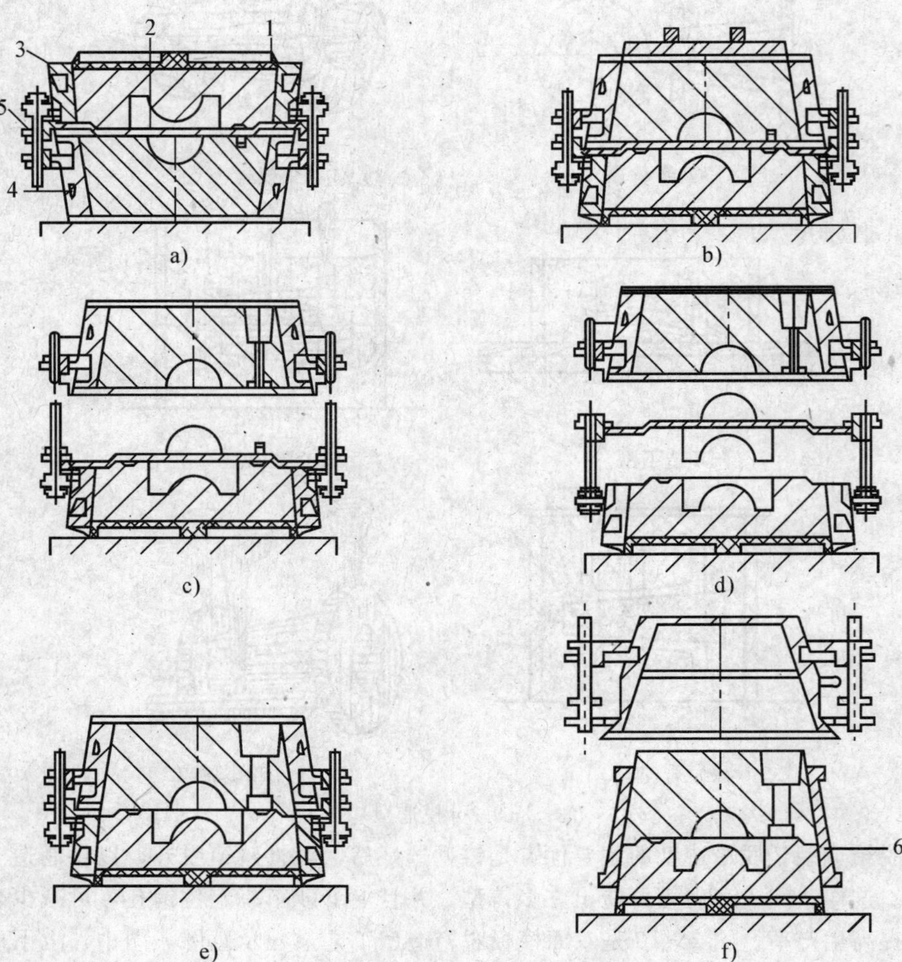


1-托板；2-双面模板；3-下砂箱；4-上砂箱；5-砂箱定位销；6-套箱

图 2-10 脱箱造型

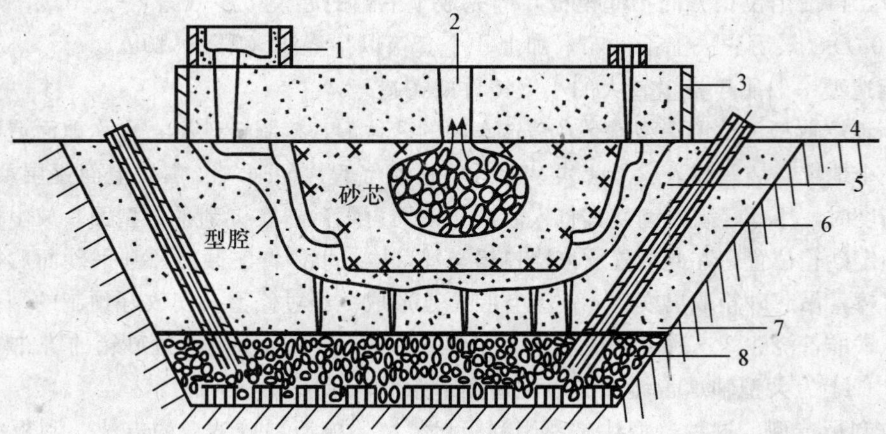


1-浇口盆；2-通气道；3-上型；4-排气管；5-面砂层；6-填充砂；7-草袋；8-焦炭

图 2-11 地坑造型（硬砂床）

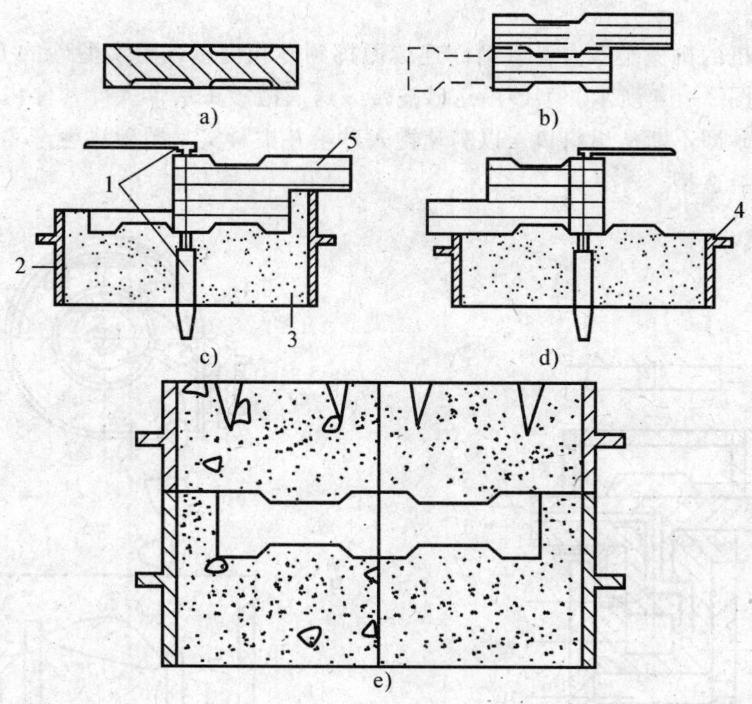


1-刮板架；2-下砂箱；3-型砂；4-上砂箱；5-刮板

图 2-12 立式刮板造型

刮板造型的特点是可以节省很多制模材料和工时，缩短生产准备的时间，铸件尺寸越大，这些优点越显著。但刮板造型只能用手工进行，而且要求工人技术水平较高，所以主要应用于制造批量较小、尺寸较大的回转体铸件，如皮带轮、飞轮、齿轮等。

### （二）机器造型

手工造型劳动强度大、生产率低、铸件质量也不稳定，主要适用于单件小批量生产及个别大型、复杂铸件的生产。机器造型可改善劳动条件，提高铸件精度和表面质量，但因其设备、模板、专用砂箱的投资较大，仅适用于大批量生产。

机器造型的特点是把紧实型砂和起模两个关键工序由一台造型机来完成。紧实型砂的方法有压实法、震实法、震压紧实法、微震压实法和抛砂法，起模的方法有顶箱起模法、转台起模法和翻台起模法等。现将震压紧实法、抛砂法和顶箱起模法的工作原理简述如下。

1. 震压紧实法

图 2-13 为震压紧实机构示意图。当压缩空气自震实进气口 7 进入震实汽缸 8 后，推动震实活塞 4 连同工作台 1 和砂箱 3 同时上升，当活塞上升至震实排气口 9 时，空气排出，工作台自动下降，完成一次震动。如此反复升降，砂箱中的型砂即被震实。关闭震实阀门，打开压实阀门，压缩空气自压实进气口 11 进入压实汽缸 10，推动压实活塞 5 连同工作台和砂箱上升，使压头 6 压入砂箱，排出空气后，砂箱随工作台下降，完成压实工作。

震压紧砂的方法，可使型砂的紧实度分布均匀，且生产率较高，因此是生产中小型铸件的基本方法。

2. 抛砂法

利用抛砂机的机械抛砂力量将型砂连续抛掷到砂箱内，以紧实型砂的方法叫抛砂法，其工作原理如图 2-14 所示。型砂由送砂皮带 3 送入抛砂头后落入叶片斗内，叶片随旋转轴 5 旋转，型砂即不断从出料口 4 以高速抛入砂箱并被紧实。抛砂法生产率很高，适于大中型铸件的砂箱造型。

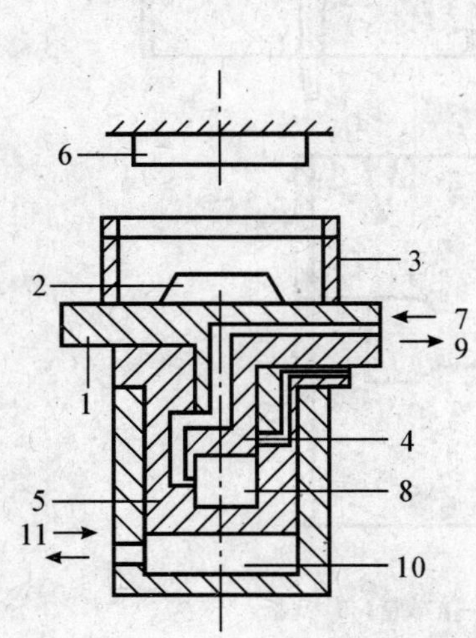


1-工作台；2-模板；3-砂箱；4-震实活塞；
5-压实活塞；6-压头；7-震实进气口；8-震实汽缸；
9-震实排气口；10-压实汽缸；11-压实进排气口

图 2-13 震压紧实机构

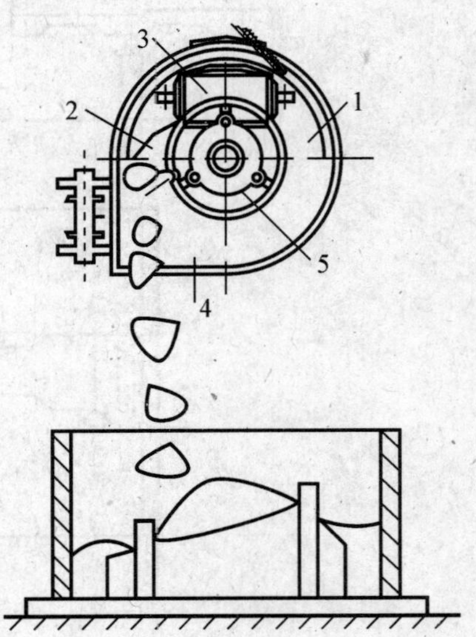


1-外壳；2-叶片；3-送砂皮带；
4-出料口；5-旋转轴

图 2-14 抛砂法的工作原理

3. 顶箱起模法

图 2-15 所示为顶箱起模示意图。a）为起模前，b）为起模后。型砂紧实后，开动顶箱机构使顶杆 3 上升，顶杆穿过型板 2 的通孔而顶起砂箱 1，完成起模工序。这种方法机构简单，但易掉砂，因此只适用于模型形状简单且高度小的铸型，通常用来制造上箱。

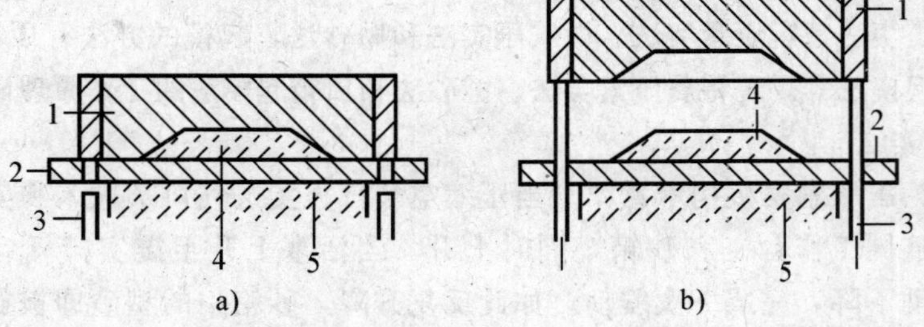


1-砂箱；2-型板；3-顶杆；4-模型；5-工作台

图 2-15 顶箱起模示意图

## 三、造芯

1. 手工造芯

常用的手工造芯方法为芯盒造芯。芯盒通常由两半组成，图 2-16 为芯盒造芯的示意图。图中，a）为芯盒的装配，b）为取出型芯。形状复杂的型芯，可分块制造，然后再粘合起来使用。为了降低型芯的制造成本，某些旋转体的型芯也可以利用刮板来制造，图2－17所示是用导向刮板制造大型管子弯头的型芯。

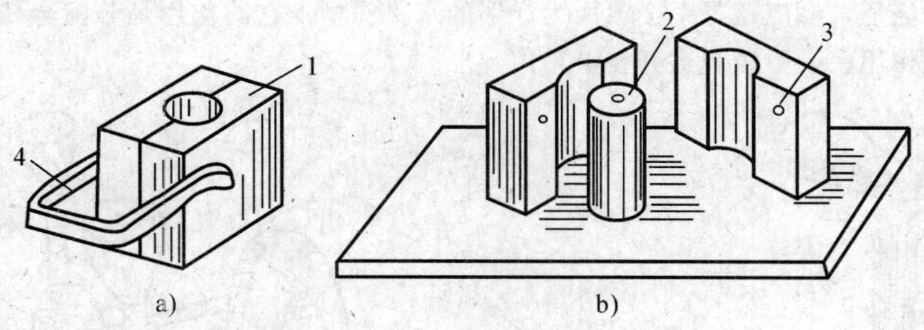


1－芯盒；2－型芯；3－定位销；4－夹钳

图 2－16　芯盒造芯示意图

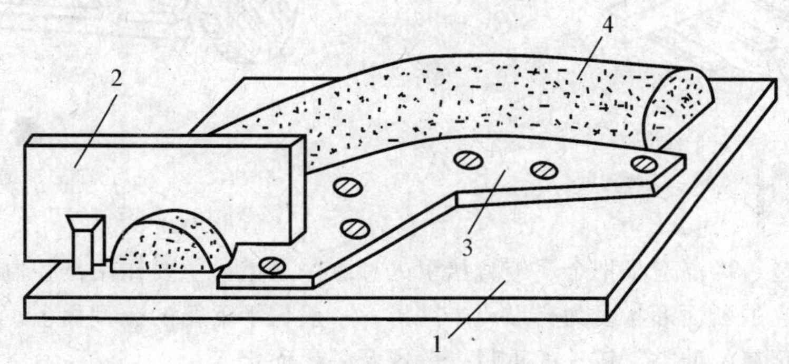


1－底板；2－刮板；3－导板；4－型芯

图 2－17　刮板造芯示意图

手工造芯主要适用于单件或成批生产。

2. 机器造芯

机器造芯可将填砂紧实和取芯两道工序由一台造芯机完成，生产效率高，型芯质量好，适用于大批量的生产。应用较广的机器造芯方法是射芯法。

大多数型芯需要烘干，目的是增加强度和透气性，减少型芯的发气量。当还需增加其强度时，则可在型芯内放入型芯骨。如要增加透气性，除在型芯中扎通气孔外，复杂的型芯还可在型芯内埋放蜡线，使其在烘干时烧去而留下通气孔。型芯一般都要刷上涂料，目的是增加型芯的表面光洁度和耐火性，提高型芯抵抗高温金属液侵蚀的能力。

## 四、浇注系统及冒口

金属液进入铸型时流经的通道称为浇注系统。图 2－18 为典型的浇注系统，其作用主要是保证金属液平稳、均匀、连续地充满型腔，防止熔渣、砂粒等进入型腔；调节铸件的凝固顺序，并供给铸件冷凝收缩时所需补充的金属液。正确合理地安排浇注系统，对保证铸件质量极为重要。

（1）外浇口。外浇口的主要作用是缓和金属液的冲击作用；当金属液浇满外浇口时，还可使熔渣等杂质上浮，起到挡渣作用。

(2) 直浇口。直浇口是外浇口下面的一段垂直通道，它的作用是调节金属液流入型腔的速度和压力。直浇口越高，金属液的流入速度越快，压力越大，金属液越易于充满铸件的细薄部分。

(3) 横浇道。横浇道是一个截面为梯形的水平沟槽，它的作用是分配金属液流入内浇道并起挡渣作用。一般横浇道开在上箱内。

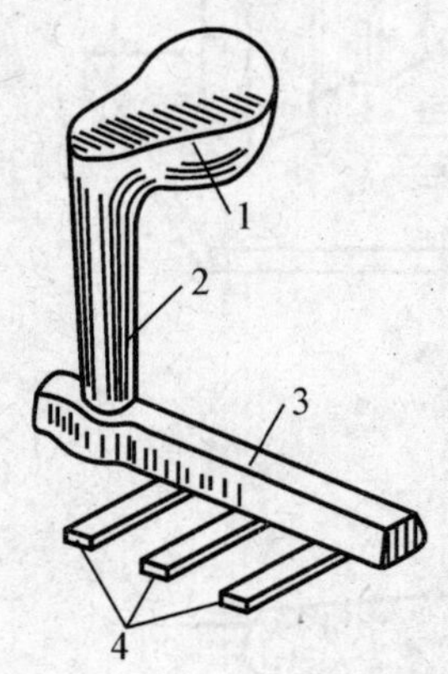


1-外浇口；2-直浇口；3-横浇道；4-内浇道

图 2-18　浇注系统

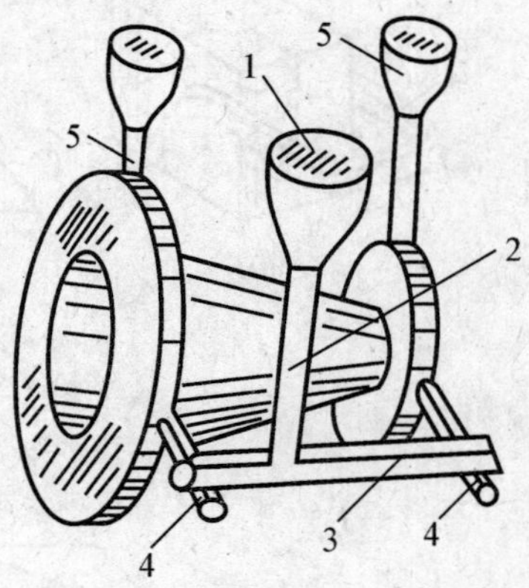


1-外浇口；2-直浇口；
3-横浇道；4-内浇道；5-冒口

图 2-19　带有浇冒口的铸件

(4) 内浇道。内浇道是把金属液直接引入型腔的通道，主要作用是控制金属液的流动速度和方向。它的断面形状多为梯形或半圆形，一般位于下箱的分型面上。内浇道的尺寸和数目要根据金属的种类、铸件的重量、壁厚及外形而定。

一般情况下，直浇口截面应大于横浇道截面，横浇道截面要大于内浇口截面，以保证金属液充满浇道，并使熔渣浮在横浇道上部，起挡渣作用。

(5) 冒口。液体金属在冷凝过程中体积要收缩，为了避免铸件中产生缩孔和缩松，在铸型中应设置冒口。冒口的主要作用是补缩。另外，在浇注时，产生的气体可以从冒口排出，同时型腔中的少量熔渣、砂粒等杂质，也可集中上浮到冒口上部。冒口一般设在铸件的最高处和最厚处。图 2-19 为带有冒口的铸件，5 为冒口。

### 五、合箱与铸型检查

铸型的装配工序简称合箱。合箱前对砂型和型芯的质量要进行检查，若有损坏需进行修理。合箱时要保证铸型型腔几何形状及尺寸的准确和型芯的稳固。合箱后，两箱要卡紧或在铸型上放压箱铁，以防浇注时上砂箱被金属液浮起，造成抬箱、射箱（铁水流出箱外）或跑火（着火的气体溢出箱外）等事故。

## 第四节　铸铁的熔炼

铸铁的熔炼是获得高质量铸件的一个重要环节。通过熔炼应使铁水获得所要求的化学成分和一定的温度，气体及夹杂物的含量要少。

## 一、设备

铸铁熔炼的设备很多，其中以冲天炉的使用最为广泛。冲天炉的结构形式很多，我国目前普遍应用的是多排小风口曲线炉膛热风冲天炉。如图 2-20 所示，冲天炉由下列几个部分组成。

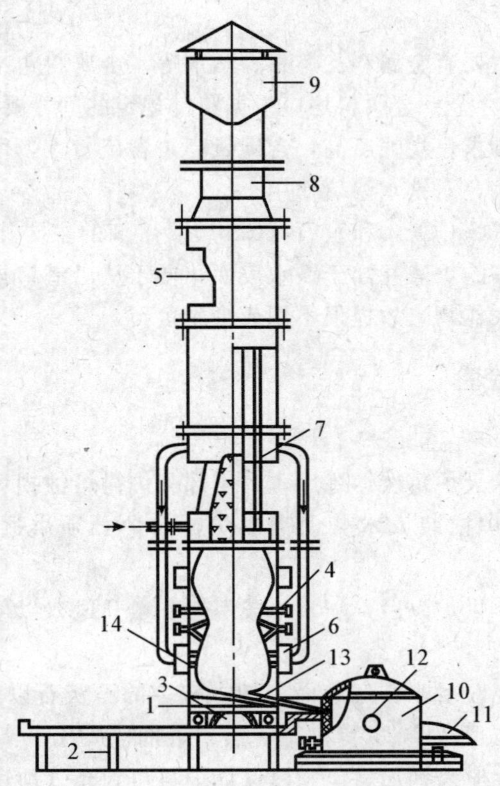


1-炉底板；2-支柱；3-炉底门；4-多排风口；5-加料口；6-环形风箱；7-密筋炉胆；8-烟囱；9-除尘器；10-前炉；11-出铁口；12-出渣口；13-过桥；14-炉膛

图 2-20　多排小风口曲线炉膛热风冲天炉

（1）炉底。整个炉子通过炉底板 1 由支柱 2 撑在炉基上。炉底板上装有两个半圆形炉底门 3，熔炼前，将炉底门关闭，在上面加型砂、碳素材料或老煤粉一起捣实，构成炉底。熔化终了时，打开炉底门便可清除余料和修炉。

（2）炉体。炉体由炉身和炉缸两部分组成。从炉底板至第一排风口为炉缸，从第一排风口至加料口 5 为炉身。炉体外壳由 6～12 mm 的钢板焊成，内砌耐火砖或由石英砂和耐火泥混合料捣结而成。

炉身下部设有环形风箱 6，风箱内侧有多排风口通向炉内。下面为主风口，上面几排为辅助风口，由鼓风机鼓入的冷风经密筋炉胆（热风装置）7 侧由多排风转变成热风，再经风箱 6、风口 4 吹入炉内。

（3）烟囱。从加料口至炉顶为烟囱 8。烟囱外壳与炉身连成一体，内砌耐火砖（或红砖）。烟囱顶部设有除尘器 9，用来收集火红的焦炭颗粒和烟尘。

（4）前炉。前炉炉壳由 6～12 mm 厚的钢板焊成，内壁衬有耐火材料。前炉通过过桥

13 与炉膛相连，熔化的铁水经过桥流入前炉。前炉的作用是贮存铁水，均匀铁水的化学成分和温度。在前炉中，铁水与焦炭和炉气脱离接触，趋于稳定，可准备出铁水。在前炉上开有出铁口 11 和出渣口 12。

冲天炉的大小以熔化率（$t$/h）来表示，常用的系列设计参数为 2～10 $t$/h。

## 二、炉料

冲天炉所用的炉料主要有金属料、燃料、熔剂等。金属料包括高炉生铁、回炉铁（浇冒口及废品）、废钢和铁合金。金属料均应根据铸件规定的牌号要求进行配比计算投料。

燃料主要是焦炭，要求焦炭强度高，含碳量高，含硫量少，块度合适，水分低，灰分少，以保证焦炭发热量大，对铁水渗硫作用小。

熔剂主要有石灰石（$CaCO_3$）和萤石（$CaF_2$）。熔剂的主要作用是降低炉渣熔点和稀释炉渣，形成流动性较好的炉渣并浮于铁水表面，便于从出渣口排出炉外。但氟化物侵蚀炉壁，容易污染大气和农作物，故提倡不用或少用萤石。

## 三、操作与炉前检验

1. 冲天炉的操作

(1) 修炉与烘炉。冲天炉每次熔炼后，由于部分炉衬熔蚀损坏，必须进行修理。修炉完毕后，应在炉底和前炉内装入木柴引火烘炉，前炉必须烘透、烘热，以保证铁水的温度。

(2) 点火与加底焦。烘炉以后，加入木柴引燃，敞开风口以便通风燃烧，然后加底焦至规定的高度。

(3) 装料。当底焦烧旺后，在底焦面上加入较少的石灰石以防底焦烧结或堵塞过桥，然后预热一段时间，并按下列顺序装料：层焦、熔剂、废钢、高炉生铁、铁合金、回炉铁、层焦……装料原则上应装到加料口，以保证炉料得到充分预热。

(4) 熔炼。炉料装好经预热后，即可送风熔炼。焦炭燃烧产生的热量使金属炉料熔化，形成高温的铁水，熔剂分解并与熔炼中产生的氧化物（$SiO_2$，MnO，FeO）及其他杂质作用，形成低熔点的熔渣。熔化的铁水和熔渣流入前炉，当其贮存量达到一定程度时，便可打开出渣口放出熔渣，然后再打开出铁口放出铁水。当铸型全部浇完后，便可停风，并打开炉底门放出剩余炉料。待炉冷却后，再行修炉。

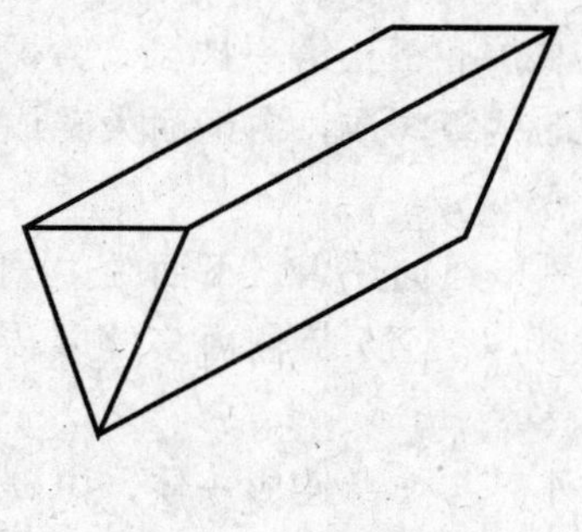

a）整块试样

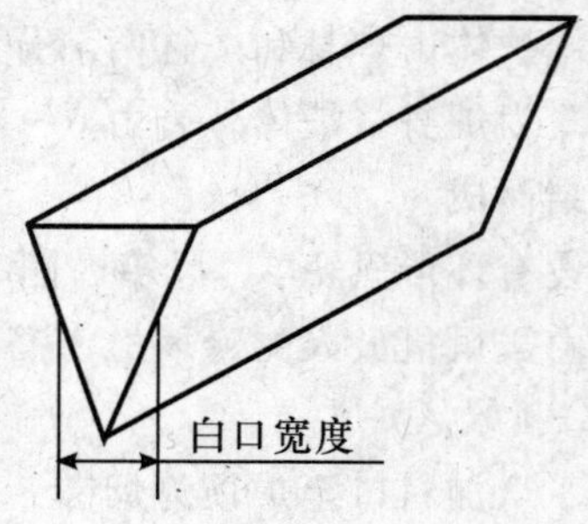


b）断口

图 2-21　三角试样示意图

2. 炉前检验

炉前检验一般是指测量铁水温度和观察三角试样以确定铁水的质量。铁水温度要求在1400 ℃以上，可用光学高温计来测量。

图 2-21 是三角试样示意图，它是铁水浇入预制的三角砂型中而得到的。通过三角试样的断口分析，观察晶粒的粗细和白口宽度，从而判断铁水的质量。

有条件的工厂可进行炉前取样，对成分进行快速分析，以便及时调整铸铁的化学成分。

## 第五节 浇注、落砂和清理

### 一、浇注

金属熔化后，将液体金属盛于浇包内，按规定的工艺经浇注系统注入铸型的过程，称为浇注。

浇注温度的高低及浇注速度的快慢，对铸件的质量有很大影响，如掌握不当，将会产生各种缺陷。铸铁的浇注温度一般在 1340 ℃左右，而浇注速度应根据铸件的具体情况而定。

浇注用的浇包如图 2-22 所示。

在浇注以前，要把液体金属表面的熔渣除尽，以免浇入铸型影响质量。浇注时应使外浇口保持充满，不允许浇注中断并应防止飞溅和满溢。

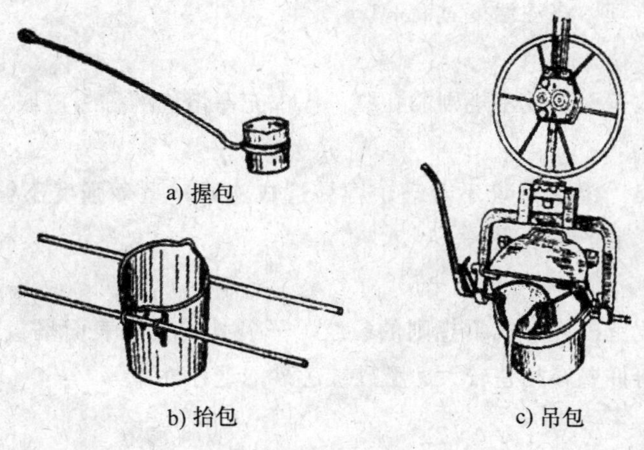


图 2-22 各种浇包

### 二、落砂和清理

将已经冷凝的铸件从铸型中取出的工作叫落砂。一般铸型浇注后，往往要求尽早地取出铸件，以缩短生产周期。但开箱落砂过早，会使铸件冷却太快，导致内应力增加，甚至变形开裂。铸件在砂型内冷却的时间，应根据铸件本身的情况和冷却条件来决定。通常重量在 1 t 左右的铸件需在砂型中冷却 10 h 左右，10 t 左右的铸件需冷却 4～5 天，100 t 的铸件需冷却十几天才可开箱落砂。

落砂方法有手工落砂和机械落砂。机械落砂常用的设备是偏心震动落砂机和惰性震动落砂机。

清理主要是去除铸件的浇冒口、表面粘砂及毛刺等。铸铁件上的浇冒口可用铁锤敲去，铸钢件可用气割除去，有色金属铸件可用锯锯去。铸件表面的粘砂，可用清砂滚筒、喷砂器和喷丸器等予以清理；毛刺等则可用錾子、砂轮机等予以清理。

## 第六节　铸件常见缺陷

铸造是一项较为复杂的工艺，铸件的质量要受到型砂质量、造型工艺、熔炼工艺及浇注等多种因素的影响，所以容易产生缺陷。常见的缺陷有以下几种：

1. 气孔

气孔是铸件内部、表面或近表处产生的大小不等的光滑孔眼。产生气孔的原因是造型材料中水分过多或含有大量的发气物质，而砂型和型芯的透气性差以及浇注速度太快，也会使型腔中的气体来不及排出。

2. 缩孔和缩松

铸件在凝固过程中，当合金的液态收缩和凝固收缩得不到足够的液体金属补充时所产生的孔洞，称为缩孔。分散的缩孔称为缩松。产生缩孔和缩松的原因是浇冒口的位置不适当，铸件的结构不合理，浇注温度过高等。

3. 渣眼和砂眼

在铸件的内部或表面形成不规则的孔眼，孔内充塞熔渣的称为渣眼，孔内充塞型砂的称为砂眼。

浇注时挡渣不良、浇注系统不合理，容易造成渣眼；型砂强度不够或型砂紧实度不足，浇注速度太快，易产生砂眼。

4. 热裂

铸件在凝固温度范围内形成不规则的裂纹，开裂处的金属表面呈氧化色的称为热裂。产生热裂的原因是铸件壁厚相差较大、型砂或芯砂的退让性差等。

5. 粘砂

在铸件表面上，型砂与金属或金属氧化物熔结在一起会形成粘砂。粘砂使铸件表面粗糙，难以清理，不易加工。产生粘砂的原因是型砂的耐火性差、铸型表面的涂料太薄、浇注温度过高。

6. 冷隔和浇不足

铸件存在未完全熔合的缝隙称为冷隔。液体金属未充满铸型称为浇不足。产生冷隔和浇不足的原因是浇注温度太低、浇注速度太慢等。

铸件产生缺陷后，应根据铸件的用途、要求、缺陷所处部位及其严重程度进行综合分析，作出正确的处理，无法采取补救措施的，则应作为废品。

## 第七节 特种铸造简介

特种铸造是提高铸件质量、劳动生产率、实现少切削或无切削加工的主要途径之一。特种铸造方法很多，下面介绍几种常用的方法。

### 一、金属型铸造

金属型铸造是将金属液直接浇入由耐高温金属材料制成的铸型中以获得铸件的方法。

金属型可经受很多次的浇注（约几万次）而不损坏，既节省了造型工时和大量的造型材料，提高了生产率，又能改善劳动条件；所得到的铸件尺寸精确，表面光洁，结晶颗粒细，机械性能较高。但因金属型的导热率较高、退让性差、制造成本高、生产准备周期长等缺点，使金属型应用范围受到一定的局限。图 2-23 为垂直分型式金属型。

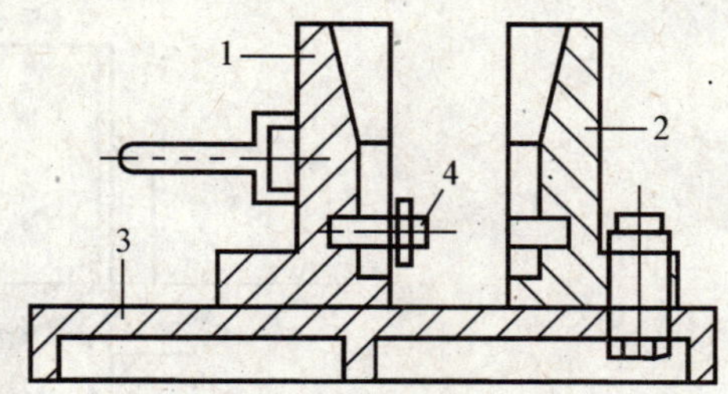


1-活动半型；2-固定半型；3-底座；4-定位销

图 2-23 垂直分型式金属型

金属型主要用于有色金属铸件的大批量生产，铸型材料大多为铸铁。

### 二、压力铸造

压力铸造是在高压的作用下，以很快的速度将液态或半液态金属压入金属铸型中，并在压力下凝固以获得铸件的方法。

压力铸造在压铸机上进行，图 2-24 为卧式冷压室压铸机工作原理图。

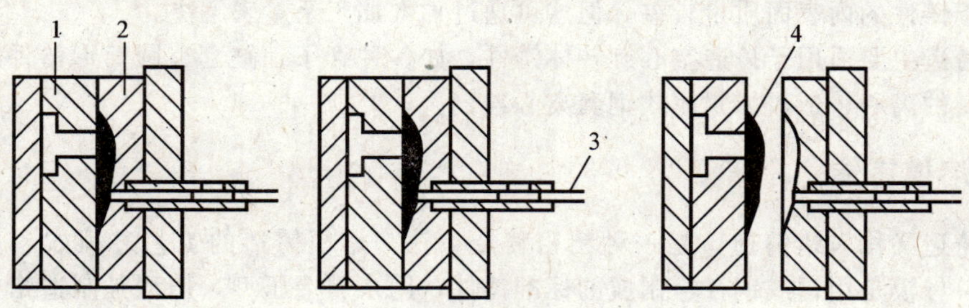


1-动模；2-静模；3-活塞；4-铸件

图 2-24 卧式冷压室压铸机工作原理

压力铸造除了保留金属型的一些特点外，由于是在高压高速下注入金属液体，故可得到形状复杂的薄壁件。而且高的压力保证了液体金属的流动性，因而可以适当降低浇注温度，铸型不必使用涂料，提高了零件的精度。

压力铸造产品质量好，生产率高，适用于大批量生产小型铸件。目前，压铸的合金已由有色合金扩大到铸铁、碳钢和合金钢。压力铸造是实现少切削或无切削的有效途径之一。

## 三、离心铸造

离心铸造是将液体金属浇入旋转的铸型中，使金属在离心力作用下充填铸型并结晶凝固以获得铸件的方法。

离心铸造可以用金属型，也可以用砂型。图 2-25 为离心铸造示意图。

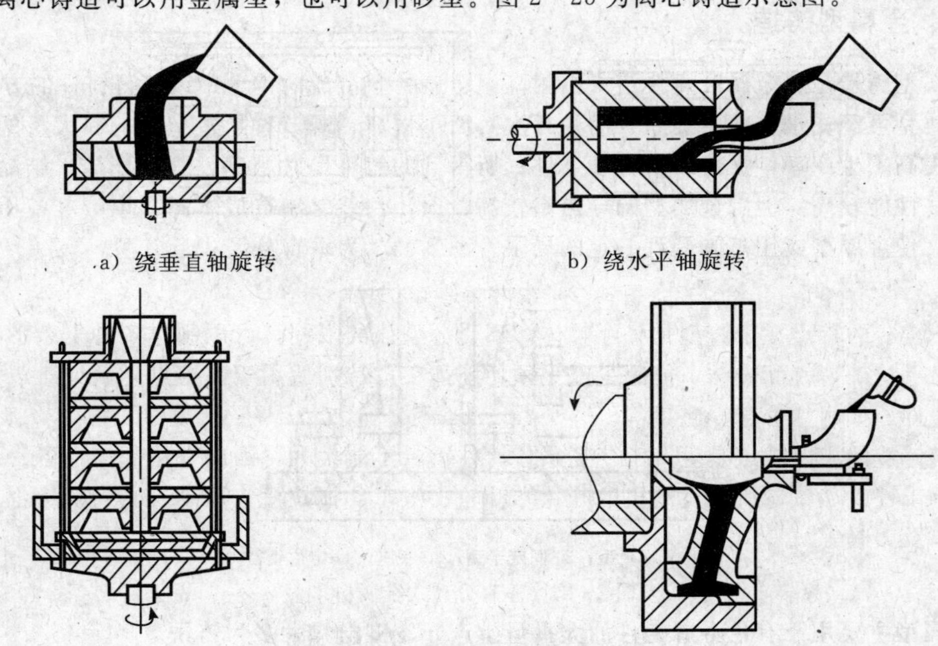

a）绕垂直轴旋转　　b）绕水平轴旋转

c）成形铸件的离心铸造

图 2-25　离心铸造示意图

在离心力作用下，金属中的熔渣等集中于铸件的内表面，金属呈方向性结晶，铸件结晶细密且无气孔、缩孔、渣眼等缺陷，铸件的机械性能较好。当铸造具有圆形内腔的铸件时，可省去型芯。此外，由于不用浇注系统，减少了液体金属的消耗量。离心铸造的不足之处在于铸件的内表面质量较差，但这可通过加大加工余量来解决。

离心铸造主要适用于铸造空心旋转体铸件，如各种管子、缸套、圆筒形铸件，还可以进行双金属的离心铸造，如封闭式钢套离心挂铜。

## 四、熔模铸造

熔模铸造又称失蜡铸造，是一种精密铸造方法。熔模铸造的工艺过程如图 2-26 所示。图中，母模是用钢或铜合金制成的标准铸件，用来制造压型，压型是制造蜡模的特殊铸型。

将配成的蜡模材料（常用的是 50%石蜡和 50%硬脂酸）熔化浇入压型中，即得单个蜡模。许多单个蜡模黏合在蜡制的浇注系统上，形成蜡模组。蜡模组浸以水玻璃与石英粉配成的涂料，再撒上石英砂并在氯化铵溶液中硬化，重复多次直到结成 5～10 mm 的硬壳为止。此种具有足够强度的硬壳即为铸型。然后将铸型加热使蜡模熔化流出，形成铸型空腔，如图 2-26g）所示。再经焙烧后，将铸型放在容器（砂箱）内，周围填砂，即可进行浇注。

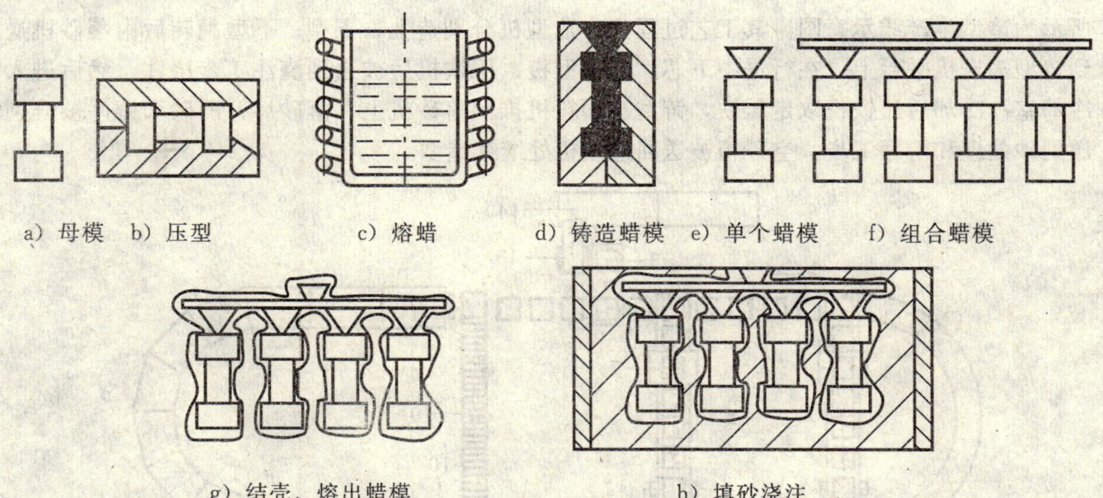

a）母模　b）压型　c）熔蜡　d）铸造蜡模　e）单个蜡模　f）组合蜡模

g）结壳、熔出蜡模　h）填砂浇注

图 2-26　熔模铸造工艺过程

熔模铸造的特点在于铸型是一个整体，不受分型面的限制，可以制作各种复杂形状的铸件，尺寸精确，表面光洁，能减少或无须切削加工，特别适用于高熔点金属或难以切削加工的铸件，如耐热合金、磁钢等。

熔模铸造的主要缺点是生产工艺复杂，铸件重量不能太大，因而常用于铸造各种形状复杂的小零件，如汽轮机、发动机的叶片和叶轮、汽车、拖拉机、风动工具、机床上的小型零件以及刀具等。

## 第八节　铸造技术发展概况

铸造是机械制造中一项重要的毛坯制造工艺过程，其质量和产量以及精度等直接影响机械产品的质量、产量和成本。铸造生产的现代化程度，反映了机械工业的水平，反映了清洁生产和节能省材的工业水准。铸造生产应该做到优质、低耗、高效、少污染。“面向未来的铸造”的发展方向如下。

### 一、21 世纪初湿砂造型仍将是主流

砂型铸造及湿砂造型仍将是主流的主要原因是：工艺成熟；实现自动化、智能化后，生产能力会很高；原材料简单易得，价格便宜；采用柔性化生产措施，生产灵活机动，单件小批生产也能上自动线等。

1. 开发和应用新的造型材料和砂处理设备

例如，采用树脂砂造型（芯），减少树脂中的有害成分，使旧砂最大限度地再生；使用高密度特殊涂料，生产近无余量的铸件；使用大型化转子式混砂机等砂处理设备；使混砂和输送及各工序之间实现半自动、自动化，大大改善砂处理工作环境等。

2. 砂型铸造向机械化、自动化方向发展

砂型铸造中进一步开发和推广各种新的造型（芯）方法，如高压造型、射压造型、气冲造型、挤压造型等；采用新型冷芯盒或温芯盒造芯、组合射芯等，实现自动组芯和下芯；使用自动快换模板和模样等，形成铸造生产过程的机械化、自动化和生产流水线，如触头高压

造型线、气冲造型线、静压造型线、挤压造型线等，大大提高生产率和产品质量。图 2-27 所示为造型生产线示意图。其工艺过程为：造型机分别造上、下型；下型翻转后由落砂机送到铸型输送机平台上，在行进中下芯，经合型机、压铁机后被送到浇注工步浇注，然后进入冷却室；冷却后压铁机取走压铁，铸型被捅箱机推到落砂机上；落砂后，旧砂和铸件被分别送到砂处理和清理工步，空砂箱被送回造型机处继续造型。

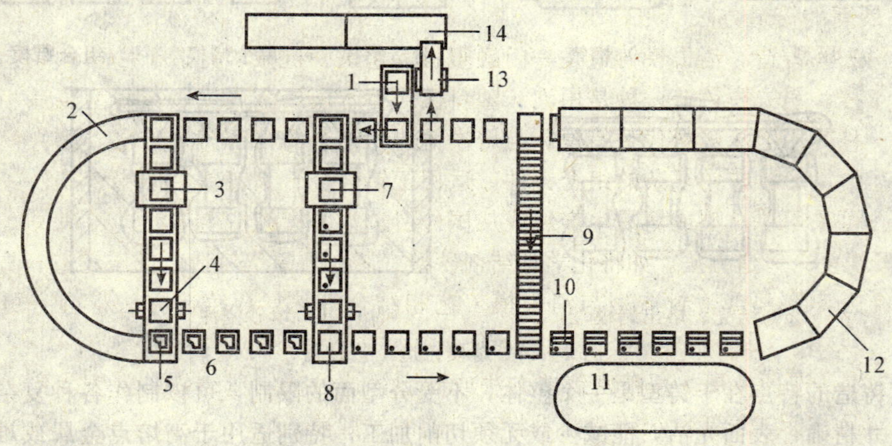


1-空砂箱；2-铸型抽送机；3-下型造型机；4-翻箱机；5-落型机；6-下芯；7-上型造型机；8-合型机；9-压铁机；10-压铁；11-浇注；12-冷却室；13-捅箱机；14-落砂机

图 2-27 造型生产线示意图

3. 铸造合金材料有所发展和改变

从世界范围内对汽车等产品轻量化和可回收性好的要求来看，镁合金、铝合金、钛合金等轻合金和球墨铸铁的需求量将大幅度上升，灰铸铁有所下降，可锻铸铁将逐渐减少，普通铸钢、特殊性能铸钢等仍然使用。新型铸造功能材料如铸造复合材料、阻尼材料和具有特殊磁学、电学、热学性能和耐辐射的材料等将进入铸造领域。

4. 改进合金的熔炼方法

例如，对冲天炉各参数实现自动控制和显示；采用冲天炉—工频炉双连熔炼工艺；用感应炉取代冲天炉熔炼铸铁，其中中频感应炉电效率和热效率高，熔炼时间短，省电，占地面积小，投资较低，易实现熔炼过程自动化及铸造清洁生产，将扩大使用范围。

5. 改进铸件清理和检验

铸件经过笼型抛丸机、机械手柔性抛丸机、多抛头抛丸机的功能设备清理后，进入专机清理自动线，再经过粗磨削、硬度检测、水压或气压试验等一条龙工作，减轻人工操作负担，提高机械化、自动化。

## 二、改进和发展特种铸造工艺及复杂铸造技术

1. 改进成熟的特种铸造方法

(1) 压铸。压铸的发展历程跨越了近两个世纪，随着轻合金压铸的高度自动化，铸件的大型复杂化，压铸被推向新的水平和新的高度，国内外都采用了真空压铸，精、速、密压铸等新工艺，压铸工业正从液态压铸向半固态（流变形半固态或触变形半固态金属）压铸和固态（粉状或粒状固态金属）压铸发展。

(2) 熔模铸造。熔模铸造采用 CAD/CAM 技术制造高精度压型、模具，用程控压蜡

机生产形状、尺寸精度很高的蜡模，各种新模料、新黏结剂和制壳新工艺不断涌现，高温合金单晶体定向凝固熔模铸造等，使熔模铸造成为一种近无余量的精密铸造技术。

(3) 金属型和低压铸造。金属型和低压铸造实现了凝固过程和充型过程的数值模拟，建成了铜合金铸件及铸铁件金属型铸造生产线和带有电子控制装置的低压铸造机等，使成熟的特种铸造工艺有了新的技术创新和应用范围的不断扩大。

2. 发展新的铸造方法

(1) 消失模铸造。消失模铸造是一门融塑料、化工、机械、铸造于一体的综合性多学科的系统工程。消失模铸造一种是用泡沫塑料模代替木模或金属模，与砂型铸造相结合的方法；另一种是用泡沫塑料代替蜡模，与熔模铸造相结合的精密铸造方法。消失模铸造可以生产近净形、形状非常复杂的组合铸件，适用于铝合金、灰铸铁、球墨铸铁及各种铸钢件的生产。可采用单机型或简易生产线或从国外引进消失模铸造生产线进行消失模铸造。

(2) 开发复合铸造方法。如将化学黏结剂砂型（芯）与差压铸造、低压铸造、真空吸铸等方法相结合，将真空密封造型与消失模工艺相结合等。复合铸造方法将会有更显著的发展。

(3) 艺术铸造的发展。用精密铸造方法或砂型铸造方法制造铸铁、青铜、铝、银和锡等的艺术制品，标志着新世纪铸造艺术将有广阔的发展前景。

## 三、计算机技术和机器人在铸造生产过程中的应用

铸造生产中，计算机已成为生产高质量铸件的必备条件，也是铸造生产现代化的主要发展方向。归纳起来计算机有以下应用：计算机报价；充型和凝固过程数值模拟设计造型工艺；CAD/CAM设计制造模具；控制造型自动线；控制熔化过程；控制砂型质量；自动检测自动线的故障及定点定性声像报警等。计算机在铸造行业中的应用，将会飞速地发展，使自动化转变为智能化。此外，还要大力开发用于铸造生产的计算机软件，如铸造专家系统等。

铸造生产过程中，机器人正在取代某些环节的人工操作，机器人已成为压铸机、制芯机、落砂机等的附属设备。铸造是有名的热、脏、累工种，随着机器人制作技术的进步和造价的降低，可以预料，机器人在铸造领域中的应用将有广阔的前景。

## [复习思考题]

2-1　何谓铸造？它有哪些优点？

2-2　对型砂和芯砂的性能有哪些要求？型砂和芯砂的主要原材料是什么？

2-3　简述型砂的种类。

2-4　何谓模型和芯盒？

2-5　常见的手工造型方法有哪几种？试述手工砂箱造型的简略过程。

2-6　何谓浇注系统？它由哪几部分组成？它们的主要作用是什么？

2-7　铸铁熔化时的炉料由哪些材料组成？

2-8　何谓浇注、落砂和清理？

2-9　铸件的常见缺陷有哪些？简述它们的产生原因。

2-10　常用的特种铸造方法有哪些？分别说明它们的含义。

2-11　简述铸造技术的发展概况。

# 第三章 锻 压

[锻造实习安全技术]

1. 穿戴好工作服等防护用品。

2. 检查所用的工具是否安全、可靠，手工锻时，还应经常注意检查锤头是否松动。

3. 钳口形状必须与坯料断面形状、尺寸相符，以便将其夹牢，并在下砧铁中央放平、放正、放稳坯料，先轻打后重打。

4. 手钳或其他工具的柄部应靠近身体的侧旁，不许将手指放在钳柄之间，以免伤害身体。

5. 踩踏杆时，脚跟不许悬空，以便稳定地操纵踏杆，保证操作安全。

6. 锤头应做到“三不打”，即工模具或锻坯未放稳不打，过烧或已冷的锻坯不打，砧上没有锻坯不打。

7. 锤头工作时，严禁将手伸进锤头行程中，必须及时清理干净砧座上的氧化皮。

8. 不要在锻造时易飞出毛刺、料头、火星、铁渣的危险区停留，不要直接用手触摸锻件和钳口。

9. 两人或多人配合操作时，应分工明确，要听从掌钳者的统一指挥。

[冲压实习安全技术]

1. 未经指导老师允许，不得擅自开动设备。

2. 开机前，必须检查离合器、制动器及控制装置是否灵敏可靠，设备的安全防护装置是否齐全有效。

3. 严禁在冲床的工作台面上放置物品。

4. 严禁用手直接取放冲压件，清理板料、废料或成品时，需戴好手套，以免划伤手指。

5. 严禁连冲。单冲时，不许把脚一直放在离合器踏板上进行操作，应每件一次，踩一下，随即脱离脚踏板。

6. 两人以上操作一台设备时，要分工明确，协调配合。

## 第一节 锻压概述

锻压包括锻造和冲压，是金属压力加工生产方法的一部分。

锻压是在外力作用下使金属材料产生塑性变形，从而获得具有一定形状和尺寸的毛坯或零件的一种加工方法。

锻压的材料应具有良好的塑性，以便在锻压加工时能产生较大的塑性变形而不破坏。常用金属材料中，铸铁塑性很差，不能锻压；钢、铝、铜等塑性良好，可以锻压。

金属压力加工的主要方法有轧制、挤压、拉拔、冲压、锻造等。轧制、挤压、拉拔主要用于生产各种板材、管材、线材等；锻压主要生产各种重要的、承受重载荷的机器零件或毛坯，如机床的主轴和齿轮、内燃机的连杆、炮筒和枪管以及起重吊钩等；冲压主要用于加工板料，故又称板料冲压，广泛用于汽车、拖拉机、航空、电器、仪表及日用品工业等部门。

根据所用设备、工具和成形方式不同，锻造分为自由锻、胎模锻和模锻。

锻造能改善金属的组织，提高其机械性能，所以锻件能承受重载荷及冲击载荷。机械中的轴、齿轮及受力大的零件常采用锻造。锻造方法生产效率高，节省金属，锻件的机械性能优于同类材料铸件的性能。随着模锻、精密锻的不断发展，锻造的使用范围会更广泛。

## 第二节 金属坯料加热

坯料在锻打前需要先在加热炉中加热，目的是提高坯料的塑性，降低其变形抗力，用较小的锻打力使坯料产生较大变形量。加热到始锻温度后即开始锻打，随着锻打的进行，坯料温度逐渐变低，当温度降到其终锻温度时应终止锻打。如果锻件还未完成，应重新加热再进行锻打。锻件的整个锻打过程是在金属的锻造温度范围内进行的，因此加热是锻造的重要工序，对提高效率、保证质量和降低成本影响极大。

### 一、锻造温度的范围及确定

坯料加热后塑性提高，但是加热温度过高，坯料会产生许多加热缺陷。加热的最高温度称为始锻温度。在锻打过程中随着温度的降低，坯料塑性下降，其变形抗力亦增大。当温度低到一定程度时，不仅锻打费力，而且容易打裂，必须停止锻打。我们把金属材料允许变形的最低温度称为终锻温度。从始锻温度到终锻温度这一温度区间称为锻造温度范围。表 3-1 列出了一些合金的锻造温度范围。

金属的锻造温度范围是通过实验和长期生产实践确定的。碳钢的锻造温度范围可根据铁碳平衡相图和生产实践确定。

**表 3-1　常见金属材料的锻造温度范围**

| 合金种类或牌号 | 始锻温度（℃） | 终锻温度（℃） |
|---|---|---|
| 含碳 0.3%以下的碳钢 | 1200～1250 | 800～850 |
| 含碳 0.32%～0.5%的碳钢 | 1150～1200 | 800～850 |
| 含碳 0.5%～0.9%的碳钢 | 1100～1150 | 800～850 |
| 合金工具钢 | 1050～1150 | 800～850 |
| 高速工具钢 | 1100～1150 | 900 |
| 硬铝 LYZ | 455 | 380 |
| 锻造铝合金 LDZ | 500 | 400 |
| 黄铜 H62 | 820 | 650 |
| 青铜 QAI | 840 | 700 |

## 二、加热缺陷和防止措施

坯料在加热过程中，随着温度升高和时间延长会发生一系列物理、化学变化，这些变化可能引起一些加热缺陷，如氧化、脱碳、过热、过烧和裂纹等，它们会直接影响到金属的锻造性能和锻件质量。了解这些缺陷产生的原因和危害，才能制定合理的加热规范，正确控制加热过程。

1. 氧化

金属坯料一般在加热时，均与炉中氧化介质（氧气）发生反应生成氧化物，即氧化。氧化不但会使材料烧损，而且严重时会危害锻件质量。加热温度愈高，时间愈长，坯料被氧化得愈严重。严格控制炉温、快速加热、向炉内送还原性气体（CO，$H_2$）、采用在真空中加热等都是减少氧化的有力措施。

2. 脱碳

加热时，坯料表层的碳与氧等介质发生化学反应造成碳元素降低叫脱碳，它会使锻件表层硬度降低，耐磨性降低。如脱碳层厚度小于机械加工余量，对锻件不会造成危害；反之，则会影响锻件质量。快速加热、在坯料表层涂保护涂料、在中性介质或还原性介质中加热，都可以减缓脱碳。

3. 过热

过热是金属坯料加热温度超过始锻温度并在此温度下保持时间过长而引起晶粒迅速长大的现象。过热会使坯料塑性下降，锻件机械性能降低。严格控制加热温度，尽可能缩短高温阶段的保温时间，可防止过热。

4. 过烧

坯料加热温度接近金属的固相线温度，并在此温度长时间停留，导致金属晶粒边界出现氧化及形成易熔共晶氧化物的现象叫过烧。过烧后，材料的强度严重降低，塑性消失，一打便碎，所以过烧的坯料只能报废。

5. 裂纹

加工大型锻件时，如果装炉温度过高或加热速度过快，锻件心部与表层温度差过大产生的热应力超过材料的强度极限，就会使坯料产生裂纹，故加热应分阶段进行。

## 三、加热设备

锻造加热设备常用的有火焰炉和电加热设备。火焰炉是利用燃料燃烧产生的热量来加热坯料，电加热设备主要有电阻炉和感应电加热设备等。

1. 火焰反射炉

图 3－1 是烧煤的火焰反射炉。煤在燃烧室燃烧，火焰和高温炉气越过火墙进入加热室加热坯料，加热室温度高达 1350 ℃。废气经烟道通过除尘器除尘后，从烟囱排出。鼓风机供给的空气经换热器预热后送入燃烧室，坯料从炉门装入和取出。这种加热炉用于中小批量锻件的加热。

2. 重油炉和煤气炉

重油炉和煤气炉结构相同，没有专门的燃烧室。图 3－2 为重油炉示意图，喷嘴或燃烧嘴将重油或煤气与空气混合，直接喷入加热室燃烧并加热坯料。重油炉、煤气炉常用于加热单件和小批量的中小件坯料。

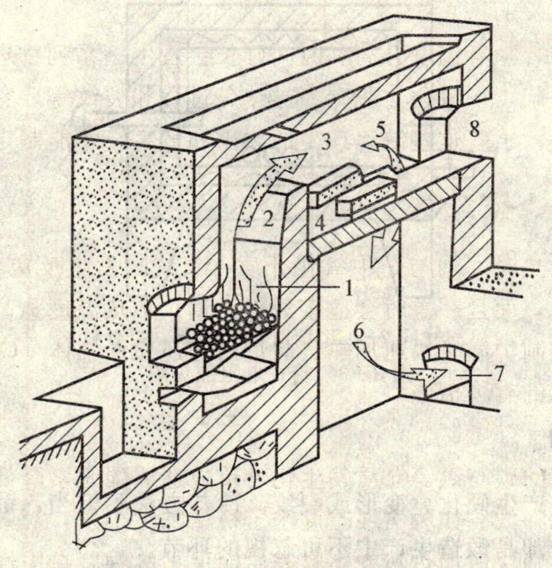


1 -燃烧室；2 -火墙；3 -加热室；4 -金属坯料；5 -通道；6 -烟室；7 -烟道；8 -炉门

图 3 - 1 火焰反射炉示意图

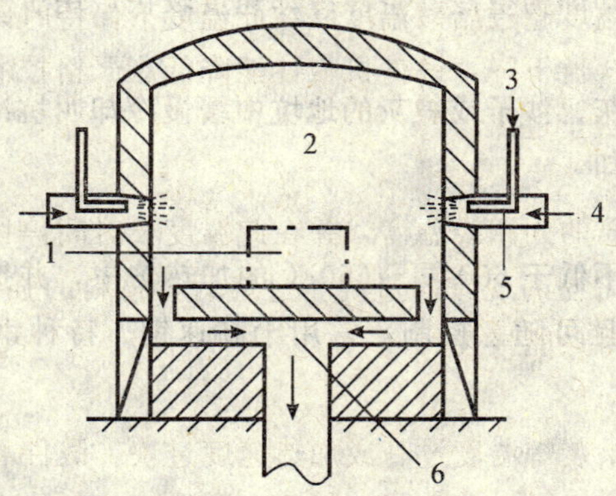


1 -炉门；2 -加热室；3 -重油；4 -空气；5 -喷嘴；6 -烟道

图 3 - 2 重油炉示意图

3. 电阻炉和电感应加热

图 3 - 3 为箱式电阻加热炉。电阻炉是利用电流通过电阻元件产生的热量加热坯料。根据电阻元件不同，电阻炉分中温（最高工作温度 950 ℃，电阻元件为电阻丝）和高温（最高工作温度 1300 ℃，电阻元件是碳化硅棒）两种。炉门下设有踏杆，用于开闭炉门。为了安全，炉门打开时，碰撞开关自动切断电源，关闭炉门后电流又自动接通。电阻炉用热电偶等控温仪控制炉温并自动显示炉温。电阻炉操作简便、控温准确，可通入保护性气体以减少坯料氧化。中温电阻炉用来加热有色金属坯料，高温电阻炉用于加热高合金钢等。

感应加热是利用电磁感应原理，把坯料放在交变磁场中，使其内部产生感应电流，从而产生焦耳热来加热坯料。

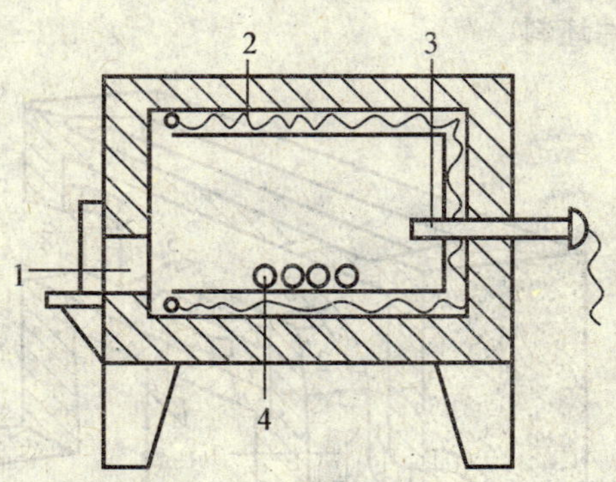


1 -炉门；2 -电阻元件；3 -热电偶；4 -坯料

图 3 - 3 箱式电阻加热炉

### 四、锻件的冷却

锻件的冷却应防止产生硬化、变形或裂纹。冷却方法不恰当，锻件的质量会受到严重影响甚至报废。锻后冷却是锻造生产中不可忽视的环节。

锻件冷却的方式有空冷、坑冷和炉冷。

1. 空冷

热态锻件在空气中冷却即为空冷。空冷冷却速度较快，用于一般锻件的冷却。

2. 坑冷

热态锻件放在填有石灰、沙子或炉灰的地坑中缓慢冷却叫坑冷。坑冷冷却速度较空冷慢，用于不锈钢锻件的冷却。

3. 炉冷

将锻件重新装入炉温不低于 600 ℃～650 ℃的加热炉中，并按一定冷却规范进行冷却叫炉冷。炉冷速度最慢而且可随意控制，常用于高速钢、特种钢锻件及大型锻件的锻后冷却。

## 第三节　自由锻造

在锻锤或压力机上、下砧铁（抵铁）间，辅以简单的工具，使坯料受打击或压缩而变形获得锻件的方法叫自由锻。

自由锻造的设备和工具通用性强，灵活性大，适合生产单件和小批量锻件。由于在自由锻锻打过程中抵铁只与坯料部分接触，逐步锻打成形，所以采用自由锻可以用小功率的设备锻打大型锻件。自由锻是锻造大型锻件的唯一方法。

自由锻主要靠人工操作控制锻件的形状和尺寸，因此锻件尺寸精度低，劳动强度大，生产效率低。

### 一、自由锻设备

自由锻设备有两类：一类是锻锤，另一类是压力机。锻锤是利用它的落下部分的冲击力对坯料进行锻打的，常用的有空气锤、蒸汽—空气锤，多用于锻造中小型锻件。压力机有机械的和液压的两种，它们用静压力使坯料变形，常用水压机生产大型锻件。

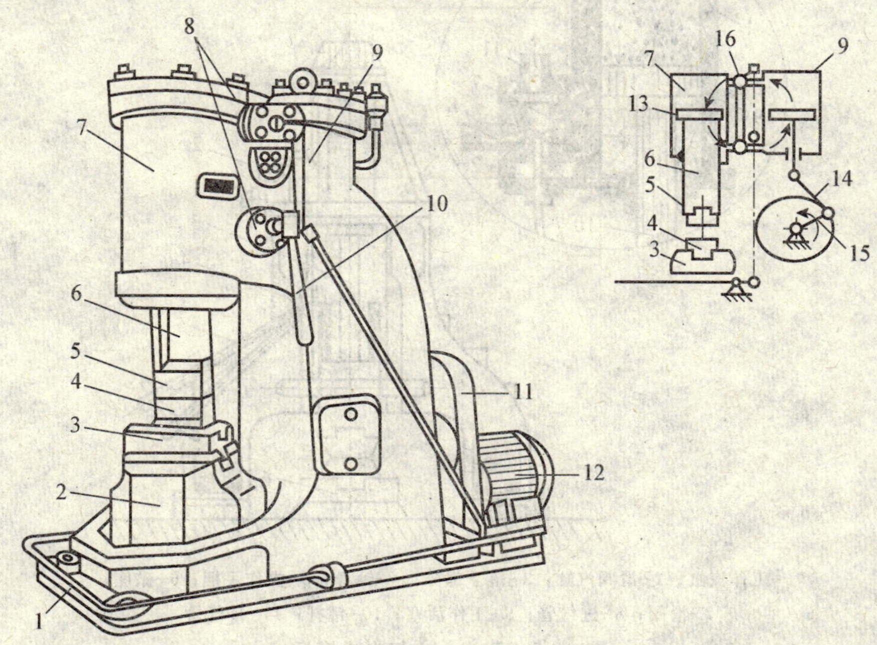


1-踏杆；2-砧座；3-砧垫；4-下砧铁；5-上砧铁；6-锤杆；7-工作缸；8-控制阀；9-压缩缸；10-手柄；11-减速机构；12-电动机；13-活塞；14，15-曲柄连杆；16-转阀

图 3-4　空气锤结构图

1. 空气锤

空气锤有压缩缸和工作缸。电机带动压缩缸内活塞运动，将压缩空气经旋阀送入工作缸的下腔或上腔，驱使上砧铁或锤头上下运动进行打击。通过脚踏杆或手柄操纵控制阀可使锻锤空转、落下部分即锤头（工作活塞、锤杆、上砧铁）上悬、锤头下压、连续打击和单次锻打等，满足锻造的各种需要。空气锤工作时，振动大，噪声大。

空气锤的规格用落下部分的质量来表示，如 65 kg 锤表示它落下的质量为 65 kg。

2. 蒸汽—空气锤

蒸汽—空气锤以蒸汽或压缩空气为工作介质驱动锤头上下运动对坯料进行打击。图 3-5为双柱拱式蒸汽—空气锤结构图。它的工作原理是通过操作手柄控制滑阀，使气体进入汽缸的上、下腔并推动活塞上下运动，实现使锤头上悬、下压、单打或连续击打等动作。它主要用于大、中型锻件。

3. 水压机

图 3-6 为水压机的典型结构图。水压机的典型结构由三梁（上横梁、下横梁、活动横梁）、四柱（四根立柱）、两缸（工作缸、回程缸）和操纵系统（分配器、操纵手柄）组成。活动横梁和下横梁上各装有上砧和下砧，坯料置于下砧上，利用活动横梁上下往复运动实现对坯料施压，使坯料变形。水压机的动能由另设的高压水泵和蓄压器供给。

水压机源于帕斯卡液体静压原理。当回程缸与常压水箱连通时，活动横梁借自重下降，上砧与锻件接触；当高压水泵和蓄压器中的 20～40 MPa 的高压水进入工作缸后，上砧对坯料施压使坯料变形；当高压水进入回程缸，回程柱塞通过拉杆将活动横梁提起；活

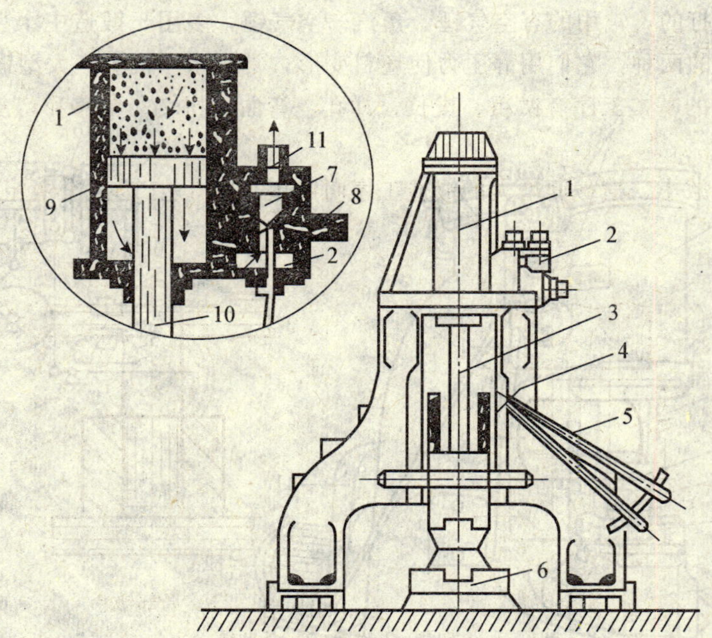


1-工作汽缸；2-滑阀汽缸；3-落下部分；4-锤身；5-操作手柄；6-砧座；
7-滑阀；8-进气管；9-工作活塞；10-锤杆；11-排气管

图 3-5　蒸汽—空气自由锻锤

动横梁上下多次往复运动就可实现对坯料的多次施压，使坯料变形成为锻件。

水压机的规格多以它的公称压力大小来区分。用于自由锻的水压机的公称压力一般为8000～125000 kN。水压机是静压力，能量利用率高，工作时无振动，噪声小。

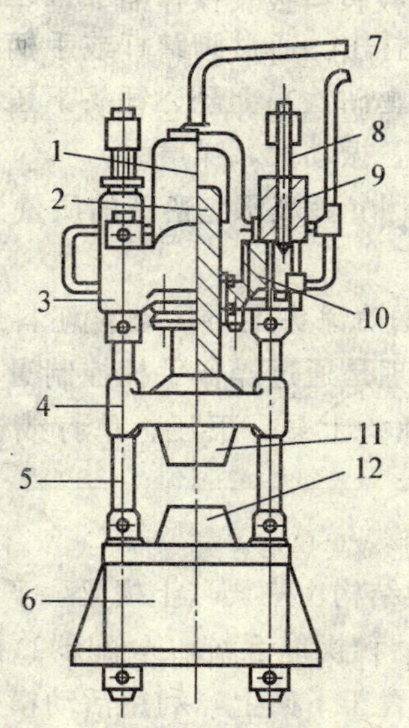


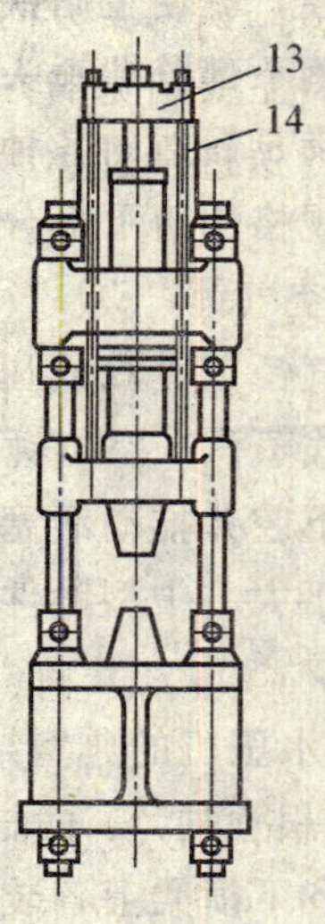


1-工作缸；2-工作柱塞；3-上横梁；4-活动横梁；5-立柱；6-下横梁；7-管道；
8-回程柱塞；9-回程缸；10-密封圈；11-上砧；12-下砧；13-回程横梁；14-拉杆

图 3-6　水压机结构图

## 二、自由锻基本工序

自由锻常用的基本工序有镦粗、拔长、冲孔、弯曲、扭转、错移和切割。

1. 镦粗

使坯料高度减小、横截面增大的锻造工序叫镦粗，图 3－7 为完全镦粗和局部镦粗图。

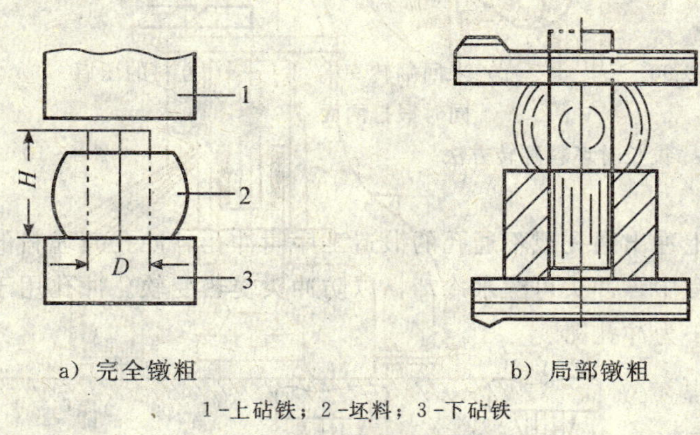


a）完全镦粗　　b）局部镦粗

1－上砧铁；2－坯料；3－下砧铁

图 3－7 镦 粗

为防止镦粗时坯料产生纵向弯曲，镦粗前坯料的高度（$H$）与直径（$D$）之比（高径比）应小于 2.5～3；坯料的两端必须平整并垂直于轴线，加热温度应均匀；操作中如果产生弯曲应及时校正。镦粗用于锻制圆盘、齿轮等锻件。

2. 拔长

使坯料横截面积减小、长度增加的锻造工序叫拔长。拔长操作需要遵守下列规则：

（1）坯料沿砧铁宽度方向送进，每次送进量 $L$ 与单边 $H$ 之比一定要大于 1～1.5。送进量过大，坯料主要向宽的方向流动，拔长率低；送进量过小，会出现折叠夹层。图3－8为拔长操作时的送进量过小形成折叠夹层示意图。

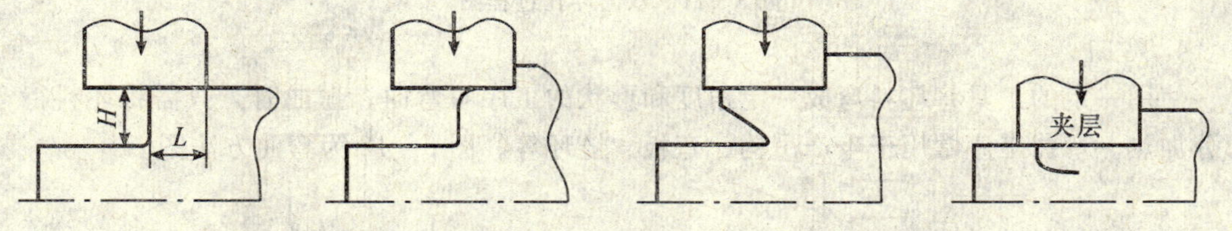


图 3－8 拔长时送进量过小形成夹层示意图

（2）拔长时可用反复左右翻转 90°的方法顺序锻打，也可顺轴线锻完一面后，翻转 90°锻另一面。图 3－9 即为拔长时锻件的翻转方法。

（3）局部拔长锻制台阶时需要先压出压肩或压痕，如图 3－10 所示，切出所需坯料长度再拔长。

拔长一般用于锻制轴或杆类锻件。

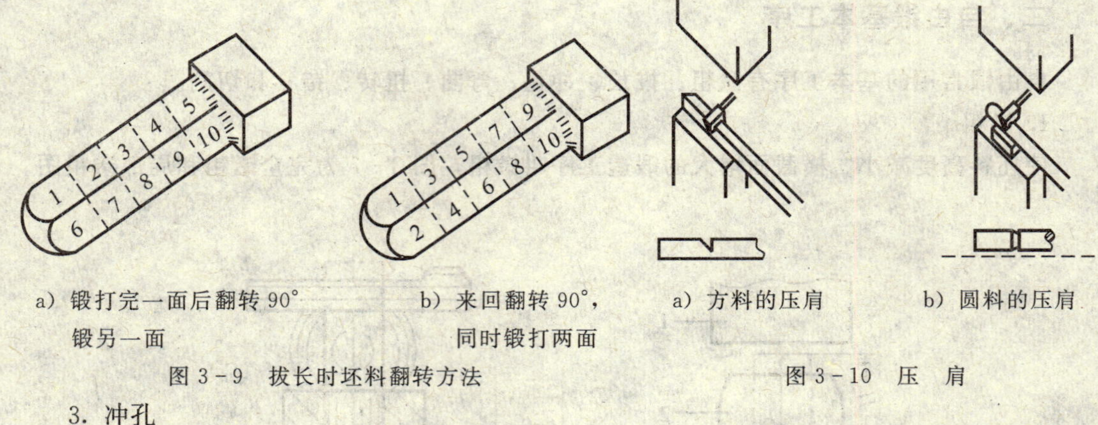


a）锻打完一面后翻转 90°锻另一面　b）来回翻转 90°，同时锻打两面

图 3-9　拔长时坯料翻转方法

a）方料的压肩　b）圆料的压肩

图 3-10　压　肩

3. 冲孔

用冲头在坯料上冲出通孔或不通孔的锻造工序叫冲孔。冲孔时坯料的温度应高些，加热应均匀。冲孔过程中，冲头可蘸水冷却，以防冲头受热变软。冲孔用于生产齿轮、套筒和圆环等。图 3-11 为冲孔图。

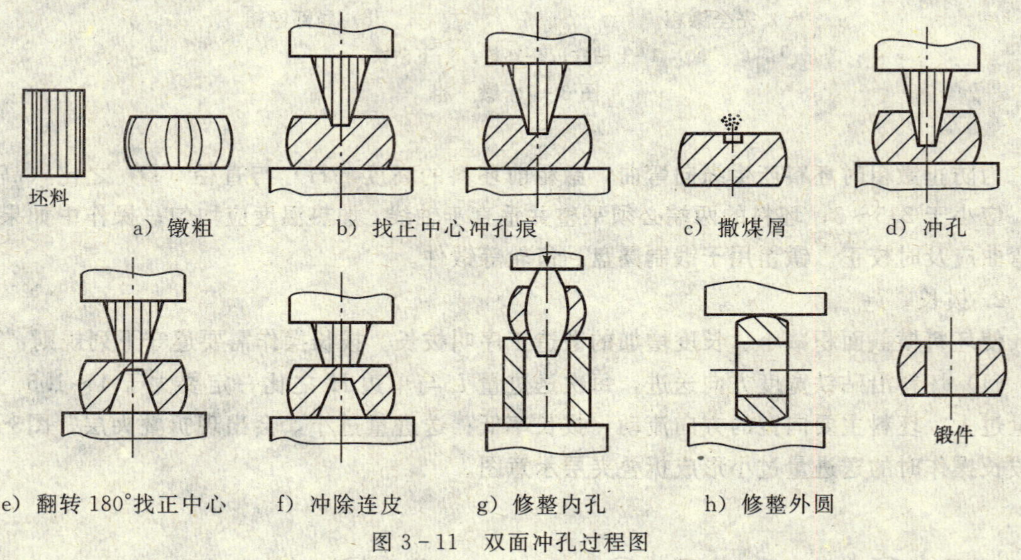


a）镦粗　b）找正中心冲孔痕　c）撒煤屑　d）冲孔

e）翻转 180°找正中心　f）冲除连皮　g）修整内孔　h）修整外圆

图 3-11　双面冲孔过程图

4. 弯曲

使用一定的工具将坯料弯成一定角度和形状的工序叫弯曲。弯曲时，只需将坯料待弯部分加热。弯曲工序常用于生产吊钩、弯板、链环等。图 3-12 为弯曲方法图。

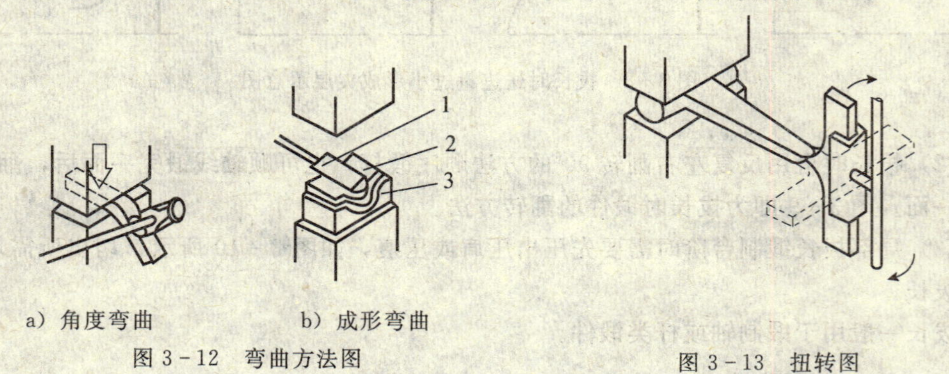


a）角度弯曲　b）成形弯曲

图 3-12　弯曲方法图

图 3-13　扭转图

5. 扭转

将坯料一部分相对于另一部分绕其轴线旋转一定角度的工序叫扭转。扭转时坯料受扭部位的温度应高些，并均匀热透，扭转后应缓慢冷却避免产生裂纹。扭转工序用于制造多拐曲轴和连杆等。图 3－13 为扭转图。

6. 错移

使坯料的一部分相对于另一部分平移错开，但仍保持两部分轴线平行的工序叫错移。错移时，先在坯料需错移的部位压肩，再加垫板及支撑，锻打错开，最后修整。错移用于曲轴等的制造。图 3－14 为错移过程图。

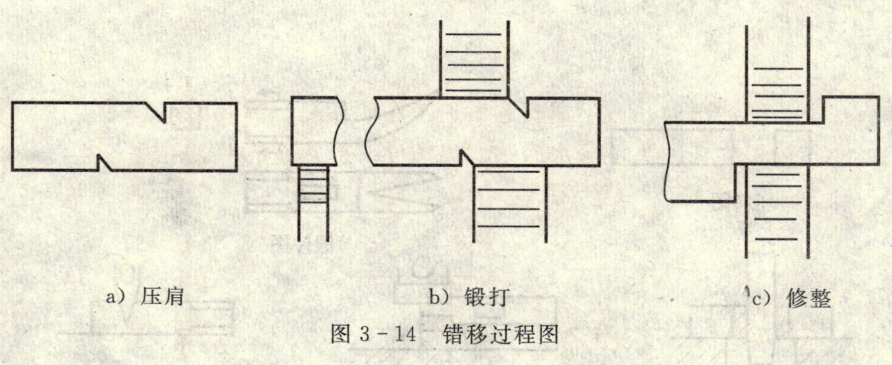

a）压肩　　b）锻打　　c）修整

图 3－14　错移过程图

7. 切割

将坯料分割开的工序叫切割。切割的工具叫剁刀。切割常用于下料和切除锻件的余料。

## 三、自由锻造典型件工艺示例

锻件的形状多种多样，较复杂的锻件一般需要采用多种工序才能锻打成形，所以应对多种工艺方案综合比较，择优选用。在保证质量的前提下，应减少工序数，合理安排工序顺序，缩短工时，提高效率，节约材料和动力，以达到优质高效低消耗。

（1）齿轮坯自由锻工艺过程（如图 3－15 所示）。

（2）钉锤自由锻工艺过程（如图 3－16 所示）。

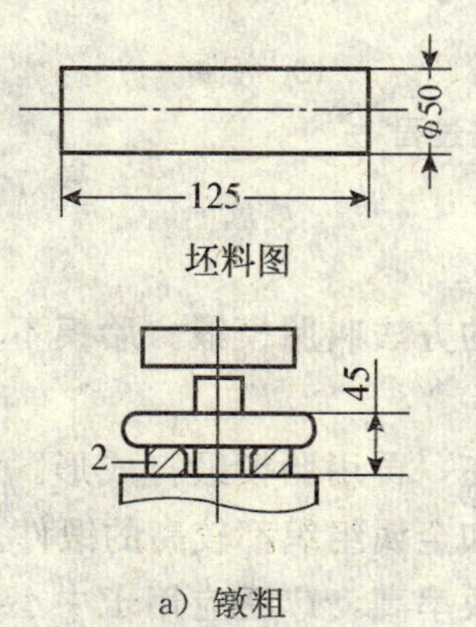


a）镦粗

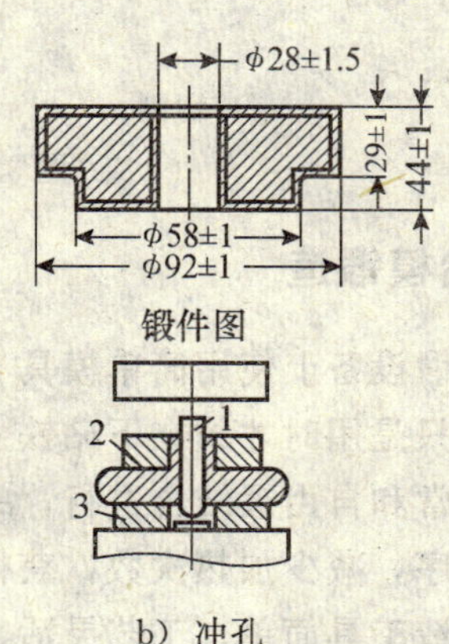


b）冲孔

c）修整外圆　　d）修整平面

1-冲子；2-镦粗漏盘；3-冲孔漏盘

图 3-15　齿轮坯自由锻工艺过程

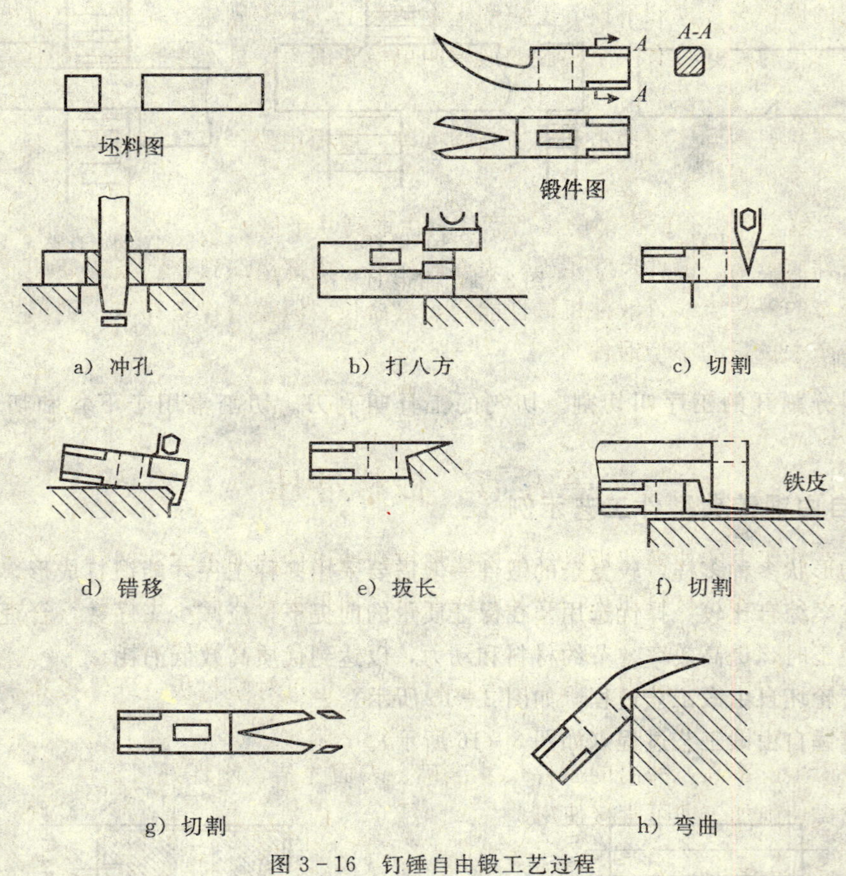


图 3-16　钉锤自由锻工艺过程

## 四、胎模锻造

在自由锻设备上使用简单模具（胎模）生产锻件的方法叫胎模锻。胎模不固定在锤头或砧座上，只是用时才放在下砧铁上进行锻造。

胎模锻常和自由锻结合进行，一般先用自由锻制坯，再用胎模锻打成形。使用胎模能简化操作工序，减少加热次数，获得形状、尺寸精度和金属组织都较高的锻件。

胎模锻造工具简单、工艺灵活、适用性广、生产效率高，广泛应用于中小批量锻件的生产中。

## 第四节　模　锻

利用锻模使坯料在锻模的模膛内变形得到锻件的锻造方法叫模锻。

模锻与胎模锻的主要区别在于模锻需使用专门的模锻设备，锻模较复杂并需要紧固在锻压设备上。

模锻的生产过程为下料、加热坯料、模锻、切除飞边及连皮、冷却、检验。

常用的模锻设备有蒸汽—空气模锻锤、曲柄压力机等。

利用模锻锤和装在锻锤上的锻模进行模锻叫锤上模锻。

模锻用的锻模分上模和下模。上模固定在锤头上，下模固定在砧座上。锻模中使坯料变形的型腔叫模膛。只具有一个模膛的锻模叫单模膛锻模，具有多个模膛的锻模叫多模膛锻模。

锻模应耐热、耐磨、耐冲击和有适当强度等。锻模用热作模具钢制成。

模锻有下列优点：

(1) 生产效率高。一般模锻的生产率比自由锻高几十倍。

(2) 锻件质量高。锻件尺寸精确，表面较光滑，内部组织致密。模锻还能使金属组织得到合理分布的锻造流线，锻件机械性能高，寿命长。但模锻设备昂贵，锻模费用高，因此适用于生产大批量的小型锻件。

## 第五节　板料冲压

利用装在冲床上的冲模使板料分离或成形得到冲压件的加工方法叫冲压。冲压通常在室温下进行，不需要将材料加热，故又叫冷冲压。如果板料较厚，也可将板料先加热进行热冲压。

板料冲压多适用于低碳钢、铜、铝等板材加工，也可对塑料板、纤维板和皮革等进行加工。

冲压加工生产率高，冲出的工件尺寸准确、表面光洁、刚性好、重量轻、质量稳定，一般不需要再切削加工即可直接使用。

### 一、冲压设备

1. 剪床

图 3-17 为剪床及其工作原理图。剪床是由电动机经皮带轮、齿轮、离合器使曲轴转动并带动滑块上下运动，使装在滑块上的刀片与装在工作台上的刀片相互运动而实现剪切。制动器控制滑块运动，使上刀片剪切后停在最高处，便于下次剪切。

2. 冲床

冲床的传动机构多为曲柄连杆滑块机构。工作台三个方向敞开的冲床叫开式冲床，工作台前后敞开、左右有立柱的冲床叫闭式冲床。图 3-18 为可倾斜式开式冲床外形和传动示意图。

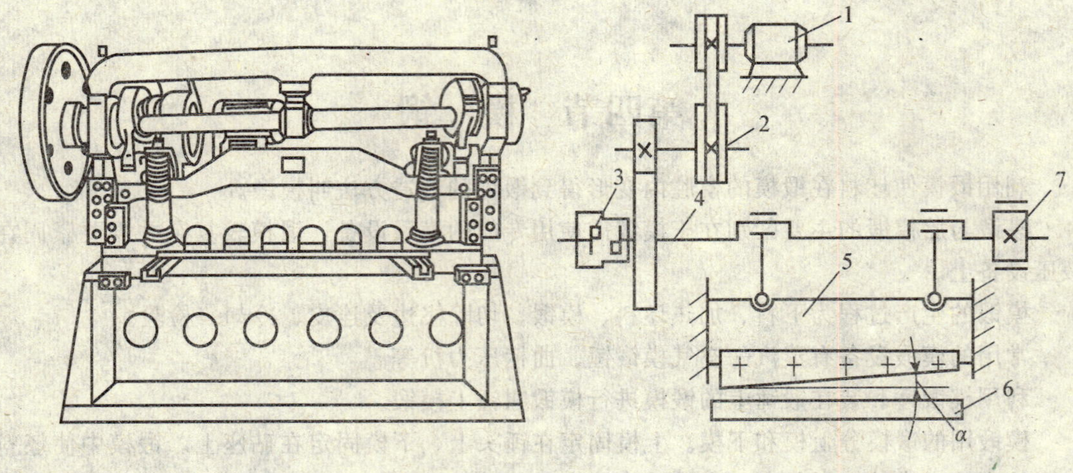


a）外形图　　b）传动示意图

1-电动机；2-轴；3-牙嵌离合器；4-曲轴；5-滑块；6-工作台；7-制动器

图 3-17　剪床结构示意图

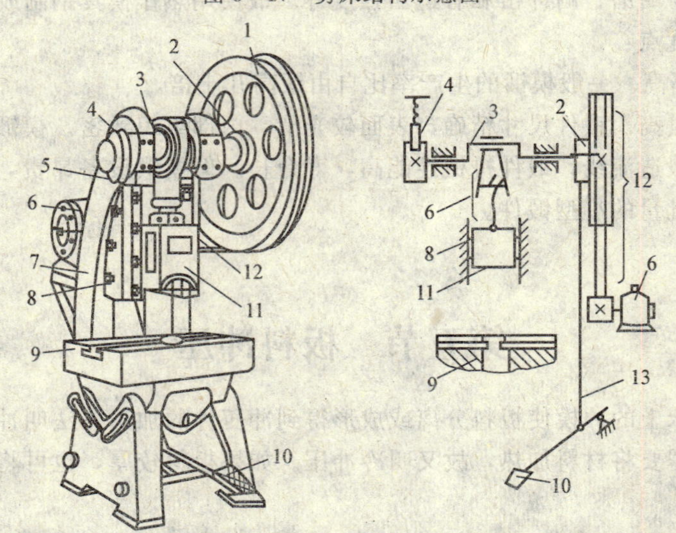


1-带轮；2-离合器；3-曲轴；4-制动器；5-连杆；6-电动机；7-床身；

8-导轨；9-工作台；10-踏板；11-滑块；12-皮带减速系统；13-拉杆

图 3-18　冲床示意图

冲床的传动是由电动机带动皮带轮旋转，经离合器使曲轴转动，并通过连杆把旋转运动变成滑块的上下往复运动。滑块上固定上模，随滑块上下往复运动而完成冲压动作。

踏板、拉杆和离合器是冲床的操纵机构。冲床开动后，如未踩踏板，皮带轮只空转，曲轴不动；踩下踏板，离合器闭合，曲轴转动并带动滑块上下运动；踏板抬起，离合器脱开，滑块在制动器的作用下自动停在最高位置。只要踏板不抬起，滑块便连续上下动作。

冲床的大小以加工中产生的最大作用力，即公称压力来表示，一般为 6.3～200 t。

## 二、冲压基本工序

冲压基本工序为分离工序和变形工序。分离工序主要为剪裁和冲裁（落料、冲孔），变形工序主要包括弯曲、拉深等。

1. 剪裁

利用刀片或模具对原材料施以剪切力，使材料沿不封闭的轮廓线分离的工序叫剪裁。剪裁用于下料和加工形状简单的零件。

2. 冲孔

在板坯内沿封闭的轮廓冲出带孔的制件叫冲孔。

3. 落料

利用冲裁获得一定外形的制件或坯料叫落料。冲孔和落料所用的模具和坯料的变形过程均相同，但两者的用途不同。冲孔是为在板料上得到孔，因此冲下的部分是废品；落料则是落下部分为成品。图 3 - 19 为冲孔和落料图。

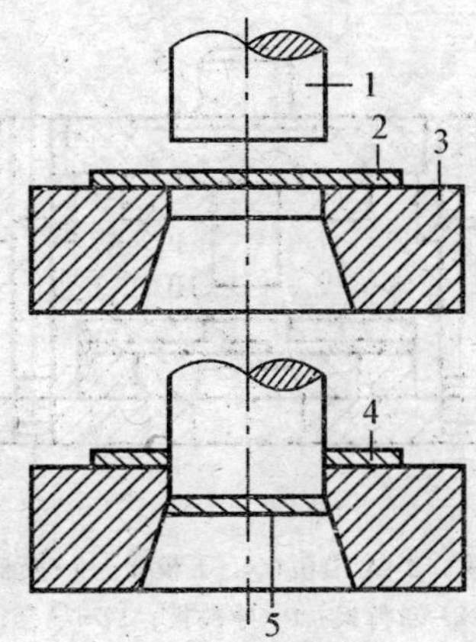


1 -冲头；2 -坯料；3 -凹模；4 -冲孔产品；5 -落料产品

图 3 - 19　冲孔和落料

4. 弯曲

将板料或型材冲压成有一定曲率和角度的成形方法叫弯曲。图 3 - 20 是弯曲图。

5. 拉深（拉延）

用落料的平面板坯冲成开口的空心件的成形工序叫拉深。

拉深用于制造筒形、阶梯形、锥形、球形、方盒形和其他不规则形状的薄壁制品。图 3 - 21 为拉深图。图中，压板的作用是压紧板料，防止起皱。对于深度大的拉深件一次拉深不能完成的，可经过几次拉深来完成。

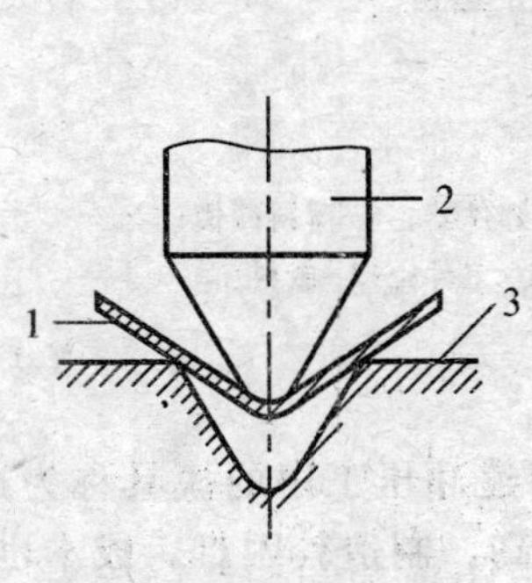


1 -工件；2 -冲头；3 -凹模

图 3 - 20　弯　曲

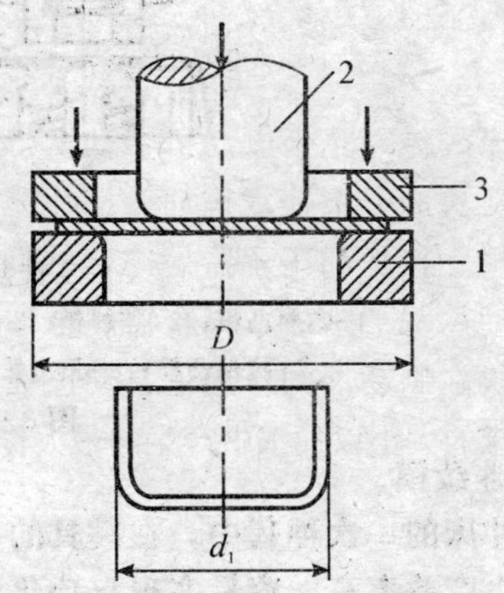


1 -拉深凹模；2 -拉深冲头；3 -拉深用压板

图 3 - 21　拉　深

## 三、冲模

冲模是使板料分离或变形不可缺少的工具。冲模的结构和质量直接决定产品的质量和成本。先进的、质量高的冲模应该结构简单，零部件精度和粗糙度要求合理，使用安全可靠，操作简便。

冲模按工序复合程序分为简单模、连续模和复合模。

1. 简单模

在冲床的一次冲程中只完成一道工序的冲模称为简单模，它适用于小批量生产。图3－22为简单冲模。

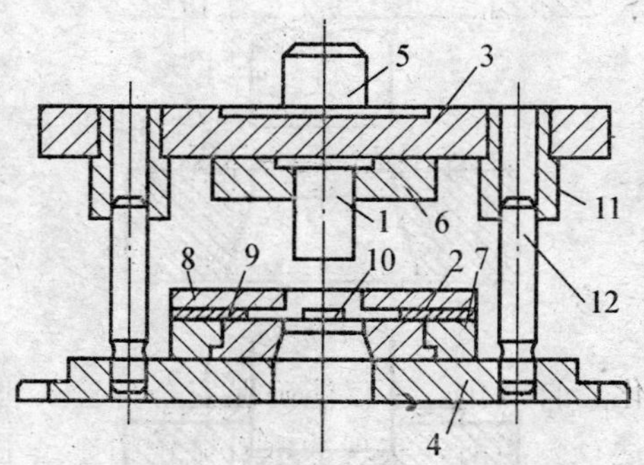


1－冲头；2－凹模；3－上模板；4－下模板；5－模柄；6－上压板；7－下压板；8－卸料板；9－导料板；11－导套；12－导柱

图3－22　简单冲模

2. 复合模

在冲床的一次冲程中，在模具的同一部位上同时完成数道冲压工序的模具称为复合模。图3－23为落料、拉深复合冲模。当冲床滑块下行时，落料凸模和凹模先完成落料(图a))。滑块继续下行，拉深凸模和凹模进行拉深（图b)），拉深完成后，滑块带动上模上行，卸件器将工件推出。由于复合模是在一次行程中，在同一工位完成多道工序，可以避免由于坯料定位不准造成的精度偏差，所以产品精度较高。

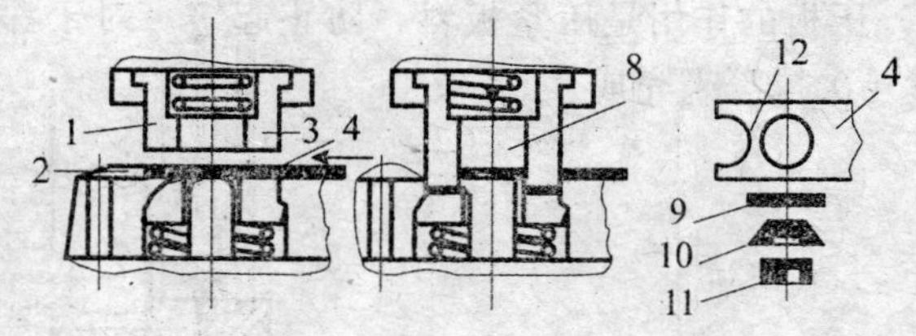


a）工作前　　b）工作时

1－落料凸模；2－挡料销；3－拉深凹模；4－定位销；5－卸件器；6－落料凹模；7－拉深凸模；8－顶出器；9－坯料；10－半成品；11－工件；12－废料

图3－23　落料及拉深复合模

3. 连续模

在冲床的一次冲程中，在模具的不同部位同时完成多道冲压工序的模具称为连续模。连续模生产效率高，容易实现自动化，但是模具精度要求高，制造较困难，成本也高。图3－24为冲孔、落料连续模。

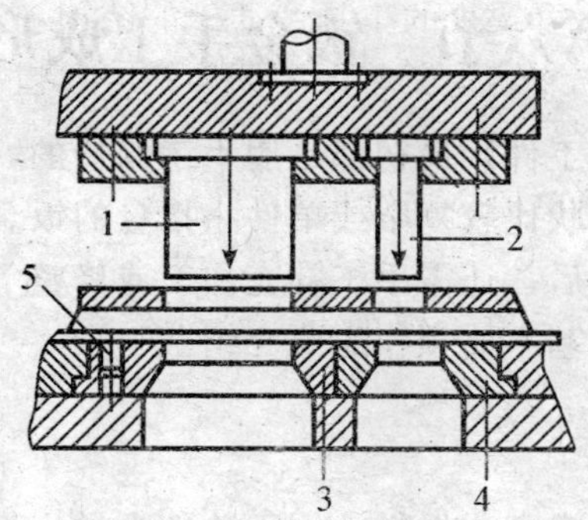


1-落料冲头；2-冲孔冲头；3-落料凹模；4-冲孔凹模；5-定位销

图 3-24　冲孔及落料连续模

## 四、冲压生产机械化

实现冲压生产过程机械化、自动化，不仅能确保安全生产，也是提高生产效率、保证产品质量和降低成本的根本途径。当前，实现冲压机械化的途径主要有：

(1) 使用卷料和带料，通过开卷、校平、冲压而实现冲压机械化。

(2) 大量采用连续冲模或有自动送料、自动取件装置的自动冲模。

(3) 采用多工位自动压力机，装有连续自动送料装置，通过众多工位自动完成冲压件的全部工序。

(4) 采用自动排除废料系统，如废料运输带、废料自动滑坡等。

图 3-25 为冲压进出料机械化传动结构，其传动过程为：成卷的带料通过平整辊校平后，被进料辊送入冲模，废料通过出料辊进入卷筒被卷成卷。冲床每冲压一次，曲轴就带动摩擦轮转动一次，并依靠摩擦带动进料辊和出料辊将带料送入冲模一次，实现进出料机械化。

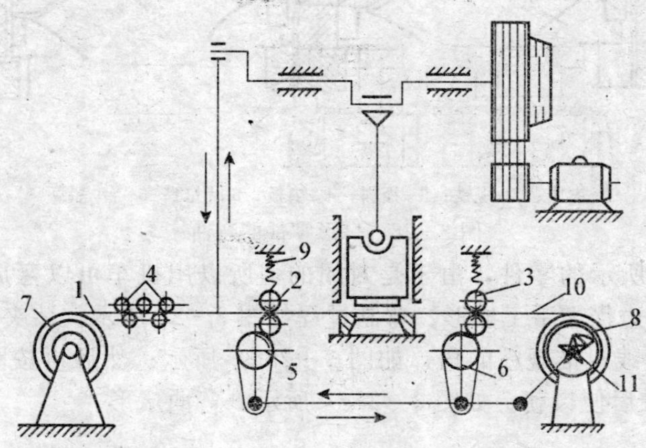


1-带料；2-进料辊；3-出料辊；4-平整辊；5，6-摩擦辊；
7-带料卷筒；8-废料卷筒；9-弹簧；10-废料；11-棘轮

图 3-25　冲压进出料机械化传动结构示意图

# 第六节 钣金手工成形

钣金零件（即金属板料加工件）最初都是用手工制造的，随着生产的发展而逐步采用机械成形方法。但对于一些形状比较复杂或单件小批量的钣金零件，有时还得用手工成形的方法来制作，或在机械成形后，还需手工补充加工或修整等。因此，钣金手工成形工艺仍得到较多应用。现将其一些基本要领作简要介绍。

## 一、弯曲

手工弯曲是通过手工操作来弯曲板料，用于单件少量生产或机床难以成形的零件。手工弯曲的零件一般是中小型件。

弯曲角形零件是最简单的。首先下好展开料，划出弯曲线，弯曲时（如图 3－26）将弯曲线对准规铁的角，左手压住板料，右手用木锤先把两端敲弯成一定角度，以便定位，然后再全部弯曲成形。

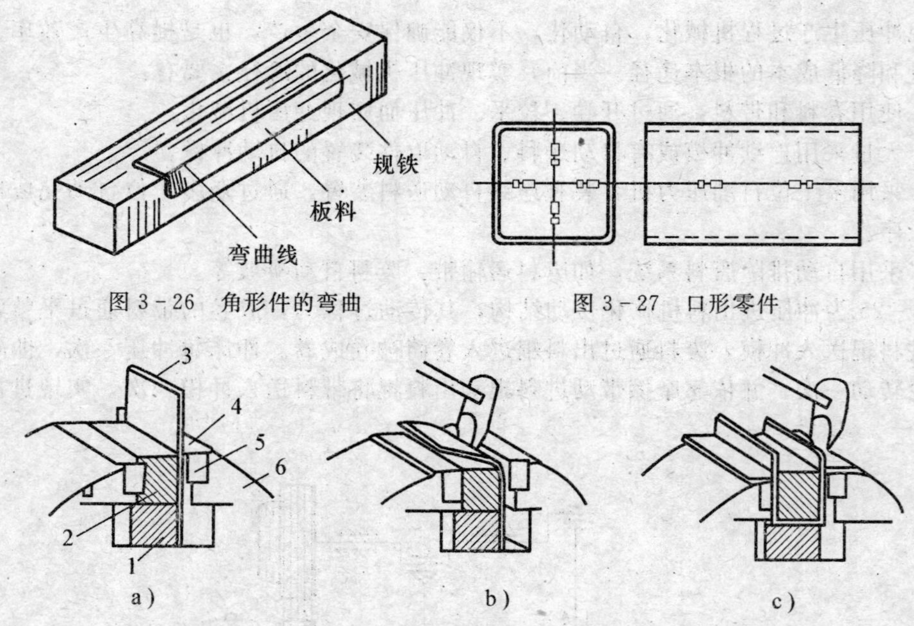


图 3－26 角形件的弯曲

图 3－27 口形零件

1－垫块；2－规铁；3－板料；4－垫板；5－钳口；6－台虎钳

图 3－28 口形零件的弯曲

如弯制图 3－27 所示的零件，由于是封闭的，所以用机车可以弯成 U 形，但不能封闭，另一个边或两个边仍需手工成形。弯制过程如图 3－28 所示。装夹时，要使规铁高出垫板 2～3 mm，弯曲线对准规铁的角，如图 3－28a）所示；然后再按图 3－28b）弯曲两边，使之呈 U 形；最后使口朝上如图 3－28c）所示，弯曲成形。

## 二、放边

放边的方法，目前在实际生产中较常见的有两种：一是把零件某一边（或某一部分）打薄；二是把零件某一边（或某一部分）拉薄。前一种放边效果显著，但表面不光滑，厚度不均匀；后一种虽表面光滑，厚度均匀，但易拉裂。

1. “打薄”锤放

制造凹曲线弯边的零件，生产数量较少时，可用直线角材在铁砧或平台上锤放角材边缘，使边缘材料厚度变薄、面积增大、弯边伸长，愈靠近角材边缘伸长愈大，愈靠近内缘伸长愈小，使得直线角材逐渐被锤放成曲线弯边的零件，如图 3-29 所示。其操作过程是，先将展开坯料按划线剪切好，并弯成角材，然后进行锤放。锤放时，角材底面必须与铁砧表面保持水平，不能太高或太低，否则在放边过程中角材会产生翘曲。锤痕要均匀并呈放射状，锤击的长度占弯曲边宽 3/4，不能沿角材的转角 $R$ 处敲打。锤击的位置要在弯曲部分，有直线段的角形零件，在直线段内不能敲打。

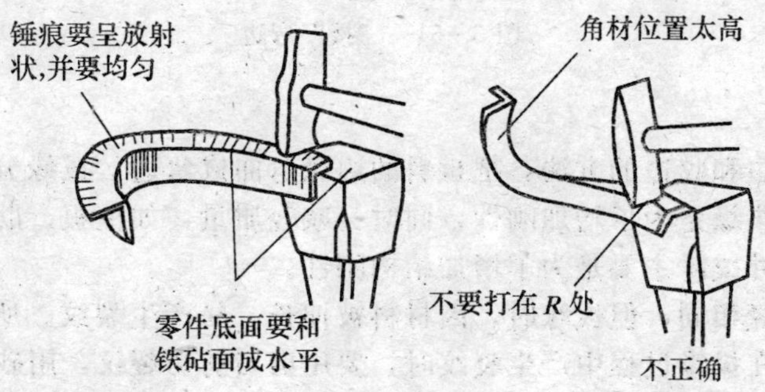


图 3-29　“打薄”锤放

在放边过程中，应随时用样板或量具等检查其外形，并进行修整和校正。若发现材料产生加工硬化，要退火消除，否则继续锤放易打裂材料。

2. “拉薄”锤放

“拉薄”锤放是用木锤在厚橡皮或木墩上锤放，利用橡皮或木墩既软又有弹性的特点，使材料伸展拉长。

## 三、收边

收边就是先使板料起皱，在防止板料伸展恢复的情况下，再把起皱处压平。这样，材料被收缩，长度减小，厚度增大。用收边的方法，可以把直线角材收成曲线弯边或直角形弯边零件。收边还广泛地用于修整零件靠胎或手工弯边成形等方面。收边有以下几种方法：

(1) 用折皱钳起皱，在规铁上用木锤敲平，见图 3-30。折皱钳用直径为 8～10 mm 的钢丝弯曲后焊成，表面要光滑，以免划伤工件表面。

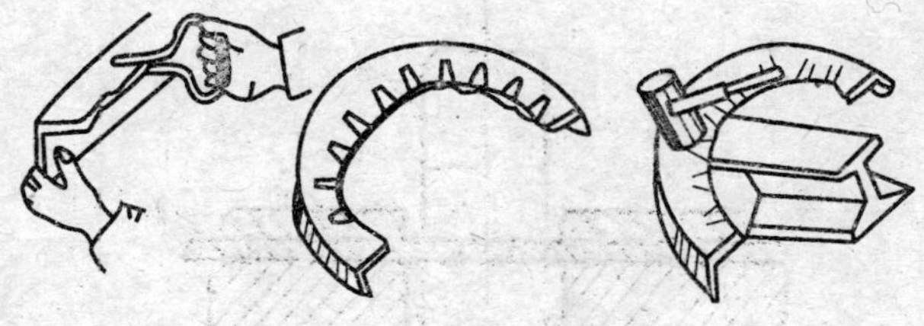

图 3-30　皱　缩

(2) 用橡皮打板收边。在修整零件时，对板料松动部分用橡皮抽打，使材料收缩。橡皮打板是用中等硬度的橡皮板制造，长度根据需要确定。

(3)“搂”弯边（即敲制凸曲线弯边）。收边方法是用木锤“搂”，如图 3 - 31 所示。坯料夹在型胎上，用铝锤顶住坯料，用木锤敲打顶住部分，坯料逐渐被收缩靠胎。

图 3 - 31 “搂”弯边

## 四、拔缘

拔缘是利用放边和收边的方法，把板料的边缘弯曲成弯边。拔缘分内拔缘（也叫孔拔缘）和外拔缘。内拔缘是为了增加刚性，同时又减轻质量，如框板、肋骨等零件的腹板上常采用的拔缘孔。外拔缘主要是为了增加结构刚性。

内拔缘与外拔缘相同，但拔缘时，因材料被伸长，易产生裂纹。所以，在拔缘前，要用砂纸砂光边缘；在拔缘过程中产生裂纹时，要用剪刀剪切裂纹，用砂纸砂光再拔缘。

拔缘有自由拔缘和按型胎拔缘等几种方法。

自由拔缘是用一般的通用拔缘工具在板料上拔缘，基本过程如下：手工剪切坯料，锉光边缘毛刺；划出零件外缘的宽度线；在铁砧上用锤子敲打进行拔缘。图3 - 32所示为外拔缘，先弯后在弯边上打出波折，再打平波折，使弯边收缩成凸边。

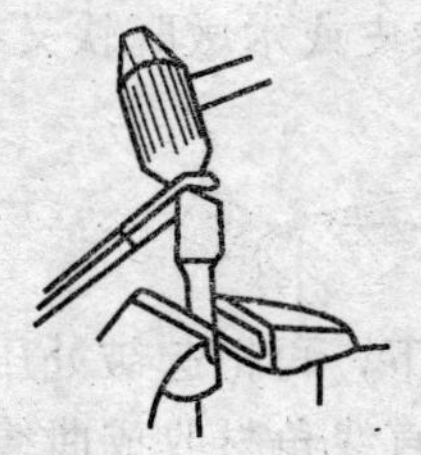

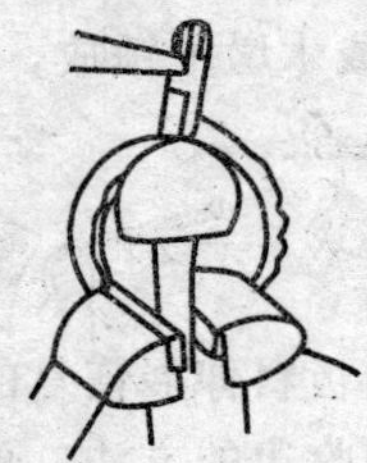

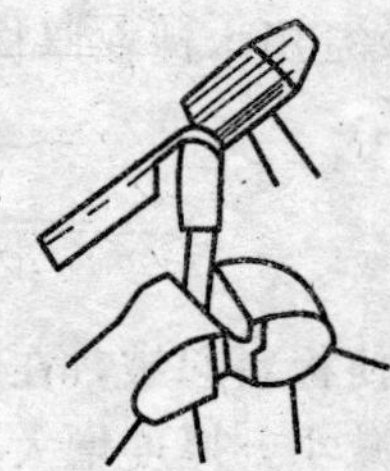

图 3 - 32 外拔缘

按型胎拔缘是将坯料用销钉在型胎上定位，按型胎的拔缘孔进行拔缘，可以用木锤一次冲出弯边，如图 3 - 33 所示。对较大的圆孔或椭圆孔进行拔缘时，可用塑料板或精制层板等做一个凸块进行拔缘。

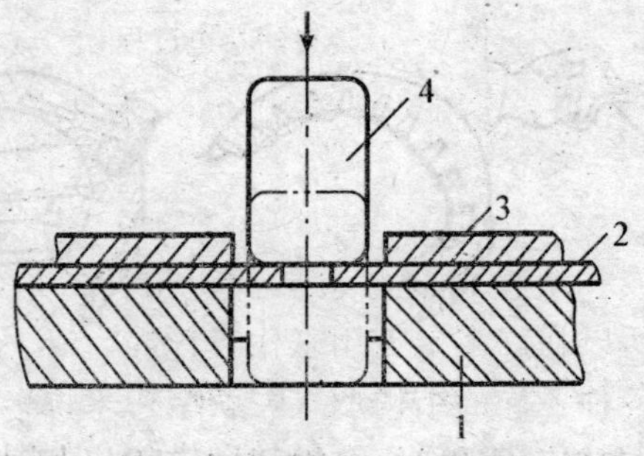


1 -型胎；2 -坯料；3 -压板；4 -木锤头

图 3 - 33 按型胎拔缘

## 五、卷边

为增加零件边缘的刚性和强度，将零件的边缘卷曲起来，这种操作称为卷边。需要卷边的零件有各种整流罩、机罩等，日常生活中用的锅、盆、壶、桶等的边缘一般也需要卷边加强。卷边分夹丝卷边和空心卷边两种（图 3 - 34）。

夹丝卷边是在卷过来的边缘内嵌入一根铁丝，使边缘更加刚强。

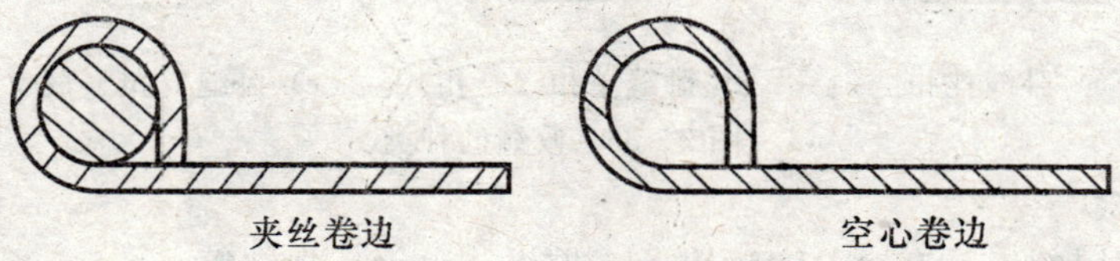


图 3 - 34　卷　边

图 3 - 35 所示为手工夹丝卷边。先根据零件的尺寸和所受的力来确定铁丝的粗细，一般铁丝的直径 $d$ 为板料厚度的 3 倍以上。在坯料上划出两条卷边线（见图 3 - 35），卷边的操作过程如图 3 - 35b）～g）所示。

$$L_1 = 2.5d$$

$$L_2 = \frac{1}{4} \sim \frac{1}{3} L_1$$

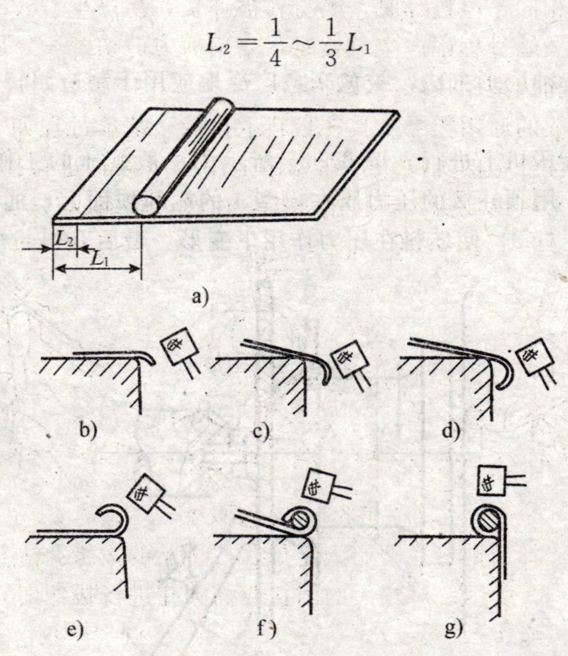


图 3 - 35　夹丝卷边过程

## 六、咬缝

1. 咬缝的种类和应用

把两块板料的边缘（或一块板料的两边）折转扣合，并彼此压紧，这种连接叫做咬缝。这种缝咬得很牢靠，所以在许多地方用来代替钎焊。

缝根据需要，可咬成各种各样的结构形式。就结构来说，有挂扣、单扣、双扣等；就形式来说，有站缝和卧缝；就位置来说，有纵扣和横扣。如图 3 - 36 所示。

一般所说的咬缝是指图 3 - 36d）而言，因为这种咬缝既有一定的强度又平滑，用的也最多，如日常常见的盆、桶、水壶、茶杯等都是这种咬缝。

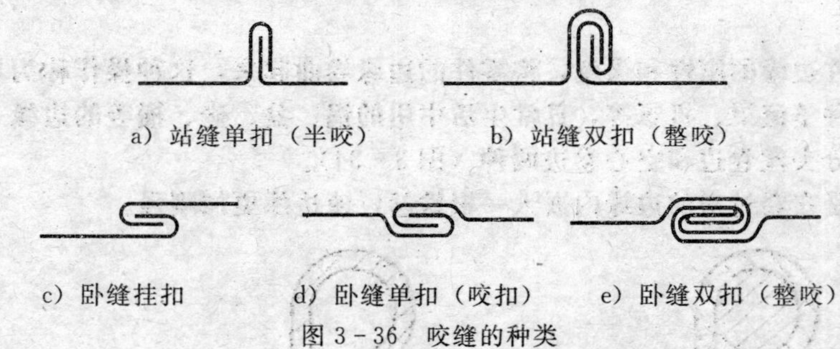


图 3-36　咬缝的种类

2. 手工咬缝

手工咬缝使用的工具有锤、弯嘴钳子、拍板、角钢、规铁等。

弯制卧缝单扣的过程如下：在板料上划出扣缝的弯折线；把板料放在角钢（或规铁）上，使弯折线对准角钢（或规铁）的边缘，弯折其伸出部分成 90°角；然后朝上翻转板料，再把弯折边向里扣，不要扣死，留出适当的间隙；用同样的方法弯折另一块板料的边缘，然后相互扣上，锤击压合；缝的边部敲凹，以防松脱，最后压紧即成。

## 七、旋压

旋压是一种新型特种成形方法，被愈来愈广泛地应用于制造回转体形状的空心零件。

1. 一般旋压

旋压是在专用的旋压机上进行，图 3-37 所示为一般旋压的工作原理简图。旋压时，先将预先切好的坯料 1 用顶柱 2 的压力压在模型 4 的端部顶面上，通常用木制的模型固定在旋转卡盘上。推动压杆 3，使坯料在压力作用下变形，最后获得与模型形状一样的成品。

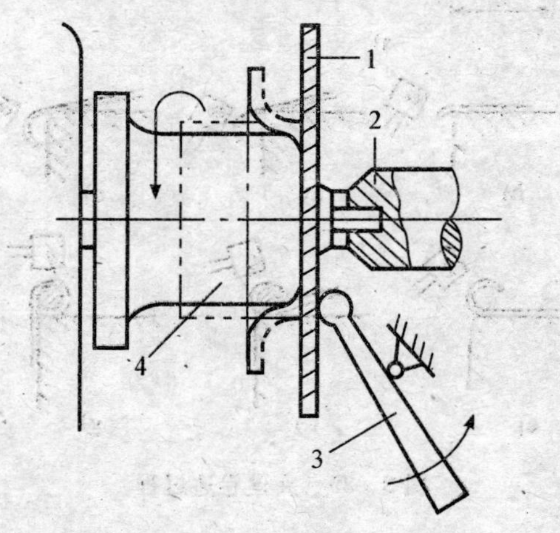


1-坯料；2-顶柱；3-压杆；4-模型

图 3-37　旋压示意图

一般旋压的成形方法属于半手工生产方式。这种方法的优点是不需要复杂冲模，变形力较小，但生产效率低，故一般用于中小批量生产，如飞机上零件、螺旋桨帽、副油箱整流罩、灯座、法兰盘及仪表盘等。

2. 强力旋压

强力旋压在成形原理上与普通旋压是不同的。它是一种借助金属的塑性变形而成形的工艺方法，由较厚的坯料旋制出较薄的零件。这种方法的实质是：在旋转中，利用滚轮加高压于坯料，使其沿钢制的旋压胎进行局部逐渐碾轧，也可看做旋转挤压的过程。

与其他工艺方法相比较，强力旋压具有许多独特的优点：

(1) 坯料凸缘不发生变形，没有凸缘起皱的可能，对坯料的几何尺寸（直径与厚度之比）没有限制。

(2) 为无切削加工（旋制后，有时要切边、切底），节省原材料。

(3) 精度高，一般说来强力旋压件的直径精度可达 4 级，内外表面粗糙度可达$Ra3.2\ \mu m$以上。

(4) 材料内部隐患完全可以在旋制中暴露。

(5) 材料的强度、硬度及疲劳强度均有显著提高。

(6) 工装夹具制造简单。

(7) 可以对高强度合金、各种难加工金属（钛、钼及钨等）进行热旋制。

强力旋制的缺点是：旋压的工时要大于冲压工时；工件的塑性有所降低；旋制后工件底部较厚，需要进一步加工，有时显得不经济。

强力旋压现已被广泛用于制造导弹壳体、火箭燃烧室、药型罩、喷管、尾喷口及发动机整流罩等，可旋制大到直径 4 m 左右的零件。

## [复习思考题]

3-1 锻造前加热坯料的目的是什么？加热不当，坯料会产生哪些缺陷？

3-2 什么是始锻温度、终锻温度、锻造温度范围？锻造温度范围如何确定？

3-3 自由锻造的基本工序有哪些？各自用于锻造哪种类型的锻件？

3-4 什么是模锻和胎模锻？它们与自由锻相比有哪些优点？

3-5 锻造与铸造各有哪些优点？

3-6 冲压有哪些基本工序？各有什么用途？

3-7 什么是简单冲模、连续冲模和复合冲模？

3-8 手工钣金成形的基本要领有哪些？

# 第四章　焊　接

[焊接实习安全技术]

1. 焊条电弧焊的安全操作

(1) 防止触电。操作前应检查焊机是否接地，焊钳电缆和绝缘鞋是否绝缘良好，不准赤手接触导电部分等。

(2) 防止弧光伤害和烫伤。焊接时，必须戴好手套、面罩、护脚套等防护用品，不得用眼直接观察电弧。焊件焊完后，应用手钳夹持，不准直接用手拿。除渣时，应防止焊渣烫伤。

(3) 保证设备安全。焊钳严禁放在工作台上，以免短路烧坏焊机。发现焊机或线路发热时，应立即停止工作。焊接现场不得堆放易燃易爆物品。

2. 气焊及气割的安全操作

(1) 操作前，应戴好防护眼镜和手套。

(2) 点火前，应检查气路各连接是否畅通，有无堵塞现象，如有堵塞，应排除。

(3) 氧气瓶及各个气路部分均不得沾染油脂，以防燃烧爆炸。

(4) 严格按规定程序进行点火及关闭气焊设备等操作。

(5) 如发生回火现象，应立即关闭乙炔阀，然后关闭氧气阀；待回火熄灭后，将焊嘴用水冷却，然后打开氧气阀，吹去焊炬内的烟灰后，再重新点火使用。

通过加热、加压或两者并用，使焊件形成牢固接头的加工方法叫焊接。焊接是主要的成形方法，它能将分离的构件连接成牢固的整体，组成各种零件和结构。大到万吨级船舰，小到仪器上的零件，都广泛地使用焊接技术。

按照焊接过程的特点，焊接分为熔焊、压焊和钎焊三大类，其中又以熔焊中的电弧焊应用最普遍。

## 第一节　手工电弧焊

利用电弧作为热源，熔化焊件和焊条并用手工操作的焊接方法叫手工电弧焊，简称手弧焊，如图 4-1 所示。

### 一、手弧焊设备

手弧焊的主要设备是弧焊机。弧焊机分交流弧焊机（输出交流电）和直流弧焊机（输出直流电）。

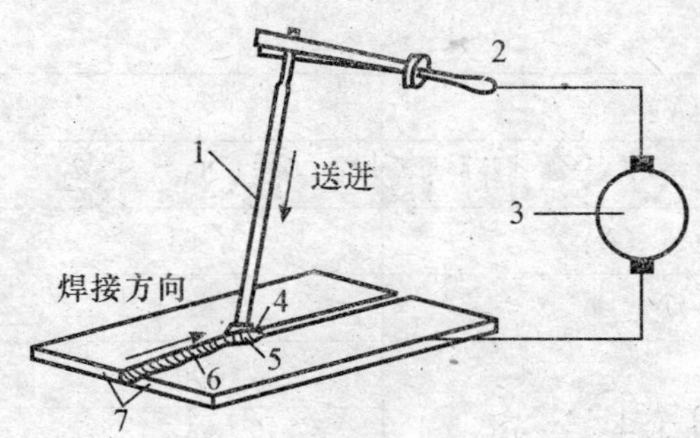


1-焊条；2-焊钳；3-弧焊机；4-电弧；5-熔池；6-焊缝；7-工件

图4-1　手工电弧焊

## （一）交流弧焊机

### 1. 焊机应具备的性能

电焊机是一种特殊变压器，叫弧焊变压器。为满足焊接时的需要，焊机应具备下列性能：

（1）把输入的高压（380 V或220 V）变为低压（60～80 V）输出，既能顺利引弧（点燃电弧），又符合人身安全。

（2）能输出较大的焊接电流，并且可随意调节。

（3）焊机的端电压能随着输出电流增加而明显下降，这种特性叫下降外特性，具有这种特性的焊机引弧后端电压会快速降为20～30 V，并保持稳定。

（4）焊接过程中当焊条与工件接触产生短路时，短路电流不应太高，避免烧坏焊机或电路。

（5）焊机结构简单、轻巧牢固，使用与维修方便。

### 2. 焊机主要技术数据

图4-2为$BX_3$-300型弧焊机的外形和原理图。“B”表示弧焊变压器，“X”表示下降外特性，“3”为品种系列号，“300”表示焊机额定电流为300 A。

这种焊机使用动圈式弧焊变压器，下降外特性是借初级绕组和次级绕组间漏磁作用获得的。改变初级绕组的接法（串联和并联），可粗调焊接电流；摇动手柄改变两绕组间的距离，可以细调焊接电流。表4-1列出了$BX_3$-300型弧焊变压器的主要技术数据。

（1）初级电压（电源电压）：焊机要求外接电源的电压。

（2）空载电压：焊机未工作（没有负载）输出端的端电压。

（3）电流调节范围：焊机正常工作时可供选用的焊接电流范围。

表4-1　$BX_3$-300型弧焊变压器主要技术数据

| 初级电压（V） | 220/380 | |
|---|---|---|
| 接法 | Ⅰ | Ⅱ |
| 空载电压（V） | 80 | 65 |
| 电流调节范围（A） | 40～130 | 120～400 |
| 额定负载持续率（%） | 60 | |
| 额定焊接电流（A） | 300 | |
| 额定工作电压（V） | 30 | |

续表

| 初级电压（V） | 220/380 | |
|---|---|---|
| 220 V 时初级电流（A） | 93.5 | |
| 380 V 时初级电流（A） | 54 | |
| 效率（%） | 82.5 | |
| 不同负载持续率时的焊接电流（A） | 100% | 232 |
| | 60% | 300 |
| | 35% | 390 |

(4) 额定负载持续率：焊机负载的时间占规定的工作时间的百分率。我国规定手弧焊机工作周期为 5 min。额定持续率 60% 表示额定负载时间为 3 min。

(5) 额定工作电压：焊机工作时，输出端的端电压，即电弧电压。

(6) 额定焊接电流：焊机在额定负载持续率时可用的焊接电流。

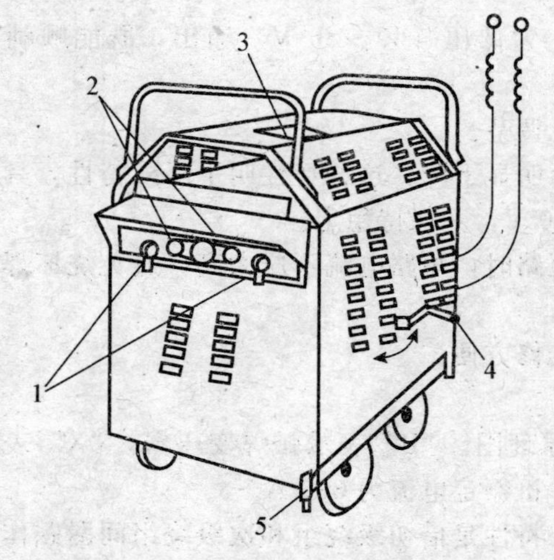


a) 外形图

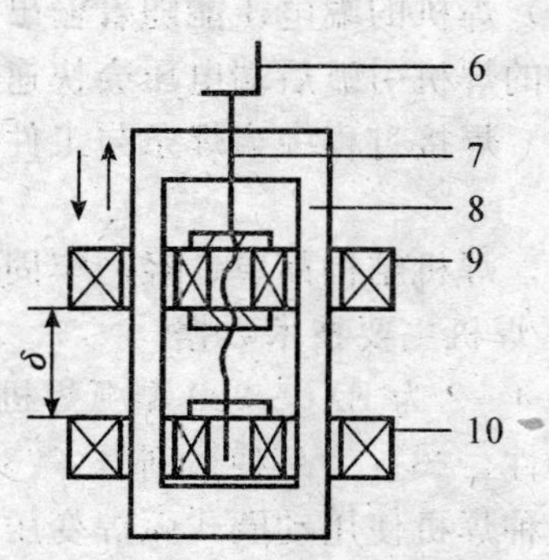


b) 原理图

1-抽出电极；2-线圈抽头（粗调电流）；3-电流指示盘；
4-调节手柄（细调电流）；5-接地螺钉；6-手柄；7-调节丝杆；
8-铁芯；9-二次侧绕组（可动）；10-次侧绕组

图 4-2　弧焊变压器的外形

额定工作电压、额定焊接电流和额定负载持续率的额定值表示焊机规定的使用限额。按照额定值使用焊机既经济合理又安全可靠，能保证焊机的正常使用寿命，能使焊机得到充分利用。超过额定值使用叫过载，过载严重会损坏焊机；低于额定值使用，设备得不到充分利用。生产中应根据实际工作选用不同额定值的焊机。

### （二）旋转直流弧焊机

旋转直流弧焊机是由一台电动机和一台直流弧焊发电机组成，又叫弧焊发电机组。例如 AX1-500 型旋转直流弧焊机组，其中“A”代表发电机，“X”表示下降外特性，“1”表示系列序号，“500”表示额定焊接电流为 500 A。

### （三）整流弧焊机

整流弧焊机是将交流电通过整流元件整流转换为直流电供焊接使用，其操作示意图如

图4－3所示。图4－4是ZXG－300整流弧焊机外形图，“Z”代表弧焊整流器，“X”表示下降外特性，“G”表示硅整流元件，“300”表示额定电流为300 A。由于弧焊发电机结构复杂、制造成本高、工作噪声大，正逐渐被弧焊整流器所取代。

直流弧焊机输出端有正极（＋）和负极（－），因此工作线路有正接和反接两种接法：

（1）正接：工件接正极，焊钳接负极。

（2）反接：工件接负极，焊钳接正极。

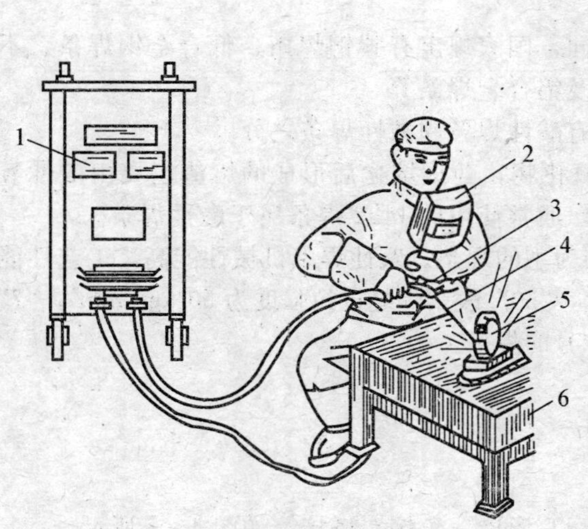


1－电焊机；2－面罩；3－焊钳；4－焊条；5－焊件；6－工作台

图4－3　整流弧焊机操作示意图

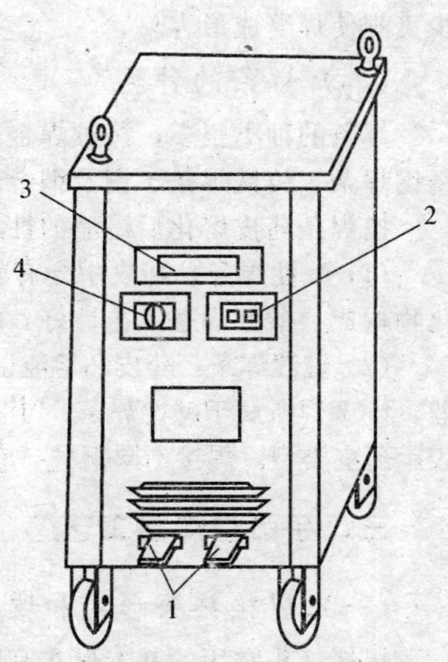


1－抽出电极；2－电源开关；3－电流指示表；4－电流调节旋钮

图4－4　ZXG－300整流弧焊机外形图

### （四）交流弧焊机与直流弧焊机的选用

为获得良好的焊接质量、提高生产效率、降低成本，应该正确选用直流或交流弧焊机。直流弧焊比交流弧焊的电弧稳定，并且可通过正接或反接改变电流的热量分布。焊接厚板应采用正接（因为正极温度比负极高），焊接薄板和有色金属材料宜采用反接以防烧穿工件。使用碱性焊条（无稳弧剂）应采用直流反接，以保证电弧稳定燃烧；使用酸性焊条一般采用交流弧焊机。交流弧焊机结构简单、价格便宜、维修容易、能量消耗少、利用率高，多用于中等或大电流的焊接。

## 二、焊条

### （一）焊条的组成与作用

焊条由药皮和焊芯两部分组成。焊条的质量和性能直接影响焊接操作、焊缝质量和生产效率。

1. 焊芯

焊芯用符合国家标准的焊接用钢丝制成，焊芯的直径即为焊条的名义尺寸。焊芯常用来填充金属，熔化后与母材组成焊缝。

2. 药皮

压涂在焊芯表面的涂料层叫药皮，它由矿石粉、有机物粉、铁合金粉和黏合剂构成。

不同种类的焊条，药皮的成分和含量不同。药皮有下列作用：

(1) 保护熔池：药皮熔化后形成的熔渣和气体覆盖熔池和在电弧周围构成保护层，隔绝空气，防止氧化。

(2) 补充合金元素及脱氧：药皮中的合金元素过渡到焊缝中补充烧损的元素并可进行脱氧，以改善和提高焊缝的机械性能和质量。

(3) 改善焊条工艺性：药皮中的某些成分可使电弧容易引燃并提高电弧的稳定性，减少飞溅使焊缝成形容易。

### （二）焊条的种类

焊条的种类很多，按被焊金属材料的不同，国家规定有碳钢焊条、低合金钢焊条、不锈钢焊条、铸铁焊条、铜及铜合金焊条、铝及铝合金焊条等。

按焊条药皮熔化后熔渣的性质不同，又有酸性焊条和碱性焊条之分。

(1) 酸性焊条：药皮中含有较多的酸性氧化物，药皮熔化后形成的熔渣主要由酸性氧化物构成。酸性焊条工艺性好，机械性能差。通常使用的 J422 焊条属于酸性焊条。

(2) 碱性焊条：药皮和熔渣以碱性氧化物为主的焊条。碱性焊条机械性能高，工艺性能差。J507 焊条属于碱性焊条。“J”表示结构钢，“50”表示焊缝抗拉强度为 50 kgf/mm$^2$，“7”表示药皮类型。焊接不同钢材，应使用不同牌号的焊条。

## 三、手弧焊焊接工艺

### （一）焊接接头形式和坡口形式

焊接接头常用的基本形式有四种：对接、T 形接、角接、搭接，如图 4 - 5 所示。

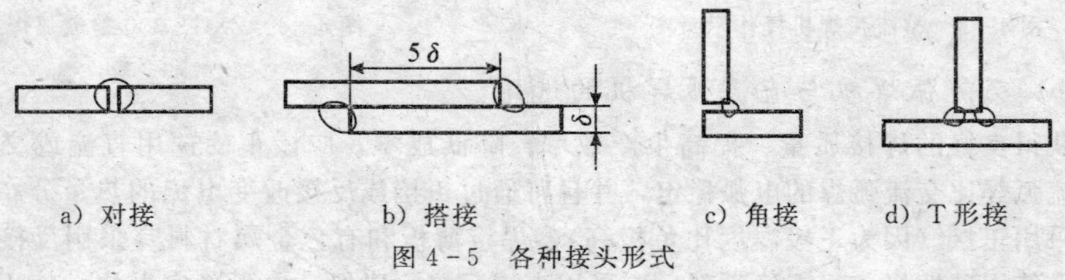


a) 对接　b) 搭接　c) 角接　d) T 形接

图 4 - 5　各种接头形式

焊件较薄时，在焊件接头处只需留出一定间隙即可焊透。如果焊件厚度大于 6 mm，焊前需要把焊件的待焊部位加工成一定的几何形状（即坡口），便于焊条深入底部引弧焊接，保证焊透。坡口根部应留 2 mm 的钝边，以免烧穿。对接接头的坡口形式如图 4 - 6所示。

### （二）焊接位置

焊缝在焊接结构上的空间位置称为焊接位置。焊接位置有平焊、立焊、横焊和仰焊，如图 4 - 7 所示。焊接位置不同，焊工施焊的难度也不同，而且对焊接质量和生产率也有影响。平焊操作容易，劳动条件好，质量容易保证，生产效率高。立焊和横焊由于金属液受重力作用容易往下流，焊缝成形困难，操作较困难。仰焊熔池倒悬，液滴极易下落，焊缝更难成形，而且劳动条件差，操作困难，技术要求高，质量也最难保证。焊接时应尽量对焊件实施平焊。

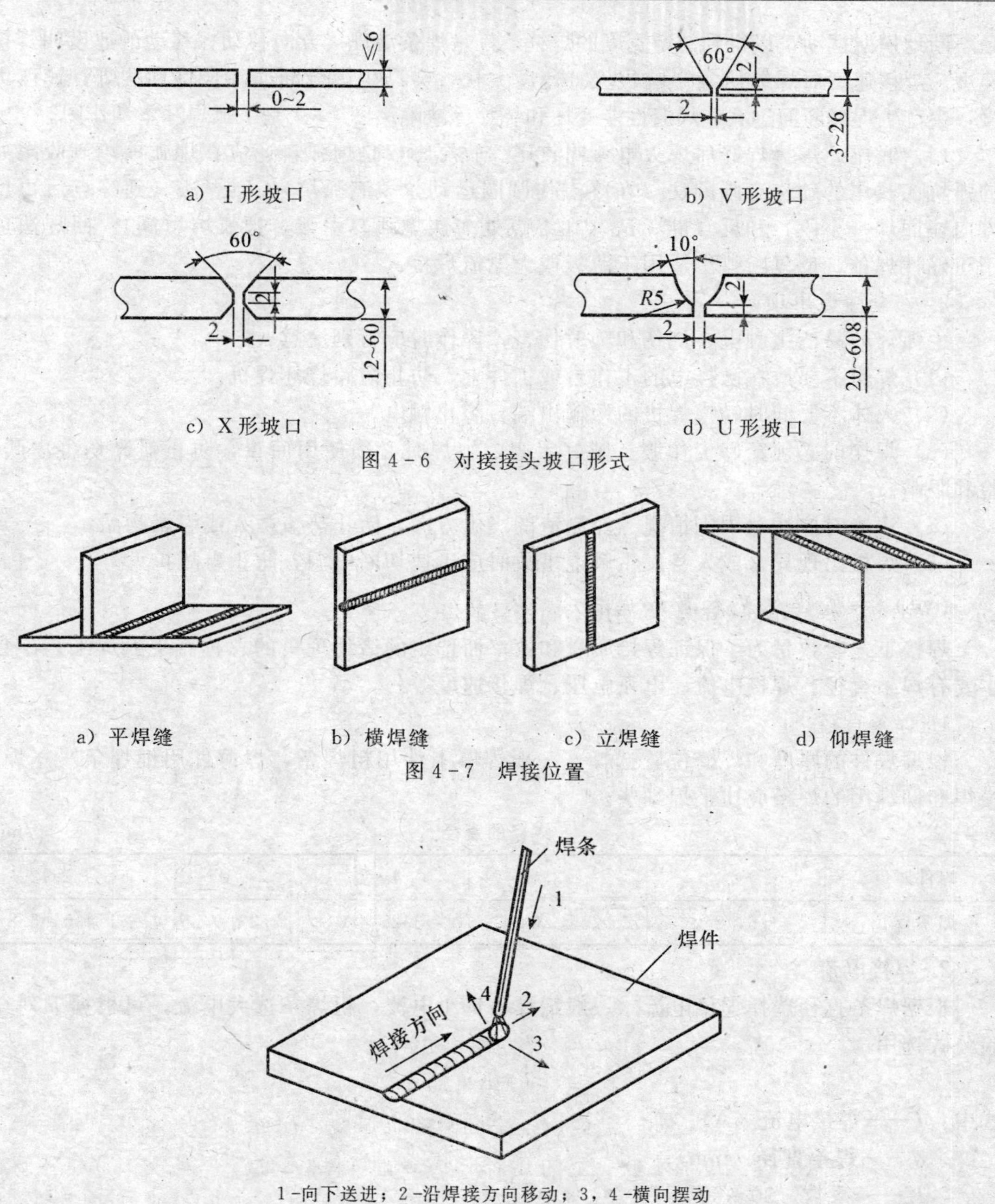

图 4-6 对接接头坡口形式


图 4-7 焊接位置


1-向下送进；2-沿焊接方向移动；3，4-横向摆动

图 4-8 手弧焊基本动作图

### （三）手弧焊操作技术和安全注意事项

1. 基本操作技术

手弧焊操作主要包括引弧、运条及焊缝收尾。

（1）引弧。引弧常用的方法有敲击法和划擦法，实质都是使焊条前端焊芯迅速接触焊件，形成短路后迅速离开焊件并保持 2～4 mm 的间隙。

（2）运条。焊接时，焊条端部的运动叫运条。电弧引燃后继续焊接的关键在于运条。为了维持电弧稳定燃烧形成良好的焊缝，运条必须保持三个方向协调动作。一是焊条向熔池方向不断送进。送进的速度应与焊条熔失的速度相适应，以维持稳定的电弧长度。二是焊条不断地横向摆动，以得到一定宽度的焊缝。三是焊条沿焊接方向移动，移动的速度叫焊接速度。焊接速度对焊缝质量影响很大。速度太快，会产生焊缝断面不合格和假焊；速度太慢，会产生焊缝断面过大、焊缝性能变坏和烧穿等缺陷。图 4-8 是手弧焊基本动作图。

(3) 收尾。焊缝焊好后熄灭电弧叫收尾。收尾不仅是熄弧，还应在熄弧前填满收尾处的弧坑。收尾的动作有画圈法（在终点作圆圈运动，填满弧坑）、回焊法（到终点后再反方向往回焊一小段）和反复断弧法（在终点处多次熄弧、引弧，把弧坑填满）。回焊法适用于碱性焊条，反复断弧法适用于薄板或大电流焊接。

2. 安全注意事项

手弧焊容易产生触电、烧伤和辐射伤害，操作时应特别注意。

(1) 焊钳不要放在已接电的工作台或工件上，防止短路烧坏焊机。

(2) 人体不要同时触摸焊机的两输出端，防止触电。

(3) 焊接前必须穿好工作服、戴好手套，施焊时必须使用面罩，防止弧光伤害皮肤、脸和眼睛。

(4) 清渣时应注意周围情况、控制渣的飞出方向，防止热渣烫人或引燃物品。

(5) 焊机出现异常或人身发生触电事故时应迅速切断电源，防止事故扩大。

### （四）手弧焊工艺参数和选择

焊接工艺参数是为了保证焊接质量和效率而选定的诸物理量的总称。手弧焊工艺参数主要有焊条直径、焊接电流、电弧电压、焊接速度等。

1. 焊条直径

根据焊件的厚度和焊缝位置选择。一般焊厚工件用粗焊条，焊薄件用细焊条。立焊、横焊和仰焊用的焊条应比平焊细些。

**表 4-2　焊条的直径**　/mm

| 焊件厚度 | 2 | 3 | 4～7 | 8～12 | ＞12 |
|---|---|---|---|---|---|
| 焊条直径 | 1.6，2.0 | 2.5，3.0 | 3.2，4.0 | 4.0，5.0 | 4.0，5.8 |

2. 焊接电流

根据焊条直径选择焊接电流。一般细焊条选小电流，粗焊条选大电流，可根据下列经验公式选用

$$I=Kd$$

式中：$I$——焊接电流（A）；

$d$——焊条直径（mm）；

$K$——系数，30～60。

碱性焊条、细焊条立、横、仰焊，$K$ 值选小些，酸性焊条、粗焊条平焊，$K$ 值选大些。焊接电流是否合适，可通过试焊和观察焊条的熔化情况和焊缝成形情况进行调整和确定。

3. 电弧电压

电弧电压是指电弧两端（两电极）之间的电压降。电弧电压与电弧长短有关，电弧长电压高，电弧短电压低。电弧过长，不仅电弧燃烧不稳定，而且受空气影响大，焊缝容易产生气孔。焊接时应尽量使用短电弧，电弧的长度一般不超过焊条直径。

4. 焊接速度

单位时间内完成的焊缝长度叫焊接速度。它是影响焊接效率的重要因素。手弧焊在保证焊接质量的前提下，应适当采用较粗的焊条、较大的电流、较低的电弧电压，并适当提

高焊接速度，从而提高焊接效率。

（五）焊接变形及缺陷

焊接时焊件受到局部不均匀加热，接头热胀冷缩受到阻碍，容易引起应力、变形和裂纹，如图 4－9 所示。

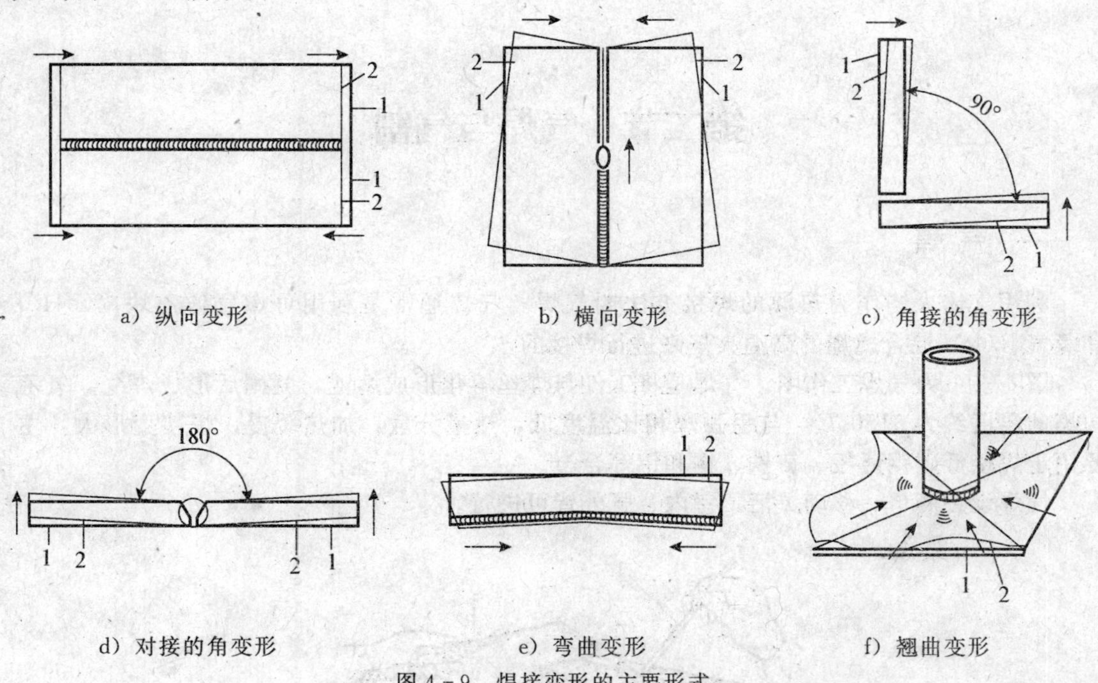


图 4－9 焊接变形的主要形式

变形会降低焊件结构的精度并影响焊接的顺利进行，如果变形无法校正，会造成废品。为防止和减少变形，焊接时应选择合理的施焊顺序。焊前用刚性强的夹具将焊件固定，可强制减小变形。

由于技术不佳、焊件材料材质不好等原因，焊缝有时会产生缺陷。常见的缺陷有未焊透、未熔合、烧穿、咬边、焊瘤、夹渣、气孔和裂纹等。图 4－10 为常见的焊接缺陷。

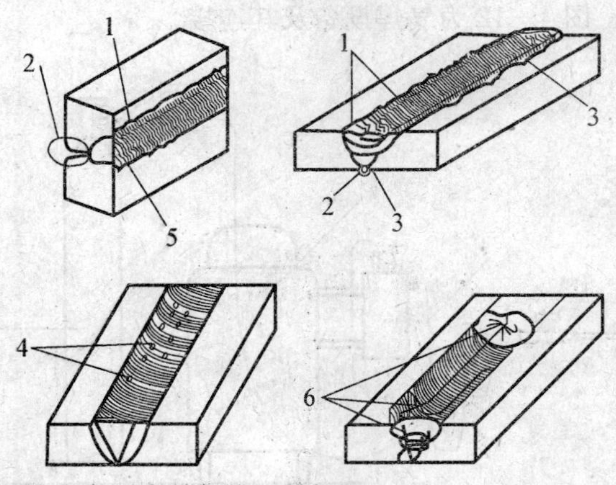


1－咬边；2－未焊透；3－夹渣；4－气孔；5－满溢；6－裂缝

图 4－10 常见的焊接缺陷

焊接缺陷会降低焊缝的有效承载面积，直接关系着焊件的安全使用。锅炉爆炸、船体断裂等重大事故，很多是由焊接缺陷引起的。

焊接完成后，应按产品要求进行检验。外观检查可以发现焊缝尺寸及形状的偏差和咬边、焊瘤、表面气孔、裂纹等；内部的裂纹、气孔、夹渣可用射线探伤或超声波探伤等检查；某些受压容器还需要通过气压、水压试验来检查焊缝的致密性和耐压能力。

# 第二节 气焊与气割

## 一、气焊

利用气体火焰作为热源的焊接方法叫气焊。气焊通常是利用可燃气体乙炔（$C_2H_2$）和氧气（$O_2$）混合燃烧的高温火焰来进行焊接的。

图 4-11 为气焊工作图。气焊是将工件与焊丝熔化形成熔池，凝固后形成焊缝。氧乙炔焰的温度约为 3150 ℃，与手弧焊相比温度低，热量分散，加热缓慢，焊接变形大，主要用于焊接低碳钢薄板、铸铁、铜和铝等合金。

气焊设备简单、移动灵活，室内、野外皆可进行。

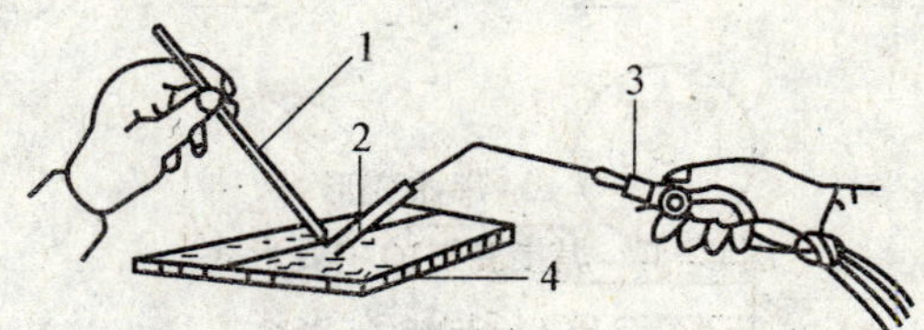


1-焊丝；2-气焊火焰；3-焊炬；4-焊件

图 4-11 气焊工作图

### （一）气焊设备

气焊设备由氧气瓶、减压器、乙炔发生器、回火安全器和焊炬构成，也可用装乙炔的乙炔瓶代替乙炔发生器。图 4-12 为气焊设备及其连接。

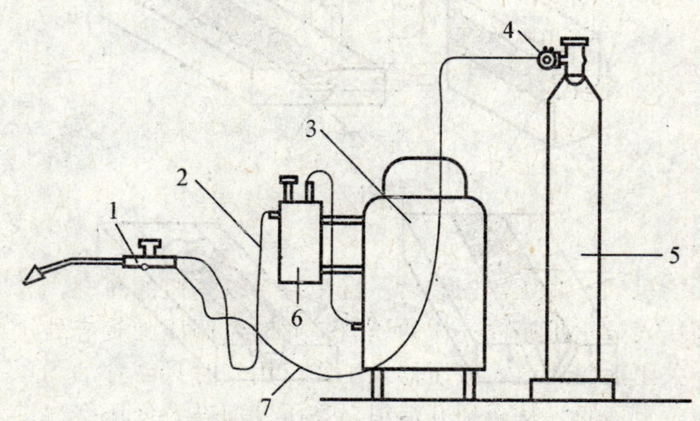


1-焊炬（枪）；2-乙炔管道；3-乙炔发生器；4-减压器；
5-氧气瓶；6-回火安全器；7-氧气管道

图 4-12 气焊设备及其连接

1. 氧气瓶

氧气瓶是贮存和运输氧气的耐高压圆筒形容器，瓶的顶部装有阀门供开闭和安装减压器用。常用的氧气瓶容积为 40 L，工作压力为 15 MPa。

氧气化学性质极活泼，能与自然界中绝大多数元素化合，与油脂等易燃物接触会剧烈氧化，引起燃烧或爆炸，所以使用氧气时必须十分注意。为便于识别，氧气瓶外表被涂成天蓝色并标注黑色“氧气”字样。

2. 乙炔发生器和乙炔瓶

(1) 乙炔发生器。乙炔发生器是能使水与电石进行化学反应产生一定压力乙炔气体的装置。乙炔气无色，有特殊臭味，具有爆炸性，使用时必须注意安全。乙炔发生器周围严禁火种，乙炔发生器与焊炬之间必须装回火安全器，防止火焰回烧引起爆炸。

(2) 乙炔瓶。乙炔瓶是贮存和运输乙炔气的容器，瓶的工作压力为 1.5 MPa。它的形状与氧气瓶相似，瓶口装乙炔气阀供开闭气瓶和装减压器用，瓶内装满浸渍了丙酮的多孔填料，乙炔溶存于丙酮中。乙炔瓶应直立放置，以免丙酮流出，乙炔瓶需要远离火源。为了便于识别，乙炔瓶应涂成白色并标注红色“乙炔”字样。

3. 减压器

减压器是能将高压气体降为低压气体的调节装置，能降压和稳压。气焊所用气体的工作压力都较低，氧气为 0.1～0.4 MPa，乙炔为 0.15 MPa。气焊必须使用减压器。图 4-13为氧气减压器结构示意图。

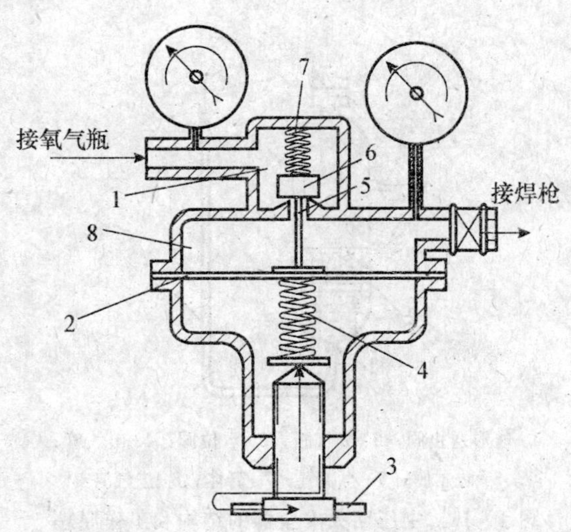


1-高压室；2-薄膜；3-调压手柄；4-调压弹簧；
5-通道；6-活口；7-活门弹簧；8-低压室

图 4-13 氧气减压器结构示意图

(1) 减压器减压的机理。减压器安装后，慢慢拧开氧气瓶的瓶阀，高压氧气即进入减压器内的高压室，高压表显示出瓶内气体的压力。此时，调压弹簧应处于松开状态，活门弹簧将活门顶紧，并关闭活门通道，减压器未工作。用气时只需拧动调压手柄，使调压螺钉拧入并压迫调压弹簧及薄膜，从而顶开活门，高压气即进入低压室。进入低压室的气体由于膨胀而压力下降，低压表显示出减压后的气体压力，低压气体通过导管进入焊炬供使用。

（2）减压器稳压的机理。使用过程中如果用气量变小或停用，低压室气体压力随即增高，从而压迫薄膜及调压弹簧使活门开启度随之减小，直至关闭。当恢复用气或用气量增大时，低压室内气压降低，薄膜被调压弹簧压回，活门重新开启。开启度随用气量增多和减少而相应地增大和减小，使输出气体压力维持基本稳定。使用者只需通过调压手柄调节调压螺钉的拧入程度，就能获得所需氧气的工作压力。

乙炔气减压器的构造与工作原理和氧气减压器类似，只是减压器与乙炔瓶用专门的夹环连接，而氧气减压器用专门的锥形螺扣同氧气瓶连接。氧气减压器应涂成蓝色，乙炔减压器应涂成白色。

4. 回火安全器

回火安全器是装在焊炬与乙炔发生器之间防止火焰向燃气管路或气源回烧的保险装置。

正常情况下的气焊火焰只在焊炬外燃烧，当乙炔气压力过小，焊炬过热或堵塞时，火焰会沿乙炔管往回燃烧。此时，若不及时阻断回烧，管路、焊炬可能被烧坏，甚至引起乙炔发生器发生爆炸。回火安全器可及时截住回火气体，防止发生事故。

回火安全器一般有水封式和干式两种。图 4－14 为中压回火安全器的结构和工作原理。

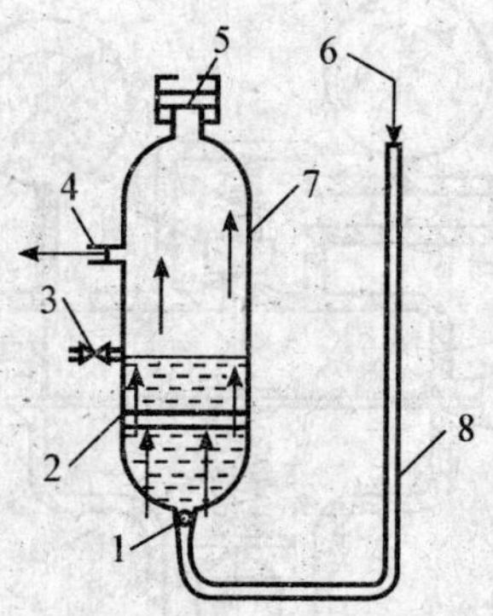


1－球形逆止阀；2－分气板；3－水位阀；4－出气管；
5－防爆膜；6－乙炔气；7－筒体；8－进气管

图 4－14　中压回火安全器的结构和工作原理

水封式回火安全器是利用安全器中的水和球阀熄灭回火的。用前将水加到水位指示阀出水后，关闭水位阀。正常工作时，乙炔气从进口顶开球阀穿过水层进入安全器，再通过管道输送给焊炬。发生回火时，进入安全器的火焰被水隔断，同时火焰气体压迫水层使球阀关闭从而切断乙炔气，回火熄灭。如果回火气体压力过大，超过了防爆膜的强度，防爆膜破裂，事故排除，更换防爆膜，回火安全器仍能使用。

5. 焊炬

焊炬是气焊用于控制气体混合比、流量及火焰并进行焊接的工具，图 4－15 为H01－6 射吸式焊炬的构造图。“H”表示焊炬，“0”表示手工，“1”表示射吸式，“6”表示该焊炬可焊接低碳钢板的最大厚度为 6 mm。

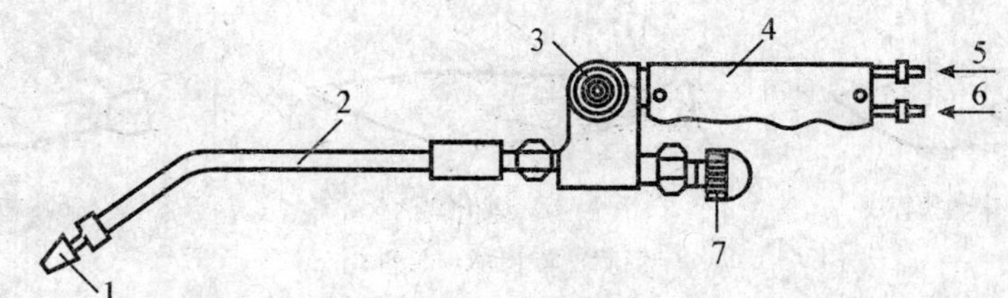


1-焊嘴；2-混合管；3-乙炔阀门；4-手柄；5-乙炔气；6-氧气；7-氧气阀门

图 4-15 H01-6 焊炬构造

射吸式焊炬是当氧气高速从喷嘴喷出时，吸带喷嘴周围的乙炔进入射吸管，形成混合气，点燃后构成所需要的火焰。氧气与乙炔气的流量、混合比，可通过乙炔调节阀、氧气调节阀分别调节，每只焊炬配有 5 只不同孔径的焊嘴供选用。

## （二）气焊火焰

通过改变氧气和乙炔气的混合比例，能得到三种不同性质的火焰，即中性焰、碳化焰和氧化焰。

### 1. 中性焰

氧和乙炔混合比为 1.1～1.2 时燃烧所形成的火焰，它由焰心、内焰和外焰三部分组成。焰心呈尖锥状，色白而明亮，轮廓清晰；内焰为蓝白色，轮廓不清；外焰由淡紫色变为橙黄色。中性焰的温度分布如图 4-16 所示。

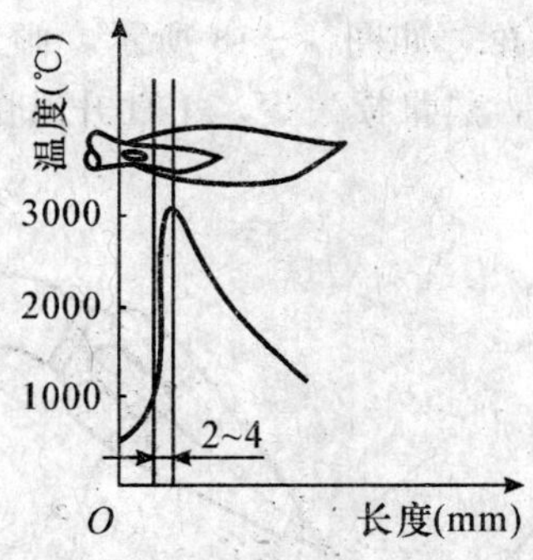


图 4-16 中性焰温度分布图

中性焰用于焊接低碳钢、中碳钢、低合金钢、不锈钢、紫铜、铝及铝合金，用途最广泛。

### 2. 碳化焰

氧与乙炔的混合比小于 1.1 时的火焰。由于乙炔燃烧不完全，火焰中有游离碳。碳化焰具有较强的还原作用，也有一定的渗碳作用。碳化焰用于焊接高碳钢、铸铁和硬质合金等。

### 3. 氧化焰

氧与乙炔的混合比大于 1.2 时的火中有过量氧，在尖形焰心外面形成一个有氧化性的外焰区。它使焊缝产生过多的气孔和氧化夹杂物，质脆，质量变坏。氧化焰在一般焊接中不使用，只用于焊接黄铜。焊黄铜时，它产生的硅氧化物膜覆盖在熔池上，能防止黄铜中锌元素的挥发。图 4-17 为中性焰、碳化焰和氧化焰的火焰图。

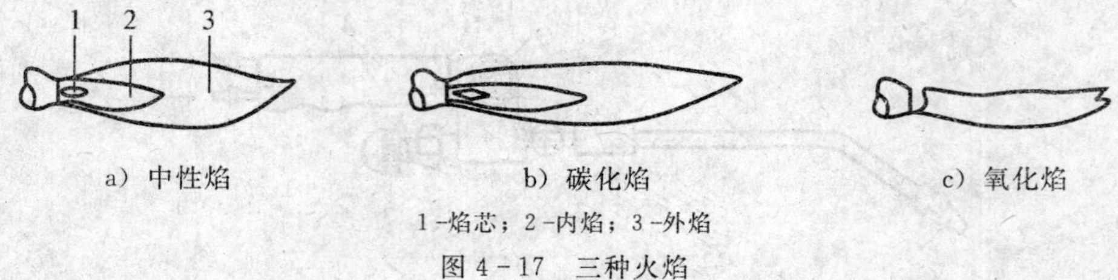


a）中性焰　b）碳化焰　c）氧化焰

1-焰芯；2-内焰；3-外焰

图 4-17　三种火焰

### （三）气焊操作与工艺参数选用

影响气焊质量和效率的因素很多，主要有焊丝、火焰、焊炬倾角和焊接速度。

1. 焊丝

气焊时作为填充金属的焊丝的机械性能或化学成分一般应与焊件的一致，焊丝的直径也应与焊件厚度相适应。常用的低碳钢焊丝有 H08，H08A 等，直径一般为2～4 mm。

2. 点火、调节火焰及灭火

点火时先微开氧气阀，再开乙炔阀。点火后得到的是碳化焰，可看到轮廓分明的焰心、内焰和外焰。开大氧气阀，火焰变短，当调到整个火焰只剩下中间白亮的焰心和外面一层较暗淡的外焰时，即得到中性焰。焊接时应保持明亮的焰心距熔池液面 2～4 mm 为宜。焊完灭火应先关乙炔阀门，后关氧气阀门。

3. 焊炬倾角

焊嘴与焊缝的夹角叫焊炬倾角，如图 4-18 所示。倾角小，火焰分散，热量损失大，工件升温慢；倾角大，火焰集中，热量损失少，工件升温快。焊厚工件用大倾角，焊薄工件用小倾角。

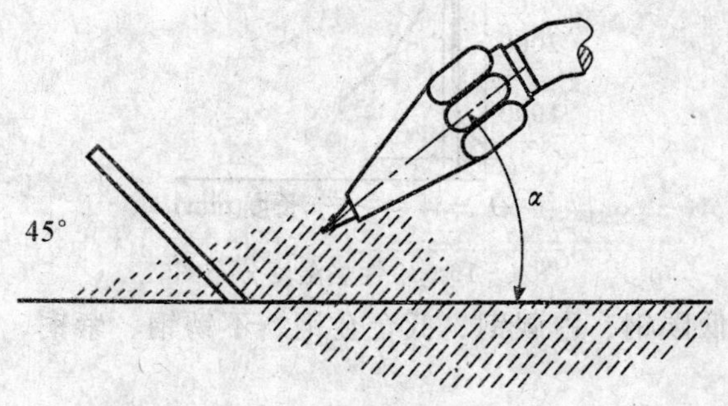


图 4-18　焊炬倾角

4. 焊接速度

一般焊厚工件速度应慢些，焊薄工件速度要快些，以防止焊不透和烧穿。

## 二、氧气切割

利用气体火焰的热能将工件待切处预热到一定温度（燃点）后，喷出高压氧气流，使金属燃烧并放出热量实现切割的方法叫氧气切割。

氧气切割是金属在纯氧中燃烧即激烈氧化实现的，是通过预热、燃烧、吹渣来实现切割。图 4-19 为氧气切割示意图。

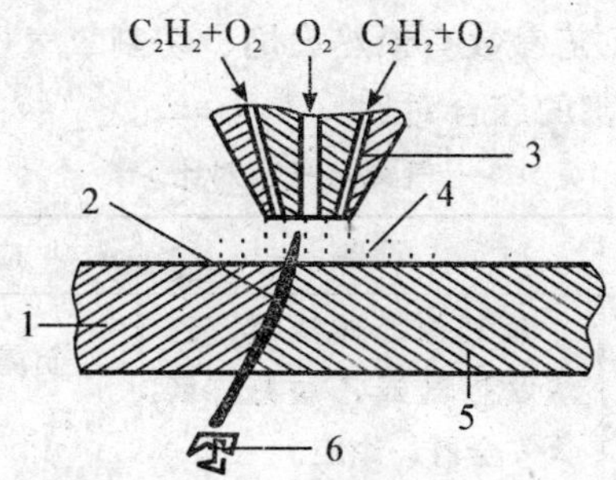


1-割口；2-氧气流；3-割嘴；4-预热火焰；5-待切割金属；6-氧化物（渣）

图 4［CD＊2］19 氧气切割示意图

并非所有金属都能采用氧气切割，能使用氧气切割的金属必须具备下列条件：

（1）金属的燃点必须低于金属自身的熔点。

（2）金属氧化物的熔点必须低于金属本身的熔点。

（3）金属的燃烧应放出足够的热量。

（4）金属的导热能力要低。

满足上述条件的纯铁、低碳钢（燃点约为 1350 ℃，熔点约为 1500 ℃）、中碳钢和低合金钢可以用氧气切割。铸铁、不锈钢、铜、铝（熔点约为 660 ℃，氧化物熔点约为2050 ℃）等不满足上述条件，不能用氧气切割。

气割所用设备与气焊基本一样，但是需要用割炬而不是焊炬。割炬是气割的主要工具，它可以安装或者是更换割嘴，调节预热火焰和控制切割氧气流量。图 4－20 为 G01－30割炬的构造图。“G”表示割炬，“0”表示手工，“1”表示射吸式，“30”表示可切割低碳钢的最大厚度为 30 mm。割炬分为两部分：一为预热部分，构造与射吸式焊炬相同；二为切割部分，由切割氧调节阀、切割氧通道及割嘴组成。割嘴与焊嘴不同，焊嘴只有一个混合气喷孔，割嘴在环形或梅花形预热气喷孔中心还有一个高压氧气喷孔，如图 4－21所示。每只割炬配有 3～4 只不同孔径的割嘴。

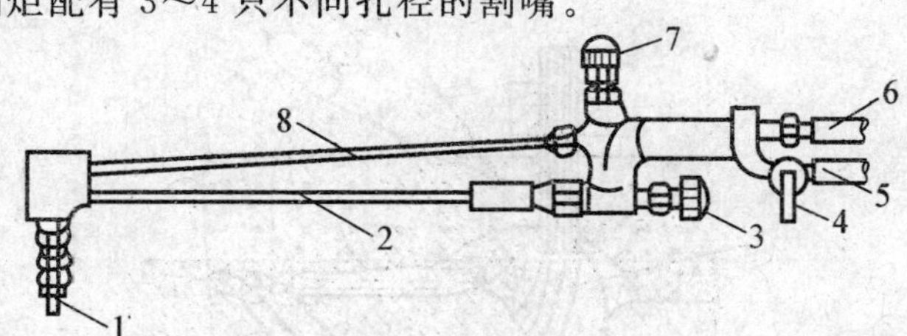


1-割嘴；2-切割氧气管；3-预热焰混合气体管；4-切割氧气阀门；5-乙炔气阀门；6-预热氧气阀门；7-切割氧气阀；8-切割氧气管

图 4－20 割炬的构造

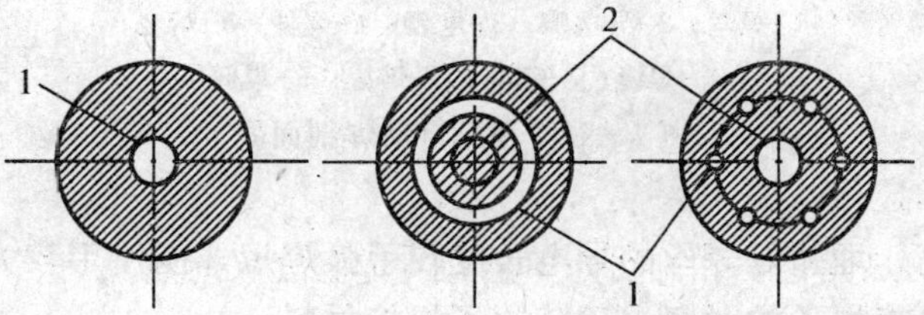

a）焊嘴 b）割嘴

1-混合气体喷孔；2-高压氧气喷孔

图 4－21 割嘴与焊嘴的截面

影响气割质量和效率的工艺参数有预热火焰、切割氧气压力、割炬倾角和切割速度。

表 4-3 列出了气焊与气割的综合对比。

**表 4-3** **气焊与气割对比**

| | 目的 | 原理 | 设备 | 应用 | 工艺参数 |
|---|---|---|---|---|---|
| 气焊 | 使工件连接 | 预热、熔化、凝固 | 氧气瓶、减压器、乙炔发生器或乙炔瓶、回火安全器、焊炬。 | 金属薄板及细料。 | 焊丝、火焰、焊炬倾角、焊接速度。 |
| 气割 | 使工件分离 | 预热、燃烧、吹渣 | 氧气瓶、减压器、乙炔发生器或乙炔瓶、回火安全器、割炬。 | 符合 4 项条件的金属料。 | 预热火焰、切割氧压力、割炬倾角、切割速度。 |

# 第三节　其他焊接方法

## 一、埋弧焊

埋弧焊是电弧在焊剂层下燃烧进行焊接的方法，焊剂能够熔化形成熔渣和气体，对熔化金属起保护和冶金处理作用。

埋弧焊电弧的引燃、维持、沿焊接方向移动、焊丝的送进及焊剂的布撒，都由埋弧焊机自动进行。焊机的送丝机构将焊丝送到焊剂层下，焊丝末端与工件间产生的电弧将焊丝、焊件金属和周围的焊剂熔化形成金属熔池，熔化中形成的气体将熔渣排开并在电弧周围形成封闭空间，使电弧区与外界空气隔绝。熔池中的金属凝固冷却形成焊缝，熔渣冷却后形成渣壳覆盖在焊缝上。电弧随焊机移动，焊剂不断地撒在电弧区周围，焊丝连续送进，焊缝连续形成。图 4-22 为埋弧自动焊剖面图。

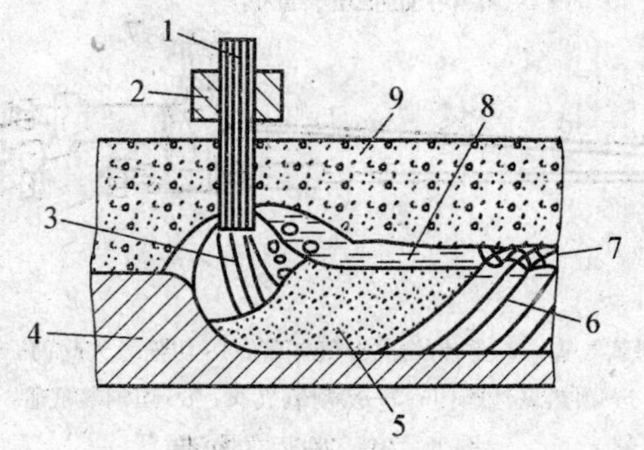


1-焊丝；2-导电嘴；3-电弧；4-焊件；5-熔池；
6-焊缝；7-渣壳；8-熔渣；9-焊剂

图 4-22　埋弧自动焊剖面图

埋弧焊的特点和应用：

(1) 生产效率高。埋弧焊焊丝的导电长度较手弧焊短，能使用较大的焊接电流。焊丝连续送进，省略了更换焊条的时间，还节约了焊接材料。

(2) 焊缝质量好。埋弧焊焊接区有焊剂和熔渣的可靠保护，能减少空气等有害气体的作用。热量集中、速度快、焊件变形小，能自动保持参数不变，焊缝质量好而且稳定。

(3) 劳动条件好。焊接过程自动化，操作简便，电弧在焊剂层下燃烧，减少了弧光和烟尘对人的危害。

(4) 埋弧焊设备较复杂，维修保养工作量较大，焊剂只适合水平布撒，适用于平焊和较大直径的环状焊缝。

## 二、气体保护焊

气体保护焊是利用外加气体作为电弧介质，并用它保护电弧和焊接区的电弧焊。常用的有二氧化碳气体保护焊和氩弧焊。

1. 二氧化碳气体保护焊

利用 $CO_2$ 作为保护气体的电弧焊又简称 $CO_2$ 焊，图 4 - 23 为二氧化碳保护焊示意图。

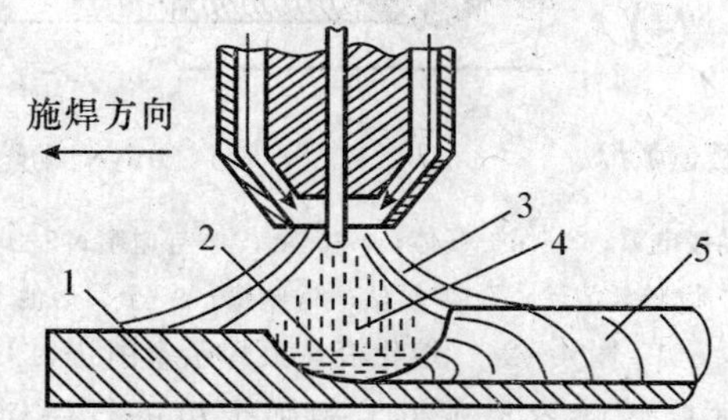


1 -工件；2 -熔池；2 - $CO_2$ 气体；4 -电弧；5 -焊缝

图 4 - 23 二氧化碳保护焊示意图

$CO_2$ 焊的特点和应用如下：

(1) 生产效率高，成本低。$CO_2$ 便宜，焊接电流密度大，热量利用率高，效率高，成本低。

(2) 焊缝质量好。电弧加热集中，焊件受热面积小，变形小，焊缝抗裂性能较好，机械性能好，质量高。

(3) 操作简便，适用范围广。$CO_2$ 焊为明弧焊，焊接时可观察到电弧及熔池情况，容易掌握；可进行薄、中、厚板的全方位焊接。

(4) 有强烈的氧化性，不适宜焊接容易被氧化的有色金属，常用于焊接低碳钢及低合金钢。

2. 氩弧焊

用氩气作为保护气体的电弧焊简称氩弧焊。氩弧焊原理和 $CO_2$ 焊基本相同。按照使用的电极，氩弧焊分为不熔化极氩弧焊和熔化极氩弧焊。

不熔化极氩弧焊是用高熔点的钨棒做电极，亦称钨极氩弧焊。钨极氩弧焊的钨极载流能力有限，所以只适合焊接 6 mm 以下的板材。熔化极氩弧焊是用焊丝做电极，可用较大的电流，热量集中利用率高，可焊厚板，容易实现自动化。当前应用最广的为手工钨极氩弧焊。图 4 - 24 为熔化极氩弧焊示意图。

氩弧焊具有下列特点：

(1) 焊缝质量高。氩气是惰性气体，保护性能优良；氩气导热慢，高温下不吸热、不分解，热量损失小。电弧受氩气流的冷却导致电弧热量集中，热影响区小，故焊件变形小、应力小，焊缝质量高。

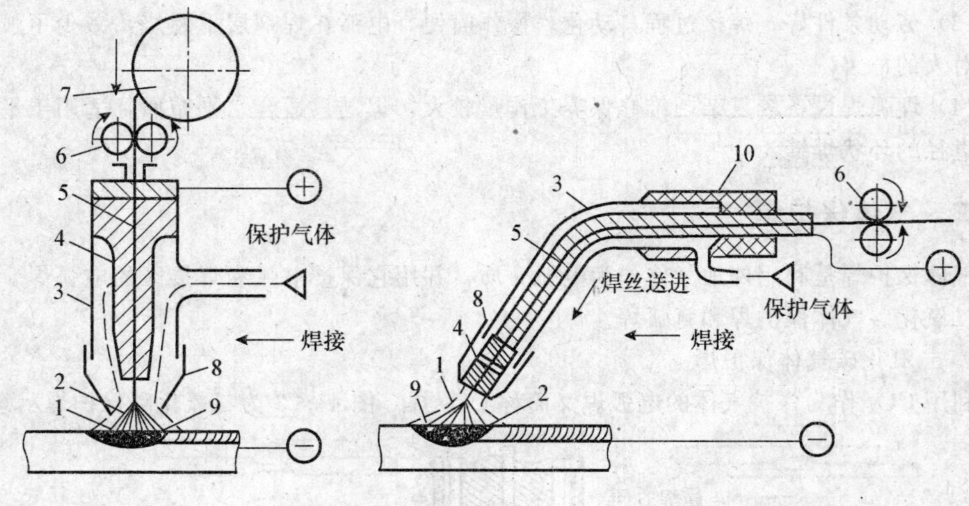


a)自动熔化极氩弧焊　　b)半自动熔化极氩弧焊

1-焊接电弧；2-保护气体；3-焊炬；4-导电嘴；5-焊丝；
6-送丝滚轮；7-焊丝盘；8-喷嘴；9-金属熔池

图 4-24　熔化极氩弧焊示意图

(2) 焊接过程简单，明弧焊接容易观察。氩弧焊可进行任何空间位置的焊接并易实现自动化。

(3) 氩气价格贵，设备较复杂，焊接成本高，目前主要用于焊接不锈钢及容易氧化的铝、镁、钛、铜等有色合金。

## 三、电阻焊

利用电流通过焊件接触处产生的电阻热进行焊接的方法叫电阻焊。

电阻焊的基本形式有点焊、对焊和缝焊，如图 4-25 所示。

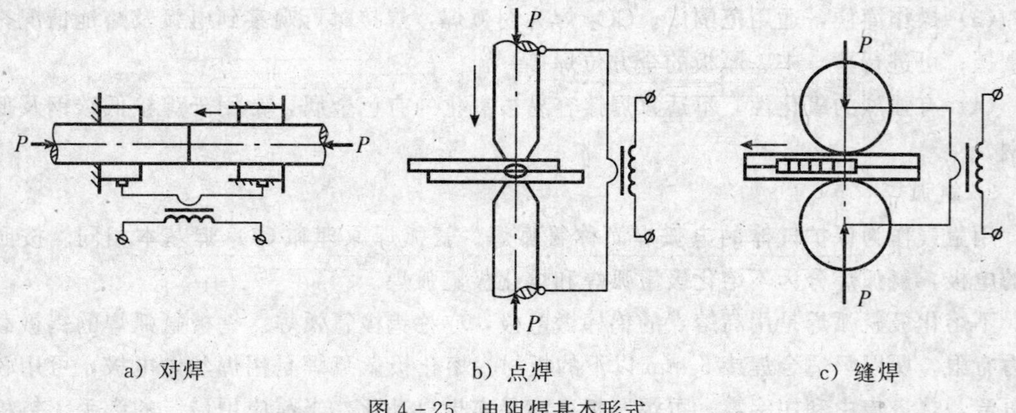


a) 对焊　　b) 点焊　　c) 缝焊

图 4-25　电阻焊基本形式

### 1. 点焊

焊件装配成搭接接头并压紧在电极之间，利用电阻热熔化母材金属形成焊点叫点焊。

点焊过程如图 4-26 所示。将工件接头送入点焊机上、下电极之间，踩下踏板，焊机自动完成加压、通电、断电、去压，形成焊点。焊接电压、电流和压力要在焊前调整好，通电时间、压力维持时间及电极的动作都由调节器自动控制，也可用人力控制。

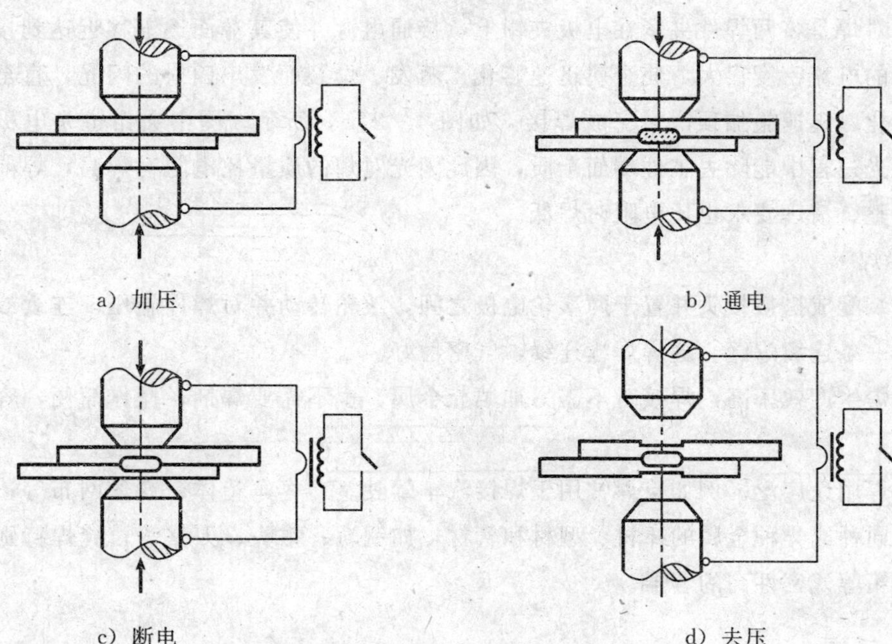


图 4－26　点焊过程

2. 对焊

对焊分为电阻对焊和闪光对焊两种。

电阻对焊是使两焊件的接头端面紧密接触，利用电阻热加热至塑性状态，然后迅速施加顶锻力完成焊接的方法，如图 4－27A）所示。

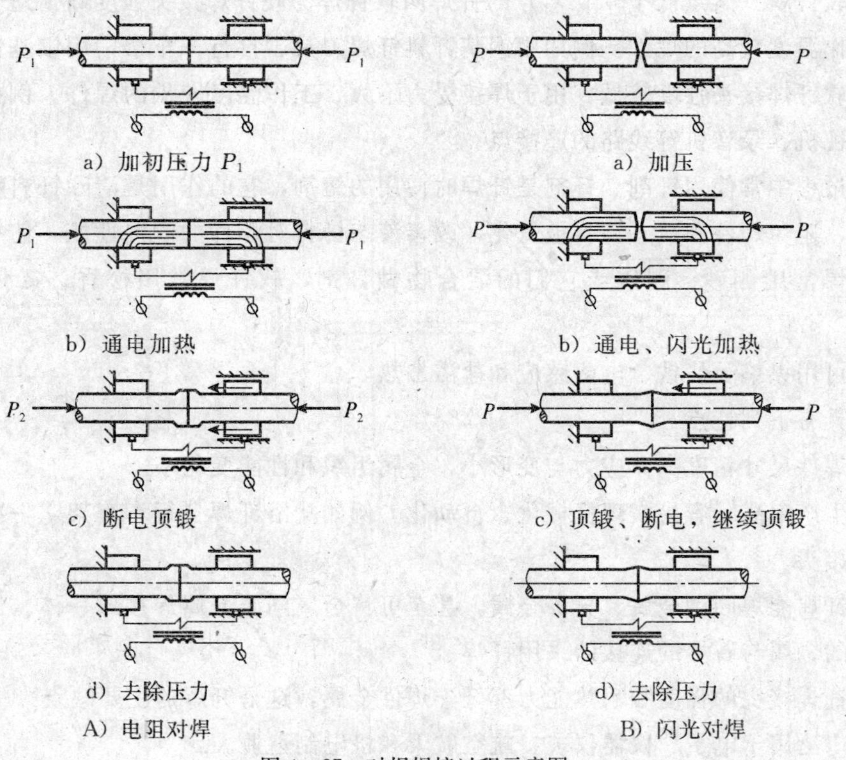


图 4－27　对焊焊接过程示意图

闪光对焊是将两焊件夹紧在电极夹钳上，接通电源并使其端面逐渐移近达到接触。由于接触点的电流密度很大，使金属迅速熔化、蒸发、爆裂而发出四射的闪光，直至整个端面金属熔化，迅速施加顶锻力完成焊接，如图 4 - 27B）所示。图中夹钳也是电极。闪光对焊在闪光过程中能除去工件端面杂质，因此闪光对焊的质量比电阻对焊高，焊前对工件端面的平整、清理要求也比电阻对焊低。

3. 缝焊

焊件装配成搭接接头并置于两滚轮电极之间，滚轮转动并对焊件施压，连续或断续送电即形成一条连续焊缝。缝焊焊缝连续，气密性好。

电阻焊生产效率高，焊接时不需另加填充金属，也不需要焊剂，操作简便，容易实现自动化。

电阻焊用途广泛。例如点焊常用于焊接汽车驾驶室、客车箱体、铁丝网布等；对焊常用于焊接同种或异种金属的棒材、型材和管材，如钢轨、钻头、刀具等；缝焊特别适合焊接汽车油箱等气密性高的容器。

## 四、钎焊

钎焊是利用比母材熔点低的金属材料做钎材，将焊件和钎料加热到高于钎料熔点低于母材熔点的温度，利用液态钎料润湿母材，填充接头间隙并与母材相互扩散实现焊接的方法。钎焊时焊件不熔化，钎料熔化。通常把使用硬钎料（熔点高于 450 ℃）的钎焊叫硬钎焊，使用软钎料（熔点低于 450 ℃）的钎焊叫软钎焊。硬钎焊接头强度高，适合焊接受力较大、工作温度较高的焊件。例如用铜基钎料钎焊刀具、自行车车架，用银基钎料钎焊带锯条等。软钎焊接头强度较低，用于焊接受力不大、工作温度较低的焊件。例如用锡铅钎料钎焊电视机、录音机等线路的连接点。

钎焊过程中常使用钎剂。钎剂是钎焊时使用的熔剂，它的作用是清除钎料和焊件表面的氧化物，避免焊件和液态钎料被氧化，改善液态钎料对焊件的润湿性能，使钎焊容易进行。硬钎焊常用硼砂、硼酸或它们的混合物做钎剂，软钎焊常用松香、氯化锌溶液做钎剂。

钎焊可用火焰、烙铁、电磁感应和盐浴加热。

钎焊具有下列特点：

(1) 焊件尺寸精度高，应力与变形小，金属组织和性能变化小。

(2) 生产率高，容易实现机械化、自动化。例如盐浴钎焊自行车车架，一次可焊几十条焊缝或接头。

(3) 钎焊能焊同种金属、异种金属，甚至可将金属同非金属焊接成一体。例如原子能反应堆中的金属与石墨的连接即采用钎焊。

(4) 钎焊接头的强度和耐热能力都低于焊件金属，这是钎焊的主要缺点。

钎焊广泛用于电子、仪器仪表、航空航天和机电制造业。

# 第四节 常见的焊接缺陷及其检验

## 一、常见的焊接缺陷分析

常见的焊接缺陷种类及分析见表 4［CD∗2］4。

表 4［CD∗2］4 常见的焊接缺陷及其分析

| 缺陷名称 | 图例 | 特征 | 原因分析 |
|---|---|---|---|
| 焊缝外形和尺寸不理想 |  | 焊缝余高过高或过低、熔宽过大或过小，或宽窄不均，角焊缝单边下陷量过大。 | (1)焊接电流过大或过小。<br>(2)焊接速度不当。<br>(3)装配间隙不均匀或破口开得不当。 |
| 咬边 | 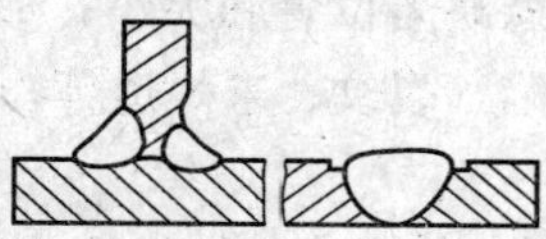 | 在焊件与焊缝交界处产生沟槽或凹陷。 | (1)电流过大。<br>(2)焊接速度太快。<br>(3)焊条角度不对和电弧过长。 |
| 焊瘤 | 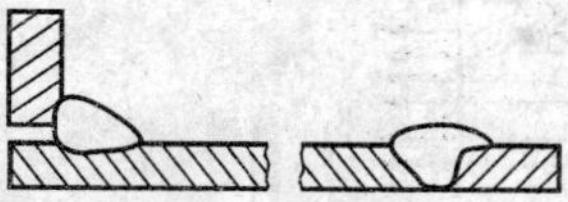 | 熔化金属流淌到焊缝之外的未熔化的母材上所形成的金属瘤。 | (1)焊接电流过小。<br>(2)焊接速度过慢。<br>(3)电弧过长和运条不正确。 |
| 未焊透 |  | 焊接接头根部未完全熔合。 | (1)坡口角度小。<br>(2)焊接电流过小。<br>(3)焊接速度过快。 |
| 烧穿 | 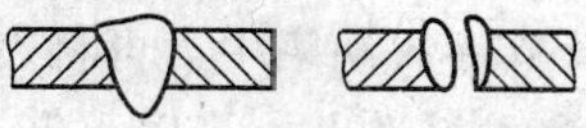 | 熔池金属从反面漏出或焊缝上形成穿孔。 | (1)坡口形状不当。<br>(2)焊接电流太大，焊接速度太慢。<br>(3)母材过热。 |
| 气孔 |  | 熔池内的气体凝固时未能逸出所形成的孔洞。 | (1)接头处有油、锈等。<br>(2)焊条受潮。<br>(3)电弧过长。<br>(4)熔池金属冷却太快。 |
| 夹缝 | 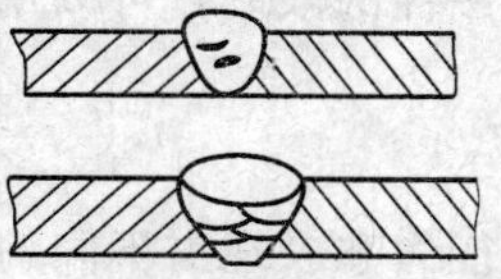 | 焊缝内部残留的非金属夹杂物。 | (1)焊接速度太慢。<br>(2)熔池金属凝固太快。<br>(3)多层焊时，前层焊渣没能清除干净。 |
| 裂纹 | 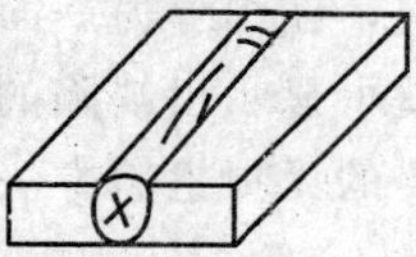 | 焊缝及热影响区产生的缝隙。 | (1)母材含磷、硫高，成分不当。<br>(2)焊缝冷却太快。<br>(3)焊件结构设计不合理。<br>(4)焊接顺序不合理。 |

## 二、焊接质量的检验

零件在各种加工过程中和加工完成后都必须进行质量检验，通过适当手段，检查零件质量是否符合设计和使用要求，并采取相应的措施。质量检验是控制和保证产品质量的重要环节。

在焊接生产过程中，也应根据产品的技术要求对焊件进行质量检验。焊件质量检验的方法很多，可分为有损检验（破坏性检验）和无损检验（非破坏性检验）两类。这里仅介绍几种无损检验的方法。

1. 外观检验

外观检验是用肉眼或借助标准样板、量具及低倍（小于 20 倍）放大镜检查焊缝形状尺寸的偏差和表面缺陷，如表面气孔、咬边、未焊透、裂纹等。

2. 磁粉检验

磁粉检验是利用在强磁场中铁磁性材料表面缺陷产生的漏磁场吸附磁粉的现象，而进行的无损检验法。根据磁粉被吸附的痕迹，就可判断焊缝缺陷位置和大小，如图 4－28 所示。此法可用于检验铁磁性材料表面和近表面的线状缺陷（裂纹、未焊透等）。

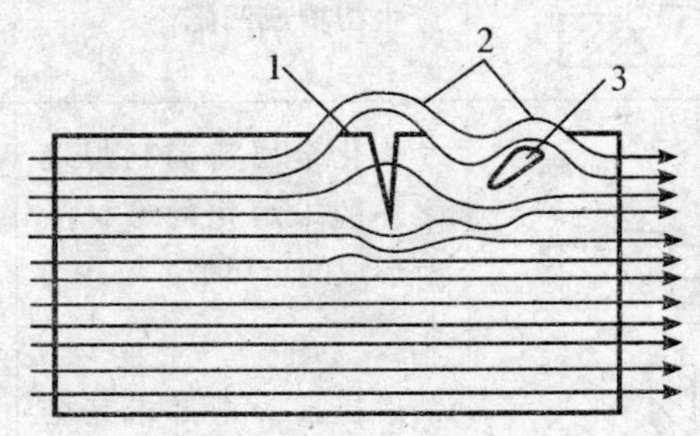


1－表面缺陷；2－漏磁；3－近表面缺陷

图 4－28　磁粉检验示意图

3. 渗透检验

渗透检验是在清洗过的焊件表面先涂上渗透剂，让其渗入缺陷中，再将表面剩余的渗透剂除去，然后施加一薄层显像剂，把缺陷中残存的渗透剂吸出，并显示出一定的痕迹，从而确定缺陷的形状和位置。

渗透检验分着色法和荧光法两类。着色法是在渗透剂中加入红色染料，当渗透剂被白色显像剂从缺陷中吸出后，会显示出红色痕迹。荧光法使用的渗透剂中加入了荧光物质，它在紫外线照射下会显示出黄绿痕迹。

渗透检验适用于检验焊件表面微小缺陷，它不受材料磁性的限制，可以用于各种金属和非金属材料的表面缺陷的检验。

4. 射线检验

射线检验是利用射线对金属和其他物质有较强的穿透能力和表现出不同的衰减规律所进行的无损检验。用射线从正面照射焊缝，如果焊缝内有缺陷，在焊缝另一面的照相底片上将得到不同程度的感光，如图 4－29 所示，底片冲洗后，就可显示出缺陷的种类、位置和大小。射线检验可以准确检验焊缝内部的缺陷，是一种重要的无损检验方法。常用的射线检验有 X 射线和 $\gamma$ 射线两种。

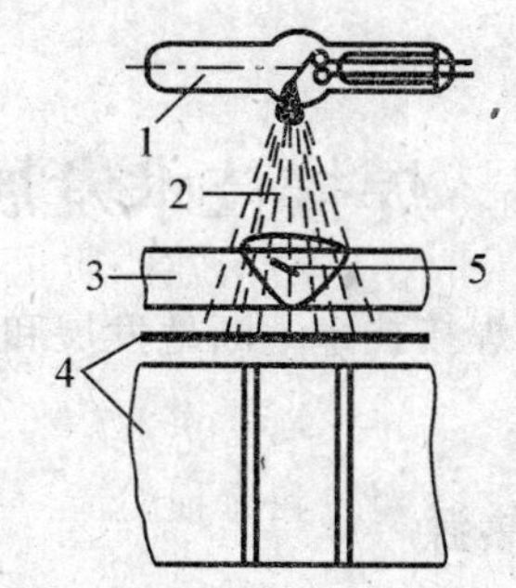


1－X射线管；2－X射线；3－焊件；4－底片；5－缺陷

图4－29　X射线探伤示意图

5. 超声波检验

超声波检验是利用0.25～2.5 MHz的超声波穿透金属和遇界面能发生反射的特性来检验焊件内部缺陷的一种无损检验方法。超声波从焊件表面进入内部，如果遇到缺陷和焊件底面时，就会分别放射不同的反射波。根据反射波脉冲的相对位置及形状，可估计出缺陷的位置和大小，如图4－30所示。超声波检验适合厚大焊件焊缝的检验。

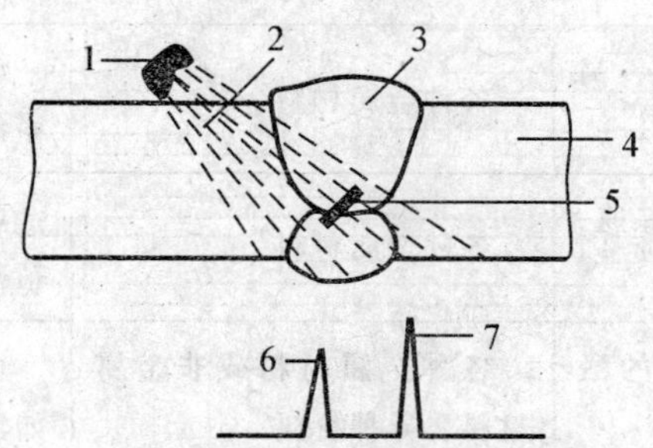


1－探头；2－始波；3－焊缝；4－焊件；5－缺陷；6－缺陷波；7－底波

图4－30　超声波检验示意图

6. 致密性检验

致密性检验用于检验各种输送和贮藏液体或气体的管道或压力容器的焊缝的致密性。常用的检验方法有气压试验、煤油试验等。

(1) 气压试验。先往容器或管道内通入一定压力的压缩空气，然后将焊件放入水槽中，看是否有气泡冒出。也可在焊缝外侧涂以肥皂水，看肥皂水是否起泡。

(2) 煤油检验。先在焊缝的一侧涂上白垩粉水溶液，待干燥后，在另一侧涂上煤油。如果焊缝有穿透性缺陷，煤油便会渗透过去使白垩粉呈现黑色油斑。

这两种检验方法都用于检验焊缝是否存在穿透性缺陷。

7. 耐压检验

将水、油、气等充入容器内并缓慢加压，以检验容器有无泄漏、耐压能力不够和破坏情况等。它主要用于承受较高压力的压力容器、锅炉、压力管道等的焊缝检验。

# 第五节 焊接技术发展概况

随着工业和科学技术的发展，焊接技术不断地发展和进步，主要的发展趋势表现在以下几个方面。

## 一、开发新的焊接方法和热源

焊接工艺已成功地利用了火焰、电弧、电阻、超声波、摩擦、等离子弧、电子束、激光等热源形成了相应焊接方法，见表 4-5。新的发展趋势一是完善现有的焊接方法，如扩大激光的能量，有效利用电子束能量，再如广泛地应用逆变弧焊电源，不仅减少了电能消耗，而且大大降低了焊机的体积和重量（同样容量的焊机，体积可降至几分之一，重量可降至几十分之一）。二是开发新的焊接方法和热源，采用叠加的热源以获得更高的能量密度，如在等离子弧中加入激光束，将太阳能用于焊接以寻求新的焊接方法，减少能源的消耗。

表 4-5 一些较先进的焊接方法

| 焊接方法 | 热源 | 适用材料 | 应用 |
| --- | --- | --- | --- |
| 等离子弧焊 | 压缩的高温、高能量的等离子弧。 | 各种金属材料。 | 难熔金属、活泼性金属、薄壁零件。 |
| 真空电子束焊 | 经聚焦的高速、高能量电子束。 | 各种金属材料。 | 要求变形小、在真空中使用的精密微型器件及厚大焊件。 |
| 激光焊 | 高能量密度的激光束。 | 各种金属材料或非金属材料、异种材料。 | 微型、精密、热敏感的焊件，如集成电路接线、电容器等。 |
| 摩擦焊 | 机械摩擦热并加压力。 | 碳钢、合金钢、不锈钢、铜、铝及其合金等塑性较好的材料。 | 异种金属，如铜和不锈钢、碳钢和铝，截面尺寸相差悬殊的焊件。 |
| 扩散焊 | 高温下焊件原子之间互相扩散并加压。 | 金属材料和非金属材料。 | 异种金属、陶瓷与金属的焊接、复合材料的制造。 |
| 超声波焊 | 超声波高频振荡的摩擦热能并加压。 | 焊接各种金属和非金属材料。 | 异种金属、厚薄悬殊和微连接焊件。 |

## 二、提高焊接生产率，减少材料消耗

主要从两个方面入手：一是开发新的焊接工艺和研制高效、高熔敷率的焊条；二是减少熔敷金属量，如采用窄间隙焊接法，无论焊件厚度如何，均采用对接接头，间隙设计为 13 mm 左右，不用开坡口。

## 三、提高焊接自动化水平

利用各种机构装置实现焊接全过程的机械化、自动化，可保证产品质量，提高生产率，改善劳动条件。最为突出的是利用计算机对焊接生产过程进行控制；用计算机对焊接瞬时过程参数进行检测与数据处理，研究焊接的瞬时过程，并对焊机的输出参数进行控制和调节；利用计算机图像处理技术来识别焊缝缺陷。

## 四、扩大焊接机器人的应用

机器人的发展和应用速度很快，工业机器人大约50%用于焊接。图4-31所示为六关节弧焊机器人示意图。焊接机器人具有示教功能，如要机器人去焊一种产品，只要对它示教，机器人就能记住每一步示教，然后重复再现示教动作。焊接机器人的主要优点是：能保证焊接质量的稳定可靠，生产率高；能在有害的环境下工作，改善劳动条件；可实现小批量、多品种、超小型焊件的精密焊接。

为了进一步提高焊接自动化程度，目前正研制模糊控制的智能化焊接机器人。

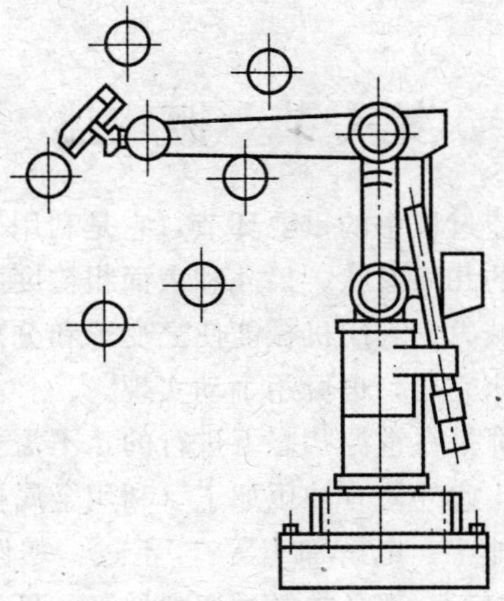

图4-31 弧焊机器人

## [复习思考题]

4-1 焊接的实质是什么？什么是熔焊、压焊和钎焊？举例说明。

4-2 手弧焊机有哪几种？说明实习中使用的手弧焊机的种类、型号和主要技术参数的意义。

4-3 手弧焊条由哪几部分组成？各部分有何作用？

4-4 手弧焊的工艺参数有哪些？如何选择？

4-5 简述气焊与气割设备的组成及各组成部分的作用。

4-6 氧—乙炔火焰有哪几种？各有何用途？

4-7 金属用氧气切割需具备哪些条件？

4-8 什么叫气体保护焊？$CO_2$焊和氩气保护焊适合焊接哪些金属？

4-9 电阻焊的基本形式有哪几种？它们各有何特点，适合焊哪类金属材料？

4-10 钎焊有何特点，有何用途？

# 第五章 金属切削加工基础知识

[实习安全技术]

1. 切削加工时工、量具不可放在机床旋转部位，以免飞出伤人。

2. 量具不可掉在地上或用其敲击零件。

3. 不得把量具放在机床导规上，精密量具使用时更要注意保养。

## 第一节 概 述

金属切削加工是机器制造过程中的重要环节，它是利用刀具从工件上切去多余的金属材料，以获得设计图纸要求的几何形状、尺寸和表面粗糙度的合格零件。切削加工的实质是刀具对被加工表面施以机械力，利用机械能使之变形和分离而形成切屑，故切削加工又称机械加工。施力一般由机床完成，也可用手动实现。

零件的加工制造，一般都是在常温状态下进行的，不需要加热，故又称冷加工。冷加工的主要方式就是切削加工，此外还有冲压加工（利用金属模型冲压薄板材料）和特种加工（如电火花加工、超声波加工、电解加工等）。不过，零件的加工，特别是那些精度和表面质量要求较高的零件的加工，都必须经过切削加工。显然，金属切削加工在各类机器的制造过程中所占地位是相当重要的。

### 一、切削加工的基本方法和切削运动

金属切削加工主要是通过操纵机床来进行的，基本的方法有车削、铣削、刨削、钻削和磨削等，所用的机床分别为车床、铣床、刨床、钻床和磨床等，切削使用的刀具则分别称为车刀、铣刀、刨刀、钻头，磨削使用的是砂轮。

图 5 [CD * 2] 1 是上述几种切削方法的示意简图。

为了加工出工件的表面，工件和刀具之间必须要有一定的相对运动，即切削运动。切削运动按其在切削过程中的作用不同可分为主运动和进给运动。

1. 主运动

直接切除毛坯上的多余金属层并使其变为切屑，以形成工件新表面的运动。主运动在切削运动中速度最高，消耗机床功率也最多。图 5 - 1 中车削时的工件旋转运动、铣削时的铣刀旋转运动、刨削时的刨刀直线往复运动、钻削时的钻头旋转运动、磨削时的砂轮旋转运动等都是各工种的主运动。

2. 进给运动

不断使新的金属层投入切削的运动，即使切削加工连续进行下去的运动。图 5 - 1 中

车削时的车刀直线移动、铣削和刨削时的工件直线移动、磨削外圆时的工件旋转和轴向移动等都是各工种的进给运动。

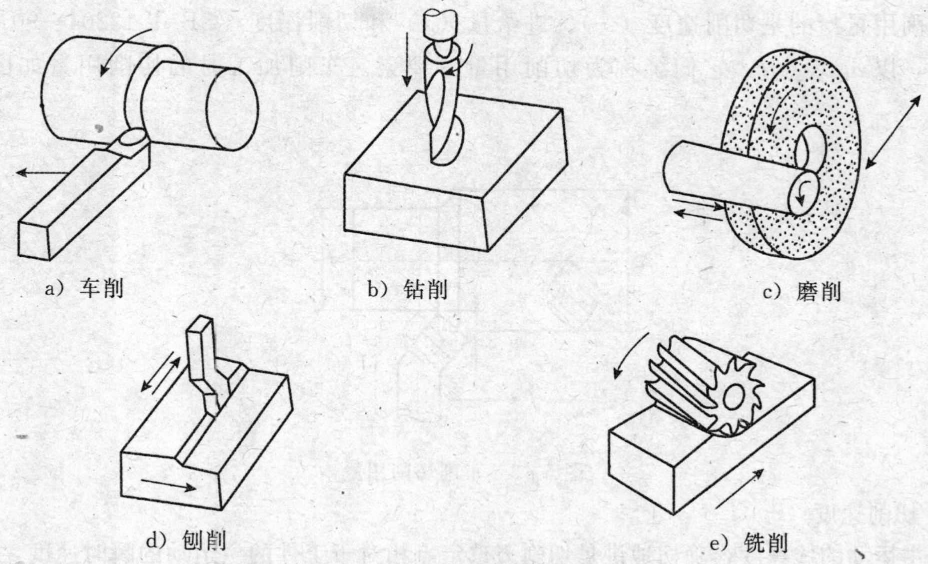


图 5-1　切削加工的主要方法

切削加工中，每个工种的主运动只有一个，进给运动则可能是一个，也可能有多个。进给运动有的连续进给（如车削），有的则是间歇性进给（如刨削）。主运动和进给运动在多数工种中是由工件和刀具分别来实现的，有的则全由刀具一方来完成，如钻削就是由钻头一方来实现主运动和进给运动的。

## 二、工件表面

在切削加工过程中，工件上有三个不断变化着的表面：待加工表面、已加工表面和过渡表面，它们统称为工件表面（图 5-2）。

1. 待加工表面

工件上待切除之表面，即将被切去一层金属的表面（图 5-2 中 1）。

2. 过渡表面

工件上由刀具切削刃形成的那部分表面，即切削刃正在切削着的表面（图 5-2 中 2）。它是待加工表面与已加工表面的过渡部分，故称过渡表面。

3. 已加工表面

工件上经刀具切后产生的表面（图 5-2 中 3）。

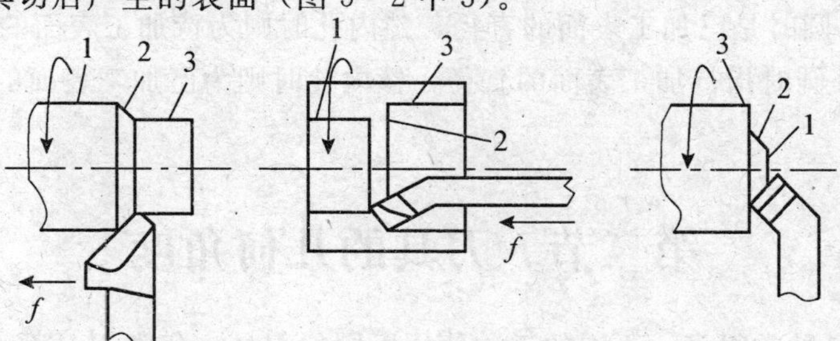


1-待加工表面；2-过渡表面；3-已加工表面

图 5-2　工件表面

## 三、切削用量

切削用量指的是切削速度（$v_c$）、进给量（$f$）和切削深度（GB/T 12204—90 称为背吃刀量，以 $a_p$ 表示），它们统称为切削用量三要素。车削加工时的切削用量如图 5－3 所示。

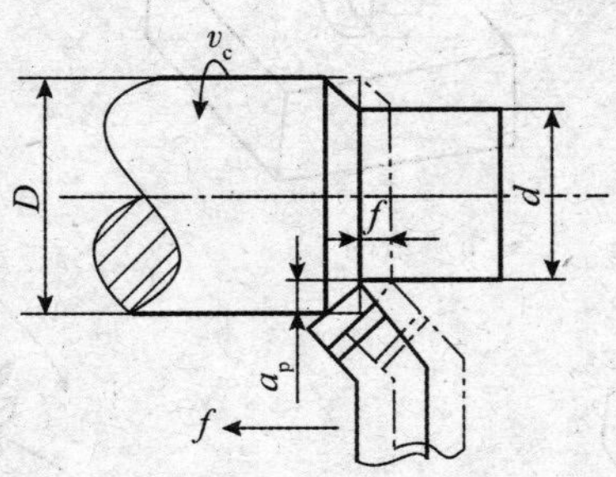


图 5－3　车削切削用量

1. 切削速度（$v_c$）

即主运动的线速度，确切地讲是切削刃选定点相对于工件的主运动的瞬时速度，单位为 m/s 或 m/min。主运动为回转运动时，切削速度可按下式计算

$$v_c=\frac{\pi Dn}{1000}$$

式中：$D$——工件或刀具直径（mm）；

$n$——工件或刀具转速（r/s 或 r/min）。

2. 进给量（$f$）

指工件（或刀具）每转一转时刀具（或工件）沿进给方向的移动量，单位为 mm/r。单位时间内的进给量称为进给速度，以 $v_f$ 表示，可用下式计算

$$v_f=nf$$

3. 切削深度（$a_p$）

指刀刃切入金属层的深度，单位为 mm。对于车削，切削深度是待加工表面至已加工表面的垂直距离，可按下式计算

$$a_p=\frac{D-d}{2}$$

式中：$d$——车外圆时是已加工表面的直径，镗内孔时则为待加工表面的直径。

$D$——车外圆时指待加工表面的直径，镗内孔时则为已加工表面的直径。

# 第二节　刀具的几何角度

金属切削刀具种类很多，不同的工种使用不同的刀具，各类刀具都有自己的几何形状特征。但无论是哪种刀具，它的切削部分都类似一把外圆车刀，如图 5－4 所示。

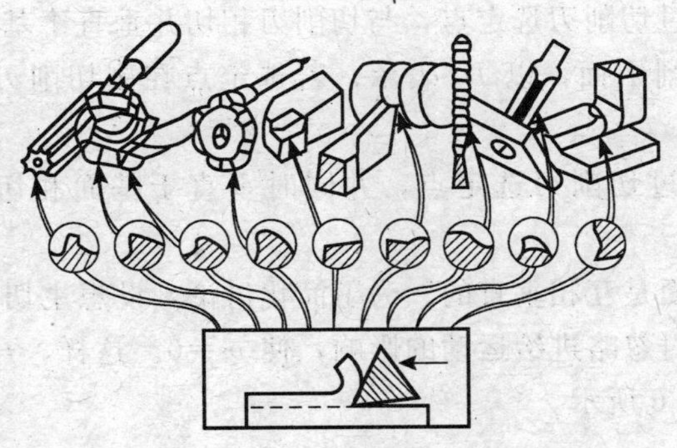

图 5-4　各类刀具切削部分形状

## 一、刀具的组成

如前所述，各类刀具其切削部分都类似车刀。车刀的构造如图 5-5 所示，它由切削部分（刀头）和夹持部分（刀杆）组成（图 5-5a））。切削部分担负切削工作，夹持部分用来把刀具装夹在刀架上。切削部分是一个比较复杂的几何体，它由刀具表面和切削刃组成（图 5-5b））。

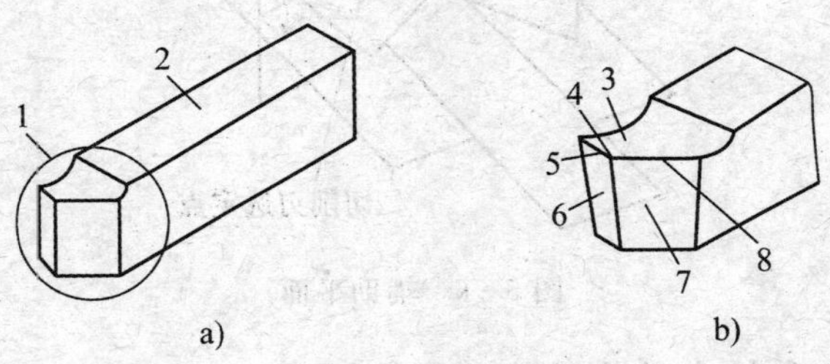


1-切削部分；2-夹持部分；3-前刀面；4-刀尖；
5-副切削刃；6-副后刀面；7-主后刀面；8-主切削刃

图 5-5　车刀的组成

（1）前刀面。刀具上切屑沿之流过的表面，亦称前面。

（2）主后刀面。刀具上同前刀面相交形成主切削刃的刀具表面，亦称主后面，它与加工表面相对。

（3）副后刀面。刀具上同前刀面相交形成副切削刃的刀具表面，亦称副后面，它与过渡表面相对。

（4）主切削刃。前刀面与主后刀面的交线，切削过程中起主要的切削作用。

（5）副切削刃。前刀面与副后刀面的交线，切削过程中起辅助的切削作用。

（6）刀尖。主切削刃与副切削刃的交点，它实际上是两刃连接处相当少的一部分切削刃。

## 二、确定刀具几何角度的辅助平面

为了确定刀具的几何角度，需要假想几个平面作为基准，以其作为刀具几何角度设计、制造、刃磨与测量时的依据，一般统称这些平面为辅助平面（图 5-6）。

（1）基面。通过切削刃上选定点，而又垂直于该点的主运动方向的平面，以 $P_r$ 表示。

(2) 切削平面。通过切削刃选定点，与切削刃相切并垂直于基面的平面。若选定点在主切削刃上，称为主切削平面，以 $P_s$ 表示；若选定点在副切削刃上，称为副切削平面，以 $P'_s$ 表示。

(3) 正交平面。通过切削刃选定点，并同时垂直于基面和切削平面的平面，以 $P_0$ 表示。

显然，以上三个平面是互相垂直的。为了简化讨论，设想主切削刃为水平直线，安装时与工件轴线等高，同时忽略进给运动的影响，使 $v_f=0$。这样，$P_r$，$P_s$，$P_0$ 即构成了刀具静止参考系，如图 5-6 所示。

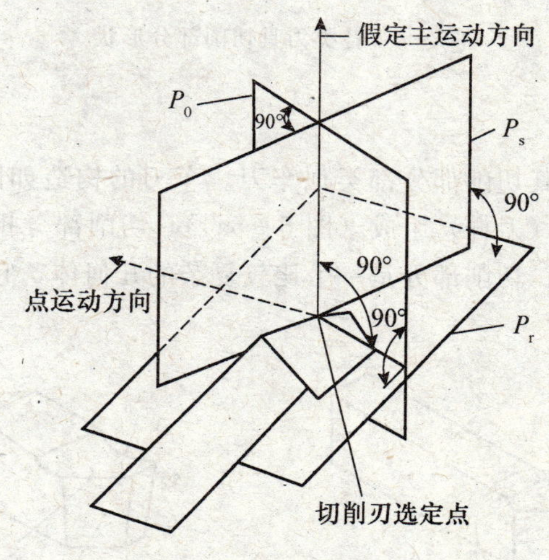


图 5-6　辅助平面

## 三、刀具几何角度的名称和定义

在基面、切削平面和正交平面构成的刀具静止参考系内，刀具的标注角度（即几何角度）如图 5-7 所示。

1. 在基面中标注和测量的角度

(1) 主偏角 ($\kappa_r$)。主切削刃选定点的主切削平面与工作平面间的夹角。工作平面是指与进给方向一致并与基面垂直的平面。

(2) 副偏角 ($\kappa'_r$)。副切削刃上选定点的副切削平面与工作平面的夹角。

2. 在正交平面中标注和测量的角度

(1) 前角 ($\gamma_0$)。前刀面与基面间的夹角。当前刀面与基面重合时，前角为零。以选定点为基点，前刀面顺时针旋转与基面相交，前角定义为正值；若前刀面逆时针旋转与基面相交，前角则定义为负值。如图 5-7 中箭头所示。

(2) 主后角 ($\alpha_0$)。主后刀面与主切削平面之间的夹角，简称后角。

(3) 副后角。在通过副切削刃上选定点的正交平面（以 $P'_0$ 表示）中，副后刀面与副切削平面间的夹角称为副后角（以 $\alpha'_0$ 表示）。

后角与副后角都只能是正值，不能是零，更不能是负值。

3. 在主切削平面中标注和测量的角度

刃倾角 ($\lambda_s$)。主切削刃与基面的夹角。当主切削刃与基面重合时，刃倾角为零；以

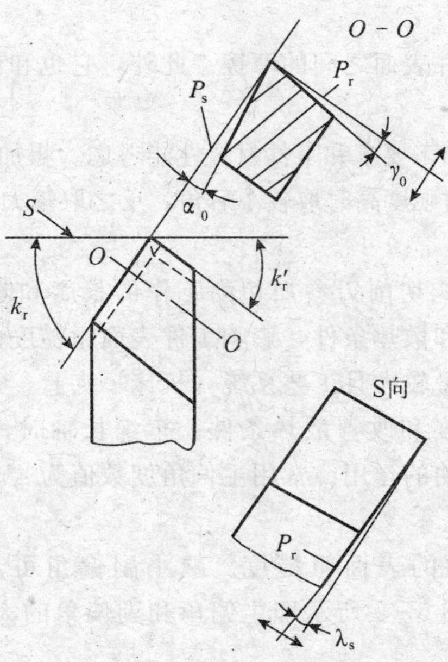


图 5－7　车刀的几何参数

选定点为基点，主切削刃顺时针旋转与基面相交，刃倾角为正值；若主切削刃逆时针旋转与基面相交，刃倾角则为负值。如图 5－7 中箭头所示。图 5－8 为刃倾角的立体图，阴影平面为选定点

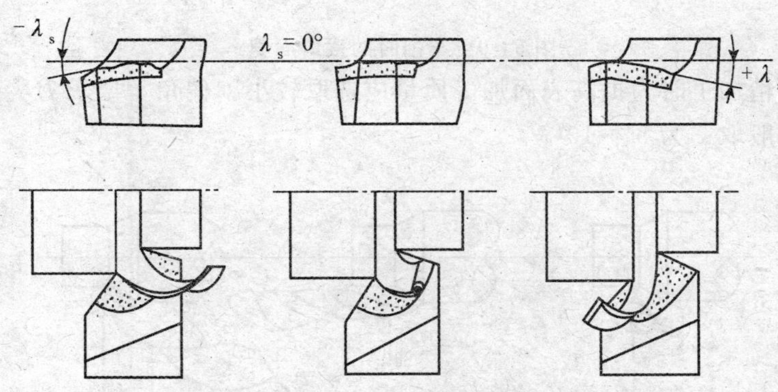


图 5－8　刃倾角的正负及其对排屑方向的影响

## 四、刀具角度的作用与选择原则

1. 前角（$\gamma_0$）

作用：前角增大可使刀刃锋利，切削时金属变形小，切削力小，切削温度低。但是，前角过大，则会使刀具切削部分强度低，散热能力差，容易造成崩刃或磨损。

选择原则：一般是在保证刀具强度的条件下尽量选用大前角。选择前角时还要考虑工件和刀具的材料性能。如工件材料的强度和硬度低时可选取较大前角，刀具材料性脆、强度低时可取小前角；精加工时取较大前角，粗加工时取较小前角。一般情况下，硬质合金车刀加工钢时前角取 5°～15°，对于高速钢车刀，前角可适当加大。

2. 后角（$\alpha_0$）

作用：减少后刀面与工件表面之间的摩擦。此外，它也和前角一样影响刀刃的强度和锋利程度。

选择原则：主要是根据加工要求和工件材料性能考虑。粗加工时取较小后角，精加工时取较大后角；工件材料强度与硬度高时取较小后角，反之取较大后角。一般取后角为 6°～8°。

3. 主偏角（$\kappa_r$）

作用：主偏角的大小影响切削刃参加切削工作的长度和吃刀抗力（车外圆时即径向力）的大小，影响刀尖强度和散热条件，影响工件表面粗糙度。

选择原则：粗加工时余量较大且工艺系统（机床—夹具—工件—刀具）刚性好时可选较小主偏角，以增大刀尖强度和改善散热条件；车细长轴时，工件刚性差，选取大主偏角，以减小径向力使工件弯曲的作用。常用主偏角度数值为 45°～75°之间。

4. 副偏角（$\kappa_r'$）

作用：影响已加工表面的表面粗糙度。减小副偏角可显著降低残留面积的高度（$R_{max}$），使表面质量提高。图 5－9 所示即主偏角和副偏角的大小对残留面积高度 $R$ 的影响情况。

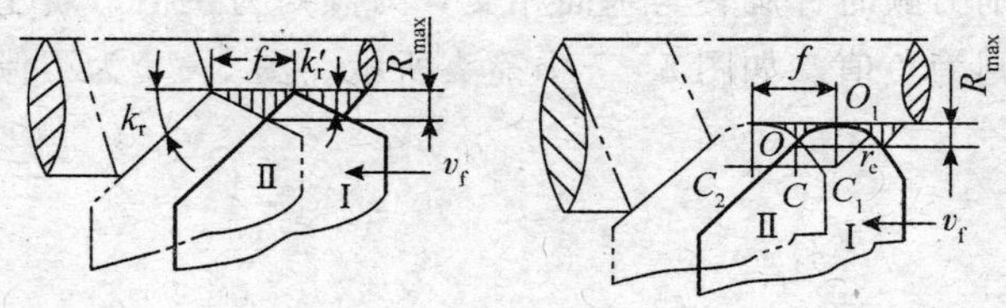


图 5－9　车削时的残留面积

选择原则：精加工时为提高表面加工质量应选取较小副偏角，要求刀尖强度高时也应取小副偏角。一般取 $\kappa_r'$ 为 5°～10°。

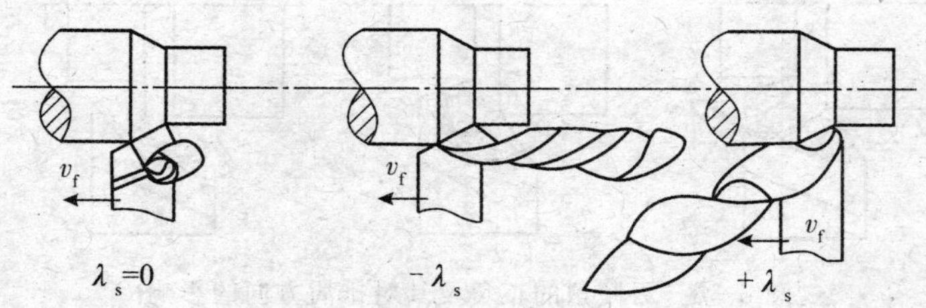


图 5－10　刃倾角对切屑流向的影响

5. 刃倾角（$\lambda_s$）

作用：刃倾角的正负可影响切屑的流出方向（图 5－10）。车削时正刃倾角切屑流向待加工表面；负刃倾角切屑流向已加工表面；$\lambda=0°$时切屑从垂直于过渡表面的方向流出。刃倾角的正负还影响刀尖的强度。如图 5－11 所示，有冲击力的情况下，负刃倾角较正刃倾角的刀尖耐冲击。

选择原则：精加工时取正值，粗加工或有冲击时取负值，一般情况下取 0°～±5°。

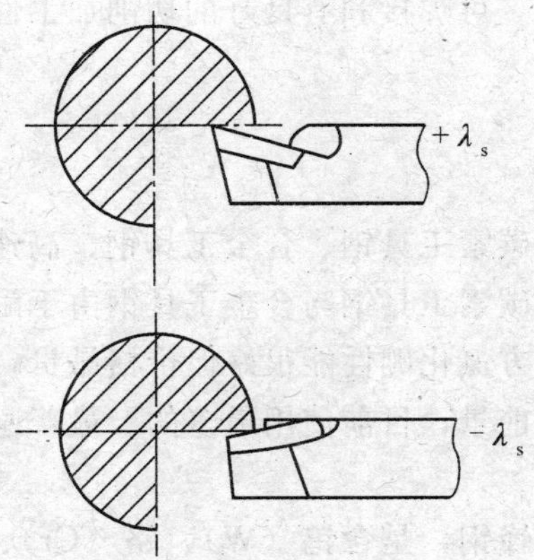


图 5－11　刃倾角对刀尖强度的影响

# 第三节　常用刀具材料

刀具切削性能的好坏除了切削角度起重要作用外，另一个重要的因素就是刀具材料。刀杆要抵抗冲击与变形，要求有足够的强度，使用较好的钢材即可。刀具的切削部分在进行切削时要承受很大的压力和摩擦，也会产生很高的温度，在这样的工作条件下，切削部分的材料必须有较高的耐磨损的能力，能承受高温而不丧失切削能力，还必须有较高的抗冲击能力，不易崩刃。

## 一、刀具材料应具备的基本性能

1. 硬度高

足够高的硬度是刀具材料的基本特性。刀具必须比工件硬才能切削，一般常温下要求在 HRC 60 以上。

2. 耐磨性好

材料的耐磨性是它抵抗磨损的能力。一般来说，硬度高的材料其耐磨性也好，但材料的耐磨性好坏，还取决于材料中硬质点的性质、数量、颗粒大小、形状以及分布的状态。所以，耐磨性实际是材料的强度、硬度及其显微组织结构等因素的综合反映。

3. 足够的强度和韧性

如前所述，刀具在工作时除承受很大压力外，还经常受振动和冲击的作用。为了避免切削时刀具出现崩刃与断裂现象，刀具材料就必须具有足够的强度和韧性，以承受切削力和冲击力的作用。

4. 耐热性好

切削时，特别是高速切削和强力切削时，切削区域的温度很高，刀具必须在高温下仍能保持足够的硬度、耐磨性、强度和韧性。衡量刀具材料的优劣，主要是看其耐热性如何。耐热性也常被称为热硬性或红硬性，就是看材料在高温情况下的硬度高低。

5. 较好的工艺性能

上述各项是刀具材料的切削性能，材料还必须具有较好的工艺性能，便于刀具的制造。这就要求刀具材料可锻造、可焊接和有良好的切削加工性，有良好的热处理性能和可磨削性能，等等。

## 二、刀具材料的种类

刀具材料的种类很多，有碳素工具钢、合金工具钢、高速钢、硬质合金、陶瓷、金刚石和立方氮化硼等等。其中，碳素工具钢与合金工具钢由于耐热性能差，仅用于一些手工或低速切削刀具；金刚石和立方氮化硼性能很好但价格昂贵，仅用于有限场合；陶瓷材料近年发展很快，有广阔的使用前景；目前使用最多的、最普遍的是高速钢和硬质合金。

1. 高速钢

高速钢在工厂又称白钢或锋钢，是含钨（W）、铬（Cr）、钼（Mo）、钒（V）等合金元素的高合金工具钢，有普通高速钢和高性能高速钢两个类型。

**表 5-1　　几种高速钢的性能比较**

| 类别 | | 牌号 | 硬度（HRC） | 抗弯强度 Gpa（$kg/mm^2$） | 冲击韧性 $kJ/m^2$（$kg \cdot m/cm^2$） | 高温硬度 600℃（HRC） | 磨削性能 |
|---|---|---|---|---|---|---|---|
| 普通高速钢 | | W18Cr4V | 62～66 | ～3.43（～350） | 0.294（～3.0） | 48.5 | 好。普通刚玉砂轮能磨。 |
| 普通高速钢 | | W6Mo5Cr4V2 | 62～66 | ～4.6（450～470） | ～0.5（～5.0） | 47～48 | 较 W18Cr4V 差一些，普通刚玉砂轮能磨。 |
| 普通高速钢 | | W14Cr4VMnRe | 64～66 | ～4（～400） | ～0.25（～2.50） | 48.5 | 好，与 W18Cr4V 相近。 |
| 高性能高速钢 | 高碳 | 95W18Cr4V | 67～68 | ～3（～300） | ～0.1（～1.00） | 51 | 好，普通刚玉砂轮能磨。 |
| 高性能高速钢 | 高钒 | W12Cr4V4Mo | 63～66 | ～3.2（～320） | ～0.25（～2.50） | 51 | 差。 |
| 高性能高速钢 | 超硬 | W6Mo5Cr4V2Al | 68～69 | ～3.43（350～380） | ～0.2（～2.00） | 55 | 较 W18Cr4V 差一些。 |
| 高性能高速钢 | 超硬 | W10Mo4Cr4V3Al | 68～69 | ～3（～307） | ～0.2（～2.00） | 54 | 较差。 |
| 高性能高速钢 | 超硬 | W6Mo5Cr4-V5SiNbAl | 66～68 | ～3.6（～360） | ～0.27（～2.70） | 51 | 差。 |
| 高性能高速钢 | 超硬 | W12Cr4V3-Mo3Co5Si | 69～70 | ～2.5（240～270） | ～0.11（～1.10） | 54 | 差。 |
| 高性能高速钢 | 超硬 | W2Mo9Cr4-VCo8M42 | 66～70 | ～2.75（250～300） | ～0.1（～1.0） | 55 | 好。普通刚玉砂轮能磨。 |

高速钢淬火后硬度可达 HRC 62～70，耐热温度约为 550 ℃～600 ℃，允许使用的切削速度可达 30 m/min 左右。表 5－1 所列是几种高速钢的性能比较。

高速钢的强度和韧性都比较好，工艺性能不错，多用于制造形状结构复杂的刀具。表 5－2 是表 5－1 所列几种高速钢的主要用途。

表 5－2 几种高速钢的主要用途

| 类别 | | 牌号 | 主要用途 |
|---|---|---|---|
| 普通高速钢 | | W18Cr4V | 用途广泛，主要用于制造钻头、铰刀、铣刀、拉刀、丝锥、齿轮刀具等。 |
| | | W6Mo5Cr4V2 | 用于制造要求热塑性好和受较大冲击负荷的刀具，如轧制钻头等。 |
| | | W14Cr4VMnRe | 用于制造要求热塑性好和受较大冲击负荷的刀具，如轧制钻头等。 |
| 高性能高速钢 | 高碳 | 95W18Cr4V | 用于对韧性要求不高，但对耐磨性要求较高的刀具。 |
| | 高钒 | W12Cr4V4Mo | 用做形状较简单，对耐磨性要求较高的刀具。 |
| | 超硬 | W6Mo5Cr4V2Al | 用于制造复杂刀具和难加工材料用的刀具。 |
| | | W10Mo4Cr4V3Al | 耐磨性好，耐用度高，用于加工难切削高强度耐热钢的刀具。 |
| | | W6Mo5Cr4-V5SiNbAl | 用做形状简单的刀具，尤其用做钻头加工铁基高温合金时效率显著。 |
| | | W12Cr4V3-Mo3Co5Si | 硬度高，耐磨性、耐热性好，用做加工超高强度钢的刀具效果显著。 |
| | | W2Mo9Cr4-VCo8M42 | 用做难加工材料的刀具，因其磨削性好可做复杂刀具，但价格昂贵。 |

2. 硬质合金

硬质合金是粉末冶金产品，是用耐磨性和耐热性都很高的碳化物（WC，TiC，TaC，NbC 等）和黏结剂（Co，Ni，Mo 等）的粉末，经高压成形并烧结而成的。硬质合金的硬度可达到 HRA 89～93（相当于 HRC 74～81），耐热温度可高达 800 ℃～1000 ℃，比高速钢有更好的切削性能，切削 45 钢时速度可以达到 300 m/min。硬质合金的缺点是韧性较差，脆性较高，不耐冲击，一般制成各种形状的刀片，用焊接或机械夹固在刀杆上使用。

硬质合金按其化学成分和使用性能可以分为四种类型：

（1）钨钴类硬质合金（YG）。这类合金由 WC 和 C 组成。在硬质合金中，YG 类硬质合金抗弯强度和冲击韧性较好，适合加工铸铁和有色金属及其合金等脆性材料。

（2）钨钛钴类硬质合金（YT）。这类合金是由 WC，TiC 和 Co 组成。合金随着 TiC 的增加与 Co 的减少，硬度和耐磨性提高，但抗弯强度与冲击韧性降低。YT 类硬质合金适合加工钢等塑性材料。

（3）通用型硬质合金（YW）。这类硬质合金是在 YT 类硬质合金中加入一定数量的稀有金属碳化物（ToC 或 NbC），使合金晶粒细化。它有较好的综合性能，既可加工塑性材料也可加工脆性材料，但由于价格较贵，主要用于难加工材料的加工。

以上三类硬质合金主要成分都是 WC，所以统称为 WC 基硬质合金。

（4）TiC 基硬质合金（YN）。这类硬质合金的主要成分是 TiC，以镍（Ni）、钼（Mo）为黏结剂。由于 TiC 的硬度、耐磨性和耐热性都比 WC 高，Ni 与 Mo 的黏结强度又比 Co 好，故 YN 类硬质合金有较好的切削性能。但是，TiC 基硬质合金的抗弯强度与冲击韧性均低于 WC 基硬质合金。

四种硬质合金的化学成分及物理机械性能见表 5－3。

表5－3 硬质合金的化学成分及物理机械性能

| 类别 | | 牌号 | 化学成分 (%) | | | | 物理性能 | | | 机械性能 | | | | |
|---|---|---|---|---|---|---|---|---|---|---|---|---|---|---|
| | | | WC | TiC | TaC (NbC) | Co | 密度 (g/cm³) | 导热系数 W/m·s (cal/cm·s·c) | 线膨胀系数 $\times 10^{-6}$1/℃ | 硬度 HRA | 抗弯强度 GPa (kgf/mm²) | 抗压强度 GPa (kgf/mm²) | 弹性模量 GPa (kgf/mm²) | 冲击韧性 GPa (kgf·m/mm²) |
| WC基 | WC + Co | YG3X | 96.5 | | <0.5 | 3 | 15.0~15.3 | | 4.1 | 91.5 | 1.1 (110) | 5.4~5.63 (540~563) | | |
| | | YG6X | 93.5 | | <0.5 | 6 | 14.6~15.0 | 79.6 (0.19) | 4.4 | 91 | 1.4 (140) | 4.7~5.1 (470~510) | | ~20 (~0.2) |
| | | YG6 | 94 | | | 6 | 14.6~15.0 | 79.6 (0.19) | 4.5 | 89.5 | 1.45 (145) | 4.6 (460) | 630~640 (63000~64000) | ~30 (~0.3) |
| | | YG8 | 92 | | | 8 | 14.5~14.9 | 75.4 (0.18) | 4.5 | 89 | 1.5 (150) | | 600~610 (60000~61000) | ~40 (~0.4) |
| | | YG10H | 90 | | | 10 | 14.3~14.6 | | | 91.5 | 2.2 (220) | | | |
| | WC + TiC + Co | YT30 | 68 | 30 | | 4 | 9.3~9.7 | 20.9 (0.05) | 7.00 | 92.5 | 0.9 (90) | | 400~410 (40000~41000) | 30 (0.03) |
| | | YT15 | 79 | 15 | | 6 | 11.0~11.7 | 33.5 (0.08) | 6.51 | 91 | 11.5 (115) | 3.9 (390) | 520~530 (52000~53000) | |
| | | YT14 | 78 | 14 | | 8 | 11.2~12 | 33.5 (0.08) | 6.21 | 90.5 | 1.2 (120) | 4.2 (420) | | 7 (0.7) |
| | | YT5 | 85 | 5 | | 10 | 12.5~13.2 | 62.8 (0.15) | 6.06 | 89.5 | 1.4 (140) | 4.6 (460) | 590~600 (59000~600000) | |
| | WC + TiC + TaC (NbC) + Co | YW1 | 84 | 6 | 4 | 6 | 12.8~13.3 | | | 91.5 | 1.2 (120) | | | |
| | | YW2 | 82 | 6 | 4 | 8 | 12.6~13 | | | 90.5 | 1.35 (135) | | | |
| TiC基 | | YN05 | 8 | 71 | | Ni-7 Mo-14 | 5.9 | | | 93.3 | 0.95 (95) | | | |
| | | YN10 | 15 | 62 | 1 | Ni-12 Mo-10 | 6.3 | | | 92 | 1.1 (110) | | | |

常见牌号硬质合金的性能及使用范围见表 5-4。

表 5-4　　硬质合金的性能及使用范围

| 牌　号 | 性　能 | 使用范围 |
| --- | --- | --- |
| YG3X | 是 YG 类合金中耐磨性最好的一种，但冲击韧性较差。 | 适合于铸铁、有色金属及其合金的精镗、精车等，亦可用于合金钢、淬火钢及钨、钼材料的精加工。 |
| YG6X | 属细晶粒合金，其耐磨性较 YG6 高，而使用强度接近于 YG6。 | 适合于冷硬铸铁、合金铸铁、耐热钢及合金钢的加工，适合于普通铸铁的精加工，并可用于制造仪器仪表工业用的小型刀具和小模数磨刀。 |
| YG6 | 耐磨性较高，但低于 YG6X，YG3X，韧性高于 YG6X，YG3X，可使用比 YG8 高的切削速度。 | 适合于铸铁、有色金属及其合金与非金属材料连续切削时的粗车，间断切削时的半精车、精车，小断面精车，粗车螺纹，旋风车丝，连续断面的半精铣与精铣，孔的粗扩和精扩。 |
| YG8 | 使用强度较高，抗冲击和抗振性能较 YG6 好，耐磨性和允许的切削速度较低。 | 适合铸铁、有色金属及其合金与非金属材料加工中，不平整断面和间断切削时的粗车、粗刨、粗铣，一般孔和深孔的钻孔、扩孔。 |
| YG10H | 属超细晶粒合金，耐磨性较好，抗冲击和抗振动性能高。 | 适合低速粗车，铣削耐热合金及钛合金，做切断刀及丝锥等。 |
| YT5 | 在 YT 类合金中强度最高，抗冲击和抗振动性能最好，不易崩刃，但耐磨性较差。 | 适合碳钢及合金钢，包括钢锻件、冲压件及铸件的表皮加工，以及不平整断面和间断切削时的粗车、粗刨、半精刨、粗铣、钻孔等。 |
| YT14 | 使用强度高，抗冲击性能和抗振动性能好，但较 YT5 稍差，耐磨性及允许的切削速度较 YT5 高。 | 适合碳钢及合金钢连续切削时的粗车，不平整断面和间断切削时的半精车和精车，连续面的粗铣，铸孔的扩钻等。 |
| YT15 | 耐磨性优于 YT14，但抗冲击韧性较 YT14 差。 | 适合碳钢及合金钢加工中连续切削时的半精车及精车，间断切削时的小断面精车，旋风车丝，连续面的半精铣及精铣，孔的精扩及粗扩。 |
| YT30 | 耐磨性及允许的切削速度较 YT15 高，但使用强度及冲击韧性较差，焊接及刃磨时极易产生裂纹。 | 适合碳钢及合金钢的精加工，如小断面精车、精镗、精扩等。 |
| YG6A | 属细晶粒合金，耐磨性和使用强度与 YG6X 相似。 | 适合硬铸铁、球墨铸铁、有色金属及其合金的半精加工，亦可用于高锰钢、淬火钢及合金钢的半精加工和精加工。 |
| YG8A | 属中颗粒合金，其抗弯强度与 YG8 相同，而硬度和 YG6 相同，高温切削时热硬性较好。 | 适合硬铸铁、球墨铸铁、白口铁及有色金属的粗加工，亦可用于不锈钢的粗加工和半精加工。 |
| YW1 | 热硬性较好，能承受一定的冲击负荷，通用性较好。 | 适合耐热钢、高锰钢、不锈钢等难加工钢材的精加工，也适合一般钢材和普通铸铁及有色金属的精加工。 |
| YW2 | 耐磨性稍次于 YW1，但使用强度较高，能承受较大的冲击负荷。 | 适合耐热钢、高锰钢、不锈钢及高级合金钢等难加工钢材的半精加工，也适合一般钢材和普通铸铁及有色金属的半精加工。 |

续表

| 牌　号 | 性　能 | 使用范围 |
|---|---|---|
| YN05 | 耐磨性接近陶瓷，热硬性极好，高温抗氧化性优良，抗冲击和抗振动性能差。 | 适合钢、铸钢和合金铸铁的高速精加工，及机床—工件—刀具系统刚性特别好的细长件的精加工。 |
| YN10 | 耐磨性及热硬性较高，抗冲击和抗振动性能差，焊接及刃磨性能均较 YT30 好。 | 适合碳钢、合金钢、工具钢及淬硬钢的连续面精加工，对于较长件和表面粗糙度要求小的工件加工效果尤佳。 |

## 第四节　零件加工的技术要求

零件加工的技术要求，是设计零件时根据零件的使用要求提出来的。零件各个不同的表面，大都要由切削加工给予保证，即对制造质量提出具体要求，包括加工精度、表面粗糙度以及零件的热处理和表面处理等。其中，加工精度和表面粗糙度是由切削加工来保证的。

### 一、加工精度

零件的加工精度包括尺寸精度、形状精度和位置精度。所谓加工精度，是指零件加工后的实际几何参数与零件的理想几何参数相符合的程度。符合程度愈高，加工精度愈高。

1. 尺寸精度

尺寸精度是指尺寸准确的程度，而反映尺寸精度程度的是尺寸公差，即允许的变动量。公差小，则精度高；公差大，则精度低。图 5 - 12 所示为公差与配合的示意图，由图可知

公差＝最大极限尺寸－最小极限尺寸＝上偏差－下偏差

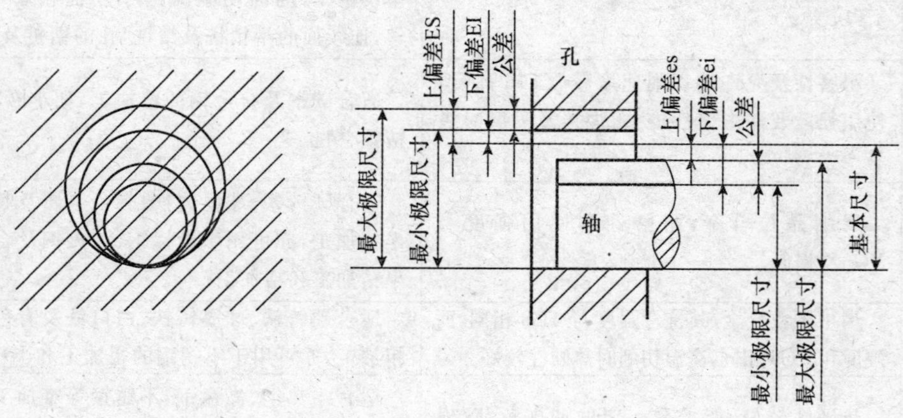


图 5 - 12　公差与配合的示意图

图中，上、下偏差之间的区域称为公差带。零件的实际尺寸在最大极限尺寸与最小极限尺寸之间或实际偏差（即实际尺寸与基本尺寸的代数差）处于上、下偏差之间（即公差带范围内），零件即为合格。

国家标准 GB 1800—79 规定的标准公差（代号 IT）一共分为 20 个等级，分别为 IT01，IT0，IT1，IT2，…，IT17，IT18。依此顺序，标准公差值从小到大，精度则从高

到低。IT01 公差最小，精度最高；IT18 公差最大，精度最低。对于同一公差等级不同基本尺寸，标准公差数值不同，但精度相等。

2. 形状精度

所谓形状精度，是指零件的实际要素与理想要素的接近程度。由于机床—夹具—刀具—工件工艺系统本身存在误差以及加工过程中的其他原因，加工出的零件形状与其理想形状是不可能完全符合的。但是，为了满足使用要求，也必须对其误差加以控制。国标 GB 1182—80 规定了六项形状公差（表 5－5），以控制零件形状的准确度。常用的项目为直线度、平面度、圆度和圆柱度。

**表 5－5　形状公差项目名称及符号**

| 项目 | 直线度 | 平面度 | 圆度 | 圆柱度 | 线轮廓度 | 面轮廓度 |
|---|---|---|---|---|---|---|
| 符号 | – | ▱ | ○ | ⌭ | ⌒ | ⌓ |

（1）直线度。直线度是指被测直线相对于理想直线的偏离程度，直线度公差即允许其偏离的变动量。直线度公差的标注方法如图 5－13a）所示，标注代号包括引线和方框，方框的两个框格分别注明形状公差符号和形状公差值。直线度公差带是在测量方向上距离为公差值的两平行直线之间的区域，如图 5－13b）所示。一般可用刀口形直尺进行检测，如图 5－13c）所示，对光观察工件与刀口间的缝隙，并可用塞尺测其大小，判断是否合格。

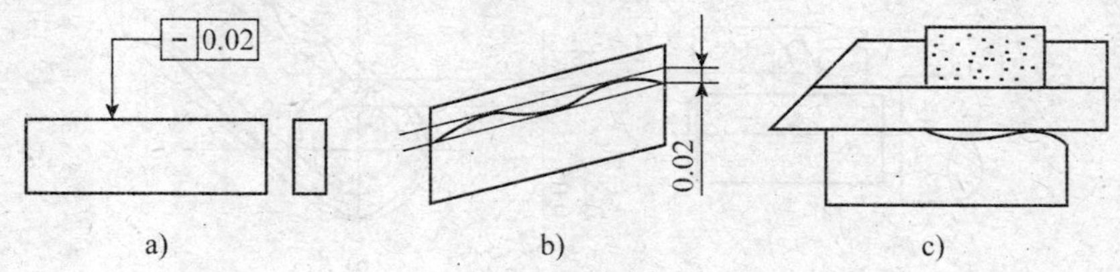


图 5－13　直线度的标注及检测方法

（2）平面度。平面度是指被测平面偏离其理想形状的程度，平面度公差即其偏离的允许变动量。平面度公差的标注如图 5－14a）所示。平面度公差带是距离为公差值的两平行平面之间的区域，如图 5－14b）所示。面积不大的小型平面平面度的检测也可以用刀口形直尺与塞尺，如图 5－14c）所示。

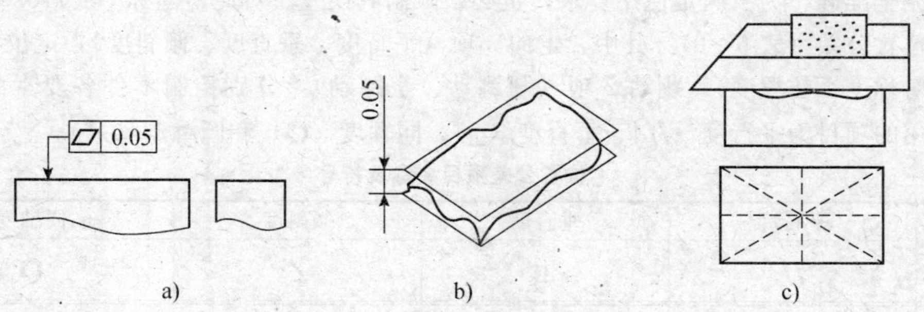


图 5－14　平面度的标注及检测方法

（3）圆度。圆度的检测一般是针对圆柱面和圆锥面的正截面轮廓进行的，圆度即指实际轮廓偏离其理想轮廓的程度。同样，其准确程度以圆度公差控制，圆度公差即被测圆相对于理想圆允许的变动量。圆度的标注方法如图 5－15a）所示。圆度公差的公差带，是同一正截面中半径差为圆度公差值的两同心圆之间的区域，如图 5－15b）所示。测量一般在投影仪、圆度仪或在平板上带指示器的测量架上进行。图 5-15c）所示是在圆度仪上检测的示意图。

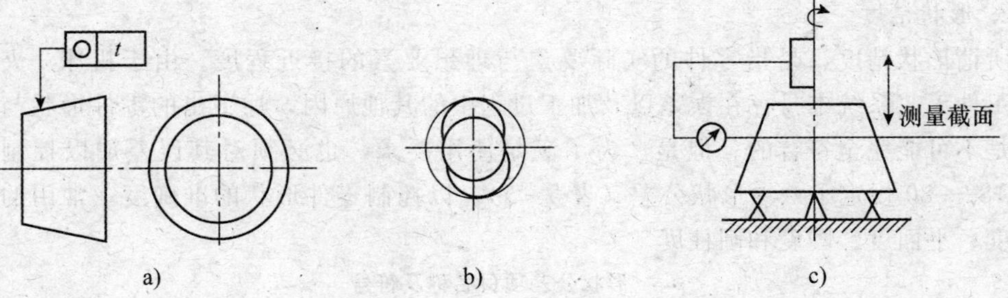


图 5-15　圆度的标注及检测方法

（4）圆柱度。圆柱度是指实际圆柱面与其理想形状偏离的程度，圆柱度公差即其偏离的允许变动量。圆柱度的标注方法如图 5-16a）所示。其公差带为半径差为圆柱度公差值的两同轴圆柱面之间的区域，如图 5-16b）所示。圆柱度的检测方法与圆度的检测方法基本相同，只是在测量头没有径向偏移的情况下，要测量多个正截面，以各截面所测得的所有读数中最大与最小读数的差值之半作为该零件的圆柱度误差。

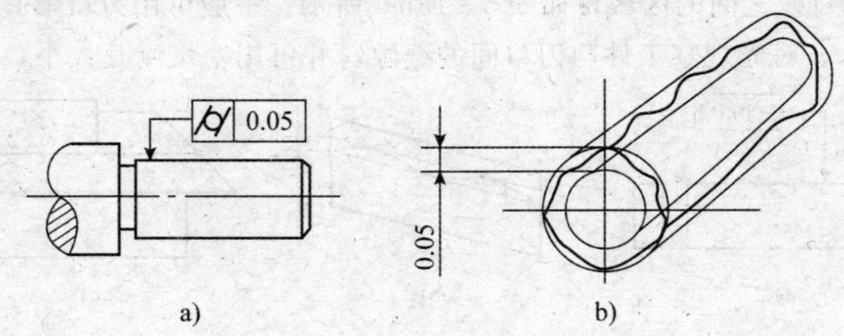


图 5-16　圆柱度的标注及其公差带

3. 位置精度

所谓位置精度，是指零件的实际要素位置与理想位置的接近程度。换言之，即零件的被测要素相对于基准位置的准确度。由于工艺系统变形等原因，零件各要素相互关系不可能保证完全准确，为了满足使用要求，也必须限制其误差。对此，国标 GB 1182—80 规定了 8 项位置公差（表 5-6）。其中，定向 3 项（平行度、垂直度、倾斜度），定位 3 项（同轴度、对称度、位置度），跳动 2 项（圆跳动、全跳动），分别控制零件各要素的位置精度。常用的项目为平行度（//）、垂直度（⊥）、同轴度（◎）和圆跳动（↗）。

**表 5-6**　**位置公差项目名称及符号**

| 项目 | 平行度 | 垂直度 | 倾斜度 | 同轴度 |
|---|---|---|---|---|
| 符号 | // | ⊥ | ∠ | ◎ |
| 项目 | 对称度 | 位置度 | 圆跳动 | 全跳动 |
| 符号 | ≡ | ⌖ | ↗ | ⌰ |

（1）平行度。平行度是指零件上被测要素的位置相对于基准在平行方向的偏离程度，平行度公差即允许的偏离变动量。平行度公差的标注如图 5-17a）所示，公差代号中有三个框格，头一框格注明公差符号，中间是公差值，后一格标注基准代号。图5-17是面对

面的情况，平行度的公差带是距离为公差值且平行于基准平面的两平行平面之间的区域，如图 5－17a）所示。平行度误差的检测，情况不同，方法不一，面对面的情况可用图 5－17c)所示的方法检测。零件与表架放在平板上，交叉移动表架，百分表指针的变动范围即平行度误差。

（2）垂直度。垂直度是指零件上被测要素的位置相对于基准在垂直方向上的偏离程度，允许的偏离变动量即垂直度公差。垂直度公差的标注方法如图 5－18a）所示。面对面的垂直度公差带是距离为公差值且垂直于基准面的两平行平面之间的区域，如图 5－18b）所示。面对面的情况，其垂直度误差的检测可按图 5－18c）所示的方法进行。在整个被测平面上，百分表的指针的变动范围即垂直度误差。

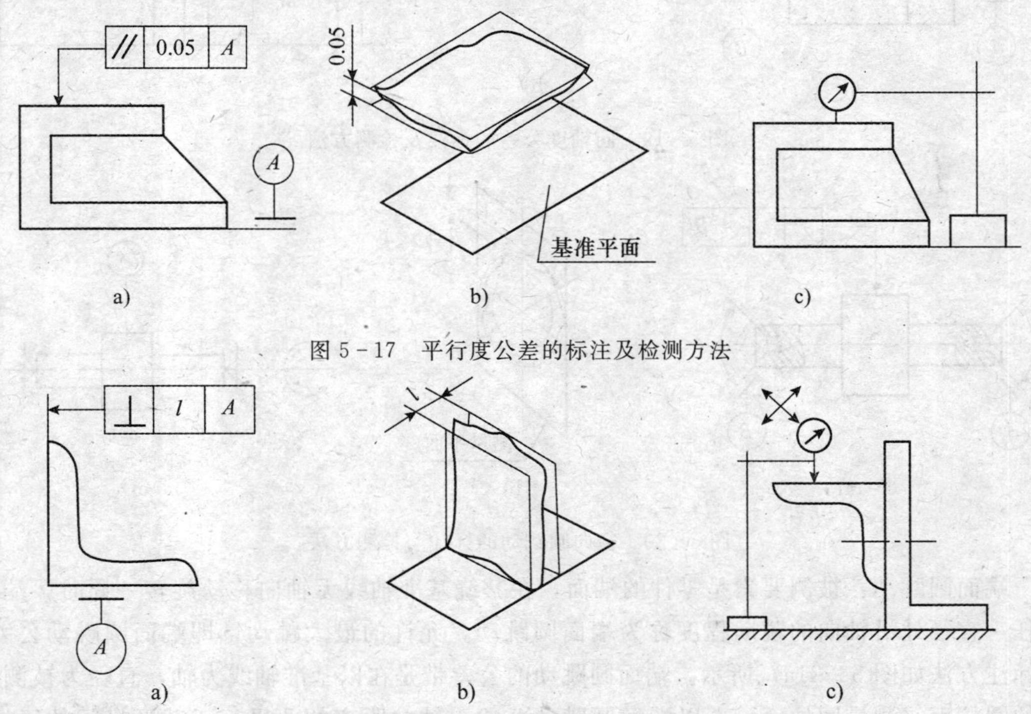


图 5－17　平行度公差的标注及检测方法



图 5－18　垂直度公差的标注及检测方法

（3）同轴度。同轴度是零件上被测表面的轴线相对于基准轴线的偏离程度，同轴度公差即被测轴线偏离基准轴线允许的变动量。同轴度的标注方法如图 5－19a）所示。同轴度的公差带如图 5－19b）所示，是直径为公差值并与基准轴线同轴的圆柱面以内的区域。同轴度的检测可使用图 5－19c）所示的方法，用两个等高的刃口状 V 形架支承零件，两块百分表分别置于同一正截面上、下并调零，轴向移动表架测量各截面两表的读数差 $|M_a-M_b|$，即该截面的同轴度误差。转动零件，再按上法计算 $|M_a-M_b|$ 值，取各截面测得的 $|M_a-M_b|$ 中的最大值作为该零件的同轴度误差。

（4）圆跳动。有径向圆跳动与端面圆跳动两种。

径向圆跳动：被测要素是旋转表面，在其绕基准轴线无轴向移动旋转一周时，在任一横截面上，表面沿径向的跳动程度称为径向圆跳动。允许的最大跳动量即径向圆跳动公差，其标注方法如图 5－20a）所示。径向圆跳动的公差带是在测量截面上以半径差为公差值的两同心圆之间的区域，如图 5－20b）所示。径向圆跳动的检测方法如图 5－20c）所示，当零件转动时，百分表指针的变动范围即为单个测量截面上的径向圆跳动，检测若干截面，取其中最大值为该表面之径向圆跳动误差，检测结果在公差范围之内即为合格。

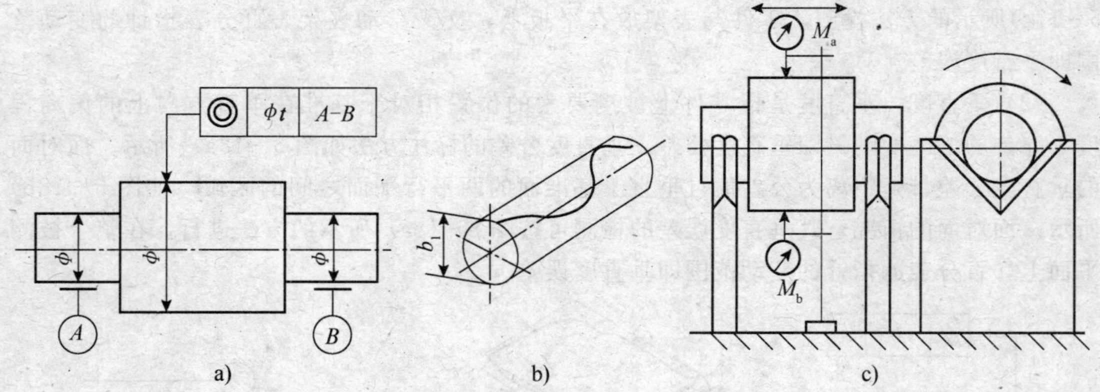


图 5－19　同轴度公差的标注及检测方法

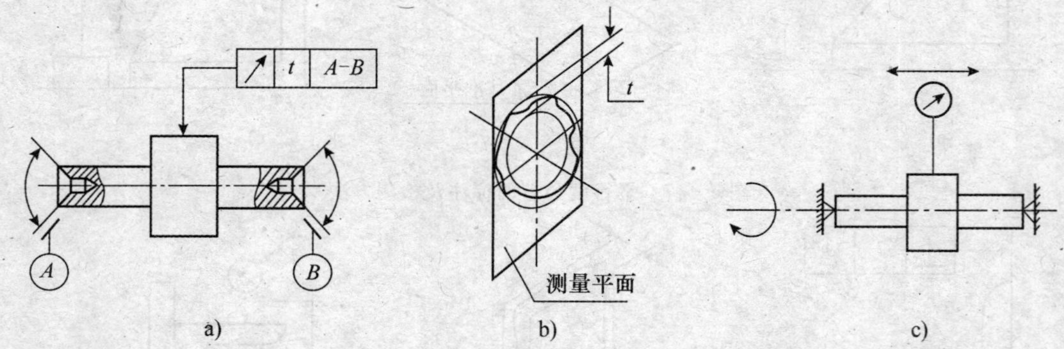


图 5－20　径向圆跳动的标注与检测方法

端面圆跳动：被测要素是零件的端面，在其绕基准轴线无轴向移动旋转一周时，端面上任一直径处沿轴向的跳动程度称为端面圆跳动。允许的最大跳动量即端面圆跳动公差，其标注方法如图 5－21a）所示。端面圆跳动的公差带是在以基准轴线为轴，直径为被测直径的圆柱面（测量圆柱面）上以端面圆跳动公差为轴向距离的两平行正截面之间的区域，如图 5－21b）所示。端面圆跳动的检测方法如图 5－21c）所示，在零件旋转时，百分表指针的变动范围即为单个测量圆柱面上的端面圆跳动误差，检测若干个圆柱面，取各测量圆柱面上测得的跳动量中的最大值作为零件该端面的端面跳动误差，检测结果在公差范围之内者为合格。

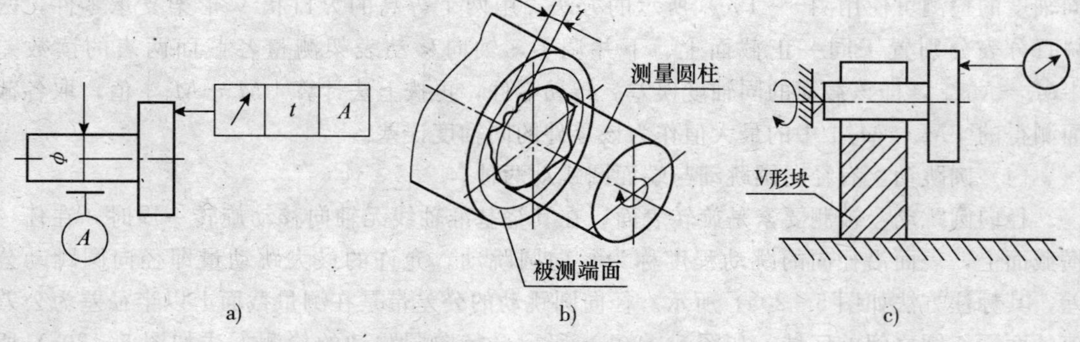


图 5－21　端面圆跳动的标注及检测方法

## 二、表面粗糙度

经过切削加工的零件表面，尽管看上去很光滑，但放大观察会发现表面凸凹不平，这些微小的几何形状误差（较小间距的微小峰谷）即为表面粗糙度。表面粗糙度与零件的配合性质、耐磨性、抗腐蚀性以及疲劳强度等关系密切，直接影响产品的使用性能和寿命。工件材料、加工方法、刀具形状及其磨损程度、切削用量等因素都会影响表面粗糙度。如何保证加工表面质量将在以后各章讨论，这里只对表面粗糙度的评定参数、标注代号及其含义作简单介绍。

1. 表面粗糙度的评定参数

按照国标规定，表面粗糙度的评定参数很多，一般是用加工表面轮廓高度方向的几个参数来评定，即轮廓算术平均偏差 $Ra$、微观不平度十点高度 $Rz$ 和轮廓最大高度 $Ry$。其中，最常用的是轮廓算术平均偏差 $Ra$。

（1）轮廓算术平均偏差 $Ra$。轮廓算术平均偏差 $Ra$ 是指在取样长度 $l$ 内，轮廓偏距（图 5-22）绝对值的算术平均值。其计算公式为

$$Ra = \frac{1}{l}\int_0^l \mid y(x)\mathrm{d}x \mid$$

或近似为

$$Ra = \frac{1}{n}\sum_{i=1}^{n} \mid y_i \mid$$

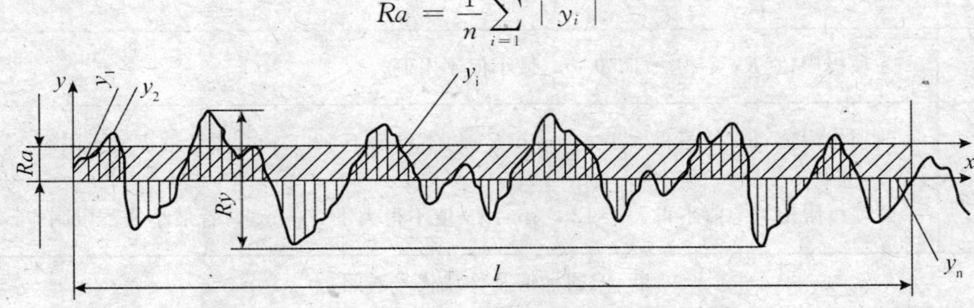


图 5-22　微观几何形状误差

（2）微观不平度十点高度 $Rz$。微观不平度十点高度 $Rz$ 是指在取样长度 $l$ 内，5 个最大的轮廓峰高的平均值与 5 个最大的轮廓谷深的平均值之和。其计算公式为

$$Rz = \frac{\sum_{i=1}^{5} y_{\mathrm{p}i} + \sum_{i=1}^{5} y_{\mathrm{v}i}}{5}$$

式中：$y_{\mathrm{p}i}$——第 $i$ 个最大的轮廓峰高；

$y_{\mathrm{v}i}$——第 $i$ 个最大的轮廓谷深。

（3）轮廓最大高度 $Ry$。轮廓最大高度 $Ry$ 是指在取样长度 $l$ 内，轮廓峰顶线和轮廓谷底线之间的距离（如图 5-22）。

2. 表面粗糙度符号与代号

表面粗糙度符号见表 5-7，表面粗糙度代号见表 5-8。

由表可知，凡表面粗糙度评定参数为 $Ra$ 时，只写数值，不注代号“$Ra$”；如用其他参数评定，必须注明其代号。

3. 新国标与旧国标标注代号与数值比较

新、旧国家标准表面粗糙度代号与 *Ra* 值比较见表 5－9。

**表 5－7 表面粗糙度符号**

| 符号 | 说明 |
| --- | --- |
| √ | 基本符号，单独使用这些符号是没有意义的。 |
| √ | 基本符号上加一短横，表示表面粗糙度是用去除材料的方法获得的。例如：车、铣、磨、剪切、抛光、腐蚀、电火花加工等。 |
| √ | 基本符号上加一小圆，表示表面粗糙度是用不去除材料的方法获得的。例如：铸、锻、冲压变形、热轧、冷轧、粉末冶金等，或者是用于保持原供应状况的表面(包括保持上道工序的状况)。 |

**表 5－8 表面粗糙度代号**

| 代号 | 意义 |
| --- | --- |
| 3.2 | 一项极限值，*Ra* 值最大为 3.2 μm，最小值不限制。 |
| 3.2 | 一项极限值，*Ra* 值最大为 3.2 μm，最小值不限制。 |
| 3.2<br>1.6 | 范围值，*Ra* 不得大于 3.2 μm，同时不得小于 1.6 μm，其间均为合格。 |
| *Rz*200 | 一项极限值，*Rz* 值最大为 200 μm，最小值不限制。 |
| *Rz*25<br>*Rz*12.5 | 范围值，*Rz* 值不得大于 25 μm，不得小于 12.5 μm，其间均为合格。 |
| *Ry*50 | 一项极限值，*Ry* 不得大于 50 μm，最小值不限制。 |
| 6.3<br>*Ry*12.5 | 两项极限值，*Ra* 值不得大于 6.3 μm，*Ry* 值不得大于 12.5 μm，两者最小值不限制。 |
| *Rz*12.5<br>*Ry*25 | 两项极限值，*Rz* 值不得大于 12.5 μm，*Ry* 值不得大于 25 μm，两者最小值不限制。 |

**表 5－9 新、旧国标值及标注代号对照**

| 旧国标 | | 新国标 | | 旧国标 | | 新国标 | |
| --- | --- | --- | --- | --- | --- | --- | --- |
| 级别代号 | *Ra*(μm，范围) | 标注代号 | *Ra*(μm，最大) | 级别代号 | *Ra*(μm，范围) | 标注代号 | *Ra*(μm，最大) |
| ▽1 | >40～80 | 3.2 | 50 | ▽8 | >0.32～0.63 | *Rz*12.5<br>*Ry*25 | 0.4 |
| ▽2 | >20～40 | 3.2 | 25 | ▽9 | >0.16～0.32 | 0.2 | 0.2 |
| ▽3 | >10～20 | 3.2<br>1.6 | 12.5 | ▽10 | >0.08～0.16 | 0.1 | 0.1 |
| ▽4 | >5～10 | *Rz*200 | 6.3 | ▽11 | >0.04～0.08 | 0.05 | 0.05 |
| ▽5 | >2.5～5 | *Rz*25<br>*Rz*12.5 | 3.2 | ▽12 | >0.02～0.04 | 0.025 | 0.025 |
| ▽6 | >1.25～2.5 | *Ry*50 | 1.6 | ▽13 | >0.01～0.02 | 0.012 | 0.012 |
| ▽7 | >0.63～1.25 | 6.3<br>*Ry*12.5 | 0.8 | ▽14 | ≤0.01 | | |

# 第五节 金属切削机床基本知识

## 一、机床的分类

不同的加工方法都有相应的切削机床，机床提供工件和刀具的安装条件，提供该工种要求的切削运动。为了选择和使用、管理，需要对机床加以分类。机床主要是按加工性质和所使用的刀具进行分类的。我国把切削机床分为 12 大类：车床、钻床、镗床、磨床、齿轮机床、螺纹机床、铣床、刨插床、拉床、超声波床及电加工机床、切断机床和其他机床。各类别代号见表 5－10。

表 5－10 机床的分类及类别代号

| 类别 | 车床 | 钻床 | 镗床 | 磨床 | | | 齿轮机床 | 螺纹机床 | 铣床 | 刨插床 | 拉床 | 电加工机床 | 切断机床 | 其他机床 |
|---|---|---|---|---|---|---|---|---|---|---|---|---|---|---|
| 代号 | C | Z | T | M | 2M | 3M | Y | S | X | B | L | D | G | Q |
| 参考读音 | 车 | 钻 | 镗 | 磨 | 2磨 | 3磨 | 牙 | 丝 | 铣 | 刨 | 拉 | 电 | 割 | 其 |

除了上述的基本分类方法外，还有其他的分类方法。

按机床的通用化程度可分为：万能机床——用于单件或小批量生产；专门化机床——用于成批生产；专用机床——用于大批量生产。

按机床的加工精度分为：普通精度机床；精密机床；高精度机床。

按机床的重量可分为：仪表机床；一般（中型）机床；大型机床；重型机床。

常见的几种基本类型的机床结构及其运动形式如图 5－23 所示。

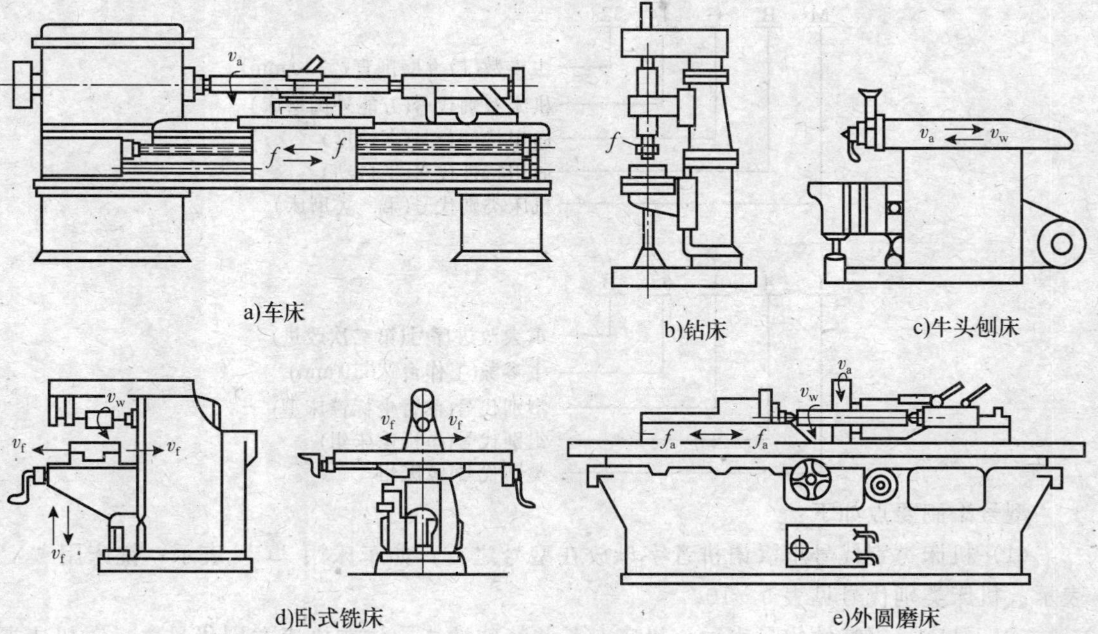


图 5－23 各类机床及其运动

## 二、机床的技术规格

机床的技术规格是反映机床尺寸和工作性能的技术资料，它主要包括：

(1) 机床的主参数，如车床上加工工件的最大尺寸、铣床工作台宽度、钻床的最大钻孔直径、牛头刨床的最大刨削长度以及外圆磨床的最大磨削直径等。

(2) 机床主运动和进给运动的速度级数及调整范围。

(3) 机床主电机功率。

(4) 机床的轮廓尺寸（长×宽×高）。

(5) 机床的重量。

上述内容，在机床的各标牌和使用说明书上均有注明。

## 三、机床的型号及编制方法

机床的型号是机床产品的代号，它反映出机床的类别、主要参数、使用和结构特性。各类机床按一定方法规定一个型号，使书写、称呼、使用和管理都方便。

型号由汉语拼音字母和阿拉伯数字组成，类别代号汉语拼音字母参考表 5-10 读音。下面举例说明型号中代号及数字的含义。

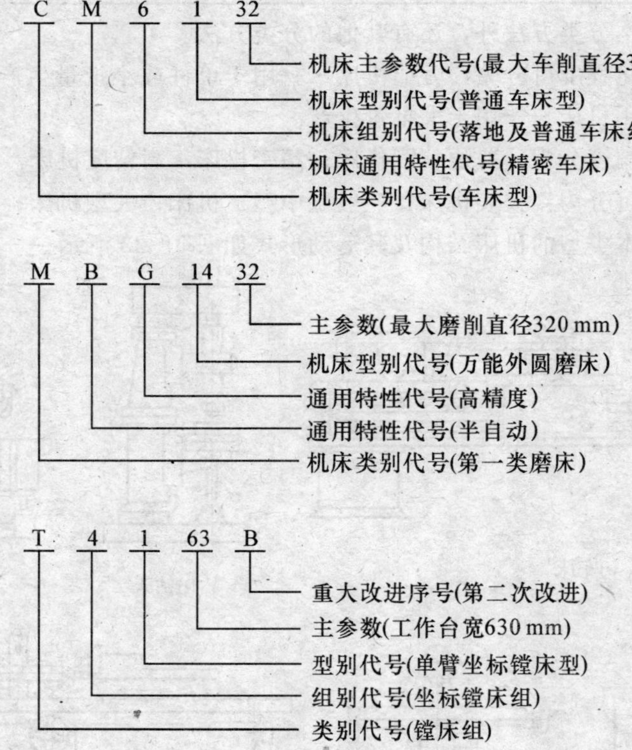


型号编制要点如下：

(1) 机床类别代号把汉语拼音字母放在型号之首，如车床用“C”表示，铣床用“X”表示。机床类别代号见表 5-10。

(2) 机床通用特性代号表示该机床有某些特殊性能，放在机床类别代号之后。机床通用特性代号见表 5-11。

表 5 - 11　机床通用特性代号

| 通用特性 | 代　号 | 通用特性 | 代　号 |
|---|---|---|---|
| 高精度 | G | 自动换刀 | H |
| 精　密 | M | 仿　形 | F |
| 自　动 | Z | 万　能 | W |
| 半自动 | B | 轻　型 | Q |
| 数字程序控制 | K | 简　式 | J |

(3) 机床组别和型别代号。每类机床分别被分为 0～9 十个组和十个型，各以一位数字表示，代表组别的数字位于类别代号或通用特性代号之后，接着便是代表型别的数字。组别和型别代号用时可查有关机床手册。

(4) 机床主参数以折算值（主参数×折算系数）表示，位于组、型代号之后，第二主参数位于主参数之后，以“×”分开。

(5) 重大改进序号按 A，B，C，D……顺序选用，置于型号的尾部。

## 四、机床的传动运动链与传动比计算

1. 机床常用传动副及其传动比

(1) 皮带传动。皮带传动的特点是利用皮带与皮带轮之间的摩擦作用进行工作，如图 5 - 24 所示。环形的皮带被拉紧套在主动轮 1 和被动轮 2 上，当主动轮转动时，靠摩擦经皮带 3 驱动被动轮转动。

如果忽略皮带与皮带轮之间的滑动损失，则两个皮带轮的圆周速度都与皮带的运动速度相等，即

$$v_1 = v_2 = v_{带}$$

由

$$v_1 = \pi d_1 n_1$$

$$v_2 = \pi d_2 n_2$$

得

$$\frac{d_1}{d_2} = \frac{n_2}{n_1} = i$$

式中：$d_1$，$d_2$——主、被动轮的直径；

$n_1$，$n_2$——主、被动轮的转速；

$i$——皮带传动比。

若考虑皮带与皮带轮之间的打滑现象，则 $v_2$ 要比 $v_1$ 小，取一打滑系数 $\varepsilon$（约为 0.98），则

$$\varepsilon v_1 = v_2$$

所以

$$i = \frac{n_2}{n_1} = \frac{d_1}{d_2}\varepsilon$$

皮带传动如采用开口传动方式，被动轮与主动轮旋转方向相同；如采用交叉传动，被动轮与主动轮转向相反。

在切削机床上，一般使用三角皮带传动，多用在从电动机到变速箱的一级传动上（图

5-24)。

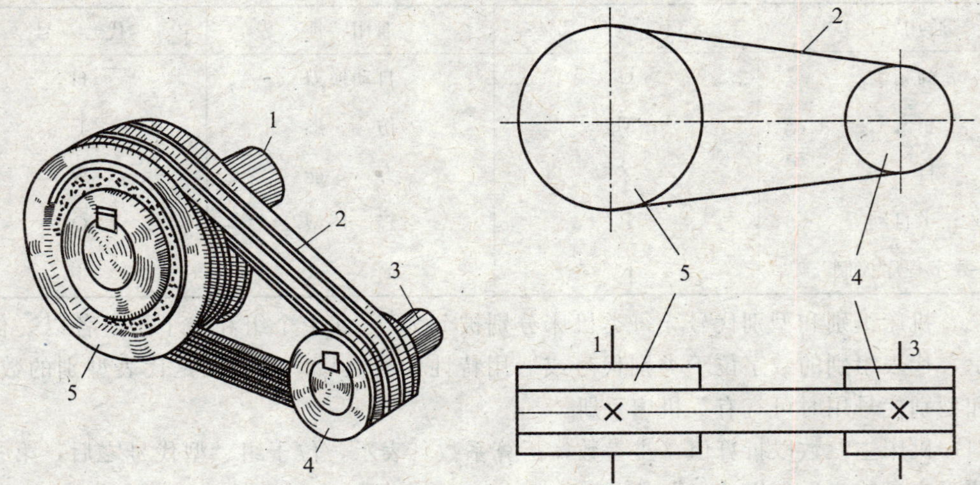


1-Ⅰ轴；2-三角胶带；3-电机轴；4-小带轮；5-大带轮

图 5-24　皮带传动

皮带传动的优点很多，如传动平稳，过载打滑，不会损坏机床，不受传动轴间距离限制，结构简单，制造和维修方便；缺点是传动比不准确，摩擦损失大，传动效率低。

(2) 齿轮传动。齿轮传动是在机床上应用最多的传动机构。齿轮的种类很多，用得最多的是圆柱齿轮，有直齿圆柱齿轮和斜齿圆柱齿轮，图 5-25 所示为一对直齿圆柱齿轮传动。

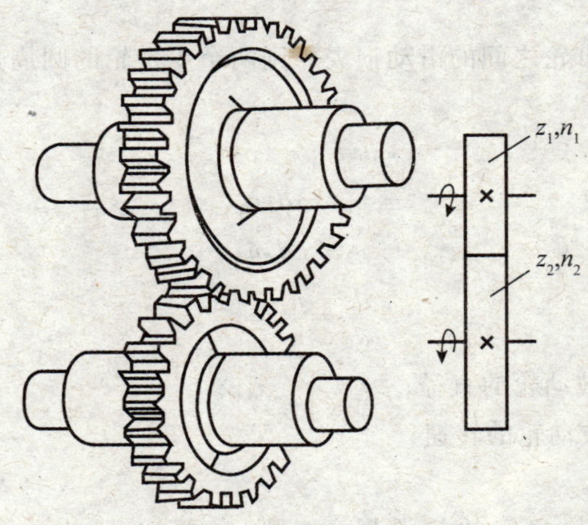


图 5-25　齿轮传动

齿轮传动是啮合传动，当主动齿轮转过一个齿时，被动齿轮也一定转过一个齿，即单位时间内主动轮和被动轮经过的齿数相同。如设 $z_1$，$z_2$ 和 $n_1$，$n_2$ 分别为主动轮和被动轮的齿数和转速，则

$$z_1 n_1 = z_2 n_2$$

所以传动比

$$i = \frac{n_2}{n_1} = \frac{z_1}{z_2}$$

齿轮传动中，被动齿轮的旋转方向依传动的形式而定。外齿啮合时（图 5-25），其旋转方向与主动轮相反；内齿啮合时（图 5-26），其旋转方向与主动轮相同。如果有中间介轮，则要看介轮的个数。介轮为奇数时，被动轮与主动轮转向相同；介轮为偶数时，则两轮转向相反。介轮多少都不影响传动比大小，通常只是用来改变传动的方向。

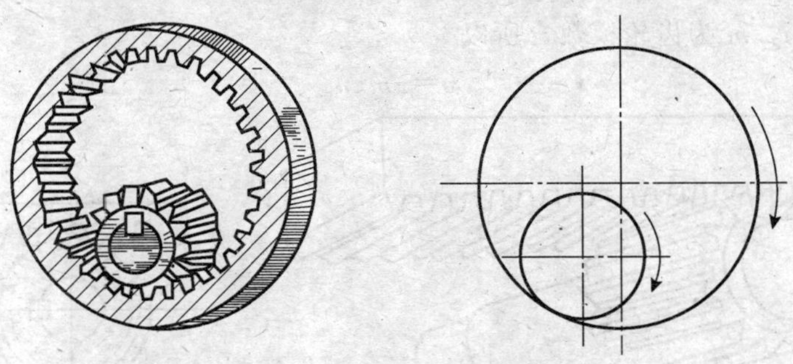

图 5-26　内齿轮传动

齿轮传动的优点是结构紧凑，传动比准确，承载能力大而且效率高；但齿轮制造过程复杂，质量不高时，传动不平稳，噪声大。

(3) 蜗杆—蜗轮传动。这种传动方法适用于在空间互相垂直的两轴间的运动传递（图 5-27）。

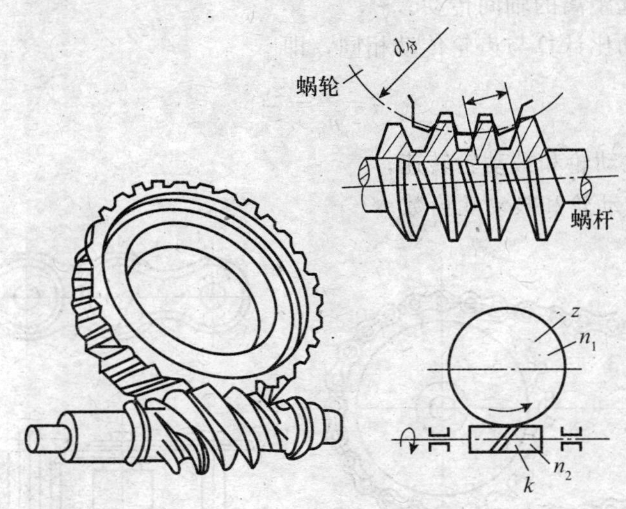


图 5-27　蜗杆—蜗轮传动

蜗杆—蜗轮传动的特点是蜗杆为主动，蜗轮为被动。当蜗杆转过一转时，蜗轮转过与蜗杆头数相同的齿数，即转过 $k/z$ 转（$z$ 为蜗轮齿数）。可见，蜗杆—蜗轮传动的传动比

$$i=\frac{k}{z}$$

一般蜗杆的头数 $k$ 远远小于蜗轮齿数 $z$，所以这种传动形式可以得到很小的传动比，即从主动轴到被动轴可以降速很多，这是这种传动最大的优点，常在减速箱和分度装置中使用。蜗杆—蜗轮传动的缺点是效率低。

(4) 齿轮—齿条传动。这种传动与齿轮传动类似（图 5-28），若齿轮轴心固定，当齿轮转过一个齿时，齿条则移过一个齿距；如果齿条不动，齿轮在齿条上滚过一个齿，则其轴心就移动一个齿距。所以，齿轮—齿条传动可以把旋转运动转变为直线运动（齿轮主

动），也可以把直线运动转变为旋转运动（齿条主动）。这种机构在机床的传动中是常见的（如车床、钻床的进给运动）。

如齿轮齿数为 $z$，齿条的齿距为 $t$，当齿轮的转速为 $n$ 时，齿轮轴心与齿条相对位移

$$y=znt$$

式中：$t=\pi m$，$m$ 为齿轮模数，所以

$$v=\pi mzn$$

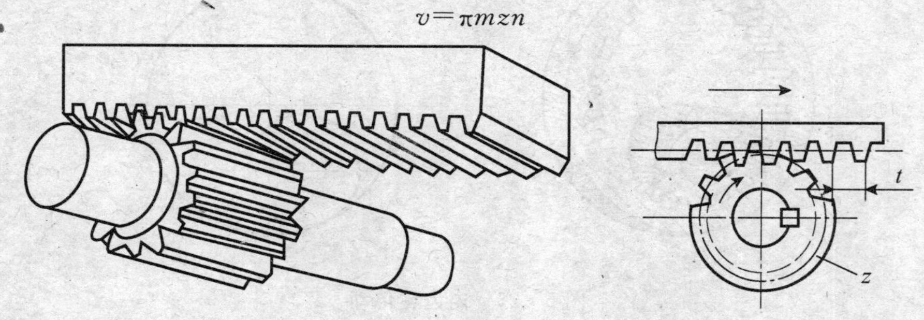


图 5-28　齿轮—齿条传动

（5）链条传动。链条传动形式上与皮带传动近似，也是靠可以挠曲的零件传动，所不同的是链条传动不靠摩擦力，而是靠链条与链轮的啮合（图 5-29）。它没有皮带传动那种滑动损失，适于较远距离的轴间传动。

链条传动的传动比计算与齿轮传动相同，即

$$i=\frac{n_2}{n_1}=\frac{z_1}{z_2}$$

式中：$n_1$，$n_2$——主动轮和被动轮转速；

$z_1$，$z_2$——主动轮和被动轮齿数。

图 5-29　链条传动

（6）丝杠—螺母传动。这种机构也是可以使旋转运动转变为直线运动。机床上使用这种传动的形式的地方也很多，如车床刀架的进刀、车床尾座套筒的伸缩及车床上的开合螺母与丝杠的传动等等。

图 5-30 即丝杠—螺母传动的简图。如螺母不转动也不轴向移动，则丝杠每转一转时沿自身轴线移动一个导程 $L$。若螺纹为单线，其每转轴向移动即为一个螺距 $P$。若丝杠轴向不动只作旋转运动，螺母如不转动，则将沿轴向移动。当丝杠转速为 $n$ 时，螺母沿丝杠轴向的移动速度为

$$v=nL=nkP$$

式中：$k$——丝杠螺纹头数。

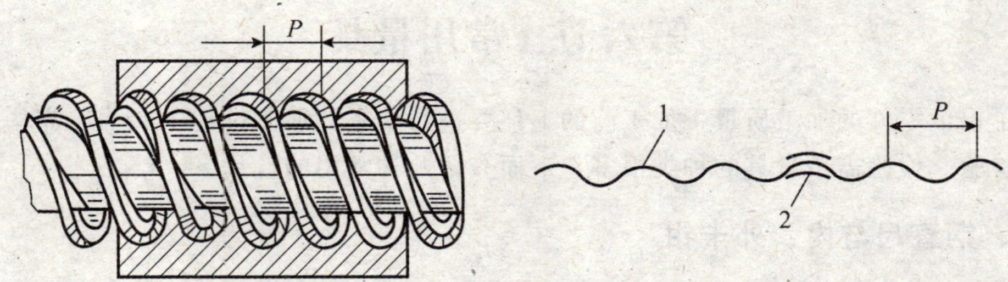


1-丝杠；2-螺母

图 5-30　丝杠—螺母传动

2. 机床传动元件的代表符号

为简化机床传动系统图的绘制和方便分析，以一定的符号代表各传动元件，用时可查相关资料。

3. 运动链及其传动比

将传动元件以其代表符号按传动的先后顺序组合起来的传动系统称为传动链（或运动链）。图 5-31 所示为一简单传动链，运动由电机输入Ⅰ轴，转速为 $n_{电}$ (r/min)，经皮带轮（$d$，$D$）传给Ⅱ轴，经圆柱齿轮（$z_1$，$z_2$）传给Ⅲ轴，再经圆锥齿轮（$z_3$，$z_4$）传给Ⅳ轴，再经圆柱齿轮（$z_5$，$z_6$）传给Ⅴ轴，最后经蜗杆—蜗轮（$k$，$z_7$）传至Ⅵ轴输出。Ⅵ轴的转速可按下式求出

$$n_{Ⅳ}=n_{电}\cdot\frac{d}{D}\varepsilon\cdot\frac{z_1}{z_2}\cdot\frac{z_3}{z_4}\cdot\frac{z_5}{z_6}\cdot\frac{k}{z_7}=n\cdot i_{Ⅰ-Ⅱ}\cdot i_{Ⅱ-Ⅲ}\cdot i_{Ⅲ-Ⅳ}\cdot i_{Ⅳ-Ⅴ}\cdot i_{Ⅴ-Ⅵ}$$

$$i_{总}=i_{Ⅰ-Ⅱ}\cdot i_{Ⅱ-Ⅲ}\cdot i_{Ⅲ-Ⅳ}\cdot i_{Ⅳ-Ⅴ}\cdot i_{Ⅴ-Ⅵ}$$

可见，运动链的总传动比为运动链中各传动轴传动比的乘积。

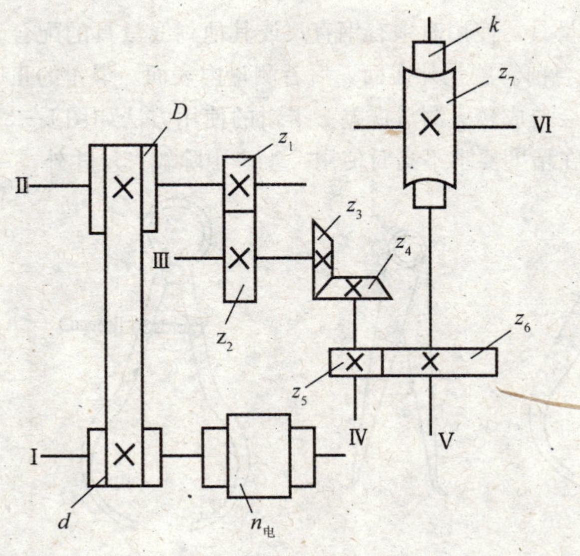


图 5-31　传动链

# 第六节 常用量具

为了保证零件的加工质量，加工前的毛坯要进行检查，加工过程中和加工完毕后也都要进行检验。检验需用量具的种类很多，下面介绍几种常用的量具。

## 一、钢直尺与内、外卡钳

1. 钢直尺

钢直尺是不可卷的钢质板状量尺，如图 5-32 所示，长度有 150 mm，300 mm 等等，一般尺面除有公制刻线外，有的还有英制刻线，可直接检测长度尺寸。测量准确度公制为 0.5 mm，英制为 1/32″ 或 1/46″。钢直尺的使用和读数方法如图 5-33 和图 5-34 所示。

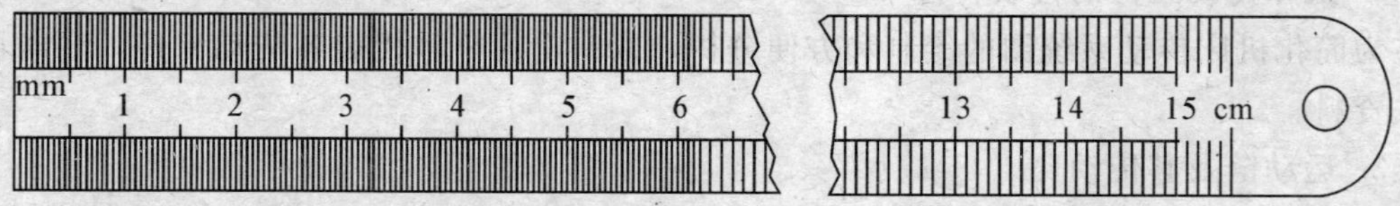


图 5-32 钢直尺

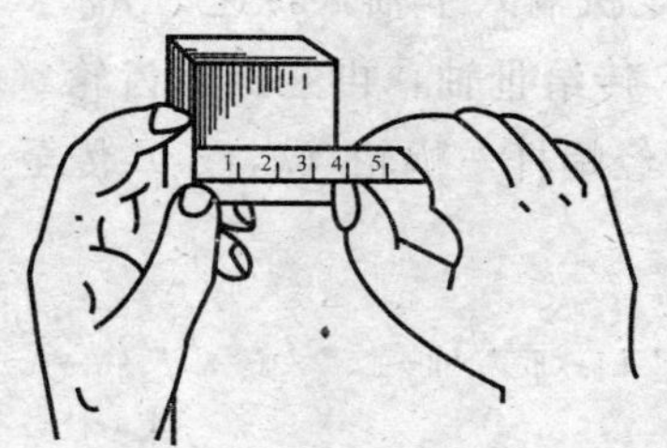

图 5-33 钢直尺的使用

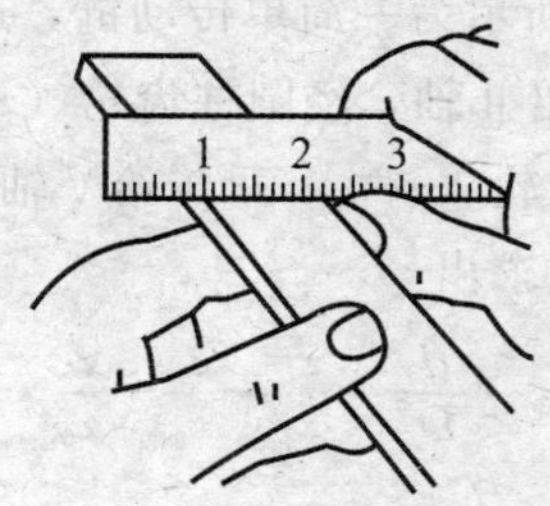


图 5-34 读数方法

2. 卡钳

卡钳是一种间接量具，使用时须有钢直尺或其他刻线量具的配合。卡钳有外卡钳和内卡钳之分（如图 5-35），前者测量外表面，后者测量内表面。卡钳的正确使用需要靠经验，过松、过紧或歪测，均会造成较大测量误差。卡钳的使用方法如图 5-36 所示，尺寸的确定如图 5-37 所示。卡钳在精度要求不高时使用，生产中除较大尺寸外，一般已不使用。

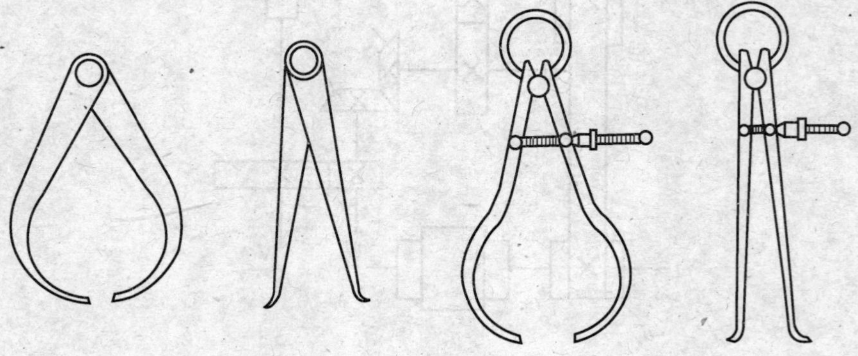

图 5-35 卡 钳

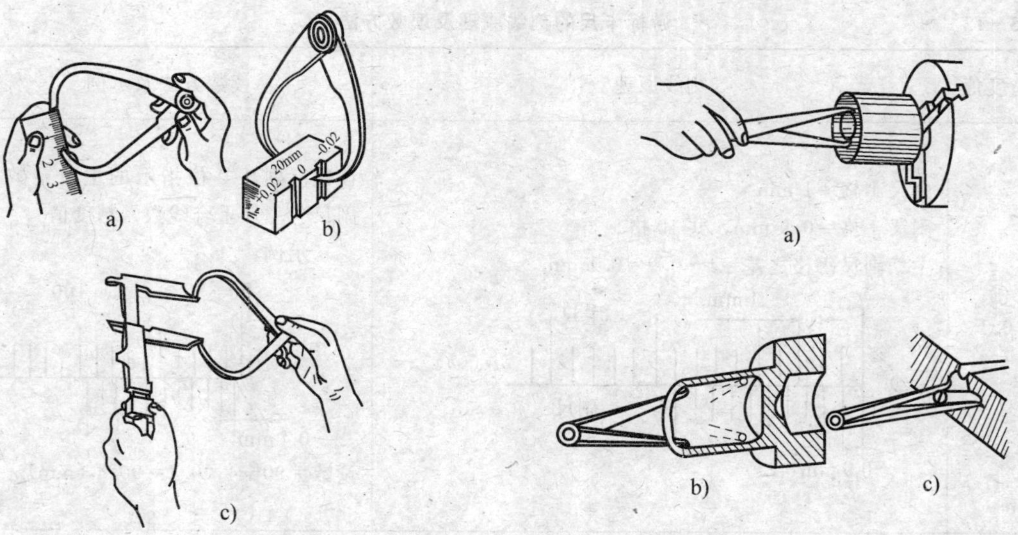

a) b) a)

c) b) c)

外卡钳 内卡钳

图 5－36 卡钳的使用

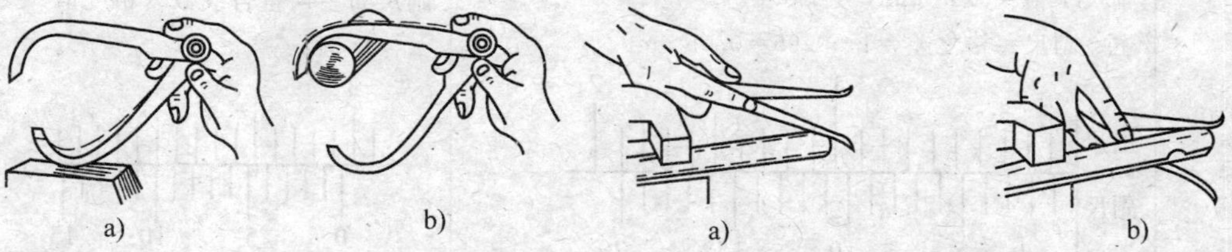

a) b) a) b)

外卡钳 内卡钳

图 5－37 卡钳尺寸的确定

## 二、游标卡尺

游标卡尺是带有测量卡爪并用游标读数的量尺。它测量精度较高，结构简单，使用方便，可以直接测出零件的内径、外径、宽度、长度和深度的尺寸值，是生产中应用最广的一种量具。

1. 游标卡尺的刻线原理与读数方法

游标卡尺的结构如图 5－38 所示，主要由主尺和副尺（图 5－38 中的 2 和 3）组成。游标卡尺的测量准确度有 0.1，0.05，0.02 三种，其刻线原理与读数方法见表 5－12。

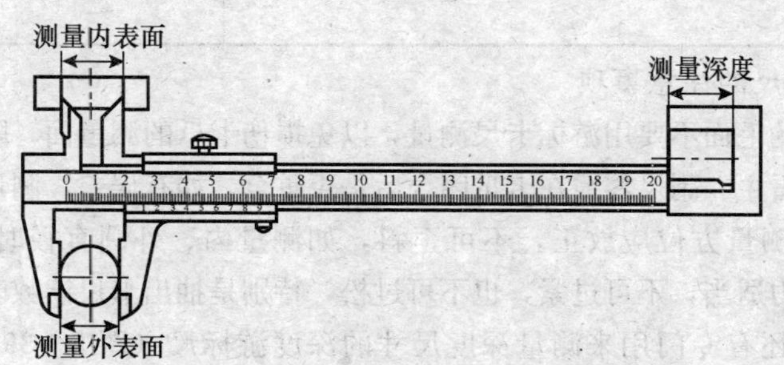


图 5－38 游标卡尺

**表 5－12　　　游标卡尺的刻线原理及读数方法**

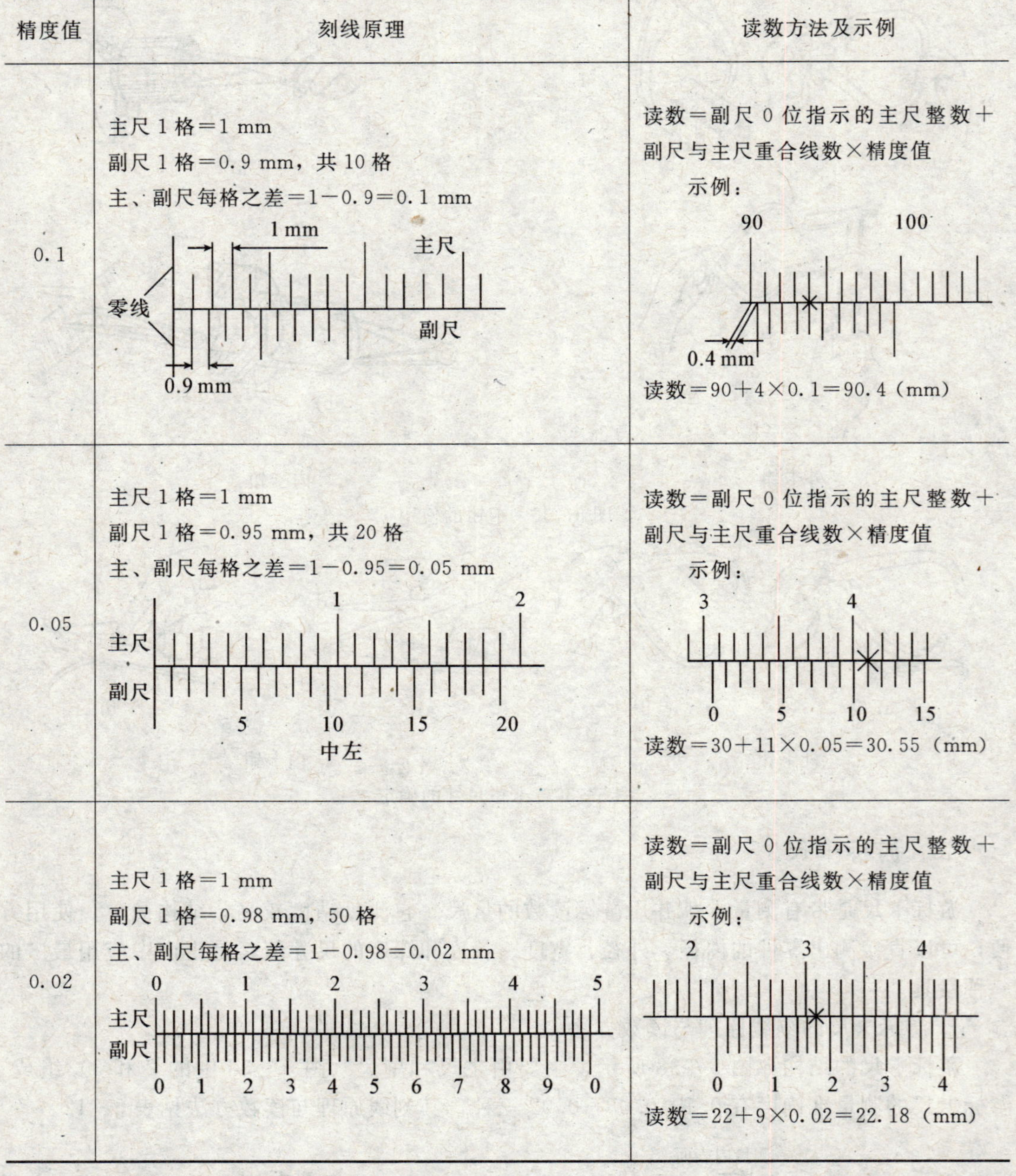

| 精度值 | 刻线原理 | 读数方法及示例 |
|---|---|---|
| 0.1 | 主尺 1 格＝1 mm<br>副尺 1 格＝0.9 mm，共 10 格<br>主、副尺每格之差＝1－0.9＝0.1 mm<br>1 mm　主尺　零线　副尺　0.9 mm | 读数＝副尺 0 位指示的主尺整数＋副尺与主尺重合线数×精度值<br>示例：<br>90　100　0.4 mm<br>读数＝90＋4×0.1＝90.4（mm） |
| 0.05 | 主尺 1 格＝1 mm<br>副尺 1 格＝0.95 mm，共 20 格<br>主、副尺每格之差＝1－0.95＝0.05 mm<br>1　2　主尺　副尺　5　10　15　20　中左 | 读数＝副尺 0 位指示的主尺整数＋副尺与主尺重合线数×精度值<br>示例：<br>3　4　0　5　10　15<br>读数＝30＋11×0.05＝30.55（mm） |
| 0.02 | 主尺 1 格＝1 mm<br>副尺 1 格＝0.98 mm，50 格<br>主、副尺每格之差＝1－0.98＝0.02 mm<br>0　1　2　3　4　5　主尺　副尺　0　1　2　3　4　5　6　7　8　9　0 | 读数＝副尺 0 位指示的主尺整数＋副尺与主尺重合线数×精度值<br>示例：<br>2　3　4　0　1　2　3　4<br>读数＝22＋9×0.02＝22.18（mm） |

2. 使用游标卡尺的注意事项

（1）未经加工的毛面不要用游标卡尺测量，以免损伤卡爪的测量面，降低卡尺测量精度。

（2）使用前应看主、副尺零线在卡爪闭合后是否重合，如有误差，测量读数时注意修正。

（3）游标卡尺测量方位应放正，不可歪斜，如测量内、外圆直径时应垂直于轴线。

（4）测量时用力适当，不可过紧，也不可过松，特别是抽出卡尺读数时，卡爪极易松动。

其他游标量具还有专门用来测量深度尺寸的深度游标尺（图 5－39），高度游标尺（图 5－40）可以测量一些零件的高度尺寸，同时还可以用来进行精密划线。

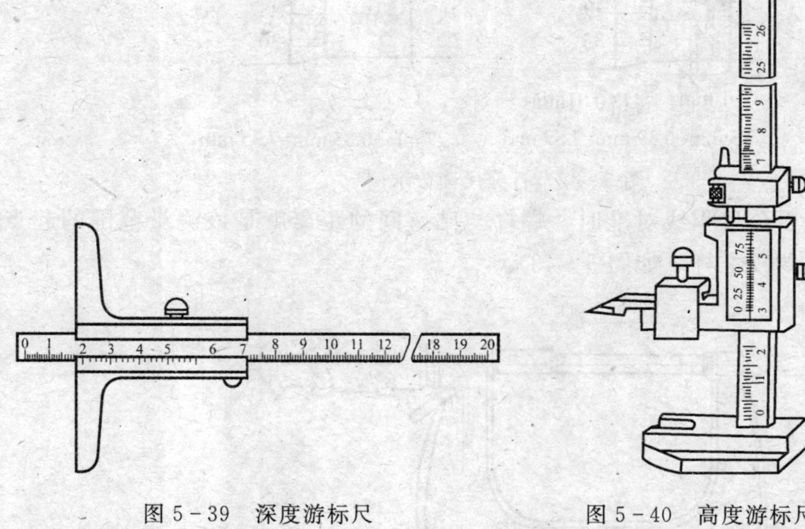

图 5-39　深度游标尺　　图 5-40　高度游标尺

## 三、百分尺与百分表图

1. 百分尺

百分尺是精密量具，测量准确度为 0.01 mm，有外径百分尺、内径百分尺及深度百分尺等。

(1) 外径百分尺。测量范围有 0～25 mm，25～50 mm，50～75 mm，75～100 mm 等。图 5-41 是 0～25 mm 的外径百分尺，尺架左端有砧座，螺杆与活动套筒（微分筒）是连在一起的，转动活动套筒时，螺杆即沿其轴向移动。螺杆的螺距为 0.5 mm，固定套筒上轴向中线上下相错 0.5 mm 各有一排刻线，每格为 1 mm。活动套筒锥面边缘沿圆周有 50 等分的刻度线，当螺杆端面与砧座接触时，活动套筒上零线与固定套筒中线对准，同时活动套筒边缘也应与固定套筒零线重合。

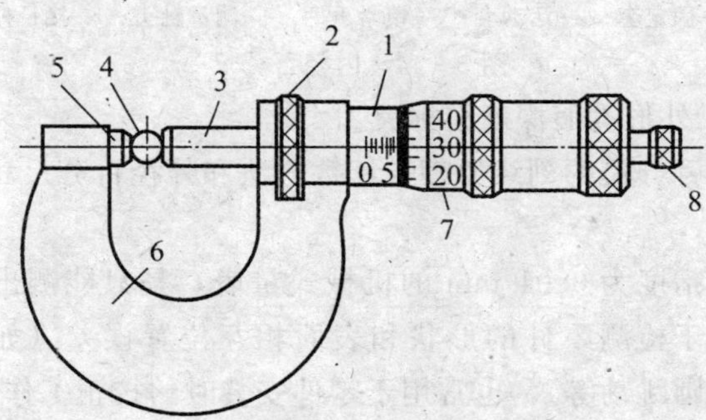


1-固定套筒；2-制动环；3-测微螺杆；4-工件；5-砧座；6-尺架；7-微分筒；8-棘轮

图 5-41　外径百分尺

测量时，先从固定套筒上读出毫米数，若 0.5 mm 刻线也露出活动套筒边缘，加 0.5 mm，从活动套筒上读出小于 0.5 mm 的小数，两者加在一起即为测量数值。图5-42 所示为读数例子。

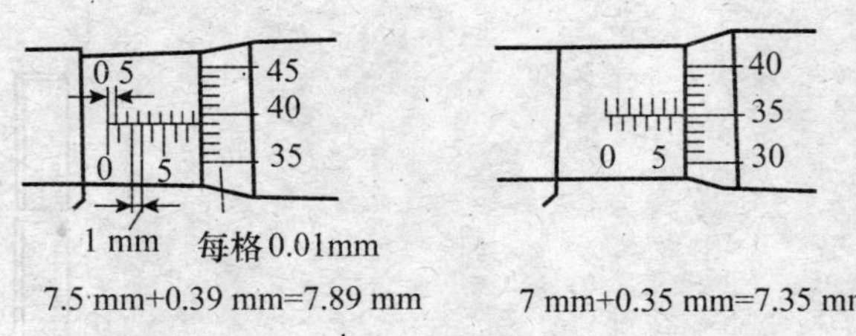


图 5－42　百分尺读数示例

其他规格的外径百分尺零线对准时，螺杆与砧座间的距离就是该测量范围的起点值，对零线时应使用相应的校准杆（如图 5－43）。

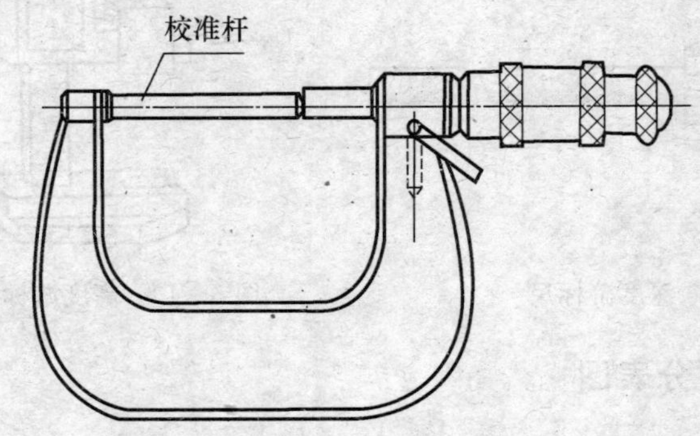


图 5－43　校准杆的使用

（2）内径百分尺。内径百分尺有两种形式，如图 5－44 所示。

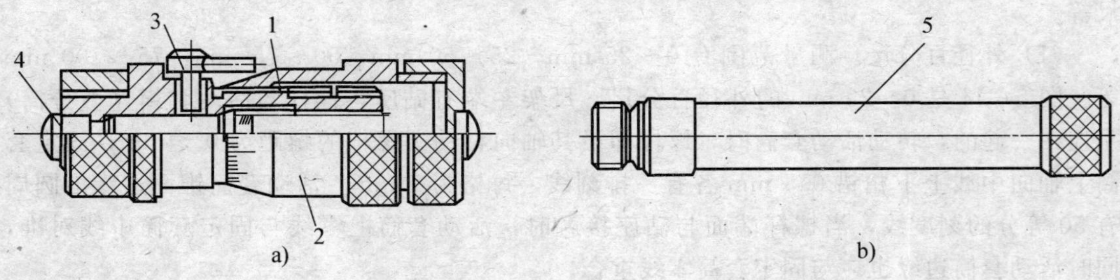


1－固定套；2－活动套；3－锁紧手柄；4－测量触头；5－接长杆

图 5－44　内径百分尺

（3）深度百分尺。外形类似深度游标尺。

内径百分尺与深度百分尺的刻线原理与读数方法和外径百分尺相同。

2. 百分表

百分表是一种测量精度为 0.01 mm 的机械式量表，是只能测出相对数值不能测出绝对数值的比较量具，用于检测零件的形状和表面相互位置误差（如圆度、圆柱度、同轴度、平行度、垂直度、圆跳动等），也常用于零件安装时的校正工作。

百分表有钟表式与杠杆式两种。

（1）钟表式百分表（图 5－45）。外形如图 5－45a）所示，图 5－45b）是其传动原理。测量杆上齿条齿距为 0.625 mm，齿轮 $z_2$ 齿数为 16，齿轮 $z_3$ 和齿轮 $z_4$ 齿数均为 100，齿轮 $z_1$ 齿数为 10，$z_2$ 与 $z_3$ 连在一起，表面长针装于 $z_1$ 上，短针装于 $z_3$ 上。当测量杆移动 1 mm时，齿条则移动 1/0.625＝1.6 齿，使齿轮 $z_2$ 转过 1.6/16＝1/10 转，齿轮 $z_3$ 也同时转过 1/10 转，即转过 10 个齿，正好使齿轮 $z_1$ 转过一转，使长针 $R$ 转过一周。由于表盘圆周分成 100 格，故长针每转过一格时测量杆移动量为 1/100＝0.01 mm。长针转一周的同时，齿轮 $z_1$、传动齿轮 $z_4$ 也转过 1/10 转（即 10/100）。一般百分表量程为 5 mm，故表盘上刻有 5 个格，每转过一格，表示测量杆移动 1 mm。

图 5－45（b）中，游丝 7 总使轮齿一侧啮合，消除间隙引起的测量误差。弹簧 6 总使测量杆处于起始位置。

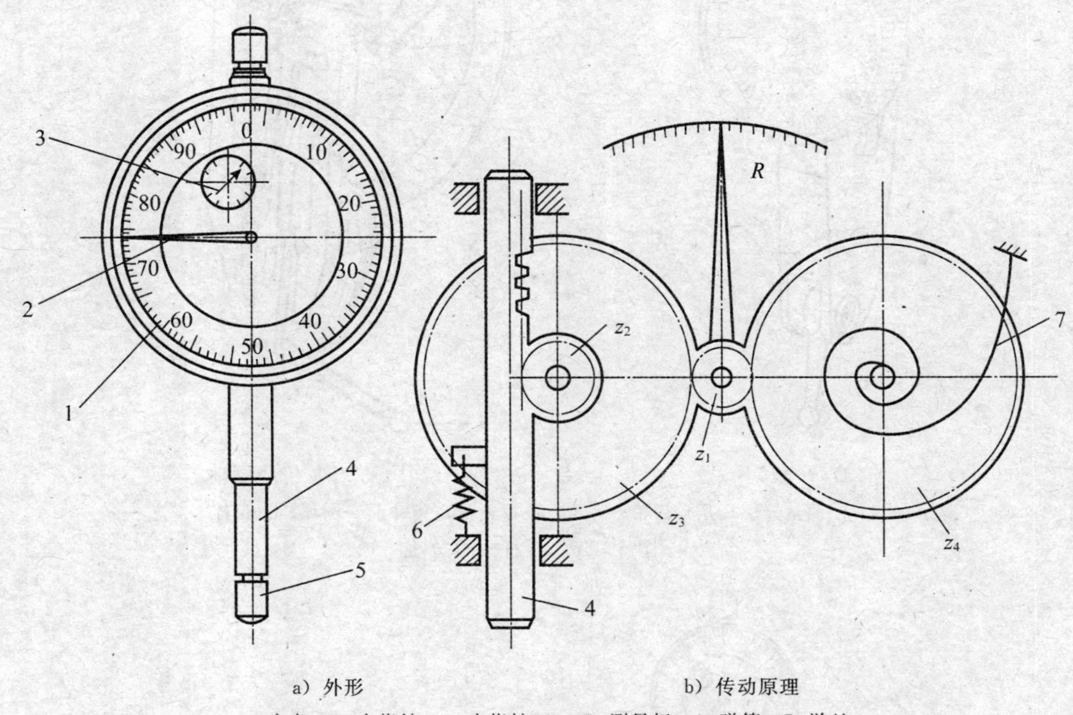


a）外形　　b）传动原理

1－表盘；2－大指针；3－小指针；4，5－测量杆；6－弹簧；7－游丝

图 5－45　钟表式百分表

（2）杠杆式百分表（图 5－46）。外形如图 5－46a）所示，图 5－46b）为其传动原理。杠杆式百分表是利用杠杆和齿轮的放大原理制造的。具有球面触头的测量杆 1 靠摩擦与扇形齿轮 2 连接，当测量杆摆动时，扇形齿轮 2 带动齿轮 3 转动，再经端齿轮 4 和齿轮 5 带动指针 6 转动。和钟表式百分表一样，表盘上也沿圆周刻有 100 个格，每格代表0.01 mm。改变表侧扳把位置，可变换测量杆的摆动方向。

（3）内径百分表（图 5－47）。测量内径及形状精度，常用内径百分表。内径百分表由百分表与测量杆系统组成，测量范围有 6～10，10～18，18～35，35～50，50～100，100～160等几种。

从图 5－47 可知，内径百分表是将百分表安装于测杆 1 上，以适当的压力与心杆 2 接触。测量头一端装有可换量杆 8（在测量范围内长度可换），另一端是活动量杆 6。测量时，活动量杆 6 的伸缩通过杠杆 5 以及顶杆 4 和心杆 2 ，将测值变化传至百分表。使用内径百分表需先根据被测尺寸选定测量范围，装上合适的可换量杆，以被测公称尺寸为准用外径百分尺校对内径百分表，即用基本尺寸将表对零。测量时，将测杆放进内孔，适当摆动（如图 5－48），即可测得被测尺寸与公称尺寸相比较的差值。

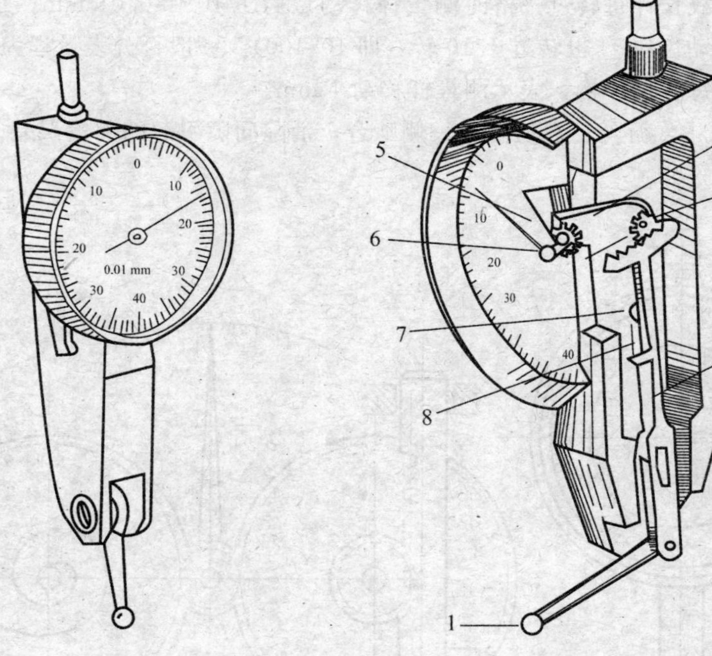


a）外形　　　　b）传动原理

1-测量杆；2-扇形齿轮；3，4，5-齿轮；6-指针；7-圆环；8-拉杆

图 5-46　杠杆式百分表

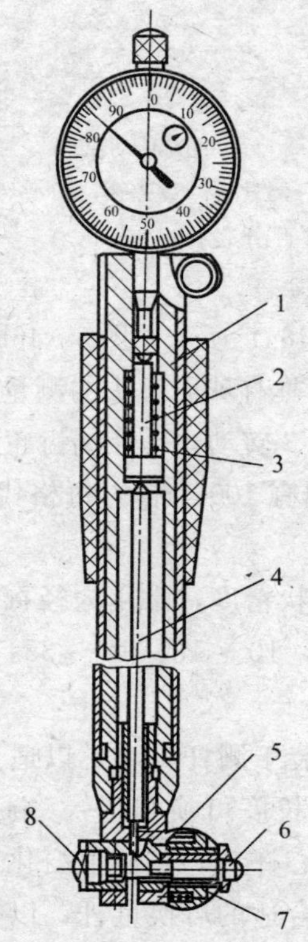


1-测杆；2-心杆；3-弹簧；4-顶杆；5-杠杆；
6-活动量杆；7-套；8-可换量杆

图 5-47　内径百分表

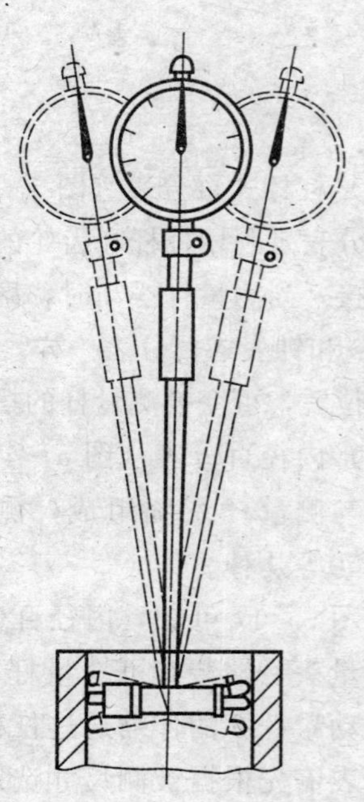

图 5-48　内径百分表的使用

## 四、卡规与塞规（图 5－49）

卡规与塞规是成批生产时使用的量具。卡规测量外表面尺寸，如轴径、宽度、厚度等；塞规测量内表面尺寸，如孔径、槽宽等。检查零件时，过端通过、止端不通过为合格。卡规的过端控制的是最大极限尺寸，而止端控制的是最小极限尺寸；塞规过端控制的是最小极限尺寸，止端控制的则是最大极限尺寸。图 5－50 是卡规与塞规的过端与止端作用的示意图。

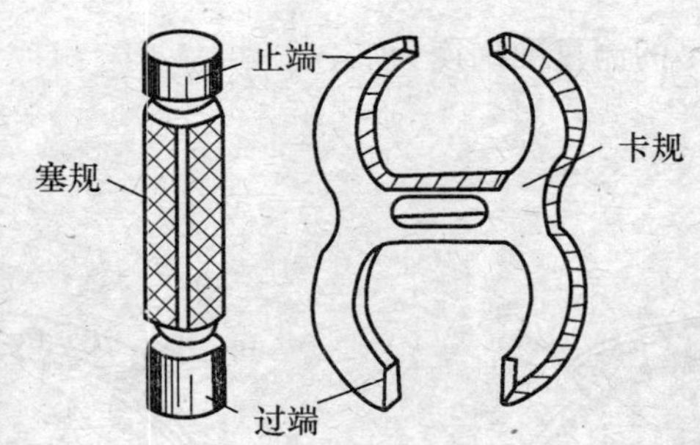


图 5－49　卡规与塞规

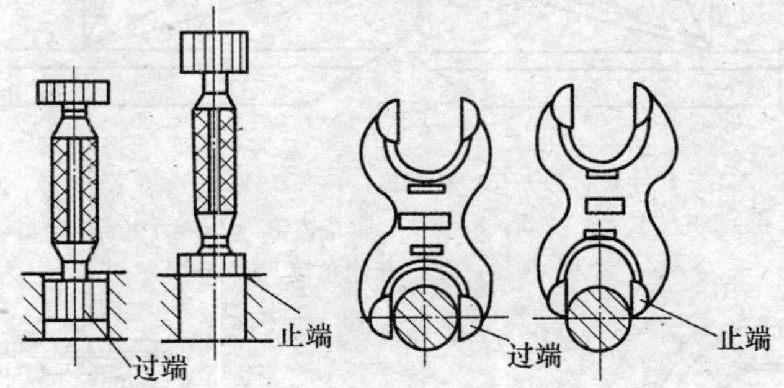


图 5－50　卡规与塞规之过端与止端作用

## 五、90°角尺与万能角度尺

测量角度的量具很多，常用的有 90°角尺和万能角度尺。

1. 90°角尺

90°角尺有整体式与组合式两种，如图 5－51 所示。其两尺边内侧和外侧均为准确的 90°，测量零件时角尺宽边与基准面贴合，以窄边靠向被测平面，如图 5－50c）所示，以塞尺检查缝隙大小，以确定垂直度误差。

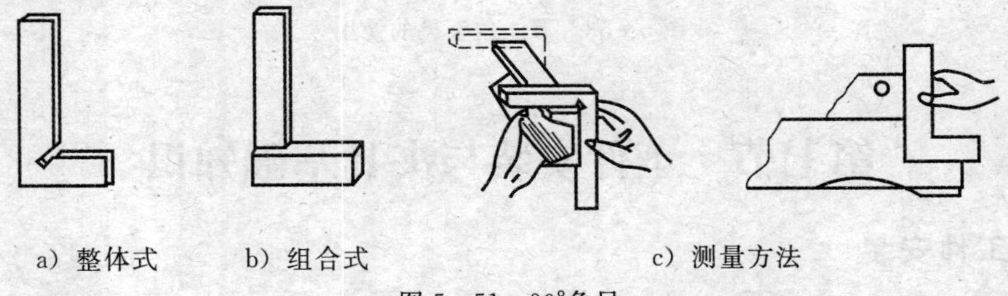

a）整体式　　b）组合式　　c）测量方法

图 5－51　90°角尺

2. 万能角度尺

如图 5－52 所示，万能角度尺由主尺 1、基尺 5、游标 3、角尺 2、直尺 6、卡块 7、制动器 4 组成。捏手 8 可通过小齿轮 9 转动扇形齿轮 10，使基尺 5 改变角度，带动主尺 1 沿游标 3 转动。角尺 2 和直尺 6 可以配合使用，也可以单独使用。用万能角度尺测量工件角度的方法如图 5－53 所示，它可以测量 0～320°范围内的任何角度。主尺上每相邻两条线间夹角为 1°，游标尺上也有刻度线，是取主尺的 29°等分为 30 格刻线，所以游标尺上每相邻两条刻线间为 29°/30，主尺与游标尺的两刻线间夹角差为

$$1^\circ-\frac{29^\circ}{30}=\frac{1^\circ}{30}=2'$$

也就是说，万能角度尺的测量准确度为 2′。

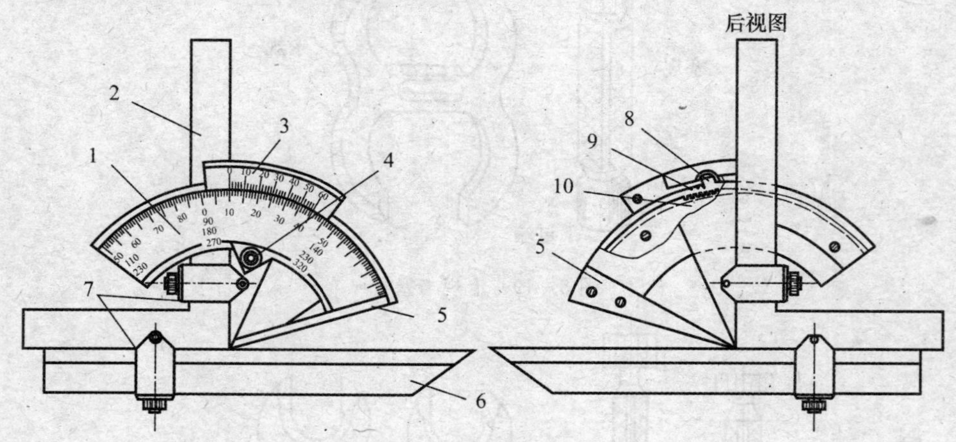


1－主尺；2－角尺；3－游标；4－制动器；5－基尺；
6－直尺；7－卡块；8－捏手；9－小齿轮；10－扇形齿轮

图 5－52　万能角度尺

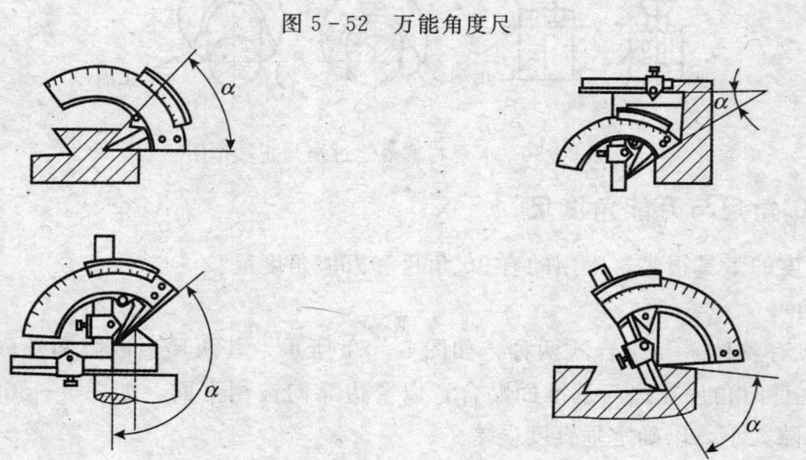


图 5－53　万能角度尺的使用

# 第七节　工件安装与夹具基础知识

## 一、工件安装

工件安装是对工件进行切削加工前必做的工作，它包含两个方面的内容：一是使工件准确地安装在机床的合适位置上，称为定位，目的是保证加工表面的正确位置；二是将工

件固定在确定了的位置上，使其不至于在切削力或其他外力的作用下产生位置变动，称为工件的夹紧。工件从定位到夹紧的全过程称为安装。安装对零件的加工精度和生产效率有直接影响。生产中，工件安装主要有两种方式：找正安装和夹具安装。

1. 找正安装

找正安装分为直接找正安装和划线找正安装。

(1) 直接找正安装。这种方式是依据工件上合适的可供找正的表面，直接进行找正安装。如图 5-54 所示，使用划针盘或百分表找正，方便灵活。

(2) 划线找正安装。形状复杂的工件，或无合适可供找正表面，或余量大又不均匀的毛坯件，先划出被加工表面的轮廓线和中心线，再按线找正安装。此种方法比较麻烦，找正精度差，生产效率低，只适用于单件小批生产。图 5-55 是在车床上四爪装夹按划线找正的情况。

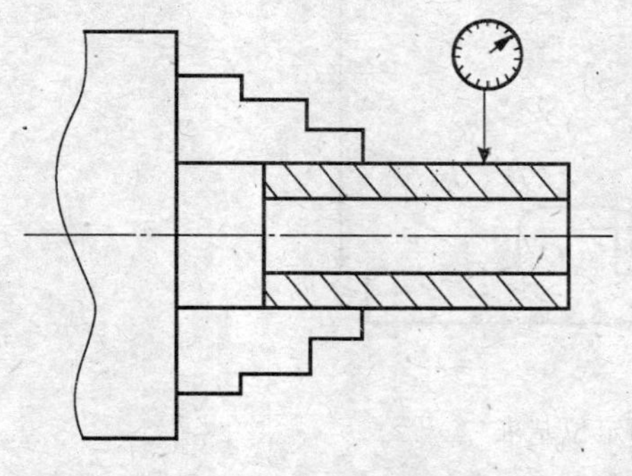

图 5-54 直接找正安装

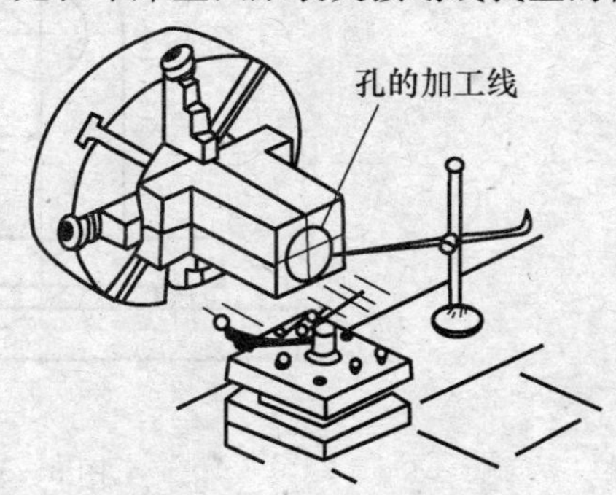


图 5-55 划线找正安装

2. 夹具安装

采用夹具安装工件，工件不再需要划线和找正，完全依靠夹具来保证工件的定位与夹紧。图 5-56 是铣削连杆端面的专用夹具，连杆两头圆弧大小不同，端面高度不同，由两个支撑面和两个 V 形块使工件定位并被夹紧，这使得工件装夹方便、迅速、定位准确、夹紧可靠、生产率高、工人劳动强度降低。由于夹具制造成本较高，故一般适用于成批或大量生产。但是当被加工表面位置精度要求较高，其他安装方法又不能保证其精度时，小批量生产有时也必须采用夹具安装工件。

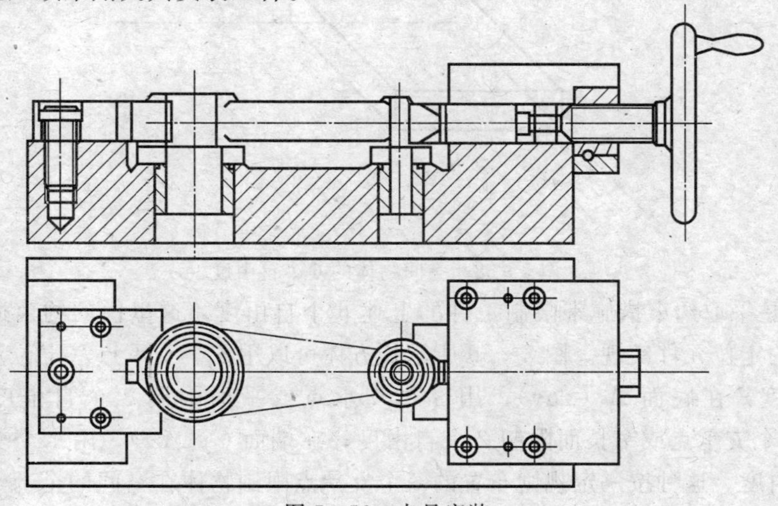

图 5-56 夹具安装

## 二、工件在安装时的定位

1. 定位基准

定位是使工件在机床上或夹具中占有正确位置的过程。工件的安装方式表明：定位可以用划针或百分表对工件进行找正而实现，也可以由工件上的定位表面与夹具的定位元件接触而实现。工件上用以定位的表面称为定位基准。图 5－57 所示工件以底面 $A$ 和侧面 $B$ 定位加工孔，表面 $A$ 和 $B$ 即定位基准。定位基准的选择极为重要，它对保证零件的制造精度有很大作用。

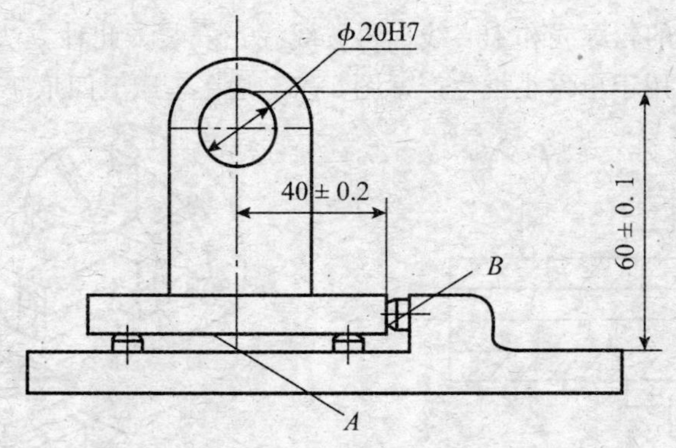


图 5－57　工件的定位基准

2. 六点定位原理

任何一个未被约束的物体，都可以向空间的任何方向移动或转动。但在空间直角坐标系中，物体的任何运动都相对该坐标系进行分解，如图 5－58 所示，可以分解为 6 个方向运动，即 6 个自由度。6 个方向运动中，3 个是沿 3 个坐标轴方向的移动，3 个是绕 3 个坐标轴的转动。

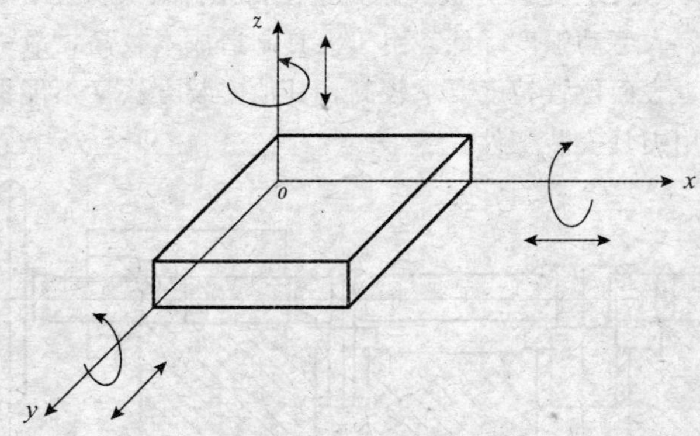


图 5－58　空间物体的 6 个自由度

定位就是采取约束措施来限制工件的上述 6 个自由度，这里说的约束通过机床工作台或夹具上的定位元件实现。图 5－59 所示长方体可以用 6 个支承点（定位点）限制其全部 6 个自由度：在底面 $A$（$xoy$），用 3 个支承点或平面限制 3 个自由度；在侧面 $B$（$yoz$），用 2 个支承点或窄长面限制 2 个自由度；在端面 $C$（$xoz$），用 1 个支承点限制余下的 1 个自由度。这种按一定规则布置的 6 个支承点限制物体在空间的全部 6 个自由度的原理即 6 点定位原理。

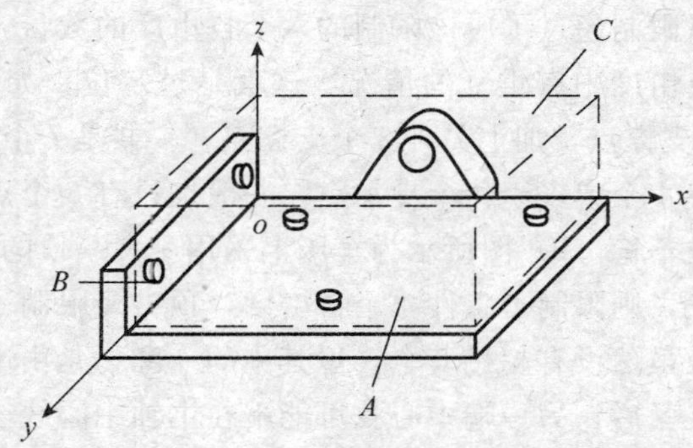


图 5－59　长方体的定位

在工件的实际安装中，根据所限制的自由度数目，可以有以下几种定位情况：

（1）完全定位。定位时，工件的 6 个自由度全部被限制，如图 5－60 所示。夹具利用 V 形铁与平面使工件定位：底面上 3 个支承点 A 限制工件的 3 个自由度，V 形铁上 2 个支承点 B 限制工件的 2 个自由度，侧面支承点 C 限制 1 个自由度。这样，工件在夹具中就获得了完全确定的唯一位置。

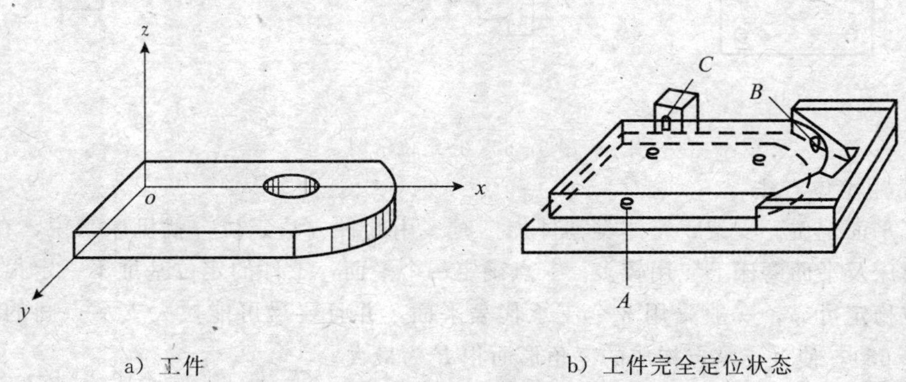


a）工件　　b）工件完全定位状态

图 5－60　完全定位示例

（2）不完全定位。根据加工要求不必把 6 个自由度完全限制所使用的一种定位方法。图 5－61 所示几种工件的定位即属此种情形。其中，图 a）在六面体的一面铣宽为 C 的槽，因有尺寸 A 和 B 的要求，选择图示定位方法。槽向没提要求，位置可不加限制，只限制 5 个自由度即可。图 b）只加工上平面，只要求尺寸 A，平面定位限制 3 个自由度即可。图 c）是用三爪卡盘夹持工件的情形，它限制了 4 个自由度。这些未被限制的自由度显然对满足加工要求并无影响，因为应该限制的自由度（称为第一种自由度）已得到限制，没得到限制的只是那些不影响加工精度的自由度（第二种自由度）。特别要指出的是，该限制的自由度不限制，称为欠定位。欠定位不能保证加工要求，往往会产生废品。

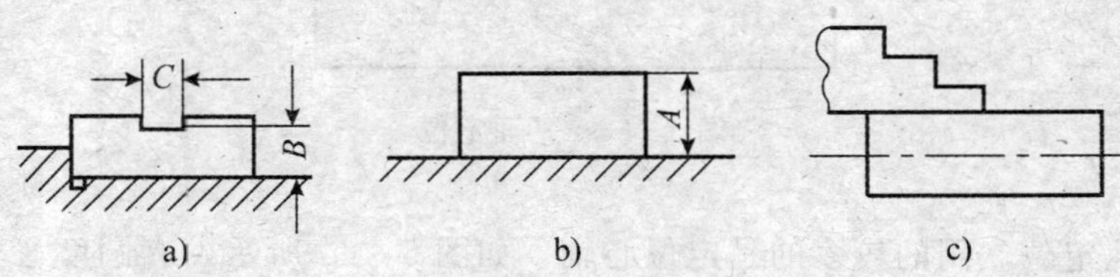


图 5－61　不完全定位示例

(3) 过定位。定位时限制超过了应该限制的六个自由度的数目，或者限制的自由度虽未超过六个，但限制的自由度中有重复的情况，这就是过定位，如图 5-62 所示。其中，图 a）的底面设置了 4 个支撑点，加上另外 3 个支撑点，一共是 7 个，是过定位。实际上 3 点就决定一个平面，设置 4 个或多于 4 个支承点，一般也只有 3 个点支承工件，而且不一定哪 3 个，反而造成定位不稳。b）图所示为车床上采用一夹一顶的方式装夹工件的情形。如果卡盘夹持的部分较长，则限制了工件 4 个自由度，顶尖又限制了 2 个自由度。这种定位安装限制的自由度总数虽然没有超过 6 个，但其中的 $y$ 和 $z$ 是由卡盘和顶尖重复限制了的，也是过定位。卡盘夹紧后，另一端中心孔可能不在主轴中心线上，不与顶尖吻合。如强行顶住，则会使工件变形，影响加工精度。解决的办法是卡盘夹持的部分要短，只限制 2 个自由度，不再限制 $y$ 和 $z$，这样就不会产生重复定位了。

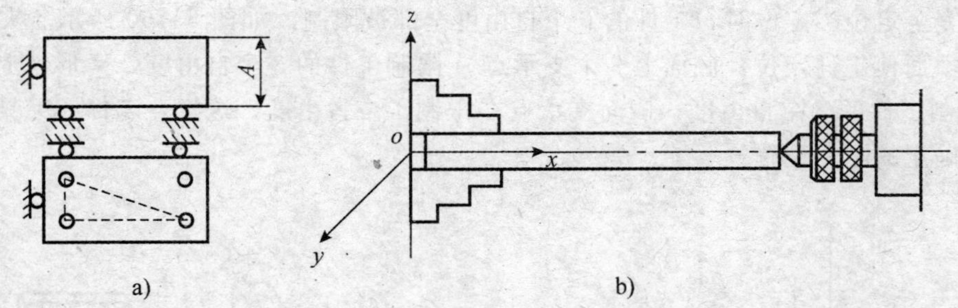


图 5-62　过定位示例

3. 常用定位方法

(1) 平面定位。支架、箱体类零件加工时多用此种方法定位，就机床来说，在铣床、刨床、镗床及平面磨床上应用较多。三点确定一个平面，工件的定位基准不一定很平，为了使定位稳定可靠，一般采用 3 个支承代表平面，并且要尽可能拉大支承点间的距离 $L$（如图 5-63），使 3 支承点构成的三角形面积 $F$ 为最大。

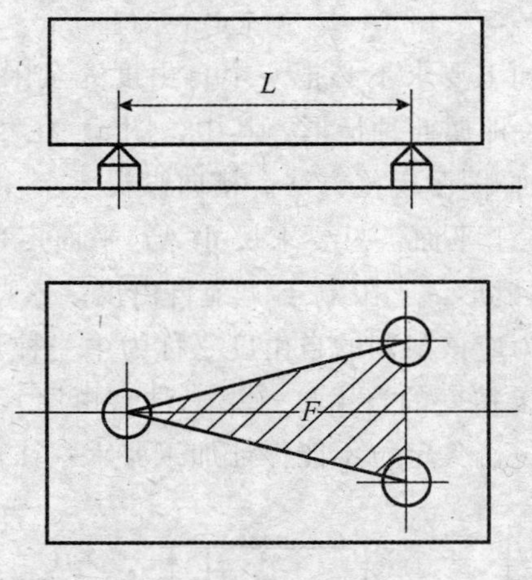


图 5-63　平面定位

(2) 圆柱孔定位。用的较多的是定位心轴，如图 5-64 所示，有圆度心轴和锥度心轴两种。

(3) 外圆柱面定位。这种定位方法被广泛应用于各工种，可以分为两种基本形式：定心定位和支承定位。三爪卡盘、顶尖和各类夹头等定位属于前者，V形铁定位则属于后者（图5-65）。各种定位方法中使用的定位元件，不能简单地把支承块的数目是几个即作为几点定位，而要按照定位元件实际所限制的自由度数目来确定是几点定位。各种形状的定位元件，由于其尺寸和特征不同，所能限制的自由度数目也不相同，应在选择定位方法和定位元件时注意区分。表5-13列出了数种定位元件或定位表面所能限制的自由度数目，可供参考。

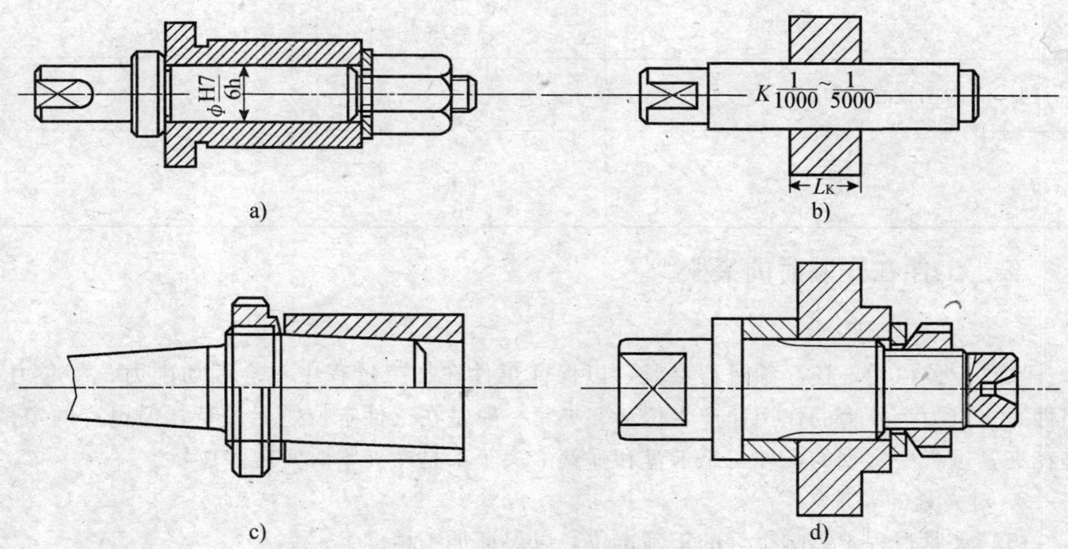


图5-64　圆柱孔定位

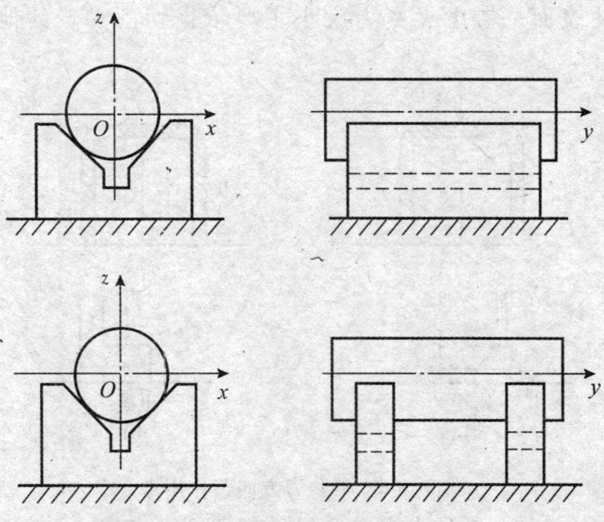


图5-65　工件以外圆在V形铁上定位

表 5-13 定位元件及其限制的自由度数

| 定位元件或定位表面 | 尺寸与特点 | 限制自由度数 |
|---|---|---|
| 圆柱心轴（或圆柱销）和圆柱孔 | 长<br>短 | 4<br>2 |
| V形块或半圆套 | 长<br>短 | 4<br>2 |
| 菱形销 | 长<br>短 | 2<br>1 |
| 顶尖（一端，短圆锥） | 固定式<br>弹簧式 | 3<br>2 |
| 圆锥心轴和圆锥孔 | 长<br>短 | 5<br>3 |
| 平面 | 大<br>窄长<br>小 | 3<br>2<br>1 |

## 三、工件在安装时的夹紧

1. 夹紧的作用

工件定位以后，还必须进行夹紧，以保证工件在加工过程中不会因切削力、离心力、惯性力、重力等外力的作用而产生位移。夹紧一般是在工件定位之后进行，但也有的定位是在夹紧过程中实现的，如三爪卡盘和弹簧卡头等都是在夹紧时实现定位。

2. 对夹紧的要求

（1）夹紧过程不影响工件的正确定位，以保证加工精度。

（2）夹紧要适度，既要牢固，保证定位准确，又不会造成工件变形或损伤。

（3）夹紧机构简单、紧凑、可靠，操作方便。

3. 对夹紧力大小、方向和作用点的要求

（1）夹紧力的大小。夹紧力大小要保证工件不会因外力作用而变动位置，但又不要使工件变形和损伤工件表面。考虑夹紧力大小主要依据切削力，其他外力的影响也必须考虑。

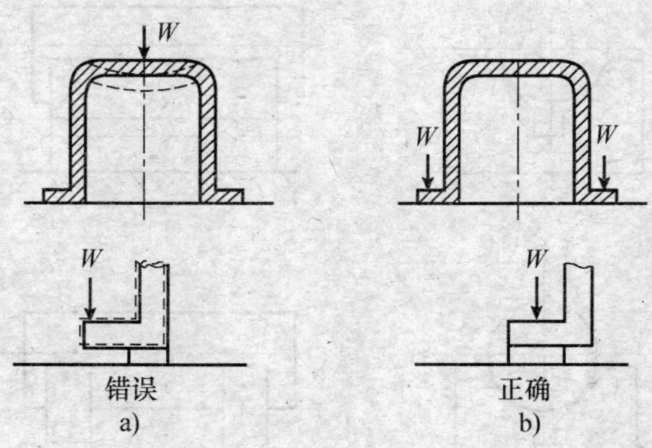


图 5-66 夹紧力方向与作用点

（2）夹紧力的作用方向。夹紧力方向要尽量与切削力方向一致，并尽可能指向主要定位基准面。

（3）夹紧力的作用点。夹紧力的作用点应使工件稳定，不产生变形又方便加工。为此，夹紧力作用点应选在主要支承面或支承稳定的表面上，并且是刚性较好的部位。如图5－66所示，图a）的情况是错误的，图b）的情况是正确的。

## 四、夹具的类型与夹具组成

1. 夹具的作用

机床夹具的作用可以归纳为以下三条：

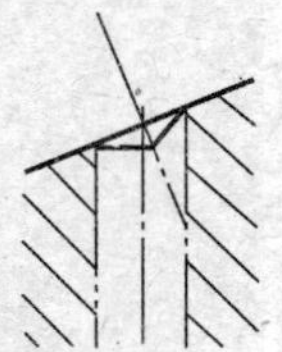

a）将工件放正锪窝再钻孔

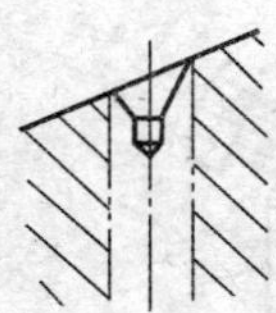

b）用中心钻钻孔

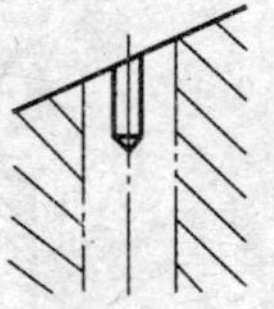

c）用小钻头钻孔

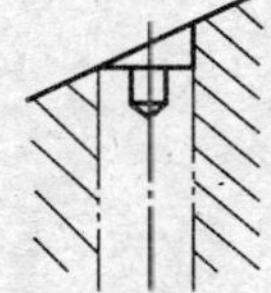

d）铣出一平面后再钻孔

图5－67　钻斜孔的方法

（1）易于保证加工精度。如图5－67b）所示零件的斜孔加工，不用夹具安装很难加工，而且不易保证精度要求，使用夹具则可解决，还可以降低对操作者的技术要求。

（2）扩大机床的使用范围，实现“一机多用”。例如在车床上借助镗模可加工箱体类零件的孔，用以代替镗床。这类例子很多，不一一列举。

（3）缩短辅助时间，提高生产效率。使用夹具安装加工，可以免去找正、对刀和测量，可以减少辅助时间，故批量生产时多采用专用夹具。

2. 夹具的类型

机床夹具按工种分类有车床夹具、铣床夹具、钻床夹具、镗床夹具、磨床夹具等；如按夹具使用的通用化程度可以分为通用夹具、专用夹具、组合夹具等等。

（1）通用夹具。例如车床上使用的三爪卡盘、四爪卡盘、顶尖；铣床上使用的平口钳、分度头、圆形工作台；磨床上的电磁吸盘，等等。这类夹具已经标准化，多作为机床附件供应。它们通用性强，可安装多种工件，但操作较麻烦，生产效率不高，适用于单件小批量生产。

（2）专用夹具。专为某一工件的某一工序使用的夹具。这类夹具由于针对性强，结构紧凑，使用方便，生产效率高，适用于固定产品批量较大的生产。

（3）组合夹具。这是一种由标准化元件组装而成的专用夹具。标准元件有不同的形状和规格，其配合部分有很好的互换性和耐磨性；产品更换时，可将用毕夹具、元件拆卸、清洗、入库，根据需要再用于组装新夹具，不存在“夹具报废”问题，适用于单件小批生产和新产品试制。组合夹具由组合夹具站组合供应，便于生产工厂缩短生产准备周期，降低成本。

3. 夹具的主要组成部分

生产中使用的夹具很多，如果把作用相同的元件归纳一下，夹具是由以下几部分组成的：

（1）定位装置。其作用是确定工件在夹具中的位置，使工件在加工时相对于刀具有正确的位置，如图5－68中的夹具体1。

(2) 夹紧装置。其作用是夹紧工件，保证工件在加工过程中不因外力作用离开正确位置，如图 5 - 68 中的螺栓 4。

(3) 夹具体。其作用是连接夹具各元件和装置，使其成为一个整体，并与机床相连接，确定夹具与机床的相对位置，如图 5 - 68 中的夹具体 1。

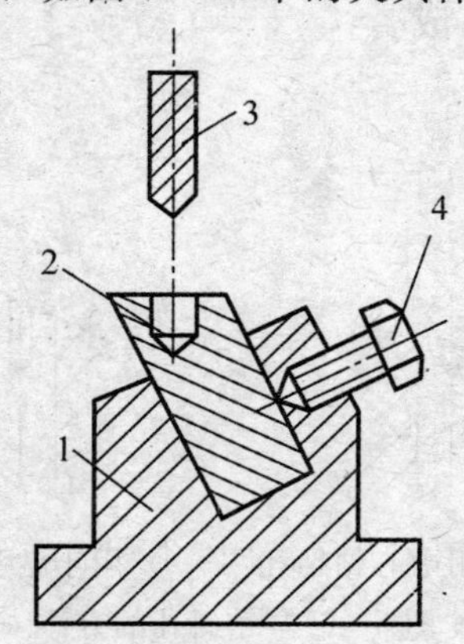


1 -夹具体；2 -工件；3 -钻头；4 -螺钉

图 5 - 68 钻斜孔专用夹具

(4) 其他辅助装置。根据实际加工需要设置的一些装置。例如有的夹具上有平衡铁、分度机构、气动或液压的操纵机构以及其他机构和零件。

定位装置、夹紧装置和夹具体是组成夹具不可缺少的部分，其他则依据工件加工需要而定。

## [复习思考题]

5 - 1 切削加工有哪些基本方法？加工时，它们的工件和刀具是如何运动的？

5 - 2 切削加工过程中工件上有几个表面？它们之间有什么关系？

5 - 3 何谓切削用量？它包括哪些内容？它们的符号和单位是什么？

5 - 4 车刀的切削部分是由哪些表面和刀刃组成的？

5 - 5 刀具的几何角度是如何确定的？各个辅助平面怎样定义？

5 - 6 绘图标注 45°弯头车刀在车外圆和车端面时的几何角度。

5 - 7 车刀的几何角度各起什么作用？使用时如何选择？

5 - 8 作为刀具材料应具备哪些性能？选用时如何考虑？

5 - 9 常用的金属刀具材料有哪些？说明它们的性能和用途。

5 - 10 加工钢和铸铁时应选用哪类硬质合金？为什么？

5 - 11 零件加工的技术要求包括哪些内容？

5 - 12 何谓加工精度？它包括哪些内容？

5 - 13 何谓表面粗糙度？是不是零件的表面粗糙度越小越好？采取哪些措施可以减小工件的表面粗糙度？

5 - 14 何谓形位公差？形位公差包括哪些项目？

5 - 15 机械加工机床是如何分类的？

5 - 16 机床的技术规格包括哪些内容？

5－17　车床、铣床、牛头刨床、钻床和外圆磨床的主参数各是什么？

5－18　C6136，C6132A1，X6120，Z5140，MM1420和B6065各机床型号中，符号和数字表示什么意思？

5－19　机床常用的传动副有哪些？试比较它们的优缺点。各传动副的传动比是如何确定的？

5－20　为什么在机械加工中要建立严格的检验制度？

5－21　说明游标卡尺和百分尺的读数原理。

5－22　怎样正确使用和保养量具？

5－23　何谓找正安装？何谓夹具安装？它们各有什么特点？

5－24　何谓工件的定位？何谓定位基准？工件定位有哪些方式？

5－25　何谓六点定位原理？

5－26　何谓完全定位、不完全定位、过定位、欠定位？

5－27　工件夹紧起什么作用？有什么要求？

5－28　夹紧力的大小、方向和作用点应如何确定？

5－29　机械加工中为什么要使用夹具？夹具是如何分类的？

5－30　夹具一般由哪几部分组成？各部分起什么作用？

# 第六章　车　工

[车工实习安全技术]

1. 穿合适的工作服，女同学长发要压入帽内，严禁戴手套操作。

2. 开车前要认真检查机床运动部位、电气开关是否在安全可靠位置。

3. 工件和刀具夹持牢固可靠，床面上严禁放置工具、量具及其他物件。

3. 工作时，头不可离工件太近，以免飞屑伤眼，必要时需戴防护目镜。

4. 车床开动时，不得测量工件，不得用手直接清除切屑，停车不得用手刹住转动的卡盘，严禁开车变换主轴转速。

5. 自动横向或纵向进给时，严禁床鞍或中滑板超过极限位置，以防滑板脱落或撞卡盘而发生人身、设备安全事故。

6. 工作结束后，关闭电源，清除切屑，清洁机床，加油润滑，保持工作环境整洁，做到文明实习。

## 第一节　车　床

### 一、卧式车床

卧式车床是车床中应用最广泛的一种。其特点是万能性好，适用于单件小批量生产。

卧式车床如图 6-1 所示，它的主要部件名称和用途如下：

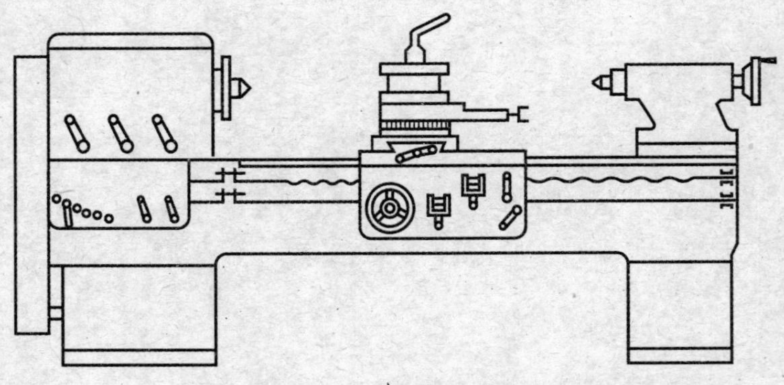

图 6-1　卧式车床示意图

（1）床身。用来安装车床所有的部件。床身上有两组精确的导轨，拖板箱和尾座可沿着导轨移动。

（2）变速箱。电机与变速箱装在左床腿内部，用皮带将旋转运动传至床头箱。

（3）床头箱。用来带动主轴和卡盘转动。变换床头箱外及下部变速箱外的手柄位置，可使主轴获得不同转速。

（4）进给箱。也叫走刀箱，用来把主轴的旋转运动传给丝杠或光扛，变换箱外手柄的位置，可获得不同转速，以改变纵、横走刀量的大小或不同的螺距。进给运动的正反向，是由床头箱中的变向机构实现的。

（5）拖板箱。用来把光杠的旋转运动变成大拖板的纵向进给运动或中拖板的横向直线运动，或者把丝杠的旋转运动变成大拖板的纵向运动，进行螺纹车削。将小拖板转动一定的角度，还可作斜向直线运动，用来车削锥面。方刀架用来安装各种车刀。

（6）尾座。用来安装顶尖，支顶较长工件；装置钻头、铰刀、丝锥、板牙等刀具，进行孔加工或螺纹加工；调整尾座横向位置，可加工长锥体。

车床上还有电源控制、冷却润滑系统。车床在出厂时常带的附件有：三爪卡盘、四爪卡盘、中心架、跟刀架等。

## 二、其他车床

1. 回轮车床

回轮车床有一个回轮刀架，刀架上可安装多把刀具，并能很迅速地变换刀架的位置，这样工件一次安装后，就能用不同刀具顺次进行加工，大大提高了生产效率，故在成批生产中得到广泛应用。如图 6－2 所示，回轮刀架上有 16 个孔，可用来安装刀具，刀架除可作纵向进给运动外，还可作缓慢回转运动，以完成横向切断工作。

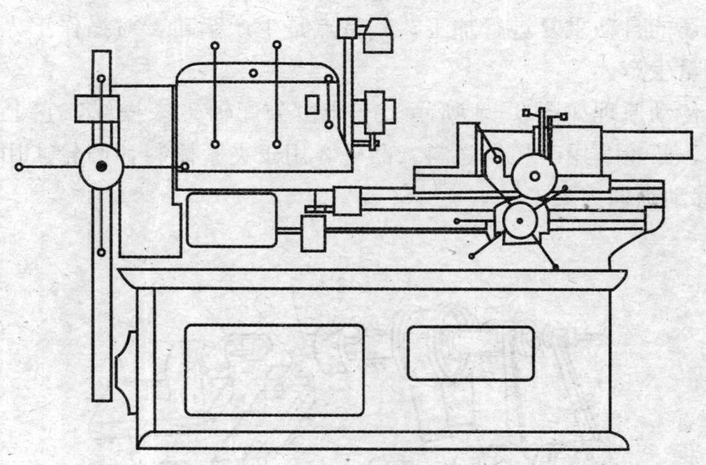

图 6－2　回轮车床

2. 立式车床

立式车床的主轴是直立的，主要用来加工直径大而短的大型盘轮类零件。图 6－3 是单柱立式车床。1 是立柱，上面有横梁 2；4 是立向刀架，可上下移动；拖板 3 可沿横梁移动；6 是水平刀架，它可以沿着立柱的垂直导轨移动。

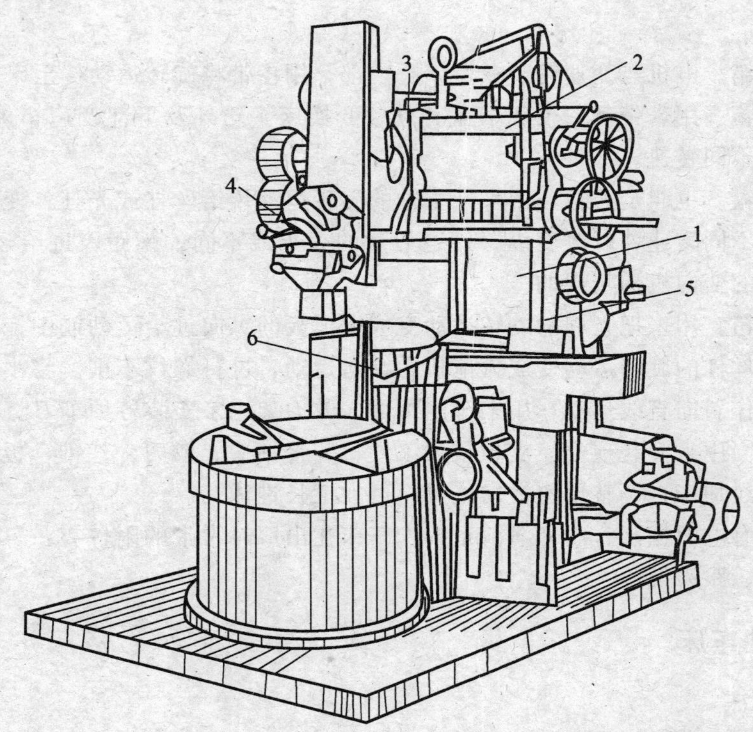


1 -立柱；2 -横梁；3 -拖板；4 -立向刀架；5 -导轨；6 -水平刀架

图 6 - 3　立式车床

3. 自动车床

自动车床调整好后，无须工人参与就能自动完成一切切削加工和辅助加工，且一个工件加工完成后，还能自动重复进行加工。其特点是生产率高，对操作工人技术水平要求较高，适用于大批量生产。

自动车床的传动原理如图 6 - 4 所示。车床由分配轴 1 来操纵，它上面紧固着蜗轮和各种凸轮。其中，凸轮 2 用于控制送料，凸轮 3 用于夹紧棒料，凸轮 4 用于移动横向刀架 7，凸轮 5 用于移动纵向刀架 6。

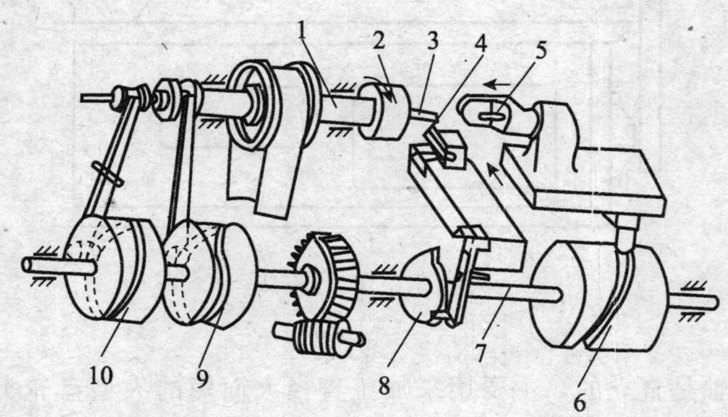


1 -分配轴；2，3，4，5 -凸轮；6 -纵向刀架；7 -横向刀架

图 6 - 4　自动车床传动原理

# 第二节　车刀及其安装

## 一、车刀

### （一）刀具材料

1. 对刀具材料的基本要求

刀具在切削工件时，它的切削部分要受到高温、高压和摩擦作用，磨损很快，因此要求它必须满足如下几个基本要求：

（1）硬度要高。刀具切削部分的材料硬度应高于被加工工件材料的硬度，常温下一般要在 HRC 60 以上，否则刀具就无法从工件毛坯上切下金属。

（2）耐磨性要好。刀具切削部分的材料要有良好的抵抗磨损的能力。一般情况下，硬度越高，其耐磨性越好。

（3）足够的强度和韧性。刀具材料要能够承受切削时产生的切削力和冲击力，一般用刀具材料的抗弯强度和冲击韧性来表示。

（4）良好的耐热性，又称热硬性。它指刀具材料在较高的温度下仍能保持其高硬度、耐磨性和较高强度的综合性能。耐热性是刀具材料应具备的主要性能。

（5）良好的工艺性与经济性。它主要指便于制造、热处理和焊接，价格低廉等。

2. 刀具切削部分的材料

目前工厂中常用的刀具切削部分材料主要有高速钢和硬质合金两种。

（1）高速钢。高速钢是一种含钨、铬、钒较多的合金工具钢，它能在较高的速度下工作，因为容易磨得锋利，故有“锋钢”之称。

高速钢具有较高的强度、韧性和耐磨性，可以耐 500 ℃～600 ℃的高温。因此，它目前已成为主要的刀具材料之一。常用的高速钢牌号有 W18Cr4V 和 W6Mo5Cr4V2。

（2）硬质合金。硬质合金是由碳化钨（WC）、碳化钛（TiC）等碳化物和钴（Co）用粉末冶金方法制成的。这种刀具材料有高的硬度（HRA 88～93）和耐热性（耐热温度为 850 ℃～1000 ℃），但它的抗弯强度低，性脆，特别是怕振动和冲击。

常用的硬质合金有三大类：一类是由 WC 和 Co 组成的 K 类钨钴类硬质合金（代号是 YG）；另一类是由 WC，TiC 和 Co 组成的 P 类钨钴钛类硬质合金（代号是 YT）；第三类是 M 类［钨钛钽（铌）钴类］硬质合金（代号是 YW）。YG 类硬质合金的硬度和耐热温度比 YT 类硬质合金低些，但它的抗弯强度却比 YT 类硬质合金高。因此，在有冲击、振动，并且切削温度不太高的条件下切削铸铁等脆性材料时，多使用 YG 类硬质合金；在切削温度较高，并且冲击和振动不大的条件下切削钢等塑性材料时，多用 YT 类硬质合金；YW 类硬质合金既可加工铸铁、有色金属，又可加工碳素钢、合金钢，故又称通用合金。

3. 刀具切削部分材料的牌号

（1）钨钴类硬质合金主要有 YG3，YG3X，YG6，YG8 等。

（2）钨钴钛类硬质合金主要有 YT5，YT15，YT30 等。

（3）钨钛钽（铌）钴类硬质合金主要有 YW1，YW2。

### （二）车刀的组成及切削部分的形状

如图 6 - 5 所示，车刀由刀头和刀体组成。刀头用来切削，故又称切削部分。刀体是用来将车刀夹固在刀架上。车刀可用高速钢制成，也可在碳素结构钢的刀体上焊接硬质合金刀片，或用机械夹固方法夹紧刀片。

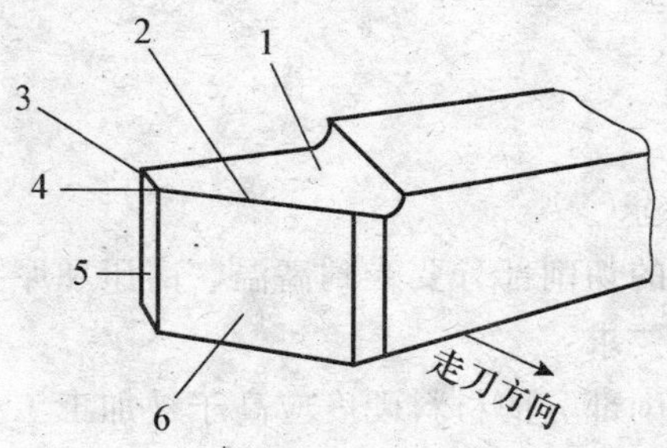


1 -前刀面；2 -主刀刃；3 -副刀刃；4 -刀尖；5 -副后刀面；6 -主后刀面

图 6 - 5　车刀的组成

车刀的切削部分一般由三个表面和三个刀刃组成：

（1）前刀面：切削时，切屑沿着它流出的那个表面。

（2）主后刀面：切削时，刀具上与加工表面相对的表面。

（3）副后刀面：切削时，刀具上与工件已加工表面相对的表面。

（4）主刀刃：前刀面与主后刀面的交线，担负主要切削工作。

（5）副刀刃：前刀面与副后刀面的交线，也参加切削工作。

（6）刀尖：主刀刃与副刀刃的交点。相交部分可以是一小段过渡圆弧，也可做成一小段直线过渡刃。

### （三）车刀的几何角度

为了确定和测量车刀的几何角度，需要设想以下三个辅助平面（图 6 - 6）作为基准。

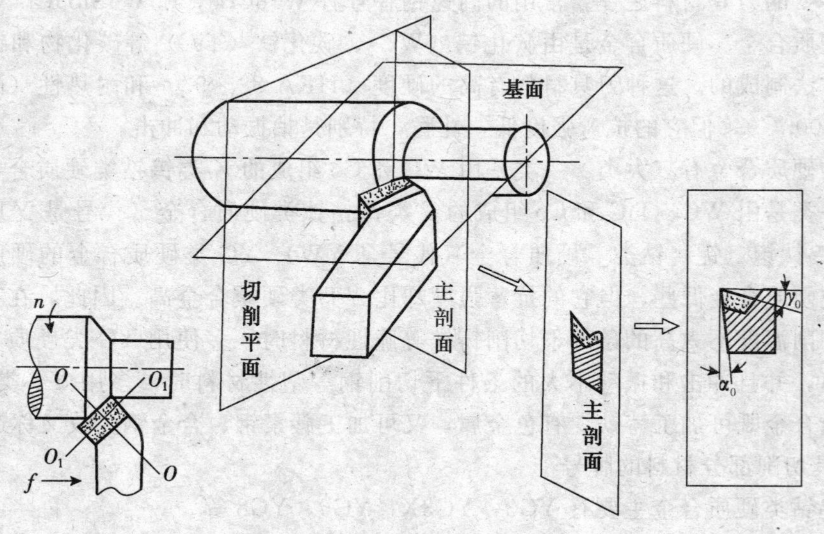


图 6 - 6　辅助平面

(1) 切削平面：通过主刀刃上某选定点，与加工表面相切的平面。

(2) 基面：通过主刀刃上某选定点，垂直于该点切削速度方向的平面。

(3) 主(副)剖面：通过主(副)刀刃上的某选定点，垂直于刀刃在基面上的投影的平面。

车刀切削部分共有六个基本角度，如图 6-7 所示。

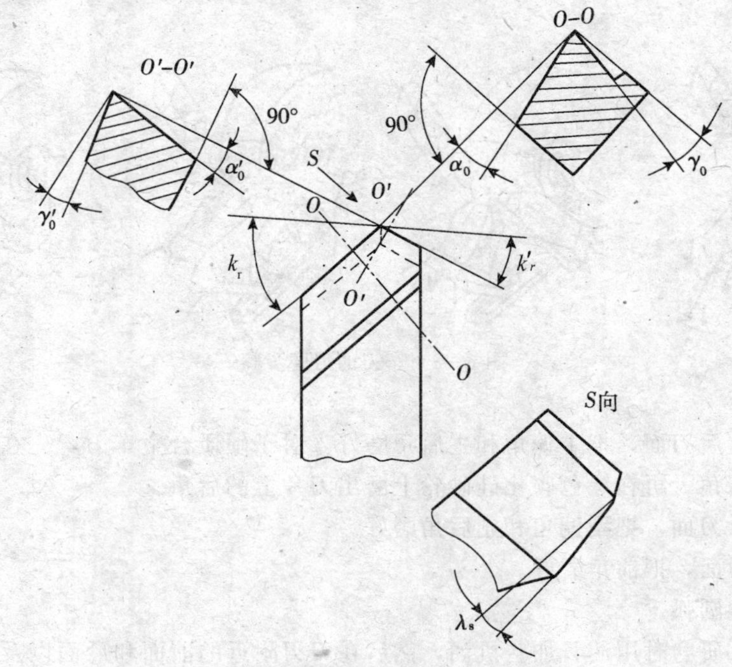


图 6-7　车刀静止状态的几何角度

前角 $\gamma_0$——在主剖面中度量，它是前刀面和基面之间的夹角。前角的作用是使车刀刃口锋利，减小切削变形，切削时省力，并使切屑容易排出。

后角 $\alpha_0$——在主剖面中度量，它是主后刀面和切削平面之间的夹角。如在副剖面中度量，即为副后角 $\alpha_1$。它们的主要作用是减少车刀后面与工件之间的摩擦，减少刀具磨损。

主偏角 $\kappa_r$——在基面中度量，是主刀刃在基面上的投影与走刀方向之间的夹角。它可以改变主刀刃与刀头的受力和散热情况。

副偏角 $\kappa_r'$——在基面中度量，是副刀刃在基面上的投影与背离走刀方向之间的夹角。它的作用是减小副刀刃与工件已加工表面之间的摩擦，降低加工表面粗糙度。

刃倾角 $\lambda_s$——在切削平面中度量，是主刀刃和基面之间的夹角，又叫主刀刃斜角。当刀尖是切削刃上最低一点时，刃倾角为负值，反之为正值。它的主要作用是控制切屑的排出方向和影响刀头的强度。

## 二、车刀的刃磨

车刀的刃磨有机械刃磨和手工刃磨两种。机械刃磨效率高，质量好，操作方便，为一般有条件的工厂所采用；手工刃磨灵活性大，对设备要求低，工厂中仍普遍采用。

1. 砂轮的选择

常用的磨刀砂轮有两种：一种是氧化铝砂轮，另一种是绿色碳化硅砂轮。刃磨时必须根据刀具材料选择砂轮。氧化铝砂轮韧性好，比较锋利，但磨粒硬度稍低，所以用来刃磨高速钢车刀和硬质合金车刀的刀杆部分。绿色碳化硅砂轮的磨粒硬度高，切削性能好，但较脆，所以用来刃磨硬质合金车刀。

一般粗磨时用粒度小（颗粒粗）的砂轮，精磨时用粒度大（颗粒细）的砂轮。

2. 磨刀步骤（图 6-8）

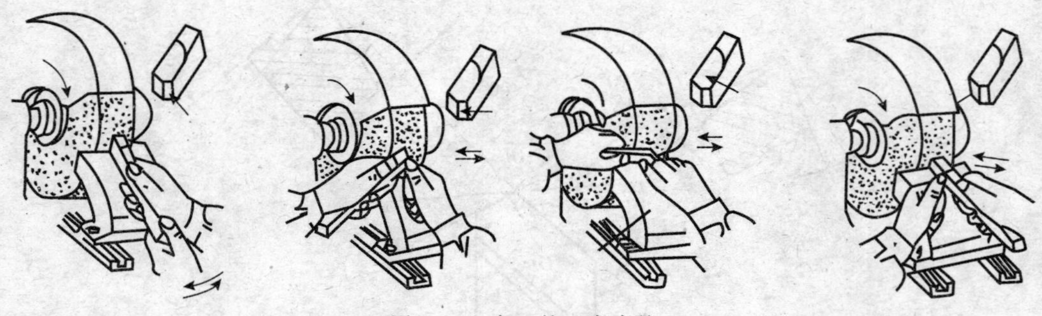

图 6-8　车刀的刃磨步骤

(1) 先磨主后刀面，把主偏角和主后角磨好。对于硬质合金车刀，先在氧化铝砂轮上磨出刀杆上的后角，再在绿色碳化硅砂轮上磨出刀片上的后角。

(2) 磨副后刀面，把副偏角和副后角磨好。

(3) 磨前刀面，把前角磨好。

(4) 磨刀尖圆弧。

(5) 研磨。研磨时用油石加些机油，然后在刀刃附近的前面和后面以及刀尖处贴平进行研磨，直至车刀表面光洁，看不出痕迹为止。这样不但可使刀刃锋利，而且能增加刀具耐用度。车刀用钝后，也可用油石修磨。

3. 刃磨车刀时的注意事项

(1) 握刀姿势要正确，刀杆要握稳，不能抖动。粗磨压力可稍大些，精磨压力应小些。

(2) 磨高速钢刀具时，要经常冷却，不能让刀头过热，以防刀刃退火。

(3) 磨硬质合金刀具时，不要进行冷却，否则会因急冷使刀片碎裂。

(4) 刃磨时，砂轮必须由刃口向刀体方向转动，以免造成刀刃出现锯齿形缺陷。

(5) 刃磨时应将车刀左右移动，不能固定在砂轮的一处，以免砂轮表面出现凹槽。

## 三、车刀的安装（图 6-9）

车刀使用时必须正确安装，其基本要求有以下几点：

(1) 车刀不能伸出刀架太长，否则切削时刀杆刚性减弱，容易产生振动，使车出来的工件表面不光洁，甚至会使车刀损坏。车刀伸出的长度，一般以不超过刀杆厚度的 1～1.5 倍为宜。车刀下面的垫片要平整洁净，与刀架对齐，而且垫片的数量应尽量少，以防止产生振动。

(2) 车刀的刀尖应对准工件中心。刀尖高于工件中心，会使车刀的实际后角减小，车刀后面与工件之间的摩擦增大；刀尖低于工件中心，会使车刀的实际前角减小，切削不顺利。要使车刀迅速对准工件中心，可采用以下方法：

①根据尾座顶尖的高度把车刀装准（图 6－10）。

②根据车床的主轴中心高，用钢尺测量装刀（图 6－11）。

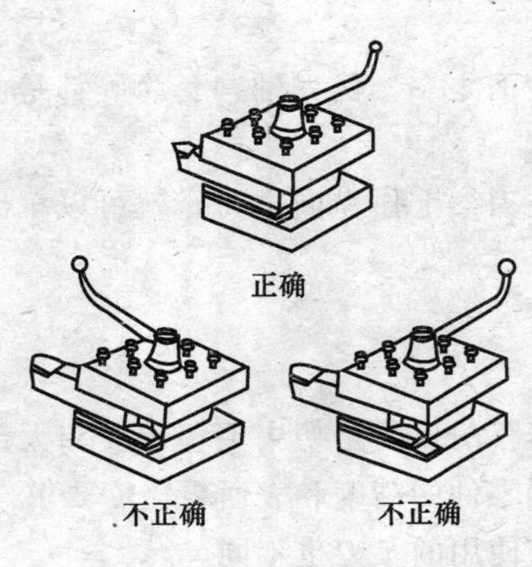


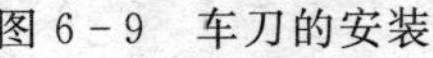

图 6－9　车刀的安装

图 6－10　根据顶尖装车刀

③把车刀靠近工件端面，目测车刀刀尖的高低，然后紧固车刀，试车端面，再根据端面的中心装准车刀。

(3) 安装车刀时，刀杆轴线应与工件轴线垂直，否则会使主偏角和副偏角的数值发生变化。

(4) 车刀装上后要紧固刀架螺钉，一般要紧固两个螺钉，紧固时应轮换逐个拧紧。拧紧时不得用力过大，否则会损坏螺钉。

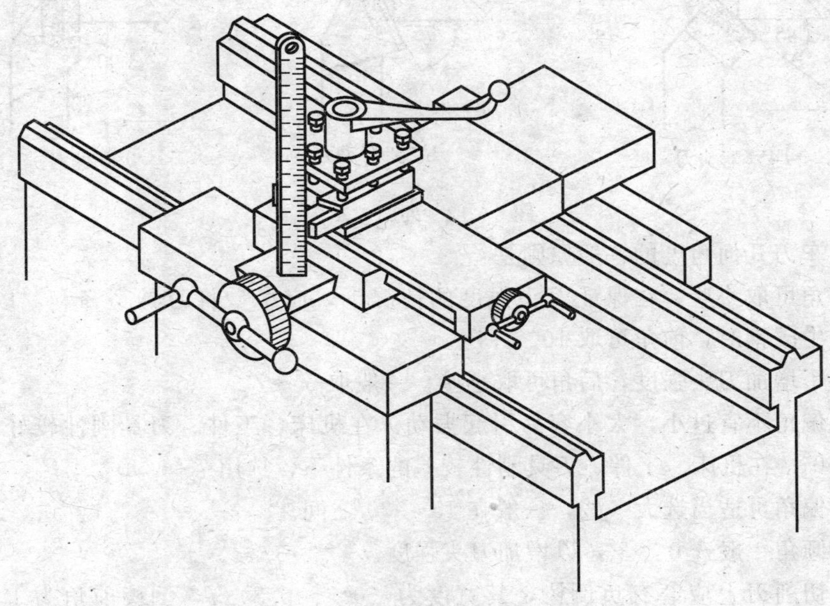

图 6－11　用钢尺测量装刀

# 第三节 车外圆

圆柱形表面是构成各种机器零件形状的基本表面之一，例如轴、套筒等都是由大小不同的圆柱面组成的。

将工件夹在车床卡盘上作旋转运动，车刀夹在刀架上作纵向进刀，就可以车出外圆柱面来。它是车工基本操作之一。

## 一、外圆车刀

车外圆时，一般要分粗车和精车两步进行。粗车的目的是切去毛坯硬皮和大部分加工余量，改变不规则的毛坯形状。精车的目的是达到零件的精度和表面粗糙度要求。

由于粗车外圆与精车外圆的要求不一样，所以使用的车刀也不同。

1. 外圆粗车刀

此类车刀应能适应粗加工时切削深度大、进给量大的特点，要求有足够的强度，一次走刀能车去较多的余量。

常用的外圆粗车刀有45°弯头刀、75°弯头刀和90°偏刀等几种（图6-12）。

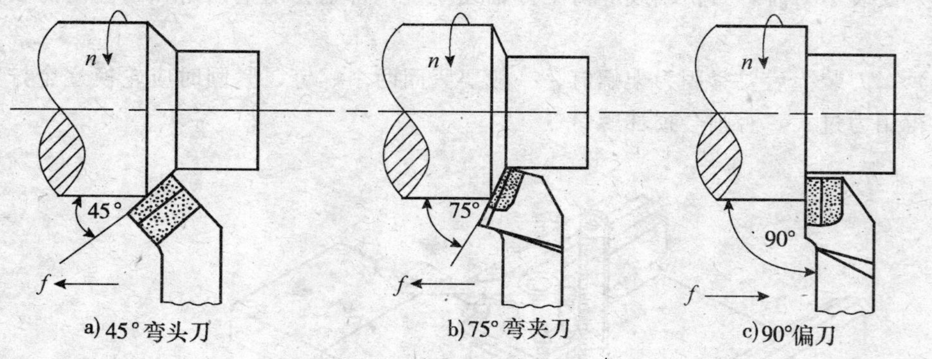

a) 45°弯头刀　b) 75°弯夹刀　c) 90°偏刀

图6-12　外圆粗车刀

选择粗车刀几何角度的一般原则是：

（1）前角可取小些，在保证刀头强度的情况下，应尽量将刀具磨锋利，以减小切削力。如车削中碳钢时，前角可取10°～15°。

（2）为了增加刀头强度，后角可取小些，一般取5°～7°。

（3）主偏角不宜过小，太小容易引起振动。在机床、工件、刀具刚性较好的条件下，选用45°～60°；在机床、工件、刀具刚性较差的条件下，选用75°～90°。

（4）副偏角可适当选大一些，一般在15°～30°之间。

（5）刃倾角一般选0°～3°，以增加刀头强度。

（6）主切削刃上应磨有负倒棱，其宽度为（0.3～0.8）$f$，倒棱前角为10°～－15°，以增大切削力，提高刀具耐用度。负倒棱多用于加工钢料的硬质合金车刀。

（7）粗车塑性材料时，为了保证切削顺利和切屑能自行折断，在车刀前面要磨有断屑槽或装有断屑装置。

2. 外圆精车刀

因为精车外圆时切去工件表面较少的加工余量就可得到图纸上规定的尺寸精度和表面粗糙度，所以要求车刀锋利，刀刃平直光洁。

一般选择精车刀的几何角度可以根据下面的原则：

(1) 一般前角应大一些，使车刀锋利，减小切削变形。如车削中碳钢时可取12°～20°。

(2) 后角可取大些，以减少车刀和工件之间的摩擦，一般取 6°～8°。

(3) 副偏角应选小一些，一般在 5°～15°之间。

(4) 在刀尖处磨出直线或圆弧（$r=0.2\sim0.5$ mm）的过渡刃，以降低工件的表面粗糙度。

(5) 采用负值刃倾角，可取−3°～−8°，以控制切屑流向待加工表面。

(6) 精车塑性材料时，车刀前面应磨有较窄的断屑槽。

## 二、工件的安装

### （一）在三爪卡盘上装夹工件

三爪卡盘的构造如图 6-13 所示。使用时，用扳手插入小伞齿轮 3 的方孔中，转动小伞齿轮 3，与其相啮合的大伞齿轮 2 也随之转动。因大伞齿轮背面是平面螺纹，故与其相配合的三个卡爪 1 就同时作向心或离心的移动，从而把工件夹紧或松开。由此可见，三爪卡盘的三个卡爪是联动的，并能自动定心，因此最适宜装夹形状较规则的圆柱形工件。

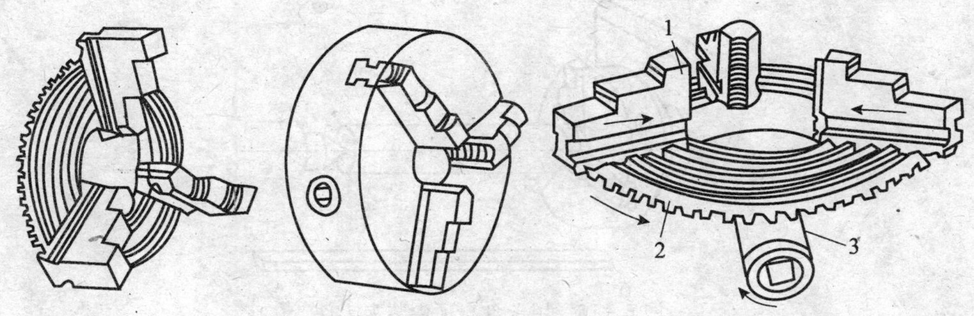


1-卡爪；2-大伞齿轮；3-小伞齿轮

图 6-13　三爪卡盘构造图

因三爪卡盘能自动定心，故一般装夹工件不需校正，但是在装夹较长的工件或三爪卡盘使用较久时，需用划针盘或凭眼力校正工件。

### （二）在四爪卡盘上装夹工件

四爪卡盘的构造如图 6-14 所示。它的四个卡爪是互不相关的，均可单独调整。每个卡爪的后面有一半瓣内螺纹与丝杆啮合，丝杆的一端有一方孔，用来安插卡盘扳手，当转动丝杆时，卡爪就能作向心的或离心的移动。卡盘后面配有法兰盘，法兰盘有内螺纹与主轴螺纹配合。由于四个卡爪不是联动的，故四爪卡盘适宜于装夹形状不规则的工件或较大的工件。其夹紧力较大，但装夹时要对工件进行校正。

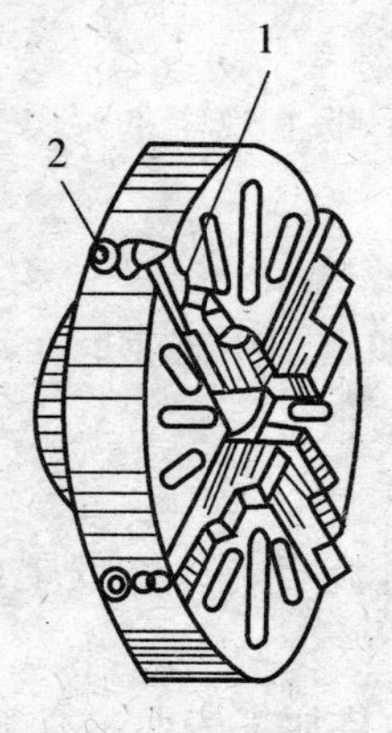

1-卡爪；2-丝杆
图 6-14　四爪卡盘

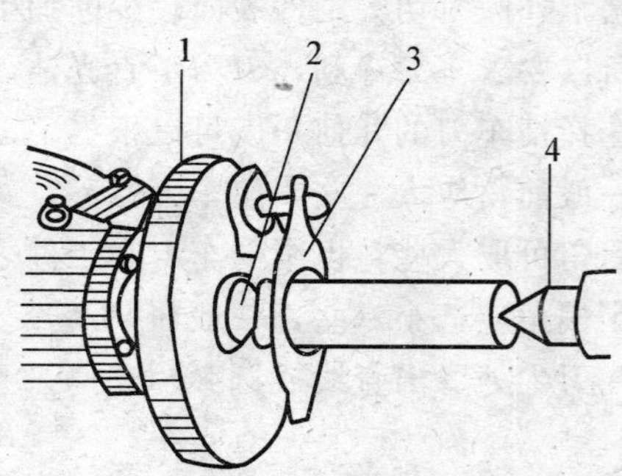

1-拨盘；2-前顶尖；3-鸡心夹头；4-后顶尖
图 6-15　用双顶尖装夹工件

（三）用顶尖装夹工件

有些工件在加工过程中需要多次装夹，要求有同一定位基准。这时，可在工件两端钻出中心孔进行装夹加工，如图 6-15 所示。

有些工件虽不需要多次装夹，但为了增加工件的刚性，也可一端用卡盘夹紧而另一端钻出中心孔用顶尖支承进行加工，如图 6-16 所示。用这种方法车削较重的轴类件比较安全，且能承受较大的轴向力，因此应用广泛。

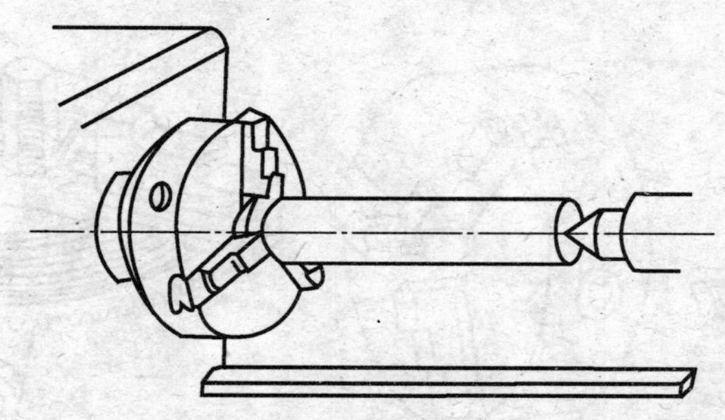
图 6-16　用卡盘与顶尖装夹工件

1. 中心孔

中心孔有不带护锥的（A 型）、带护锥的（B 型）、带螺纹的（C 型）和弧形的（R 型）四种（图 6-17）。

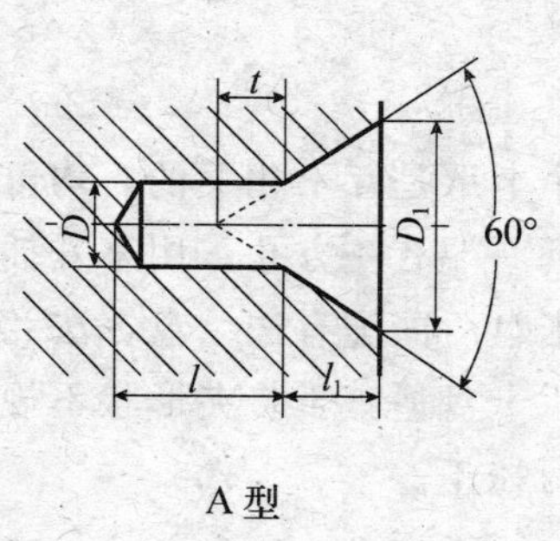

A 型

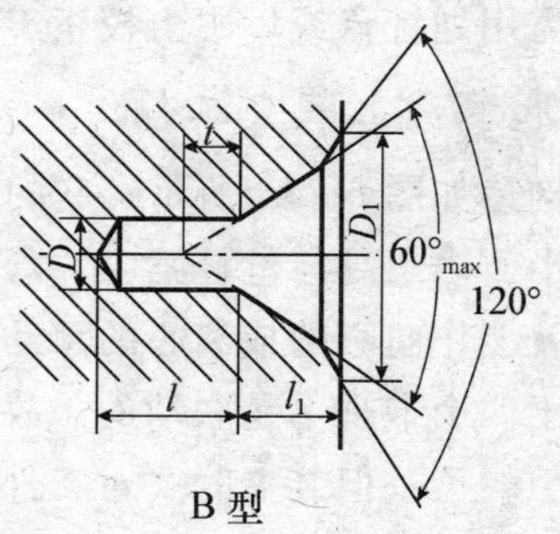

B 型

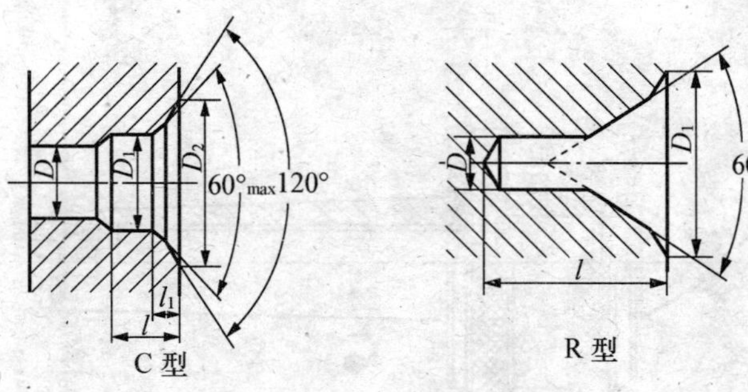


图 6-17　中心孔的类型

由图可知，中心孔由圆柱孔与圆锥孔两部分组成。锥孔的角度应与顶尖角度相同，一般是 60°；圆柱孔部分既可用来容纳一些润滑剂，又可使得顶尖的尖端免受接触。带保护锥的中心孔是在 60°的圆锥外端有一个 120°的圆锥，以保护 60°锥孔不至于被碰伤，从而使定位得到可靠保证，故又称保护锥。

中心孔的尺寸是由工件直径的大小决定的。国家标准 GB 145—85 规定了上述四种类型中心孔的具体尺寸。

中心孔通常是用中心钻在车床或专用机床上钻出来的，常用的中心钻是用高速钢制成的。

中心孔的加工质量直接影响工件的精度，所以在钻中心孔时，必须注意保证两端中心孔的同轴度。对于要求较高的中心孔，还应进行精车修整与研磨，以提高中心孔的圆度和 60°圆锥角度的准确性。

2. 顶尖

顶尖的作用是定中心，承受工件的重量和切削力。顶尖有前顶尖和后顶尖两种。

前顶尖插在一个专用的锥套内，再将锥套插入主轴锥孔内。它与工件一起旋转，不发生摩擦。有时为了准确和方便起见，也可以在三爪卡盘上夹一段钢料，车成 60°锥体来代替前顶尖，如图 6-18 所示。

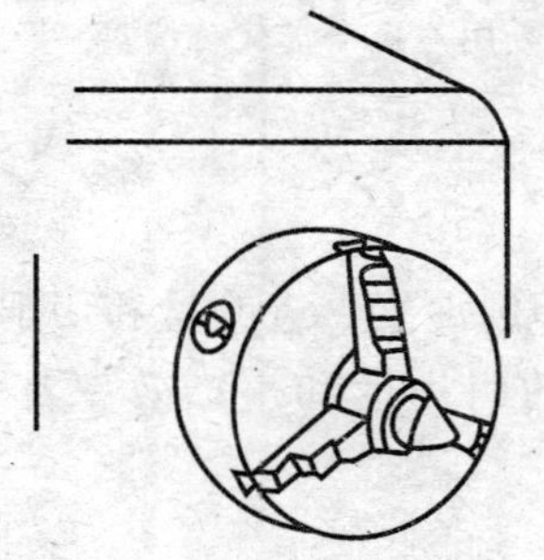

图 6-18　在卡盘上车削顶尖

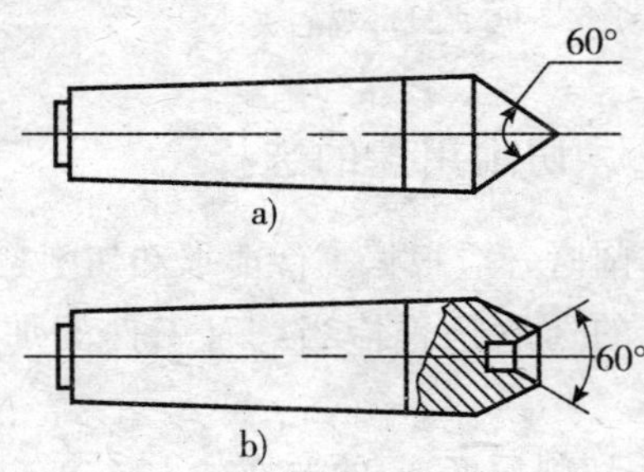


图 6-19　固定顶尖

后顶尖插入车床尾座套筒内，它又分为固定顶尖（图 6-19）和回转顶尖（图 6-20）两种。在车削中，固定顶尖与工件中心孔因产生摩擦而发热，磨损较大，所以在高速切削时，多采用镶硬质合金的顶尖。固定顶尖的优点是定心准确而刚性好，因此适用于低速切削及加工精度要求高的工件。回转顶尖与工件一起转动，所以能承受较高的旋转速度，克服了固定顶尖的缺点，因此应用广泛。但由于刚性和定位精度差一些，所以多用于高速车削及加工精度要求不很高的工件。

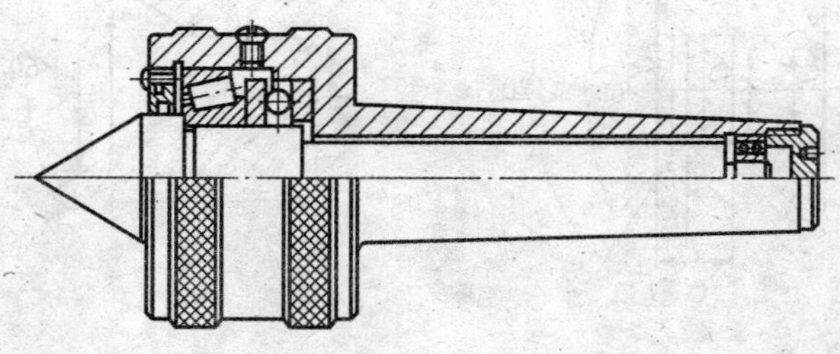

图 6-20 回转顶尖

在安装前、后顶尖时，必须把锥柄和锥孔擦干净，以提高定心精度。

3. 拨盘和鸡心夹头

仅有前、后顶尖是不能带动工件转动的，还必须通过拨盘和鸡心夹头（或平行夹板）带动工件旋转。拨盘的形状如图 6-15 所示。拨盘后端有内螺纹与主轴配合。盘面有两种形状，一种是有 U 形槽的，另一种是带一拨杆的。前者用来拨动弯尾鸡心夹头（或平行夹板），后者用来拨动直尾鸡心夹头，如图 6-21 所示。为了安全起见，目前多采用安全拨盘，它可以防止鸡心夹头打在手上。生产中，也可用三爪卡盘代替拨盘（图 6-22）。

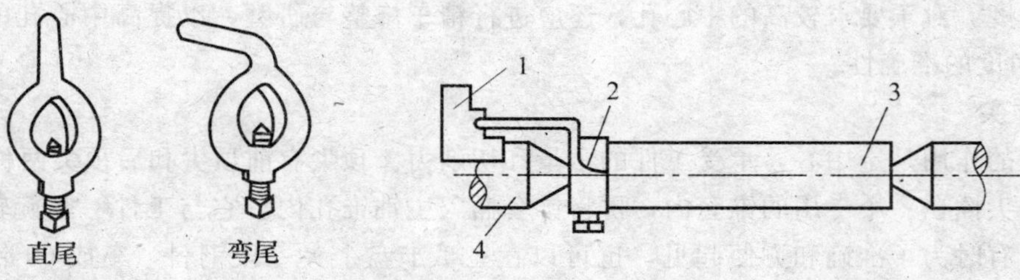


图 6-21 鸡心夹头

1-卡爪；2-鸡心夹头；3-工件；4-前顶尖

图 6-22 用三爪卡盘代替拨盘

## 三、切削用量的选择

车削时，应根据工件要求和切削条件合理地选择切削深度、进给量和切削速度。这三个要素的选取是否恰当，对工件的加工质量、刀具的耐用度和生产效率都有很重要的影响。

1. 切削深度 $a_p$ 的选择

一般情况下，应尽量先考虑选择较大的切削深度，其次是选择较大的进给量，最后才是考虑较高的切削速度。这是因为三者之中对刀具耐用度的影响以切削深度最小，而以切削速度最大。

粗车时，加工余量较大，这时对工件精度和粗糙度要求不高，所以在机床动力、工件和机床刚性允许的情况下，尽可能选用较大的切削深度（一般为 2～6 mm），以求尽快地车去多余的金属层。但切削深度过大会引起振动，甚至损坏机床和车刀。如果余量较大，不能一次车去时，可分几刀车削。

对于铸件和锻件，因其表面很不平整，加之附有型砂或氧化皮，它们的硬度很高，容易使车刀很快磨损，所以最好先倒一个角，然后选择较大的切削深度，将冷硬层一刀车去。这样，不仅能减小对刀具的冲击，同时由于车刀刀尖已深入工件里层，也避免了和硬度较高的表面层接触，从而减小了刀尖的磨损。

精车时，切削深度应小些，一般选 0.2～0.5 mm。这样可以使切屑变形容易，减小切削力，有利于提高工件的表面光洁度和尺寸精度。

2. 进给量 $f$ 的选择

粗车时由于对工件表面粗糙度要求不高，在机床、刀具、工件允许的情况下，进给量应尽可能选大些。这样可以缩短走刀时间，提高生产率。一般选 0.3～1.5 mm/r。

精车时，应考虑工件的表面粗糙度，所以要选小一些，一般选 0.06～0.3 mm/r。

3. 切削速度 $v$ 的选择

切削速度的大小是根据刀具材料及其几何形状、工件材料、进给量和切削深度、冷却液使用情况、车床动力和刚性、车削过程的实际情况等诸因素来选择的，绝不能错误地认为切削速度越大越好。

(1) 车削硬度高的材料时，由于车刀受切削力和切削热的影响大，很容易磨损，所以切削速度应选小一些。车削塑性太大或太小的材料时，切削速度应选小一些，因为塑性太大的材料，切屑容易粘附在车刀的前面，发热多，摩擦大，容易使车刀磨损；车削塑性太小的材料（如铸铁），虽然切屑不会粘附在车刀前面，但它是碎断切屑，热量集中在刀尖附近不易散去，所以切削速度要选小一些。

(2) 要求得到较高的表面粗糙度时，可选取较高（硬质合金车刀）或较低（高速钢车刀）的切削速度，因为这时不容易产生积屑瘤。

(3) 切削深度和进给量选得较大时，切削时产生的切削力和热量都较大，所以应适当降低切削速度。反之，切削速度可适当提高。

(4) 车削时加注充分的冷却润滑液，能降低切削区域的温度，并起润滑作用，所以切削速度可适当提高。

以上分析了选取切削速度时应考虑的几种情况，可是究竟应选多大才好这一点很难得出确切的数据，因为同时影响切削速度的因素较多。实际生产中，可根据图表法或查有关手册来确定切削速度，也可由经验确定。一般说来，对于高速钢车刀，如果切下来的切屑是白色的或黄色的，那么所选的切削速度大体上是合适的；对于硬质合金车刀，切下来的切屑是蓝色的，表明切削速度是合适的；如果车削时出现火花，说明切削速度太高；如果切屑呈白色，说明切削速度还可以提高。

## 四、外圆车削

1. 外圆的车削步骤

不论粗车或精车，为了车到要求的尺寸，一般均采用试切法。其步骤如下：

(1) 测毛坯尺寸，对加工余量做到心中有数；合理安装工件、车刀，调整好主轴转速手柄位置，开动车床，使主轴旋转。

(2) 摇动大拖板、中拖板手柄，使刀尖与工件右端外圆表面轻轻接触。

(3) 扳动手柄（中拖板手柄不动），使车刀离开工件，一般距离工件端面 3～5 mm。

(4) 按选定的切削深度摇动中拖板手柄，使车刀作横向进刀。

(5) 纵向车削 3～4 mm，摇动大拖板手柄，退出车刀，停车测量工件直径（中拖板不要退回，如必须退出时，应记住其刻度）。如符合要求，可继续手动或自动纵向走刀车削；如不符合要求，则要根据中拖板的刻度调整切削深度。

(6) 当车削到所需长度时，应停止走刀，退出车刀，然后停车。需要注意的是，不能先停车后退刀，否则会造成车刀崩刃。

2. 刻度盘的原理和使用

中、小拖板刻度盘每转一格车刀移动距离可按下式计算

$$a=\frac{P}{n}$$

式中：$a$ 为刻度盘转一格车刀移动的距离（mm）；$P$ 为拖板丝杠螺距（mm）；$n$ 为刻度盘总格数。

如 C616 车床的中拖板丝杠螺距为 4 mm，中拖板刻度盘共 200 格，当摇动手柄转一周时，中拖板就移动 4 mm，当刻度盘转过一格时，中拖板移动了 0.02 mm。

应用中、小拖板刻度盘时，必须注意下列两点：

(1) 由于丝杠和螺母之间往往存在间隙，因此会产生空行程（即刻度盘转动而拖板并未移动），使用时必须慢慢地把刻度线转到所需的格数，如图 6-23a）所示。如果不小心多转了，不能直接退回多转的格数（图 6-23b)），必须向相反的方向退回全部空行程，再转到所需要的格数（图 6-23c)）。

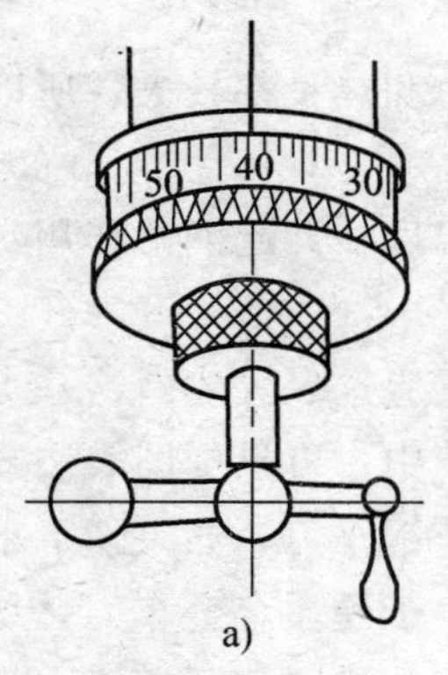


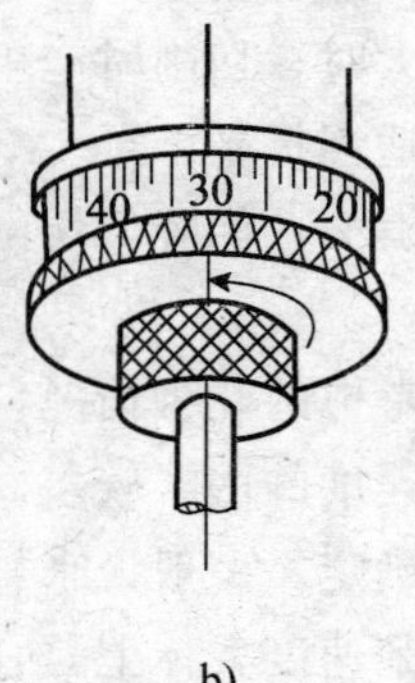


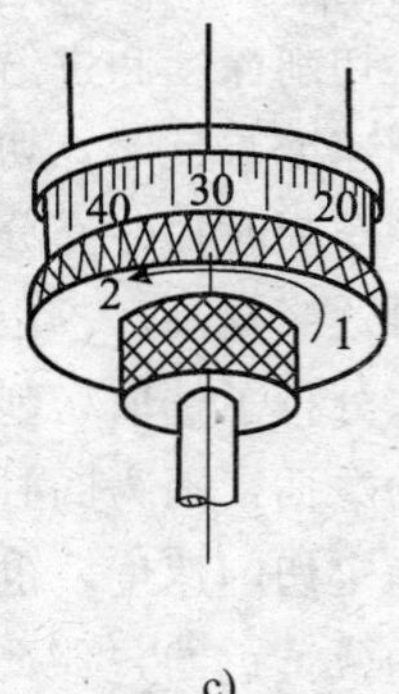


图 6-23　清除刻度盘空行程的方法

(2) 由于工件是回转体，所以车刀从工件表面向中心吃刀后切下的部分，刚好是切削深度的 2 倍，因此使用中拖板刻度盘时，应注意当工件余量测得后，中拖板的切入量（即切削深度）应为余量直径尺寸的 1/2。

小拖板刻度盘用来控制工件长度，其刻度值表示轴向移动的距离。

车削后的工件外圆直径，一般用卡钳、游标卡尺和百分尺测量，长度可用钢尺或游标卡尺测量。

# 第四节　车端面和台阶

机器上很多盘类零件都有较大的端面，各种传动轴也有很多台阶面。端面和台阶面一般都是用来支承其他零件的表面，以确定其他零件的轴向位置。所以，端面和台阶面一般都必须垂直于零件的轴心线。

## 一、车端面和台阶面使用的车刀

车削端面和台阶面，通常使用偏刀和弯头车刀两种。

1. 偏刀及其使用

通常把主偏角等于 90°的车刀称为偏刀。偏刀又分为右偏刀和左偏刀两种，如图 6-24 所示。

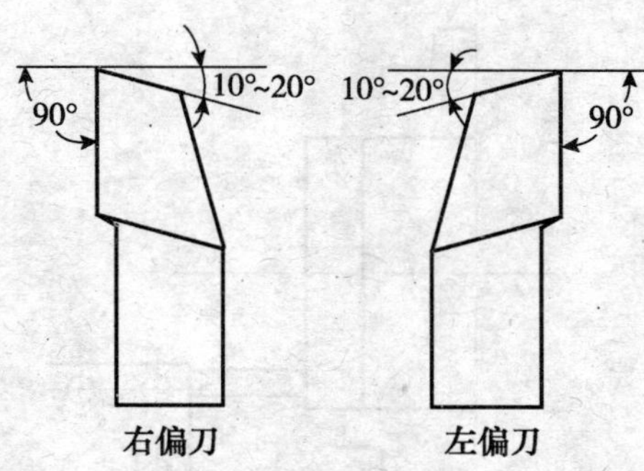


图 6-24　偏　刀

偏刀的前角、后角与外圆车刀基本相同，但主偏角却采用 90°或大于 90°，副偏角一般在 10°～20°之间。在车削钢料时，车刀的前面应磨有断屑槽。

使用偏刀车削的优点是：可以车削带台阶的外圆和端面；又因主偏角较大，车削外圆时产生的径向切削力小，所以不易产生振动和顶弯工件。其缺点是：由于主偏角较大，刀尖角小于 90°，因而刀尖强度低，散热条件差。

右偏刀常用来车削工件的外圆、端面和台阶；左偏刀一般用来车削左向台阶，也可用于车削直径较大、长度较短工件的端面和外圆。

2. 弯头车刀及其使用

弯头车刀主偏角通常为 45°左右，也分左、右两种（图 6-25）。

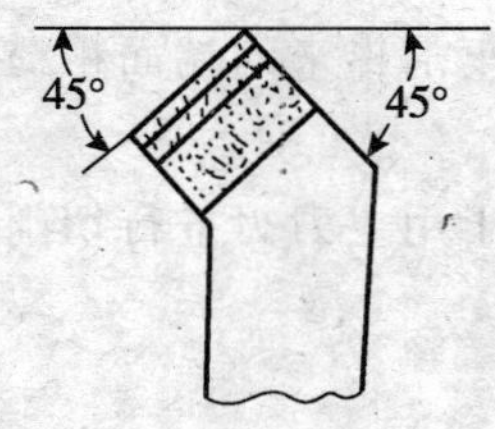

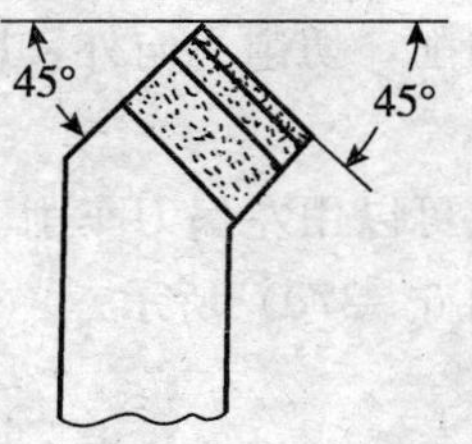

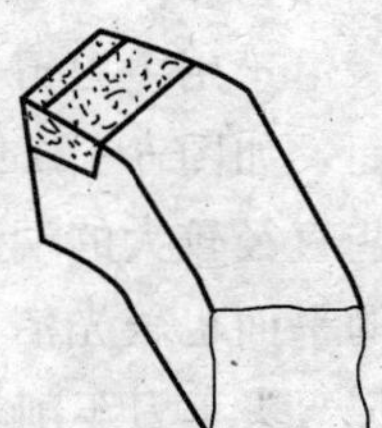

图 6-25　45°弯头车刀

弯头车刀的前角和后角与外圆车刀基本相同，主偏角和副偏角都是 45°。车削钢料时，前面应磨出断屑槽。

弯头车刀除了可以车削外圆、端面以外，还可以倒角。

## 二、端面的车削

### （一）工件的装夹

车端面时，工件装夹在卡盘上，必须校正它的平面和外圆，一般用划针盘校正。如果端面已经过粗加工，可按图 6－26 所示方法校正。即在刀架上装一根铜棒（或硬木块），把工件在卡盘上轻轻夹紧，并旋转工件，将铜棒（或硬木块）轻轻支顶在工件端面的边缘处，这样就能很快地将工件端面校正，校正后再夹紧工件。这种方法一般适用于装夹较小的薄工件。

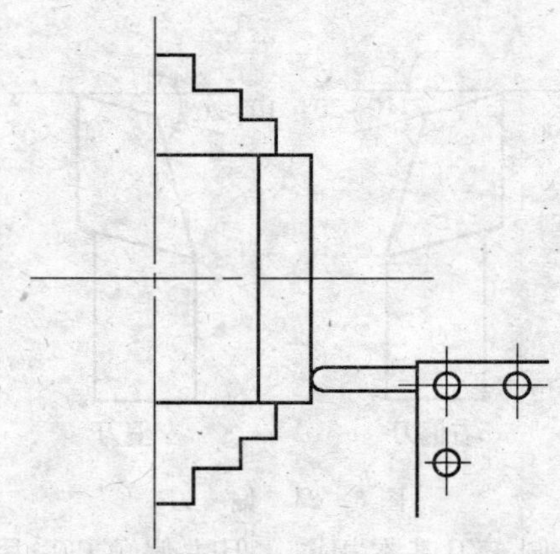

图 6－26 校正工件端面的方法

### （二）车端面的方法

1. 用偏刀车削端面

一般情况下，车削端面时都使用偏刀。这时若将车刀刀刃装得与工件中心线垂直，那么在加工时刀刃将与已加工过的端面产生摩擦，使加工的表面不光洁，并且刀刃也容易磨损，所以用右偏刀车端面时，需将刀刃与工件端面偏斜 5°左右，如图 6－27a）所示。

在通常情况下，偏刀由外向中心走刀车端面时，使用副刀刃切削，切削不顺利，端面不光洁。如果切削深度较大，刀刃上切削力的方向指向被切削端面，容易使车刀扎入工件端面而形成凹面，如图 6－27b）所示。为了解决这一问题，用右偏刀加工端面时，可从中心向外走刀。由于用主刀刃进行切削，切削力向外，所以车削出来的端面粗糙度小，又不容易产生凹面，如图 6－27c）所示。

对于一些直径较大的端面，也可以用左偏刀车削。由于用主刀刃进行切削，所以切削顺利，车出的平面也较光洁，如图 6－27d）所示。

2. 用 45°弯头车刀车削端面

45°弯头车刀是利用主刀刃进行切削的，所以切削顺利，工件端面粗糙度较低。又由于 45°弯头车刀的强度较大，所以它既能车削较大端面，又能倒角和车削外圆。

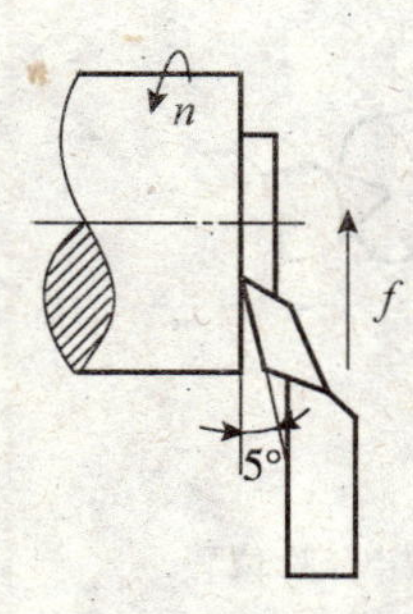


a）右偏刀切削情况

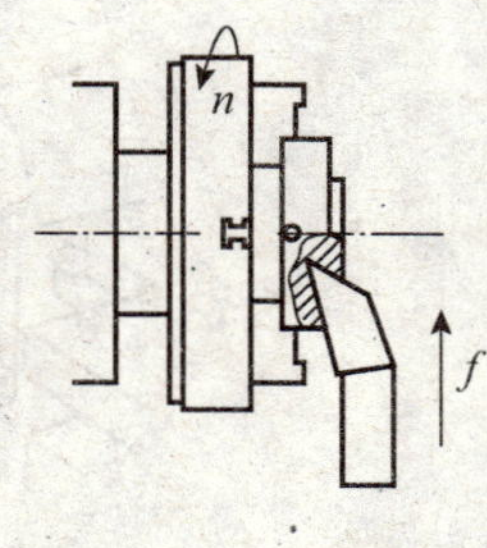


b）由外向里走刀

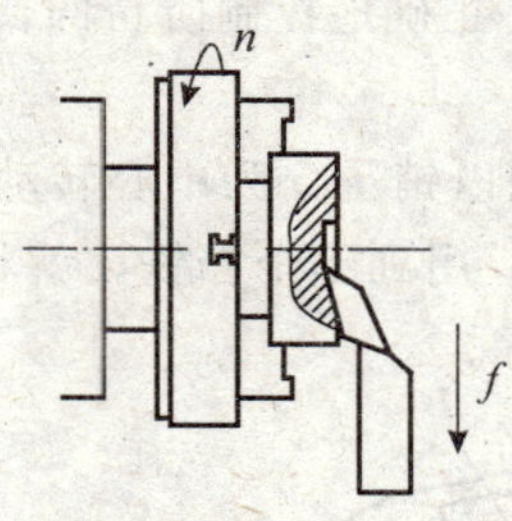


c）由里向外走刀

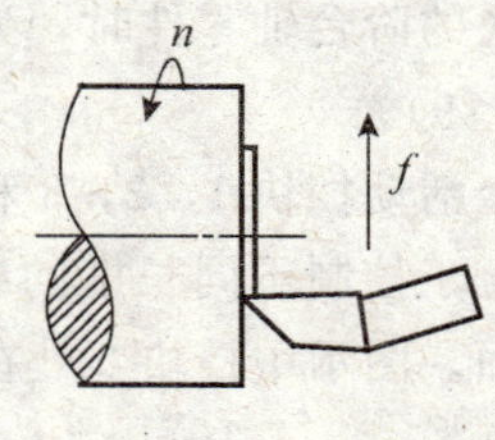


d）左偏刀切削情况

图 6－27　偏刀加工分析

### （三）车端面时的切削用量

1. 切削深度 $a_p$

粗车，$a_p=2\sim5$ mm；精车，$a_p=0.2\sim1$ mm。

2. 进给量 $f$

粗车，$f=0.3\sim0.6$ mm/r；精车，$f=0.1\sim0.2$ mm/r。

3. 切削速度 $v$

车端面时的切削速度随工件的直径减小而减小，但在计算时要按端面的最大直径计算。

## 三、台阶的车削

台阶的车削实际上是车外圆和车端面的组合。其车削方法跟车外圆相似，但在车削时需要兼顾外圆的尺寸精度和台阶长度的要求。

对于相邻两圆柱体直径差值较小的台阶，一般用一次走刀车出。为保证台阶面与工件中心线垂直，应用 90°偏刀车削；同时，装刀时应使主刀刃与工件中心线垂直。

对于相邻两圆柱体直径差值较大的台阶，一般采用分层切削方法。在装刀时应使主刀刃与工件中心线成 90°或大于 90°角，用几次走刀来完成台阶车削。在最后一次纵走刀完成后，用手摇动中拖板手柄，把车刀慢慢地均匀退出，使台阶与外圆垂直。

车削台阶时，尤其是车削多台阶的工件时，应准确地掌握台阶的长度尺寸，否则就会造成废品。常用的控制台阶长度尺寸的方法有以下几种。

1. 刻线的方法

为了控制台阶的位置，可先用内卡钳或钢尺量出台阶长度尺寸，再用车刀刀尖在台阶的位置处刻出细线，然后再车削，如图 6－28 所示。

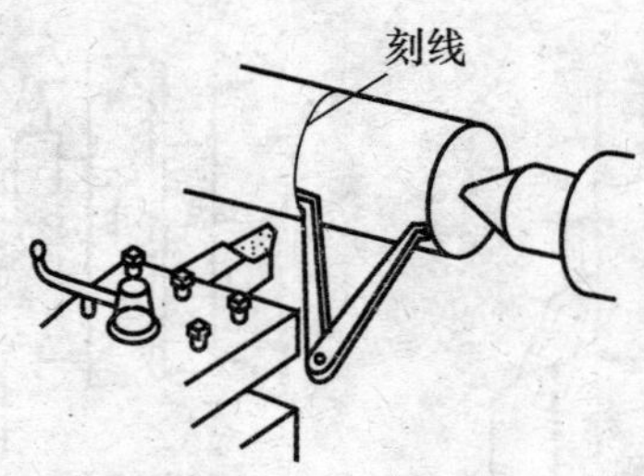


图 6-28 用刻线法确定台阶位置

2. 用挡铁定位的方法

在车削批量较大的阶台轴零件时，为了迅速、正确地控制阶台的长度，可以采用挡铁定位的方法（图 6-29）。

在挡铁上有四个活动挡块 1，2，3 和 4，都能以销子 5 为中心转动。每个挡板上都有调节螺钉，分别适合于控制不同长度的纵向尺寸。用到哪个挡铁，就将此挡块拨向右面，不用的挡块拨到左面。图示中挡块 2 处在工作位置。

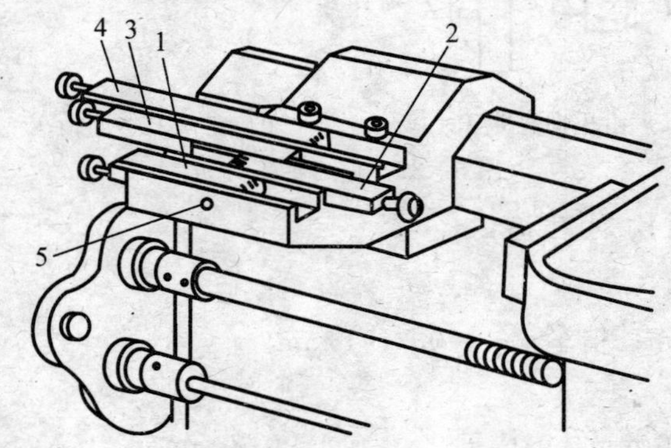


1，2，3，4-挡块；5-销

图 6-29 拨块式挡铁

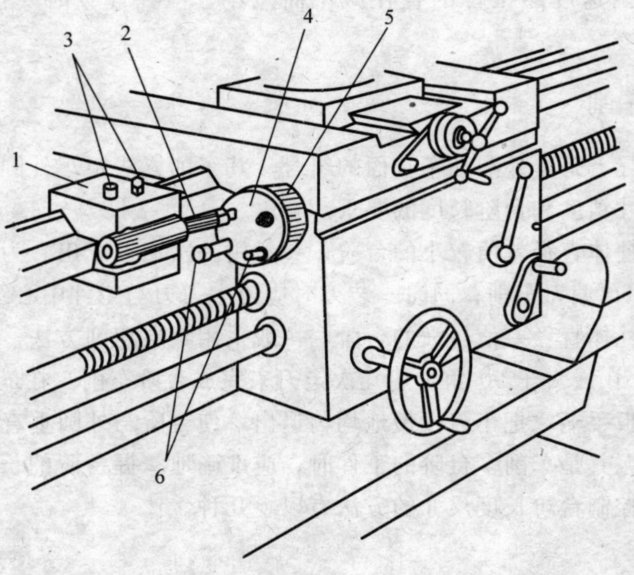


1-固定挡铁；2-触头；3-调整螺钉；4-圆盘；5-壳体；6-调整螺钉

图 6-30 圆盘式多位挡铁

3. 利用大拖板刻度盘的方法

车削台阶轴时，还可以利用大拖板刻度盘上的刻度值控制台阶长度。一般车床的大拖板刻度盘 1 格等于 1 mm，车削的精度为 0.2～0.3 mm。

台阶的外圆直径尺寸可利用中拖板刻度盘来控制，其方法跟车外圆时相同。

## 四、端面和台阶的测量

对端面的要求最主要的是平直、光洁。端面是否平直，最简单的方法是用钢尺来检查。对于要求精密的端面，要用刀口平尺作透光检查，其方法与用钢尺检查相同。

台阶的长度尺寸可以用钢尺（图 6 - 31a)）、内卡钳（图 6 - 31b)）和深度游标卡尺（图 6 - 31c)）或三用游标卡尺来测量，对于批量大且有较大台阶的工件，可以用样板测量（图 6 - 31d)）。

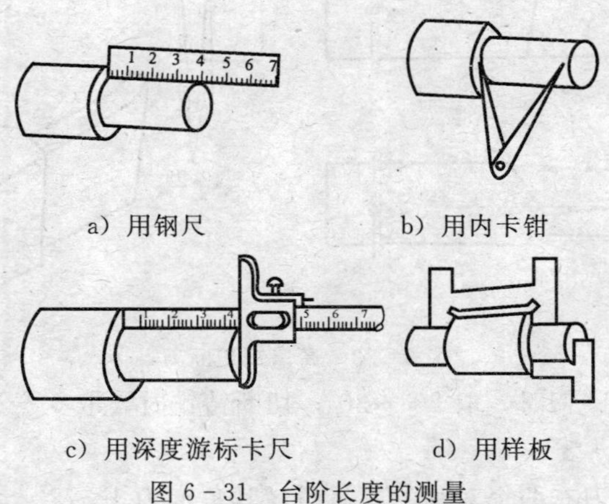


图 6 - 31　台阶长度的测量

# 第五节　切断与切割

在车削加工中，当零件的毛坯是整根棒而且很长时，需要先把它切成一段一段的再进行车削，或是在车削完成后把工件从原材料上切下来，这样的加工方法叫做切断。

外沟槽是在工件的外圆或端面上的沟槽，如图 6 - 32 所示。

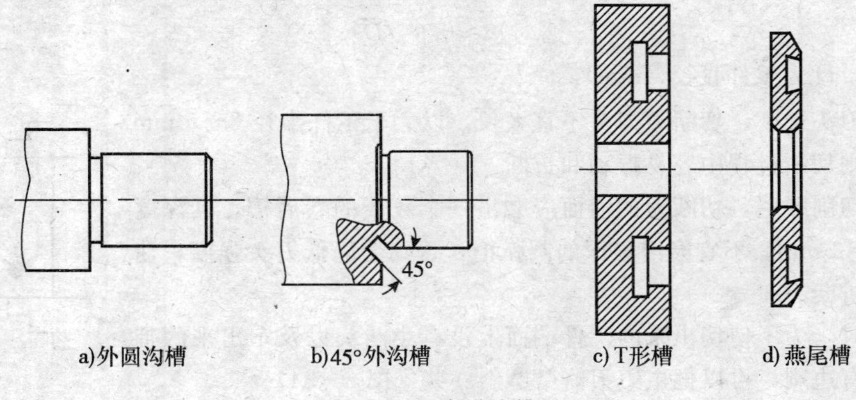


图 6 - 32　各种沟槽

## 一、切断刀

### （一）切断刀的几何形状

通常使用的切断刀以横向走刀为主，前面的刀刃是主刀刃，两侧刀刃是副刀刃。为了减少工件材料的浪费，使刀具能切到工件的中心，切断刀的刀头应窄而长。

1. 高速钢切断刀

高速钢切断刀的形状如图 6－33 所示。

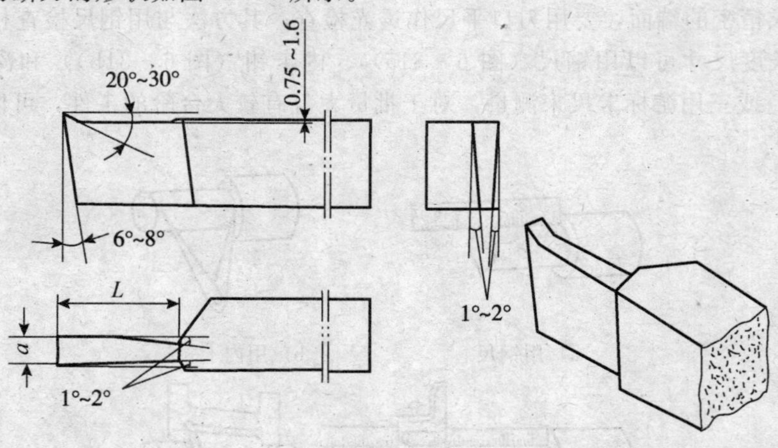


图 6－33　高速钢切断刀

（1）前角。切断中碳钢时，取 20°～30°；切断铸铁时，取 0°～10°。

（2）主后角。取 6°～8°。

（3）副后角。切断刀有两个对称的副后角，其角度为 1°～2°。它们的作用是减少刀具副后面和工件两侧面的摩擦。

（4）主偏角。一般为 90°。

（5）副偏角。切断刀有两个副偏角，角度为 1°～2°，两个副偏角必须对称。它们的作用是减少副刀刃和工件两侧面的摩擦。副偏角不可过大，否则会降低切断刀头的强度。

（6）刀头宽度。刀头过宽，切断时浪费材料；刀头太窄，强度不够容易折断。刀头宽度 $a$ 可按经验公式选取

$$a \approx 0.6\sqrt{D}$$

式中，$D$ 为工件直径（mm）。

（7）刀头长度。切断刀刀头不宜太长，以大于工件半径 3～5 mm 为宜，否则切断过程中容易振动和折断。

为了切削顺利，切断刀的前面应磨出一个较浅的卷屑槽，其深度一般为 1～2 mm。不宜磨出很深的圆弧槽，否则会降低刀头强度，使刀头容易折断。

切断时，为了使切出来的工件端面上没有小凸头以及车出来的带孔工件没有边刺，可以把主刀刃略微磨斜一些（图 6－34）。

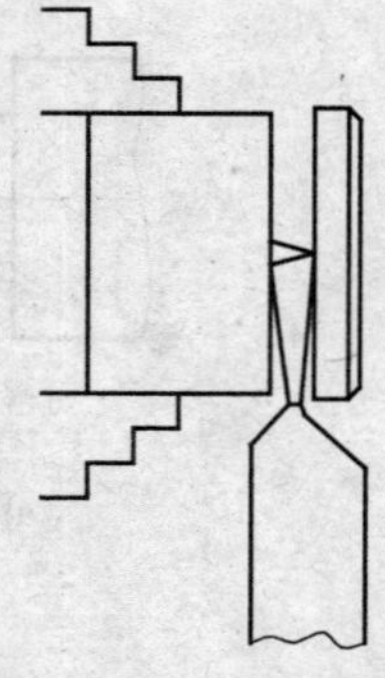

图 6－34　斜刃切断刀

2. 弹性切断刀

为了节省高速钢，切断刀可以做成片状，再装夹在弹性刀杆内，

如图6－35所示。这种切断刀既可以节约材料，又富有弹性。当走刀量太大时，由于弹性刀杆受力变形时的弯曲中心在上面，所以刀头会自动退让一些，因此切断时不容易产生扎刀、崩刃或刀头折断现象。

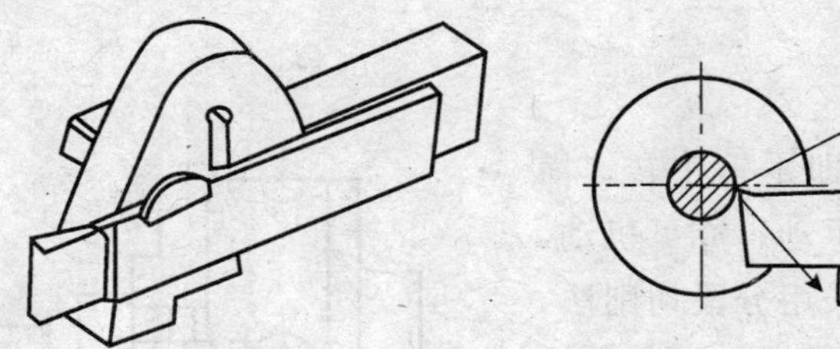

图 6－35　弹性切断刀

3. 反切刀

切断直径较大的工件时，因刀头很长，刚性差，容易引起振动和刀头折断，可采用反切法。即用反切刀，使工件反转（图 6－36）。由于切断时的切削力和工件重力方向一致，因而不容易引起振动。并且，反切刀切断时的切屑很容易从下面排出，不容易堵塞在工件槽中。

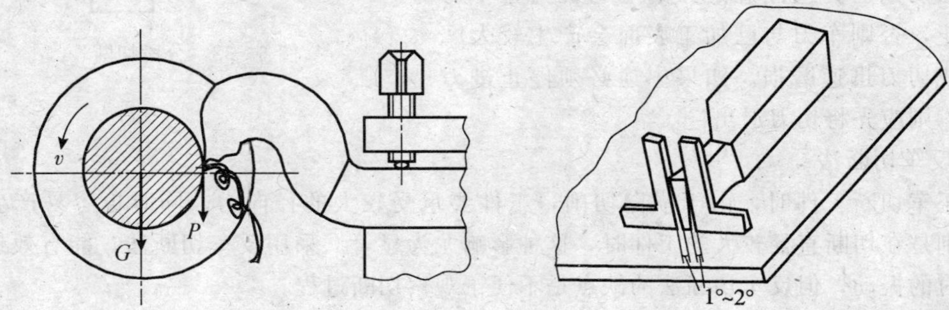


图 6－36　反切法和反切刀　　图 6－37　切断刀副后角的检查

在采用反切刀切断工件时，必须将主轴和卡盘连接部分的保险块固紧，防止卡盘因反车削而从主轴上松脱造成事故。

车一般外沟槽的切槽刀形状和角度基本上和切断刀相同。当加工窄槽时，切槽刀刀头宽度应与槽宽相等。刀头长度应根据沟槽直径确定，一般尽可能短一些，以增强刀头强度。

### （二）切断刀的刃磨

刃磨时，先磨出车刀前面，再刃磨两副后面，以获得两副偏角和两副后角。刃磨时应使两侧后面平直、对称，并得到需要的刀头宽度。其次，刃磨主后面，使主刀刃平直，得到主偏角和主后角。最后刃磨车刀前面的卷屑槽，具体尺寸由工件直径、工件材料和进给量决定。为了保护刀尖，可在两刀尖处磨出倒棱或圆弧。刃磨后，可用角尺或钢尺检查两副后角的大小和对称性（图 6－37）。

### （三）切断刀的安装

（1）切断刀不宜伸出过长，切断刀的中心线要与工件中心线垂直，保证两个副偏角大小相等。

（2）切断刀的主刀刃应与工件中心线等高或略低，否则不容易切断工件，而且容易崩刃或折断车刀。切断有孔工件时，切断刀主刀刃可比中心装得略高一些（约为外径的1/50）。

(3) 切断刀的底平面应平直，装刀后应保证两副后角对称。

要切断的工件一般装在卡盘上，工件切断处应靠卡盘近些，避免在双顶工件时切断。

## 二、切断和切外沟槽

1. 正车切断法

切断一般都采用这种方法，即主轴正转，横向走刀进行切削。横向走刀可以手动，亦可机动。当机床刚性不足或切深大时，可采用分段切削法，如图 6-38 所示。这样，比直切法减少一个摩擦面，便于排屑和减少振动。

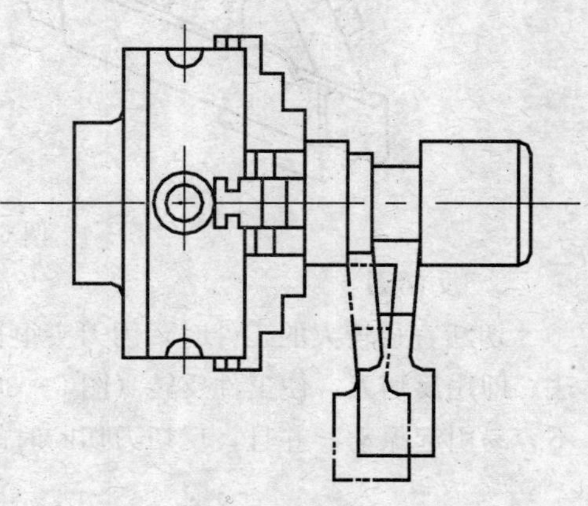

图 6-38　分段切断

切断外表面不规则的工件时，车刀开始切削是断续的，这时进刀要慢些，否则较大的冲击力易碰坏车刀。也可先用尖刀车圆后，再切断。用手动进刀切断时，应注意走刀的均匀性并且不得中途停止，否则车刀与已加工表面会产生较大摩擦，造成切刀迅速磨损。如果中途必须停止进刀或停车，则应先将切刀退出。

2. 反车切断法

用正车切断工件时，由于横向切削，工件要承受较大的径向力，同时也容易产生振动，特别是在切断直径较大的工件时，这种影响尤为显著。采用反车切断法，能有效地减少切断时的振动，但反车切断法的缺点是不便于观察切断过程。

3. 切外沟槽的方法

车削宽度不大的沟槽可用刀头宽度等于槽宽的车刀一次车出，较宽的沟槽可分几次吃刀完成（图 6-39）。车第一刀时，先用钢尺量好距离；车一条槽后，把车刀退出工件并向左移动继续车削，把槽的大部分余量车出；但在槽的两侧及底部应留有精车余量，最后根据槽的宽度及位置进行精车。

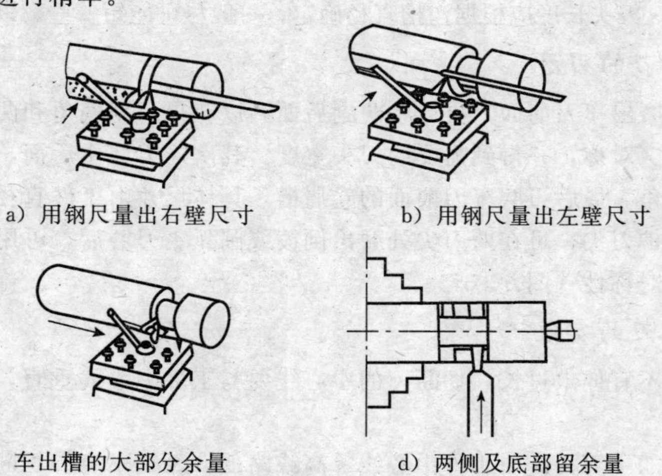

a) 用钢尺量出右壁尺寸　　b) 用钢尺量出左壁尺寸

c) 车出槽的大部分余量　　d) 两侧及底部留余量

图 6-39　车较宽外沟槽的方法

沟槽内的直径可用卡钳或游标卡尺测量（图 6－40），沟槽的宽度可用钢尺、样板或塞规测量（图 6－41）。

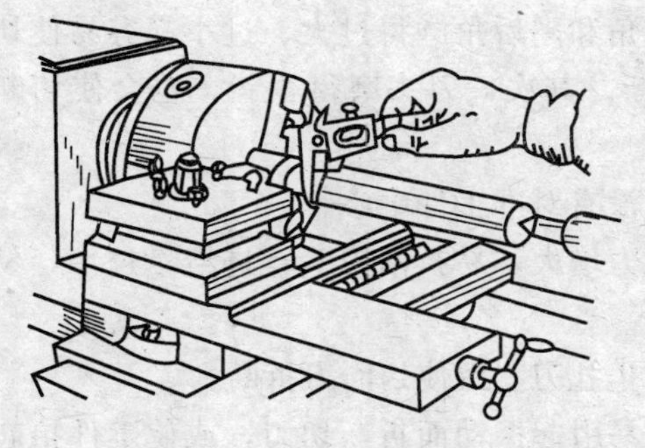

图 6－40　沟槽直径的测量

图 6－41　沟槽宽度的测量

## 三、切断时常见的问题

1. 振动

在切断工件时，切刀受到很大的径向力，散热情况不好，排屑也比较困难，因此容易产生振动，甚至折断车刀。为防止振动，可采取如下几种措施：

（1）适当增大前角，使切削省力，同时前刀面应有足够的长度，使其易于排屑；适当减小后角，增强刀头强度。

（2）选择合适的刀头宽度。刀头太宽容易产生振动，太窄则强度不够。

（3）切断大直径工件，可采用反切断法或分段切削法。

（4）改变刀杆的形状，即把切断刀伸入工件部分的刀杆下面做成“鱼肚形”或其他形状（图 6－42），以减小由于刀杆刚性差而引起的振动。

（5）调整好大拖板、中拖板和小拖板的间隙。

（6）调整好车床主轴的径向和轴向间隙。

（7）采用弹簧切刀或弹性刀杆。

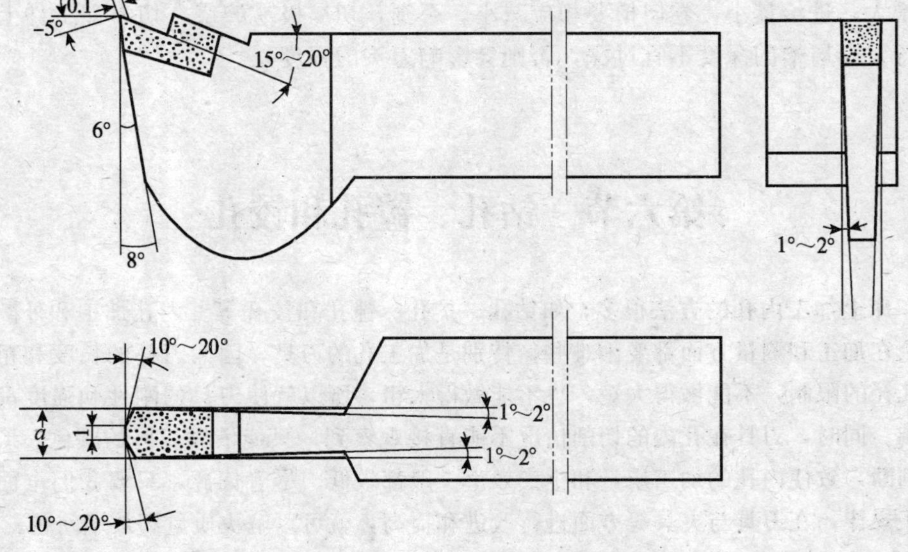


图 6－42　“鱼肚形”切断刀杆

2. 切断刀折断

切断工件时最容易出现刀头折断的现象。切断刀折断的原因有以下几个方面：

（1）切断刀的角度刃磨不正确，尤其是副偏角和副后角磨得过大、过小都容易使切断刀因强度太弱或与工件表面产生强烈摩擦而折断。其次，刀头磨得歪斜，也会使切断刀折断。

（2）切断刀装得与工件中心线不垂直，并且没有对准工件中心。

（3）进给量选择不合理。进给量过大使切削力增大，易折断刀头；进给量过小，易加剧摩擦而产生振动或噪声。

（4）切刀前角太大，中拖板松动，切断时产生扎刀，致使切断刀折断。

（5）工件切断部位距离卡盘太远，切断时容易引起振动而折断切刀，或使工件抬起压断切刀。另外，工件最好不在顶尖间装夹时切断，否则容易产生振动、折刀或工件飞出而造成事故。

### 四、控制切屑流出方向的方法

切屑的形状和排出方向对切刀的使用寿命、工件的表面粗糙度及生产效率都有很大影响，所以在切断时，控制切屑形状和流出方向是一个很重要的问题。

在加工钢类工件时，切屑呈发条状卷曲，易夹在槽内，造成排屑困难，冷却液加不进去，因而容易造成扎刀和损坏已加工表面；若切屑呈片状，也会影响切屑排出，容易造成扎刀。理想的切屑应呈直线状自动流出，然后卷成宝塔形或弹簧形，或者使切屑变窄，顺利排出。为了达到这个目的，可采取下列措施：

（1）在切断刀前面磨出3°左右的刃倾角，使主刀刃左高右低。刃倾角太小，切屑在已切好的槽中易呈发条状，不能理想地排出；刃倾角太大，刀尖对不准工件中心并受到一个侧向分力使被切断工件的平面歪斜，造成扎刀而损坏刀具。

（2）把切断刀的主刀刃磨成人字形（图6-42），使切屑变窄，顺利排出。

（3）卷屑槽的大小和深度要根据进给量和工件直径的大小来决定。进给量大，卷屑槽就相应增大；进给量小，卷屑槽要相应减小。否则，切屑极易缠绕在切刀和工件上，影响切削进行。卷屑槽的深度不宜过深，否则会影响刀头的强度。

## 第六节 钻孔、镗孔和铰孔

在车床上加工内孔的方法很多，如钻孔、扩孔、镗孔和铰孔等。内孔加工和外圆车削相比，不论在加工和测量方面都要困难些，特别是加工孔的刀具，因为刀杆的长度和粗细受到孔深和孔径的限制，不能做得太短，也不能做得太粗，所以就使刀具的刚性和强度都受到一定的影响。同时，刀具在孔内的切削情况不能直接观察到，只能依靠切屑的颜色、形状和声响等来判断，致使内孔的加工质量和生产效率一般都较低。尽管如此，只要我们全面掌握内孔的加工规律，在刀具与夹具等方面进行改进和提高，就可以解决质量和效率问题。

## 一、钻孔

在实心材料上加工孔，首先要用钻头钻孔。钻孔的精度一般可达 IT11～IT13，表面粗糙度为 12.5～6.3 μm。

钻头根据构造和用途不同，可分成麻花钻、扁钻、中心钻、深孔钻等。钻头一般用高速钢制成。

麻花钻是最常用的钻头，有关麻花钻的组成部分几何角度和刃磨等有关内容将在第十章中介绍，在此仅对车床上加工内孔的有关问题加以介绍。

1. 麻花钻的装夹方法

麻花钻的柄分直柄和锥柄两种。直柄麻花钻可用钻夹头装夹，再利用钻夹头的锥柄插入车床尾座套筒的锥孔内；锥柄麻花钻可直接插入车床尾座套筒的锥孔内（图 6-43）。如果钻头锥柄的锥度与车床尾座套筒锥孔的锥度不相符，可用钻套过渡。锥柄的锥度是采用莫氏锥度，常用的锥度为 2，3，4 号。如果钻头锥柄是莫氏 3 号，而车床尾座套筒锥孔是莫氏 4 号，那么可以加一个莫氏 4 号钻套，这样就可以将钻头装入尾座套筒的锥孔内。

图 6-43 装入车床尾座套筒内的钻头

在装夹钻头或钻套前，必须将钻头锥柄、钻套和尾座套筒的锥孔擦干净，否则锥面接触不好，容易使钻头歪斜或在锥孔内打滑。

上面所说的两种方法都是把钻头安装在尾座套筒的锥孔内，用手转动尾座手轮进行钻孔，此法劳动强度大，生产效率低。在成批生产时，为了提高钻孔效率，可采用一些辅助工具，将钻头装夹在刀架上实现自动进给。直柄的钻头可用 V 形垫块安装在刀架上（图 6-44a)）；锥柄钻头可装入带锥孔的专用工具内，再安装在刀架上（图 6-44b)）。如果是直柄钻头，也可以使用钻夹头安装在专用工具的锥孔中。

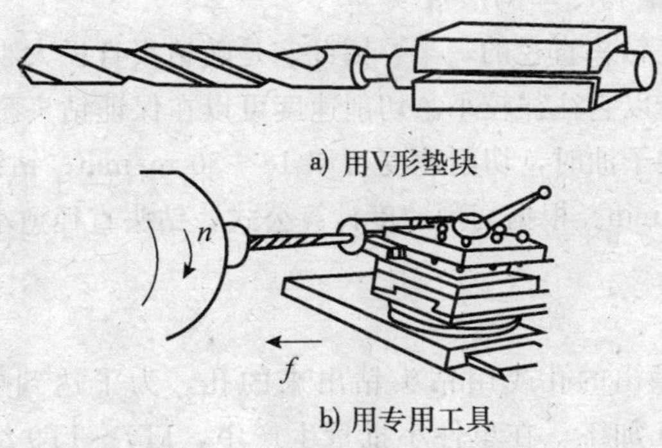


a) 用V形垫块

b) 用专用工具

图 6-44 钻头在刀架上的安装

2. 钻孔方法

(1) 在钻孔前，必须把工件端面车平，中心处不要留有凸头，否则会使钻头偏斜，影响准确定心。

(2) 把钻头引向工件时，不能用力太猛，以免冲击工件或将钻头切削刃崩掉，甚至使钻头折断。

(3) 对于小孔，可先用中心钻定心，再用麻花钻钻孔，否则会把钻头引偏。

(4) 用较长钻头钻孔时，为防止钻头晃动影响定心，可以在刀架上夹一铜棒，如图6-45所示，用它轻轻支顶住钻头头部，使它对准工件中心，然后慢慢进给，直至钻头在工件上已正确定心，并钻出一段台阶孔后再把铜棒退出。

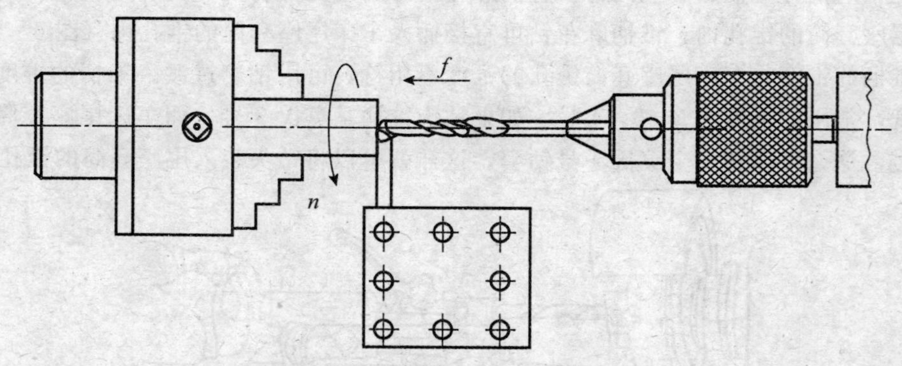


图 6-45　防止钻头跳动的方法

(5) 钻较深孔时，切屑不易排出，要经常退出钻头清除切屑，以防止切屑挤满螺旋槽而使钻头卡死在工件内，甚至使钻头折断。

(6) 在钻头将要把孔钻透时，由于横刃已钻出工件之外，切削阻力大大减小，手轮转起来很轻松，这时应减小进刀速度（进给量），否则会使钻头的切削刃“咬死”在工件孔内，损坏钻头，或者使钻头锥柄在尾座锥孔内打转，把锥柄和锥孔研坏。

(7) 钻削不通孔时，可利用尾座套筒上的刻度来控制钻孔深度。如果尾座套筒上没有刻度，可在钻头上用粉笔做出记号，或在钻头上系上细铁丝，以控制钻孔的深度。

(8) 在钻孔时，当钻头还在孔中未退出之前，不要立即停车，以免切屑卡住钻头，造成钻头折断。

3. 钻孔时的切削用量和冷却润滑液

钻孔时的切削深度是钻头直径的一半，因此它是随钻头直径大小而改变的。进给量是靠转动尾座手轮实现的，所以它往往较小。切削速度可以在保证钻头耐用度的前提下适当高一些。钻钢料加乳化液或锭子油时，切削速度可取 18～30 m/min；钻铸铁时一般不加冷却液，切削速度可取 15～18 m/min。根据切削速度计算公式，钻头直径愈小，转速应愈高。

## 二、镗孔

零件上铸出的孔、锻出的孔或用钻头钻出来的孔，为了达到要求的尺寸精度和粗糙度，常在车床上进行镗孔加工。在单件小批量生产中，IT7～IT9 级精度，*Ra*3.2～1.6 表面粗糙度的孔，在车床上经过粗、精镗即可达到。在成批大量生产中，镗孔常作为车床上铰孔或滚压加工前的半精加工工序。对大孔来说，镗孔往往是唯一的加工方法。

1. 镗孔刀

根据不同的加工情况，镗孔刀可分为通孔镗刀（图 6－46a)）和不通孔镗刀（图 6－46b)）两种。

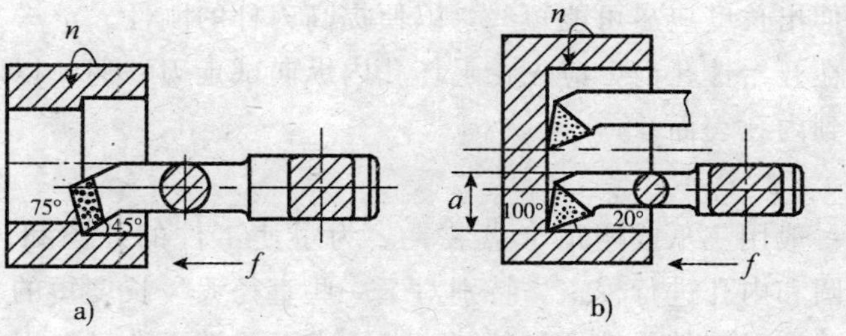


图 6－46　常用的镗孔刀

通孔镗刀是镗通孔用的，其主偏角一般为 45°～75°，副偏角为 15°～30°。

不通孔镗刀是镗台阶孔或不通孔用的，其主偏角大于 90°，刀尖在刀杆的最前端，刀尖到刀杆背面的距离 $a$ 必须小于孔径的一半，否则无法车平底平面。为了节省刀具材料和增加刀杆强度，可以把高速钢或硬质合金的刀头装在刀杆中，在顶端或上方用螺钉紧固（图 6－47）。对于一些大直径的浅孔，可以采用普通偏刀进行镗孔（图 6－48），由于这种刀刚性好，故可以进行高速或强力镗孔。

所有镗孔刀的后刀面均不能太高，否则会与孔壁相碰。因此，一般刀杆后面磨成圆弧形或磨出两个后角 $\alpha_1$ 和 $\alpha_2$，如图 6－49 所示。

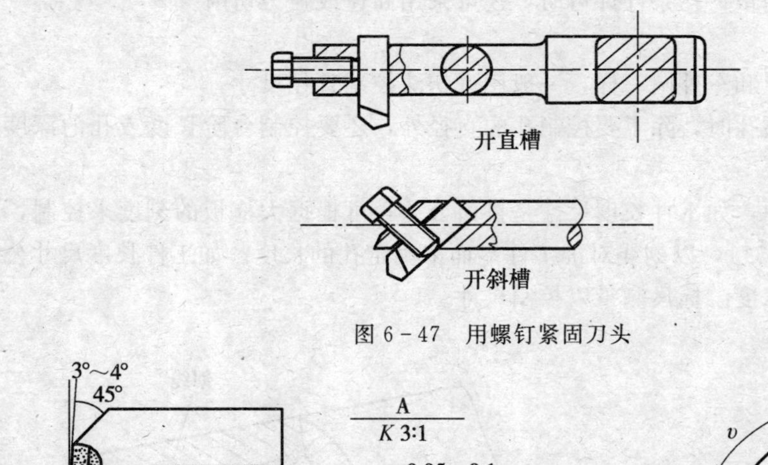


图 6－47　用螺钉紧固刀头

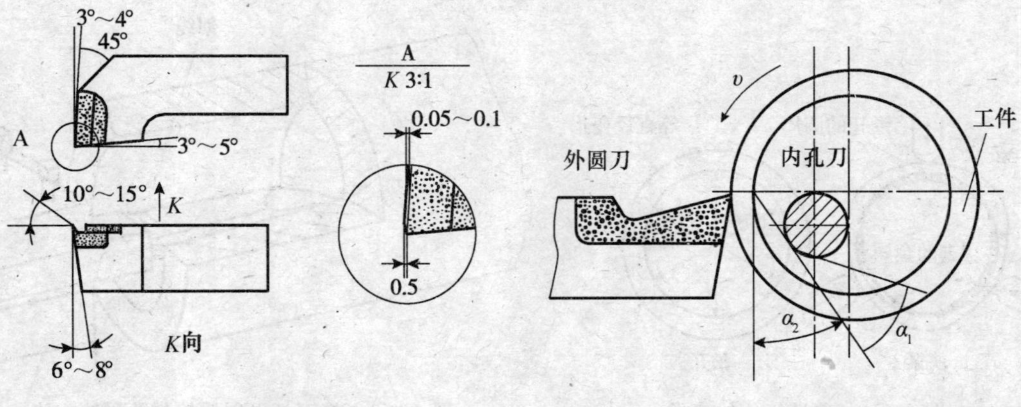


图 6－48　浅孔强力镗刀　　　　图 6－49　镗孔刀

安装镗刀时，刀尖原则上应与工件中心等高。但在实际工作中，粗车时可将刀尖装得比工件中心略低一些（一般为工件直径的 1%），因为这样可增大工件前角，减小切削力；而精车时，可装得略高一些，使工件后角增大，以减小后刀面与工件的摩擦，保证工件表面粗糙度。刀杆应与主轴中心线平行，刀头可略向操作者方向偏斜一些，以免刀杆后半部与孔表相碰；镗刀伸出长度应尽可能短些，以便提高刀杆的刚性。

镗刀安装后，在开始镗孔前，应先在毛坯孔内纵向试走刀一遍，以防镗孔时由于镗刀刀杆装得歪斜而碰到内孔表面。

2. 工件的装夹

镗孔时，工件一般用三爪或四爪卡盘装夹。为了使工件的外圆和内孔同心及余量均匀，应对毛坯的外圆和内孔进行校正。特别对于一些直径大、长度短的大型工件在四爪卡盘上装夹时，应反复校正工件的端面和外圆，这一点对于端面余量较小的工件尤为重要。

在装夹薄壁工件或最后镗成薄壁工件时，应注意不要夹得太紧而引起工件的变形，如图 6－50 所示。当加工精度要求不太高的孔时，可先进行粗镗，然后将卡爪略松一点，再进行精镗，这样可减小工件变形；当加工精度要求较高的孔时，可采用开缝套筒或扇形卡爪装夹，使接触面积增大，以减小变形。

3. 切削用量的选择

镗中、小孔时由于刀杆刚性较差、排屑困难、不易冷却等原因，切削深度和进给量一般要比车外圆时小，往往只有外圆车削的 1/2～1/3，切削速度一般比车外圆时低 10%～20%。在镗削孔径较大、深度较浅的孔时（孔径大于 30 mm，孔深与孔径比小于1：2），可选取大一些的切削用量，在条件许可时，还可采用高速或强力切削。

4. 镗孔方法

镗孔的方法基本上和车外圆一样，一般用试切法控制直径尺寸。

镗削台阶孔或不通孔时，除了要控制孔的直径外，还要控制台阶长度或孔的深度。其方法有以下几种：

在单件小批生产中，如工件长度尺寸是自由公差，可根据大拖板的刻度来控制，或在镗刀杆上划线（图 6－51），以刻线对准工件端面来确定孔的长度。如工件长度尺寸公差较小，则通过试切，用深度游标尺测量以控制尺寸。

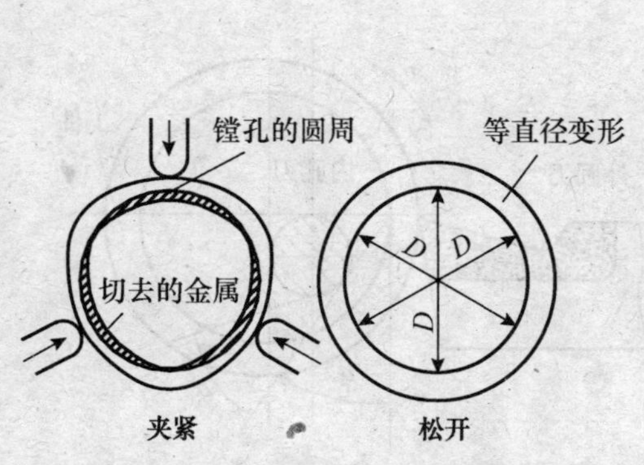


图 6－50　薄壁工件的变形

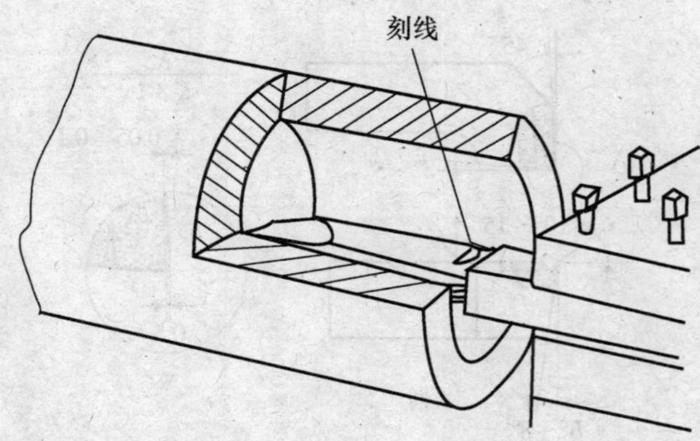


图 6－51　镗刀杆上划线控制孔深的方法

在生产批量较大时，与车台阶轴一样，可用多位挡块来控制各段长度尺寸或采用专用的多刀刀具来镗孔。

镗中、小尺寸且较深的孔时，排屑是个关键问题，因为切屑挤死在孔中就会使刀刃崩坏甚至把刀头打掉。解决办法是：镗通孔时，可在刀刃上磨出正的刃倾角，使切屑沿走刀方向排入卡盘空处；镗不通孔时，可在镗刀上磨出负的刃倾角和卷屑槽，使切屑成为螺旋状连绵不断排出孔外。

用高速钢镗刀镗孔时，一般要加冷却润滑液（乳化液）；用硬质合金镗刀镗孔时，一般不需要加冷却润滑液。

## 三、铰孔

铰孔是中、小尺寸孔的一种精加工方法，在成批生产中用得较多。在车床上铰孔一般都要先镗孔（小孔可以钻后就铰）。铰孔前的尺寸精度要求为 IT10 级，表面粗糙度要求为 *Ra*6.3。它与端面、外圆等的位置精度要求较高。铰孔的精度可达 IT7～IT9 级，表面粗糙度可达 *Ra*3.2～0.8。

### （一）铰刀及其装夹

1. 铰刀

在车床上铰孔多用机用圆柱铰刀，为了提高铰孔质量和改善排屑条件，我国工具厂还生产有带刃倾角的铰刀（图6－52）。它的特点是：

（1）每个刀齿都磨有 10°～30°的刃倾角，切削平稳，切屑为较长的螺旋状向前方排出，不会因切屑的挤塞而刮伤已加工表面，因而可以降低铰孔的表面粗糙度。

（2）主偏角一般较小，故导向性好，轴向力小，因而加大进给量后仍可降低孔的表面粗糙度。

（3）增加了重磨次数。每次重磨铰刀时，只需要重磨刀齿上有刃倾角部分的前面，因此重磨后圆柱棱边的宽度不变，铰刀的直径也不变，故可增加重磨次数。

（4）适于铰削钢类工件的通孔。

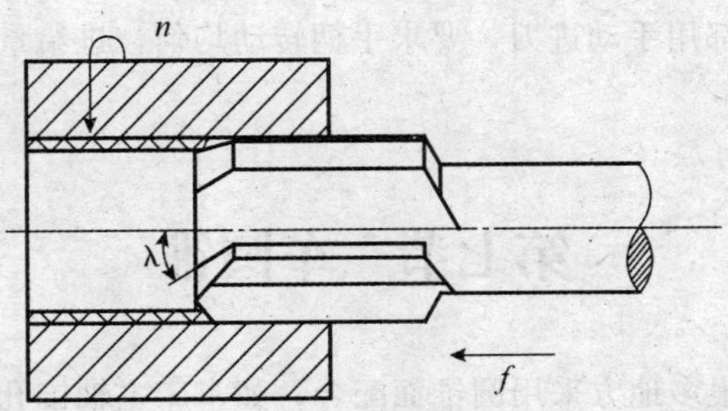

图 6－52　带刃倾角铰刀和排屑情况

2. 铰刀的装夹

在车床上铰孔，一般把铰刀锥柄装入尾座套筒内（柱柄小铰刀可先用钻夹头装夹再装入尾座套筒内），转动尾座手轮，使铰刀走刀。考虑到尾座套筒中心与车床主轴中心不易精确对准，如果铰刀与尾座套筒采用刚性连接，由于铰刀与工件孔旋转中心不一致，铰出孔的尺寸会比铰刀大，致使工件报废，所以铰刀与尾座套筒宜采用浮动连接。图 6－53 为一浮动刀杆，铰刀锥柄插在套筒 2 锥孔中，套筒 2 装在浮动套筒 3 的孔中，中间有间隙，并用销钉 4 作松动连接（4 与 2 是过盈配合，4 与 3 是间隙配合），因此铰刀能够在所有方向上浮动。淬硬的钢珠 5 嵌在臼形轴承 6 里，以保证把走刀作用力沿中心线方向传递给铰刀，但并不影响它的灵活性。锥柄 1 插在尾座套筒锥孔中。

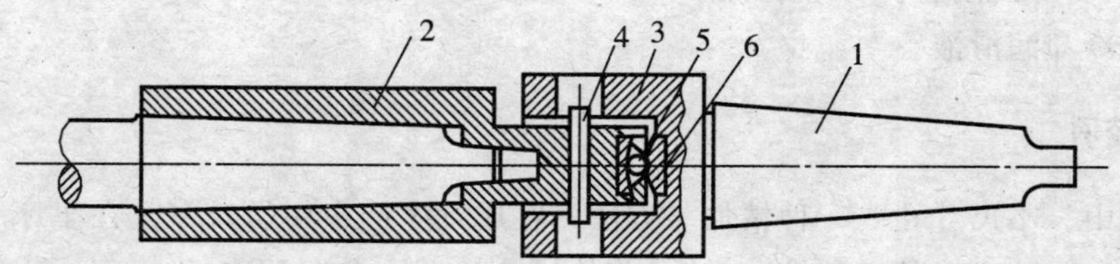


1－锥柄；2－套筒；3－浮动套筒；4－销钉；5－钢珠；6－臼形轴承

图 6－53　浮动刀杆

（二）铰孔方法

1. 选择铰刀

铰孔的精度和粗糙度在很大程度上要靠铰刀的质量来保证，所以要正确地选择铰刀。一般要用百分尺仔细测量铰刀的直径，如铰刀直径尺寸较大就应换一把或进行研磨。其次应检查刀刃有无磨损、裂口、毛刺，并且要把刀齿槽中的切屑清除干净。正式使用前，铰刀一般要进行试铰，根据铰孔后孔径的实际扩大或缩小数值，再选择和研磨铰刀的直径。

2. 铰孔次数的确定

一般 IT9 级精度的孔，钻孔后用铰刀一次铰出即可；IT7～IT8 级精度的孔，应在镗孔后进行精铰或在钻孔后进行粗铰和精铰。

3. 选择铰削余量和冷却润滑液

4. 确定铰削用量

用高速钢铰刀铰削钢件时，一般 $v=0.96\sim6$ m/min；铰削铸铁时，一般 $v=4.02\sim6$ m/min。硬质合金铰刀铰削铸铁孔时，一般 $v=4.98\sim10.02$ m/min。

在车床上铰孔一般都用手动进刀，要求手柄转动均匀，进给量约为 0.3～1.2 mm/r。

# 第七节　车圆锥

在机器和工具中，很多地方采用圆锥面配合，如车床主轴锥孔与顶尖的配合，尾座套筒锥孔与顶尖的配合，带锥柄的钻头、铰刀与钻套的配合等。圆锥表面配合的特点是：配合紧密，拆装方便，经过多次拆装仍能保持较精确的定心；锥角较小时，能传递较大的扭矩；同轴度较高，并能做到无间隙配合。

## 一、圆锥的术语和定义

圆锥表面是由一段与轴心线成一角度的母线，绕该轴心线旋转所形成的表面。图

6－54所示为圆锥的各部分名称：$D$ 为大端直径（mm）；$d$ 为小端直径（mm）；$\frac{\alpha}{2}$为圆锥半角（°）；$\alpha$ 为圆锥角（°）；$L_0$ 为工件全长（mm）；$L$ 为锥形部分长（mm）；$C$ 为锥度；$M$ 为斜度。

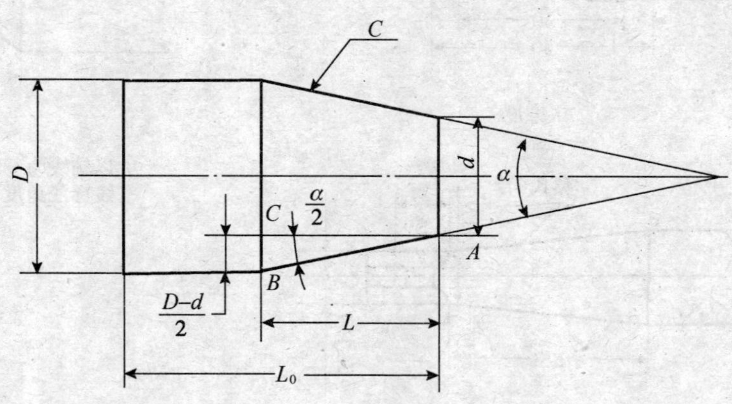


图 6－54　圆锥各部分名称

圆锥体大小端直径之差与锥形部分的长度之比叫做锥度，即

$$C=\frac{D-d}{L}$$

车削圆锥时，往往需要转动小拖板，所以必须计算出圆锥半角$\frac{\alpha}{2}$。

$$\tan\frac{\alpha}{2}=\frac{(D-d)\ /2}{L}=\frac{D-d}{2L}$$

圆锥半角$\frac{\alpha}{2}$与锥度 $C$ 和斜度 $M$ 的关系为

$$\tan\frac{\alpha}{2}=\frac{C}{2}=M$$

常用的工具、刀具圆锥都已标准化。常用的标准圆锥有下列两种：

1. 莫氏圆锥

莫氏圆锥是机器制造中应用最广泛的一种圆锥，如车床主轴锥孔、顶尖、钻头柄、铰刀柄等都采用莫氏圆锥。莫氏圆锥共有七个号码，即 0，1，2，3，4，5，6，最小的是 0 号，最大的是 6 号。每个号码的锥度也不一样，但都接近于 1∶20。莫氏圆锥的各部分尺寸可从有关手册中查出。

2. 米制圆锥

米制圆锥有八个号码，即 4，6，80，100，120，140，160 和 200 号。它的号码是指大端直径，锥度固定不变，即 $C=1:20$。例如 100 号米制圆锥，它的大端直径是100 mm，锥度 $C=1:20$。米制圆锥的各部分尺寸可查阅有关手册。

圆锥体在图纸上标注的方法如图 6－55 所示。

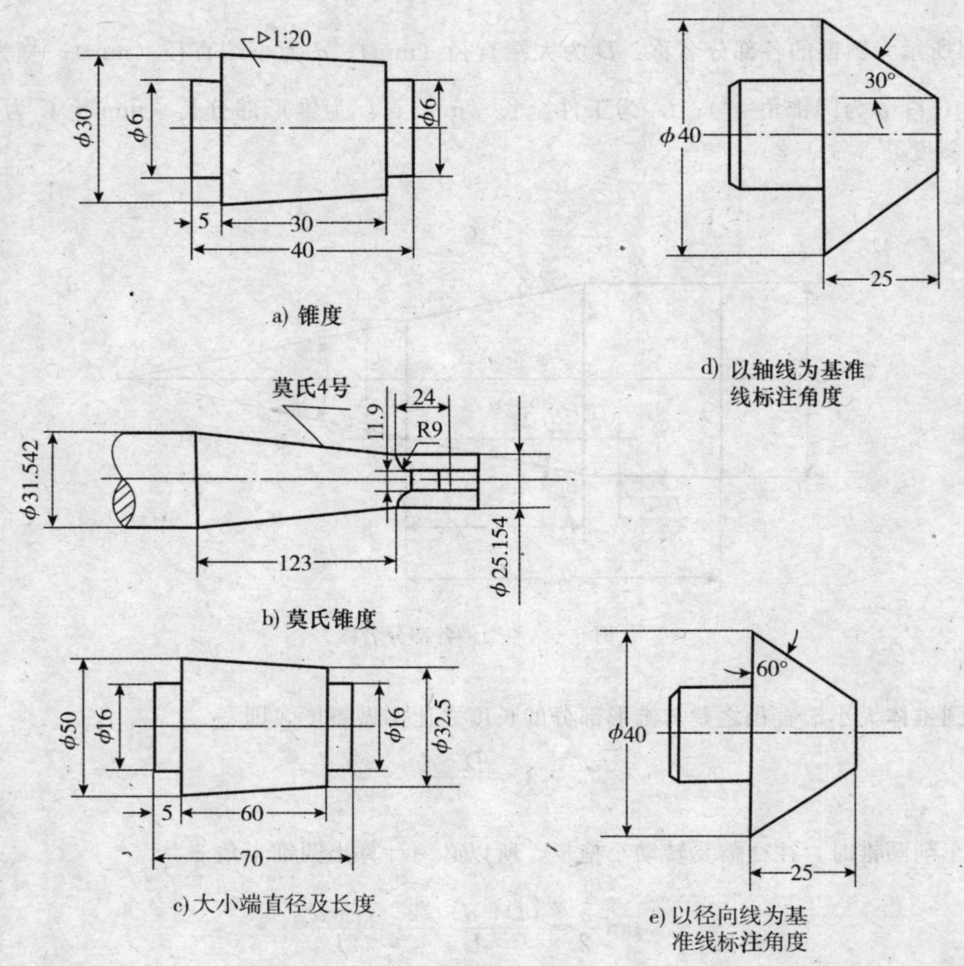


图 6－55　圆锥体在图纸上的标注方法

## 二、圆锥体的车削方法

由于圆锥体的尺寸不同，所以车削方法也不同。无论用哪一种方法，都是为了使刀具的运动轨迹跟零件轴心线成圆锥半角，从而加工出所需要的圆锥零件。车削时，车刀刀尖一定要对准工件中心安装。

1. 转动小拖板法

车削较短的圆锥体或圆锥孔时，通常采用这种方法。车削时，根据图纸上标注的圆锥斜度值或计算出的圆锥半角值转动小拖板，使小拖板导轨与车床主轴线相交成该角度，然后摇动小拖板手柄作进给运动进行车削，如图 6－56 所示。

根据小拖板的转动角度来确定锥度，精度不是很高，因此工件有可能产生锥度误差。对一些精度要求较高，需要配合的内、外圆锥，在加工中必须校正小拖板的转动角度。

当车削标准锥度和较小角度时，一般可用锥度套规或塞规，用着色检验的方法，逐步校正小拖板所转动的角度。车削角度较大的工件时，可用样板或万能量角器来检验。

由于圆锥的角度标注方法不同，有时不能直接按图纸上所标注的角度去转动小拖板，而应该把它进行换算，确定要车削的圆锥母线与工件中心线相交的角度（即圆锥半角）。

在车削圆锥斜角较大的圆锥体时，往往遇到小拖板下部的刻度值不够用的情况。例如圆锥半角$\frac{\alpha}{2}=70°$，而刻度只有50°，这时我们可以用划辅助刻线的方法解决。就是先把小拖板转到50°位置（图6－57），并在对准零线的位置上划一辅助刻线，然后再继续转动小拖板，使辅助刻线对准20°位置，这时小拖板共转过了70°，固紧螺母后即可进行切削。

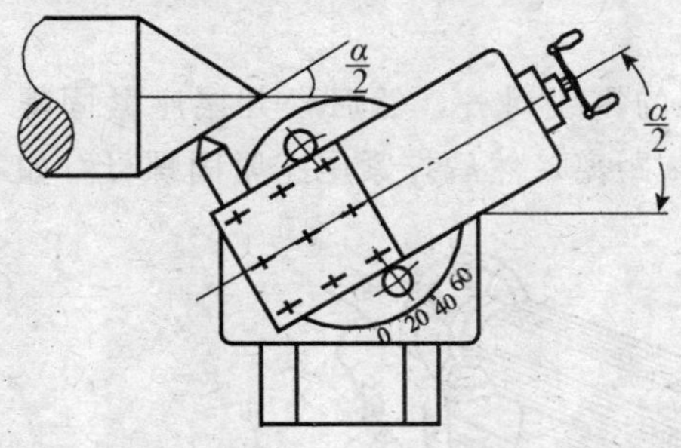


图6－56　转动小拖板法车圆锥面

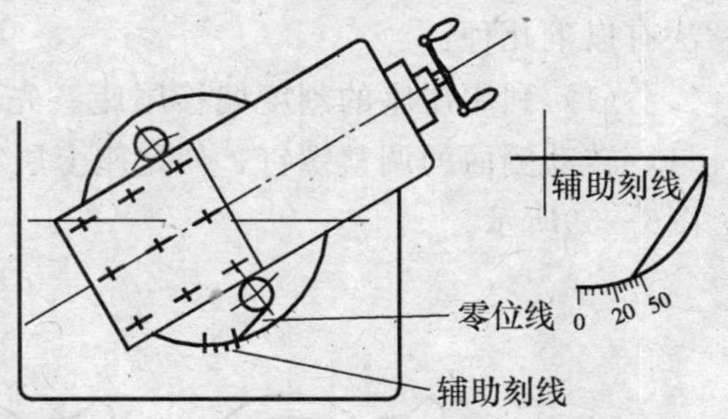


图6－57　用辅助刻线转动小拖板角度

2. 偏移尾座法

在两顶尖间车削锥度较小而长度较长的圆锥体时，可采用此方法。即把尾座向里或向外偏移一个距离$s$，使工件回转轴线和机床主轴轴线的交角等于工件的圆锥半角。由于车刀仍平行于车床主轴轴线移动（车削时是大拖板走刀），故可加工出半角为$\frac{\alpha}{2}$的锥形表面，如图6－58所示。当尾座向里偏移时，则车出的圆锥面右端小而左端大。

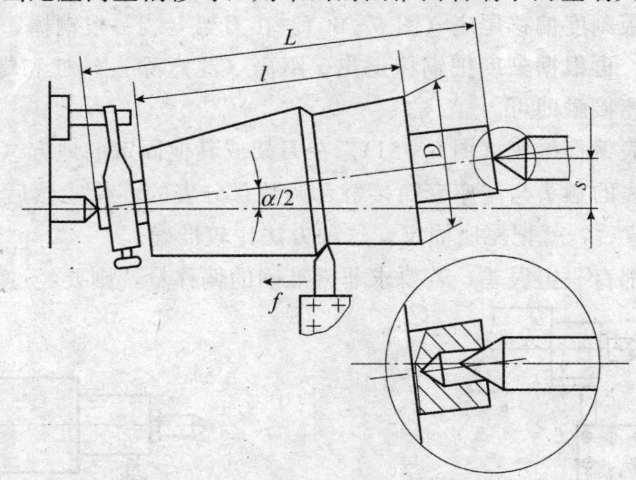


图6－58　偏移尾座法车圆锥体

尾座偏移量$s$与两顶尖之间的距离有关，这段距离可以近似地看做工件的总长$L_0$。$s$的计算公式如下

当$\alpha<8°$时，$\sin\alpha\approx\tan\frac{\alpha}{2}$

故
$$s=L\times\tan\frac{\alpha}{2}$$

又
$$\tan\frac{\alpha}{2}=\frac{D-d}{2L}=\frac{C}{2}$$

所以
$$s=\frac{L_0}{2}=\frac{D-d}{L}=\frac{LC}{2}$$

由于偏移量 $s$ 和工件的总长 $L_0$ 有关，故用此种方法成批加工圆锥面时，应特别注意使工件的总长和中心孔的深浅都要一致，否则会造成锥度误差。

尾座偏移量 $s$ 计算出来以后，就可以根据偏移量 $s$ 来移动尾座的上层。偏移尾座的方法有以下几种：

(1) 利用尾座的刻度偏移尾座。先将尾座上下层的零线对齐，然后松开尾座紧固螺母，转动侧面的调整螺钉，使尾座上层零线移动一个 $s$ 距离，然后拧紧尾座紧固螺母，如图6-59所示。

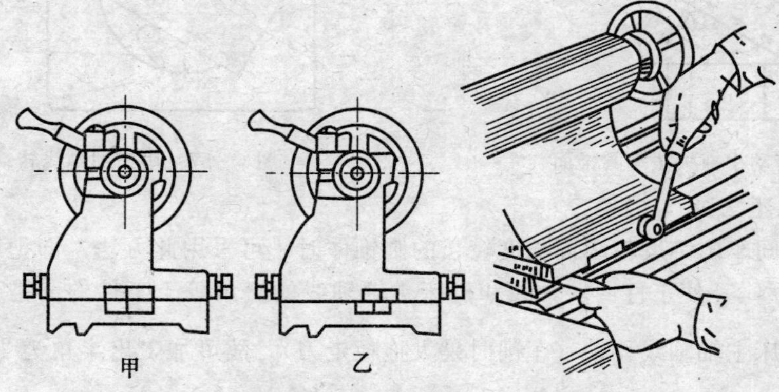

图 6-59　利用尾座刻度偏移尾座

(2) 利用中拖板刻度偏移尾座（图 6-60）。在刀架上装一根铜棒，把中拖板摇进使铜棒和尾座套筒接触，再根据刻度把铜棒退出 $s$ 距离（注意除去丝杠和螺母的间隙），然后把尾座偏移到跟铜棒接触即可。

(3) 利用百分表偏移尾座（图 6-61）。在刀架或其他固定的地方（如车身导轨）装一百分表，并使百分表的触头与尾座套筒接触。调整百分表的零位，然后偏移尾座，当百分表的指针转动至 $s$ 值后，就把尾座固定。这种方法比较准确。

以上几种方法都有一定误差，若要求非常准确的偏移量，则要经过试切调整。

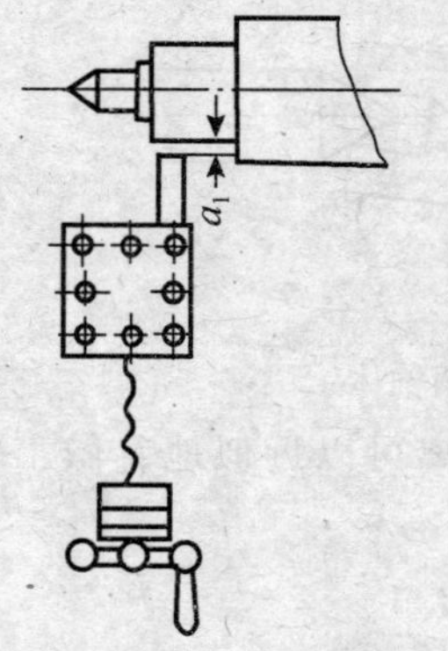

图 6-60　利用中拖板刻度偏移尾座

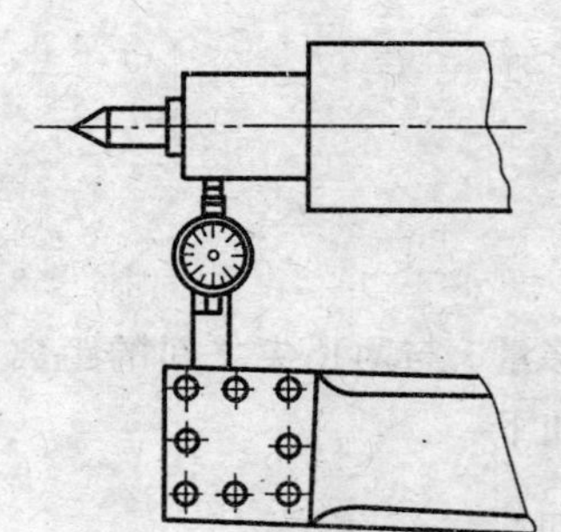
图 6-61　利用百分表偏移尾座

3. 靠模法

对于某些较长的圆锥体或圆锥孔工件，其精度要求较高而且批量又较大时可以采用此法加工。靠模装置能使车刀在作纵向走刀的同时作横向走刀，从而使车刀的移动轨迹与被加工零件的圆锥母线平行，如图 6-62 所示。靠模板装置的底座固定在车床的床身上，上面装有靠模板可以绕中心轴旋转到与工件中心线成所需要的半角，纵向走刀时，滑块可以自由地沿着倾斜的靠模压板固定在一起。为了使中拖板能自由滑动，必须使中拖板的丝杠螺母脱开。这样，当大拖板纵向走刀时，滑块一面纵向移动，一面带动中拖板作横向移动，从而使车刀运动的方向平行于靠模板。这样车出来的圆锥面，其圆锥半角等于靠模板的转角。为作横向吃刀，小拖板必须转过 90°。

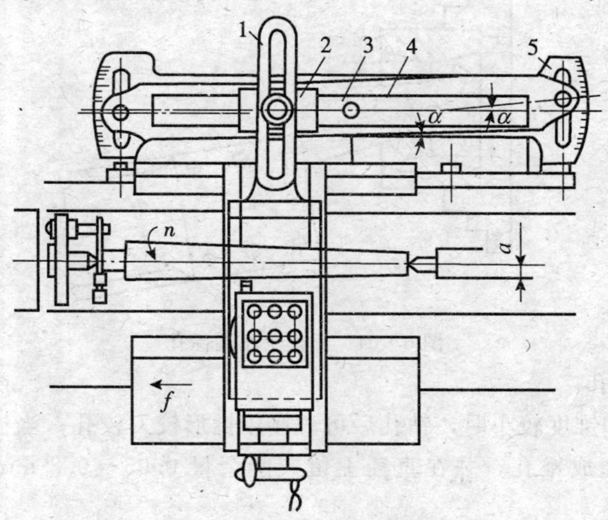


图 6-62　靠模法车圆锥面

## 三、车圆锥孔的方法

车削圆锥孔时，应使锥孔大端直径的位置在外端。其车削方法有以下几种。

1. 转动小拖板法

先用小于锥孔小端直径 $d$ 的钻头钻孔，并应用前述转动小拖板角度的方法，使其与工件中心线成 $\frac{\alpha}{2}$ 角度，然后用镗刀镗削。

如果要车削配套的圆锥表面，就需先车好圆锥体，不要变动小拖板角度，把镗刀反装使刀刃向下（图 6-63），镗刀从外向里进给（主轴仍正转），直到车至需要尺寸为止。用这种方法可以获得很好的圆锥配合表面。

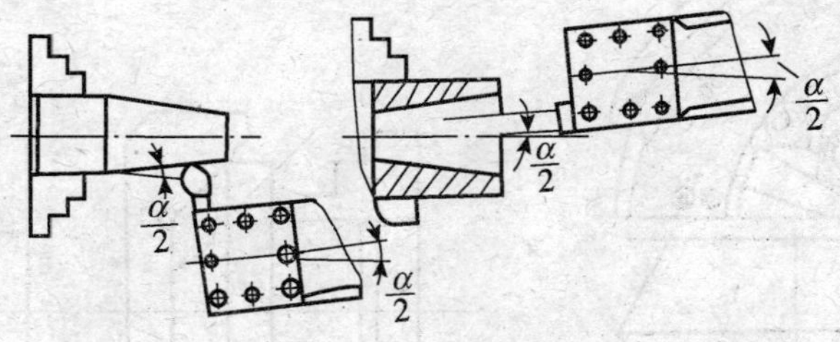


图 6-63　车削配套圆锥面的方法

对于左右对称的圆锥孔工件，一般也可以用上述方法来保证配合精度，车削方法如图 6-64 所示。先把外端圆锥孔加工正确，不变动小拖板的角度，把镗刀反装，摇向对面再车削里面的一个圆锥孔。这种加工方法，不但可使两对称圆锥孔锥度相等，而且工件不需卸下，所以两锥孔可获得很高的同轴度。

2. 靠模法

当工件锥孔的圆锥半角$\frac{\alpha}{2}$小于12°时，可采用图6－64的靠模装置，这时只要将靠模板转到与车圆锥体相反的位置就可以了。

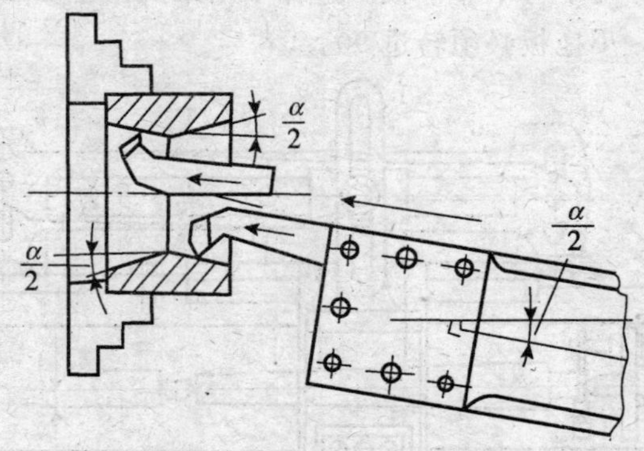


图6－64 靠模法车圆锤孔

3. 车、铰圆锥孔

当锥孔的直径和锥度较小时，钻孔后可直接用锥形铰刀铰孔；当锥孔的直径和锥度较大时，钻孔后先粗镗成锥孔，并在直径上留铰削余量0.05～0.2 mm，然后用铰刀进行铰孔。

用高速钢锥铰刀铰孔时，切削速度选用48 m/min以下。为了减小切削力和降低表面粗糙度，铰削钢料应用乳化液或切削油做冷却润滑液，铰削铸铁时可用煤油。

## 四、圆锥的测量

1. 用万能量角器测量

万能量角器测量圆锥体的方法如图6－65所示。

2. 用样板测量

对工件锥角精度要求不高而生产批量又较大时，可用专用角度样板来测量，如图6－66所示。

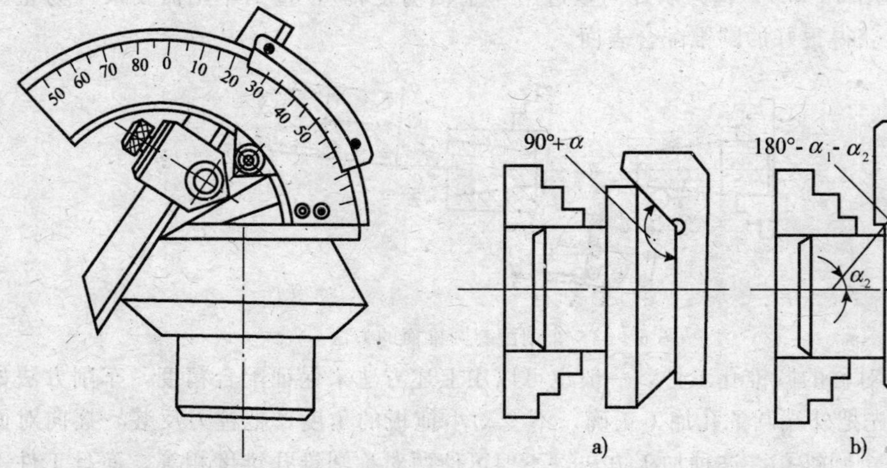


图6－65 用万能量角器测量角度

图6－66 用样板测量角度

3. 用锥形塞规和锥形套规测量

在测量标准的圆锥体或圆锥孔时，可用圆锥环规和圆锥塞规，如图 6－67 所示。如果要测量非标准圆锥体或圆锥孔，也可用自制的锥形套规或锥形塞规。

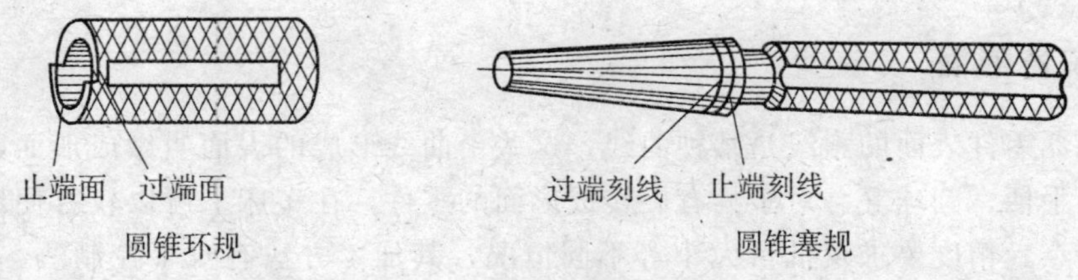


图 6－67　锥形塞规和套规

用锥形塞规测量锥孔时，先在塞规表面上沿着锥体母线用显示剂（红丹粉）均匀地涂上 2～3 条线，然后把塞规放入锥孔中转动半周，观察显示剂被擦去的情况。如果母线全长上显示剂被均匀地擦去，说明锥体接触良好，锥度正确；若小端（或大端）被擦去，大端（或小端）没有被擦去，说明孔的圆锥角大（或小）了。测量圆锥体方法与上述相同，但显示剂应涂在工件上。圆锥直径尺寸的检验如图 6－68 和图 6－69 所示。当锥孔（或锥体）端面处在塞规两条刻线（套规台阶端面）之间时，即为合格。

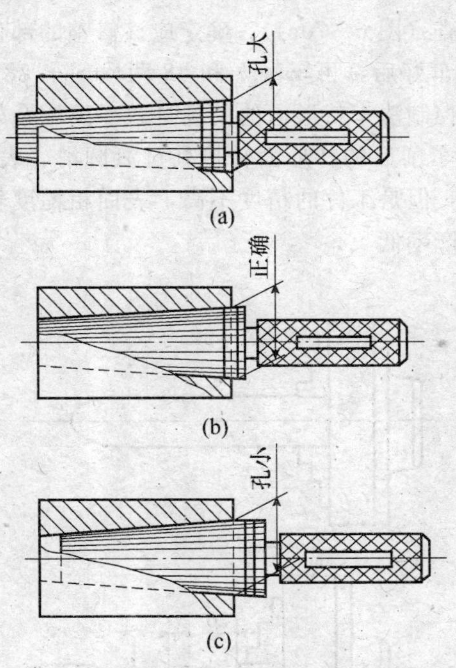


图 6－68　用锥形塞规测量圆锥孔

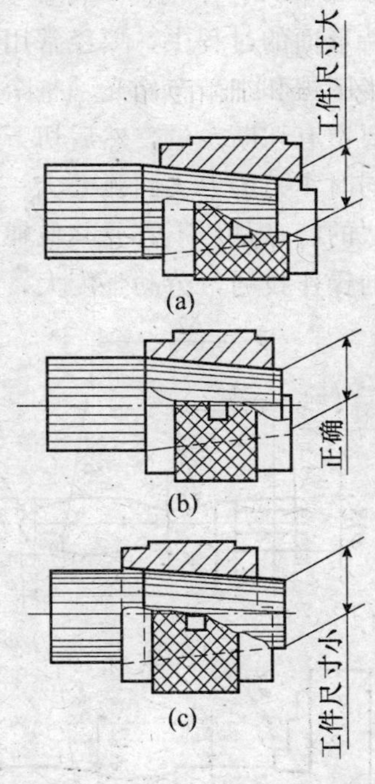


图 6－69　用锥形环规测量圆锥体

# 第八节　车特形面和滚花

## 一、车特形面

有些机器零件表面的素线是某种曲线，这些由曲线形成的表面叫做成形面，也叫特形面，例如摇手柄、圆球等。对于具有旋转成形面的零件，在车床上可以较方便地加工。根据零件的特点、精度要求及批量大小等不同情况，其加工方法有双手控制法、成形刀法、靠模法等。

### （一）双手控制法车特形面

数量较少或单件的特形面零件，可采用双手控制法进行车削。就是用双手同时转动中、小（或大、中）拖板手柄，通过双手的合成运动，车出所需要的特形面。

机床上使用的摇手柄车削方法如图 6－70b)，c)，d) 所示。

加工时，先把棒料外圆车至 20.2～20.3 mm，接着车 $R7$ 和 $R62$ 曲面。车削时，一般由工件高处向低处车削，同时走刀要均匀。右端曲面车好后，再车 $R62$ 左端部分和 $R25$ 曲面（图 6－70c)）。车削时，除了要使曲面转接处圆滑过渡外，还要控制 $\phi12$ mm 的尺寸。在车特形面的过程中，要经常用样板检查（图 6－70c)），确定应该修整的部位。最后还要用细半圆锉和细砂布修光。整个特形面车好后，再车 $\phi18$ 和 $\phi8$ 两段。车 $\phi8$ 这段时，在长度上要留有切断余量，然后切下。双手控制法车特形面的关键是双手要配合好，走刀要均匀，同时车刀的刀尖圆弧要大一些，使车削后的特形面转接处过渡圆滑、表面光洁。双手控制法的特点是：不需要其他辅助工具，但是工件的精度不高，表面粗糙度较大，需要较熟练的操作技巧，劳动强度大，而且生产率低。

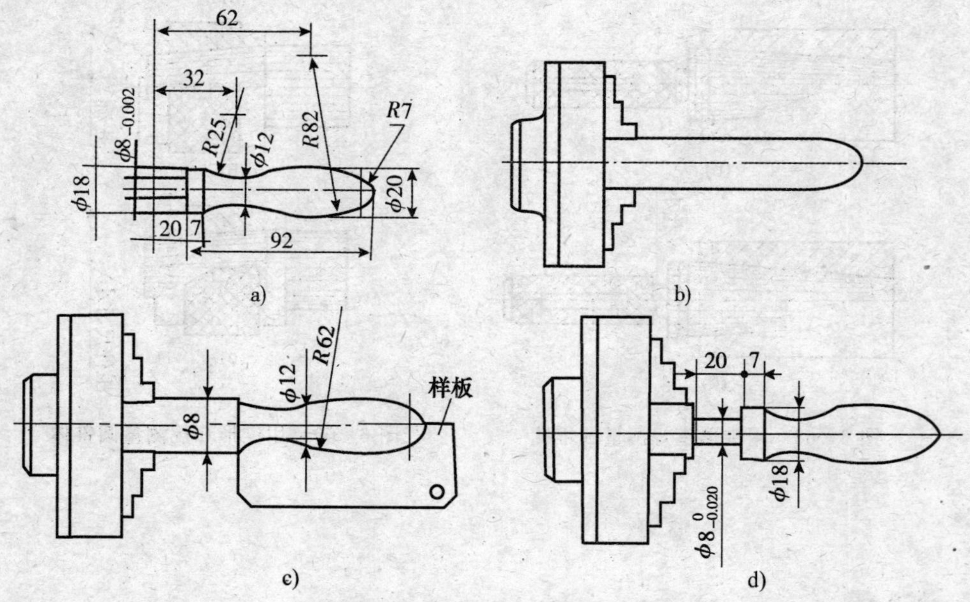


图 6－70　车摇手柄步骤

## （二）用成形刀车特形面

为了提高生产率，成批车削成形表面时，可采用刃口与工件表面形状相吻合的成形刀车削，也可以达到较高精度。

1. 成形刀

（1）棱形成形刀。这种成形刀由刀头和刀杆组成（图 6－71b)），刀头的刃口按工件形状刃磨，后部有燕尾，安装在刀杆的燕尾槽中，用螺钉紧固。刃磨时只需刃磨前面。这种成形刀重磨次数多，但制造比较复杂。

（2）圆形成形刀。这种成形刀是用一个圆轮制成并安装在弹簧刀杆上的（图 6－71c)）。为防止切削时圆轮转动，在侧面做出端面齿（小直径圆形样板刀不做出端面齿，靠端面紧固后的摩擦来防止圆轮转动)，如图 6－71d）所示。在圆轮上开有缺口，使它具有前刀面，并形成刀刃。为形成后角，刃口要比圆轮中心低一些。

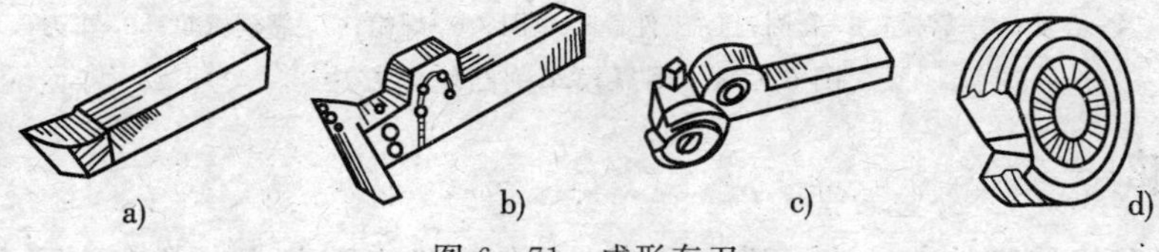

图 6－71　成形车刀

2. 成形刀的使用方法

应用成形刀车削特形面的方法如图 6－72 所示。安装成形刀时，刃口应与工件中心同高，否则工件形状会发生畸变。

由于车刀与工件的接触面较大，切削时容易产生振动，所以应采用较低的切削速度和较小的进给量，也可以采用反切法（工件反转，样板刀反装）。另外，要根据工件材料选择合适的切削液。

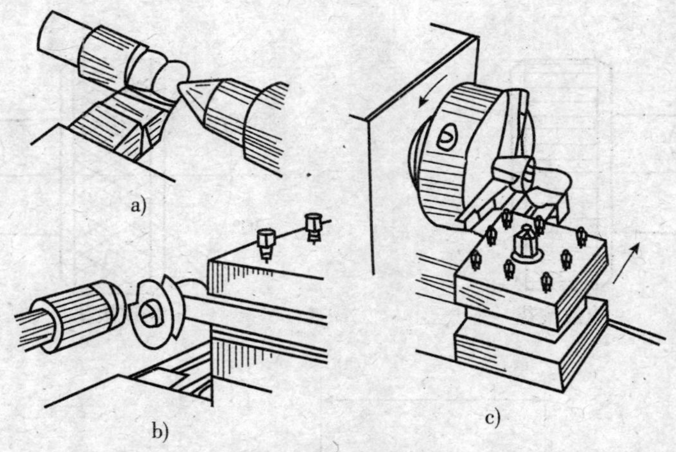

图 6－72　用成形刀车削特形面的方法

## （三）用靠模法车削特形面

数量较多、精度要求较高的零件的特形面，可以采用靠模法车削。靠模车削的基本原理与用靠模车锥度相似，只要把锥度靠模板换成带有所需曲线的靠模板就可以。

图 6－73 所示为用靠模车削凸轮的方法，在主轴锥孔中插一根心轴 1，心轴上装一个淬硬的靠模 2 和工件 4，中间用套圈 3 隔开，工件和靠模用垫圈 5 和螺帽 6 紧固。在中拖

板上装一靠模杆，抽去中拖板丝杠，用弹簧或重锤把中拖板上层板与床身外侧连接起来，使滚轮始终与靠模2接触，这样车刀8就会车出跟靠模形状相同的零件。因为凸轮是凹凸不平的，所以转速不宜太高。把小拖板转过90°，可代替中拖板吃刀。

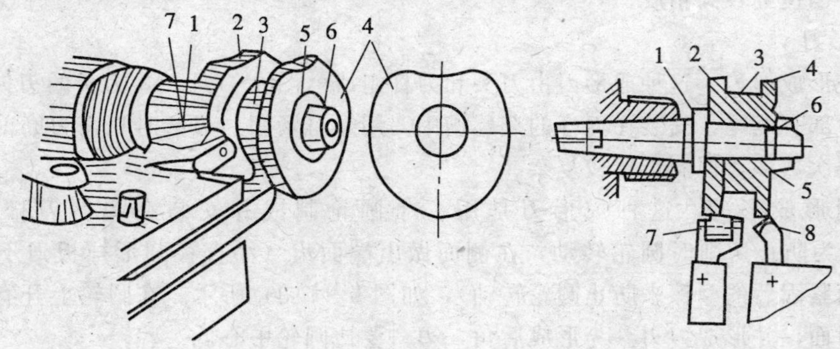


1-心轴；2-靠模；3-套圈；4-工件；5-垫圈；6-螺帽；7-靠模宽轮；8-车刀

图6-73　用靠模车削凸轮的方法

## 二、滚花

有些工具和机器零件上，为了增加摩擦力和使零件表面美观，常在表面上滚出各种不同的花纹。例如，百分尺的套管、各种滚花手柄、螺帽等。这些花纹一般是在车床上用滚花刀挤压工件表面，使其产生塑性变形而形成的。

滚花有直纹滚花和网纹滚花两种（图6-74a)）。滚花花纹的形状是假定工件直径为无穷大时花纹的垂直截面（图6-74b)）。滚花花纹粗细由模数（$m$）和节距（$P=nm$）决定。$m=0.2$是细纹，$m=0.3$是中纹，$m=0.4$和0.5是粗纹。花纹的粗细应与工件直径和宽度大小相适应。滚花后工件直径大于滚花前直径，其增加量$\Delta$为$(0.8\sim1.6)m$。

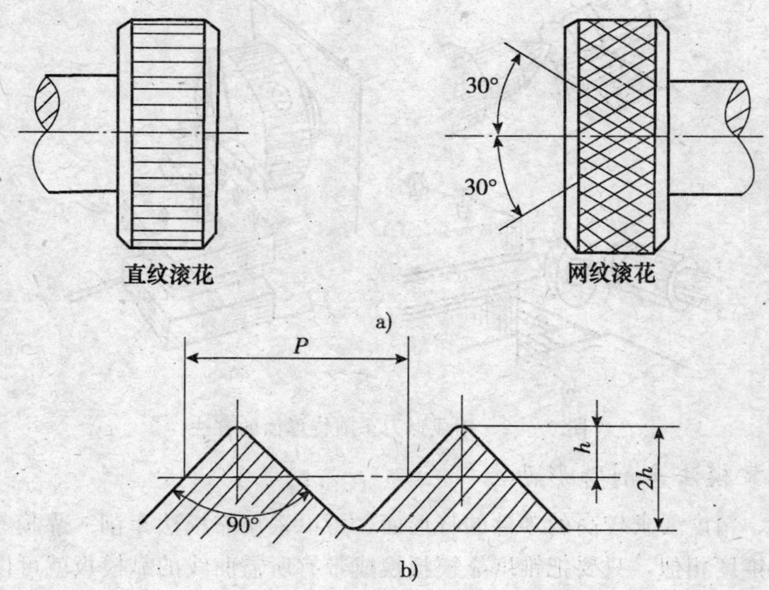


图6-74　滚花形式和截面形状

工件上的花纹形状由滚花刀滚出。滚花刀有单轮式、双轮式和六轮式三种（图 6－75）。单轮式只能滚出一种直纹，双轮式能滚出一种网纹，六轮式可以滚出粗、中、细三种不同节距的网纹。

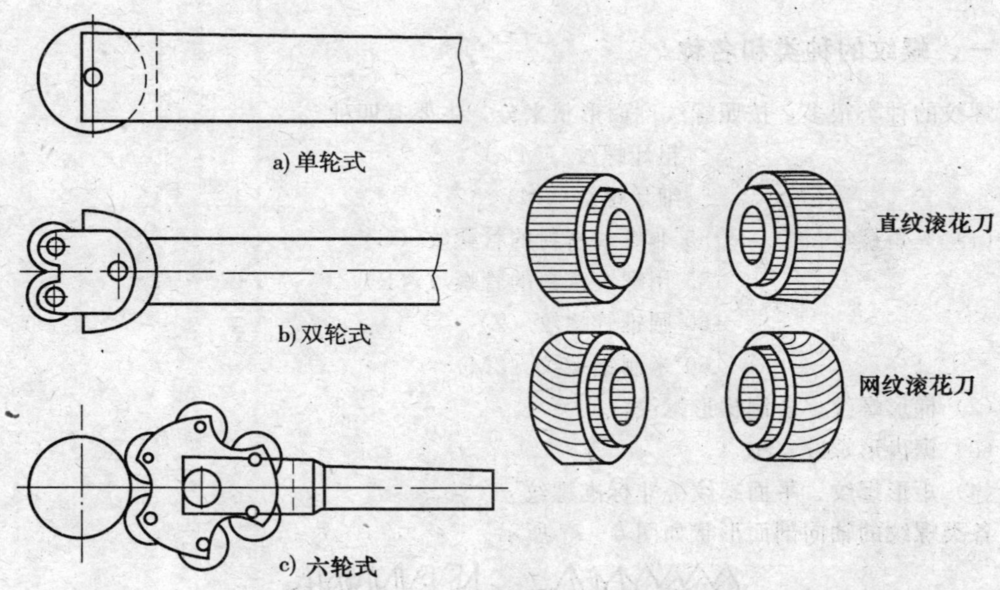


图 6－75　滚花刀的种类

滚花时，先将工件直径车到 $D-\Delta$，表面粗糙度 $Ra<12.5\ \mu m$，然后把选好的滚花刀装在刀架上，使滚轮对准工件中心，如图 6－76 所示。转动纵横手柄，取滚花刀半个宽之长，从工件右边压入工件，待花纹清晰后，再作纵向慢走刀。开始滚压时，须用较大压力进刀，使工件压出较深的花纹，否则容易产生乱纹（俗称破头）。这样来回滚压几次，直到花纹饱满为止。在滚花过程中，必须经常加润滑油和清除切屑才能保证质量，选用的主轴转速不宜过高。

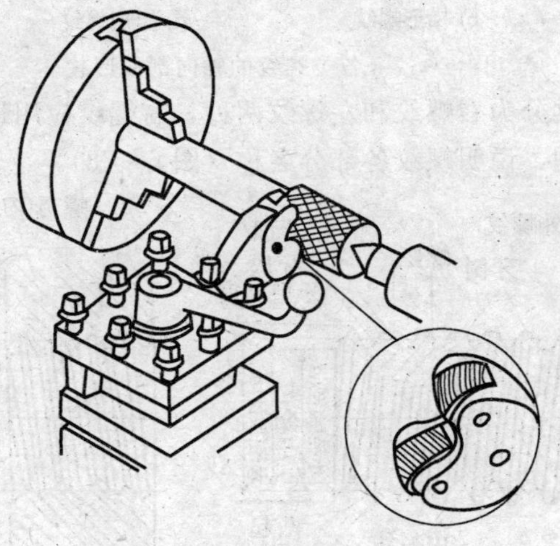

图 6－76　滚花方法

# 第九节　车螺纹

## 一、螺纹的种类和名称

螺纹的种类很多，按照螺纹剖面形状来分，主要有四种。

(1) 三角螺纹
- 普通螺纹
  - 粗牙螺纹（M）
  - 细牙螺纹（M）
- 管螺纹
  - 55°非螺纹密封的管螺纹（G）
  - 55°用螺纹密封的管螺纹（R）
  - 60°圆锥管螺纹（Z）
  - 60°米制锥螺纹（2M）

(2) 梯形螺纹、公制梯形螺纹（Tr）

(3) 锯齿形螺纹（S）

(4) 矩形螺纹、平面螺纹等非标准螺纹

各类螺纹的轴向剖面形状如图 6－77 所示。

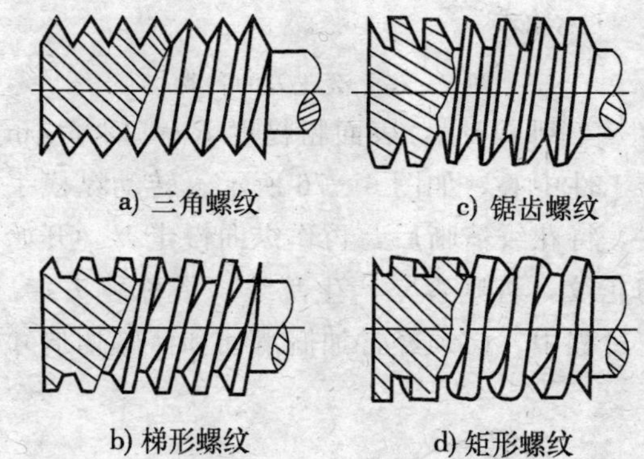


图 6－77　各类螺纹的轴向剖面形状

根据螺旋方向，螺纹分为右螺纹和左螺纹两种，右螺纹应用最多。

下面以普通螺纹为例，说明螺纹各部分名称（图 6－78）。

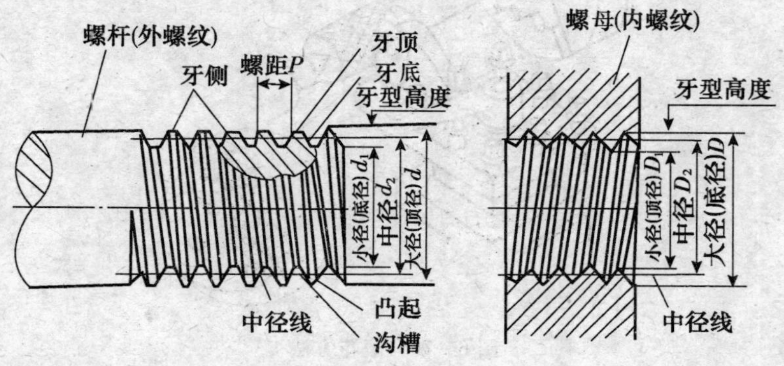


图 6－78　螺纹的各部分名称

(1) 大径（$d$ 或 $D$）：与外螺纹牙顶或内螺纹牙底相重合的假想圆柱的直径称为大径。

(2) 小径（$d_1$ 或 $D_1$）：与外螺纹牙底或内螺纹牙顶相重合的假想圆柱的直径称为小径。

(3) 中径（$d_2$ 或 $D_2$）：是一个假想圆柱的直径，该圆柱的母线通过牙型上沟槽和凸起宽度相等的地方。

(4) 螺距（$P$）：是指相邻两牙在中径线上对应两点间的轴向距离。

(5) 导程（$L$）：是指在同一条螺旋线上，相邻两牙在中径线上对应两点间的轴向距离。对于单头螺纹，导程等于螺距；对于多头螺纹，导程等于螺距和螺纹线数（$n$）的乘积。

(6) 螺纹升角（$\varphi$）：在中径圆柱上螺旋线的切线与垂直于螺纹轴线的平面间的夹角称为螺纹升角。

(7) 牙型角（$\alpha$）：是指在螺纹牙型上，相邻两牙侧间的夹角。

## 二、螺纹车刀及其安装

螺纹车刀几何形状的特点是它的切削部分形状与螺纹轴向剖面的形状相符，如普通螺纹车刀的刀尖角为 60°，而英制螺纹车刀的刀尖角为 55°，同时刀尖角与刀杆的轴线应对称。

螺纹车刀如果具有径向前角则切削顺利，但有了径向前角又会影响牙型的准确性，因此对精度要求不高的螺纹可采用带径向前角的车刀，但精度要求较高的螺纹，车刀的径向前角最好为零。为使切削顺利和保证螺纹的加工质量，精车螺纹时也可采用带径向前角的螺纹车刀，但必须根据径向前角 $\gamma_p$ 的大小对刀尖角 $\varepsilon_\gamma$ 进行修正。

图 6－79 所示为径向前角为 $\gamma_p$ 时，刀尖角 $\varepsilon_\gamma$ 与螺纹牙型角 $\alpha$ 的关系

$$\tan\frac{\varepsilon_\gamma}{2}\approx\tan\frac{\alpha}{2}\cos\gamma_p$$

若 $h$（螺纹深度）$<12$ 时，可采用近似的公式计算

$$\varepsilon_\gamma\approx\alpha\cdot\cos\gamma_p$$

**【例 6－1】** 车普通螺纹时，车刀磨有 $\gamma_p=15°$ 的径向前角，求车刀刀尖角修正后的度数。

**解：**

$$\tan\frac{\varepsilon_\gamma}{2}=\tan\frac{\alpha}{2}\cos\gamma_p=\tan\frac{60°}{2}\times\cos 15°=0.5774\times0.9659=0.5577$$

$$\frac{\varepsilon_\gamma}{2}=29°09'$$

$$\varepsilon_\gamma=58°18'$$

显然，如果采用有前角的螺纹车刀，它的刀尖角仍磨成 60°，则车出螺纹的牙型角要大于 60°。

磨有径向前角的螺纹车刀尽管刀尖角经过修正，但车刀直线刀刃所在的平面延伸出去已不通过螺纹中心，所以螺纹轴向剖面内的牙型两侧边为曲线。前角越大，牙型直线性越差。牙型的这一误差对于精度要求不高的螺纹是可以忽略的，但对于精密螺纹一般是不允许的。如果精车精度要求高的螺纹时，径向前角可取 0°～5°。

螺纹车刀的刀头材料可用高速钢或硬质合金。高速钢螺纹车刀刃磨比较方便，容易得到比较锋利的刃口，韧性好，刀尖不易崩裂，故常用于钢件螺纹的精加工；前角一般取5°～10°，两侧刃后角取6°～8°。硬质合金螺纹车刀（图6－80）刃磨时容易崩裂，车削时怕冲击和振动，所以在低速切削螺纹时用得较少，而多用于高速切削螺纹；其前角为0°，两侧刃后角取4°～6°。

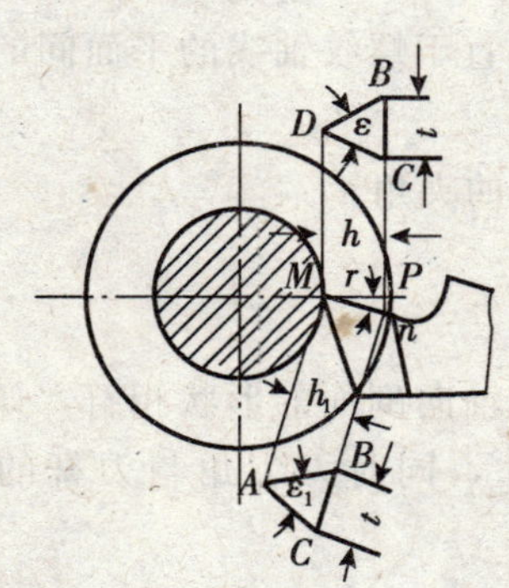

图6－79　径向前角对刀尖角的影响

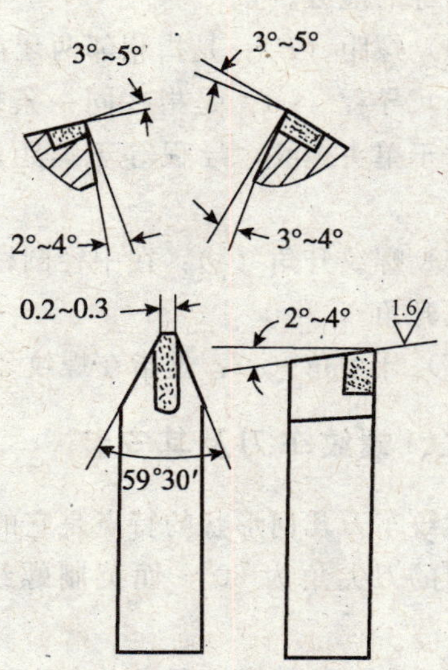

图6－80　硬质合金螺纹车刀

螺纹车刀的安装正确与否，对螺纹的精度将产生一定的影响。若装刀有偏差，即使车刀的刀尖角刃磨得十分准确，加工后的螺纹仍会产生牙型误差。因此，要求装刀时注意以下几点：

（1）刀尖应与工件轴线等高，否则影响实际工作前角大小，从而影响到牙型角。

（2）左右刀刃要对称，否则车出螺纹牙型不正（俗称倒牙）。

（3）刀杆安装时不宜伸出太长，以免切削时引起振动。

为此，车螺纹时一般用对刀样板进行对刀，如图6－81所示。

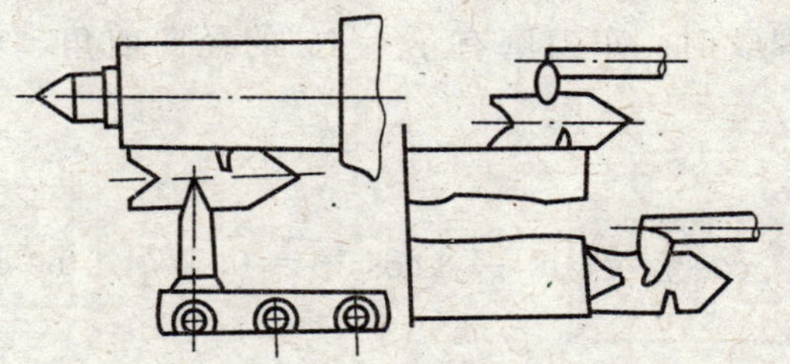

图6－81　用样板安装螺纹车刀

## 三、机床的调整

为了在车床上车出螺距合乎要求的螺纹，车削时必须保证工件（主轴）转一转，车刀纵向移动的距离等于工件一个螺距值的传动关系。这就是说，如果车螺纹的螺距和车床丝杠的螺距是已知的，则车床主轴和丝杠必须保证一定的转速比。在普通车床中，这个速比关系在设计进给箱和挂轮时已考虑进去，只要正确地调整机床就可以了。调整机床包括以下几项内容：

（1）调整运动关系，使得机床的进给系统保证工件（主轴）每转一圈，车刀移动量等于被车螺纹的螺距（或导程）。在卧式车床上车螺纹，一般不要计算，只需直接按车床铭牌去变换手柄位置和搭配交换齿轮，即可得到所需要的运动关系。

（2）调整运动件的间隙，使得机床操纵灵活而误差又最小，如变换齿轮啮合的松紧（宜保持齿侧间隙为 0.1～0.15 mm），大、中、小拖板配合的松紧。拖板配合紧了，操作不灵活；松了，切削时容易振动或产生扎刀现象。车精密的传动螺纹还要注意主轴轴向窜动和径向跳动，以及丝杠的轴向窜动等。

## 四、三角螺纹的车削

1. 车削方法

车削螺纹时，一般分粗车、精车两次车削。如果螺纹精度要求不高，粗车刀和精车刀可以不分，一次车削完成。

（1）粗车螺纹

先正确安装螺纹车刀，然后按下开合螺母，用正车进行第一次走刀，切出螺纹线。这时用钢尺或螺距规检验螺距，如果螺距符合要求，可以增加吃刀深度，按第一次走刀方法继续车削，直至留有 0.2 mm 精车余量为止。

（2）精车螺纹

精车螺纹的方法基本上与粗车相同。若换装了精车刀，在车第一刀时，必须先对刀，使刀尖对准工件上已切出的螺纹槽中心，然后再开始车削。车削螺纹的具体操作过程，可参照图 6 - 82 的顺序进行。

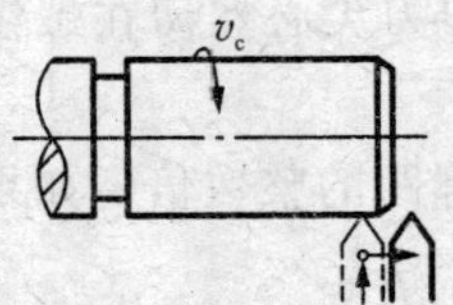


a）开车，使车刀与工件轻微接触，记下度盘读数，向右退出车刀

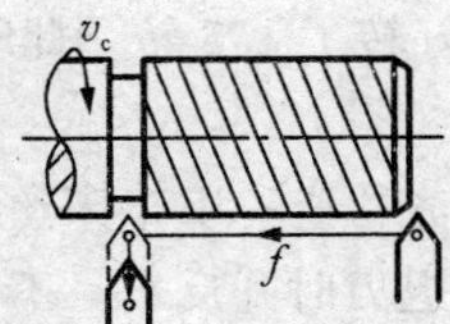


b）合上开合螺母，在工件表面上车出一条螺旋线，横向退出车刀

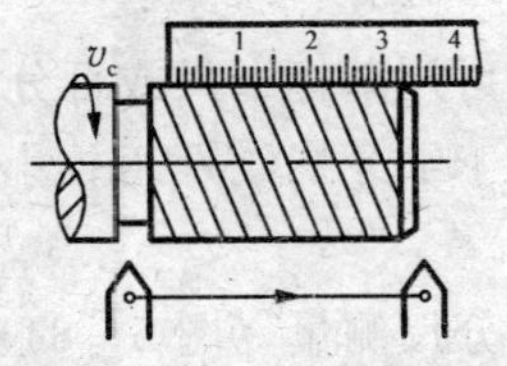


c）开反车使车刀退到工件右端，停车，使用钢尺检查螺距是否正确

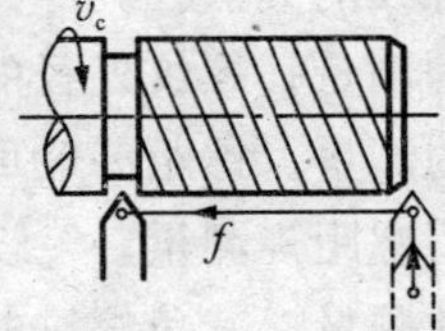


d）利用度盘调整背吃刀量，进行切削

图 6 - 82　车削右螺纹的过程

车削进刀方式有直进法、左右切削法和斜进法三种（图 6 - 83）。螺距较小时，可用直进法；粗车较大螺距螺纹时，可用斜进法；一般多用左右切削法，即在每次径向进刀的同时，使用小拖板作轴向左右进刀。

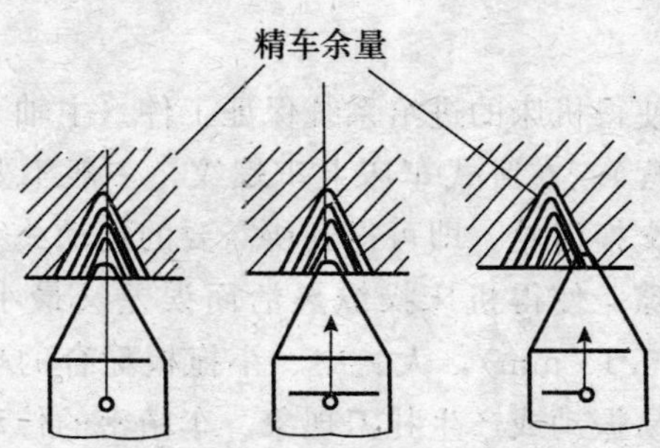


图 6-83 车螺纹的进刀方式

2. “乱扣”及其避免方法

车削螺纹时，车刀的移动是靠开合螺母与丝杠的啮合而带动拖板刀架，一条螺纹槽要经过多次走刀才能完成。如果退刀时打开开合螺母，让大拖板回到起始位置，那么闭合开合螺母再次走刀时，就有可能发生车刀刀尖不在前一刀所车出的螺旋槽内，而是偏左或偏右，以至于把螺纹车坏，这种现象叫做“乱扣”。

车螺纹时是否会“乱扣”，主要取决于车床上丝杠螺距与工件螺距的比值是否是整数。若是整数，就不会“乱扣”；若不是整数，就会发生“乱扣”现象。

例如：车床上一丝杠螺距为 12 mm，工件螺距为 1.5 mm，则其传动比 $i=\frac{\text{工件螺距}}{\text{丝杠螺距}}=\frac{1.5}{12}=\frac{1}{8}$，即丝杠转 1 转时，工件整整转了 8 转。这样，不论在什么时候合上开合螺母，车刀刀尖总是落在螺旋槽内，而不会“乱扣”。

再如，车床丝杠螺距为 12 mm，工件螺距为 8 mm，则传动比 $i=\frac{8}{12}=\frac{1}{1.5}$，即丝杠转 1 转时，工件恰好转了 1.5 转。此时合上开合螺母，车刀刀尖必然切在螺纹的牙顶上，而产生“乱扣”。

车螺纹时，先检查一下车床丝杠的螺距是否是工件螺距的整数倍，如果不是，为避免“乱扣”，可采用退刀时开反车，不抬起开合螺母的倒顺车法。

3. 螺纹的测量方法

螺纹的测量方法随螺纹的精度等级、生产批量和设备条件等而不同。下面介绍几种常用的测量三角螺纹的方法。

(1) 外径的测量。螺纹外径的公差较大，一般可用游标卡尺或百分尺测量。

(2) 螺距的测量。螺距一般可用钢尺测量。由于细牙螺纹螺距较小，用钢尺测量比较困难，所以可用螺距规测量。

(3) 中径的测量。三角螺纹的中径可用螺纹百分尺测量（图 6-84）。它的结构和使用方法与一般外径百分尺相似，只是它的两个测量触头根据牙型角或螺距不同可以调换。测量时，应将 V 形触头放在螺纹牙型上，把锥形触头放到螺纹槽中，同时要垂直于螺纹轴心线。这时所测得的尺寸，就是该螺纹中径的实际尺寸。

以上几种测量方法都属于单项的测量。

(4) 综合测量。螺纹的综合测量可使用螺纹环规和螺纹塞规（图 6-85）。螺纹环规用来测量外螺纹，如果过端能拧进去，而止端拧不进去，说明所车的螺纹合格。螺纹塞规用来测量内螺纹，其测量方法与螺纹环规相同。

测量时，不能用力过大或硬拧，更不能在开车时进行测量。

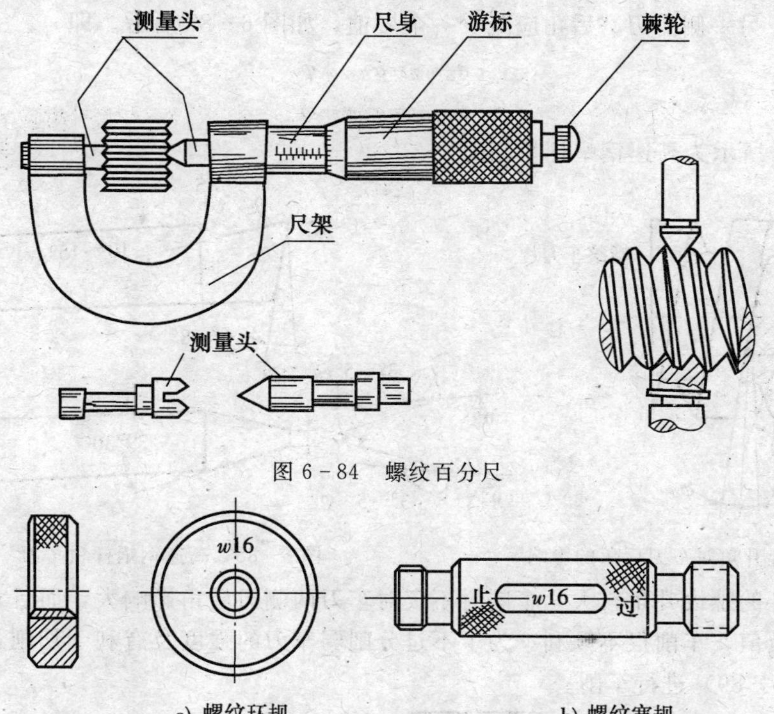


图 6-84 螺纹百分尺

a) 螺纹环规　　b) 螺纹塞规

图 6-85 螺纹量规

## 五、蜗杆和多头螺纹的车削

### （一）蜗杆的车削

蜗杆为减速传动零件，在工作中与蜗轮啮合并将旋转运动传给蜗轮（图 6-86）。由于工作中蜗杆的齿要与蜗轮的齿啮合，所以它的齿距 $P$ 必须等于蜗轮的齿距 $P'$。因此，蜗杆的各部分尺寸是按照蜗轮的齿形来计算的。

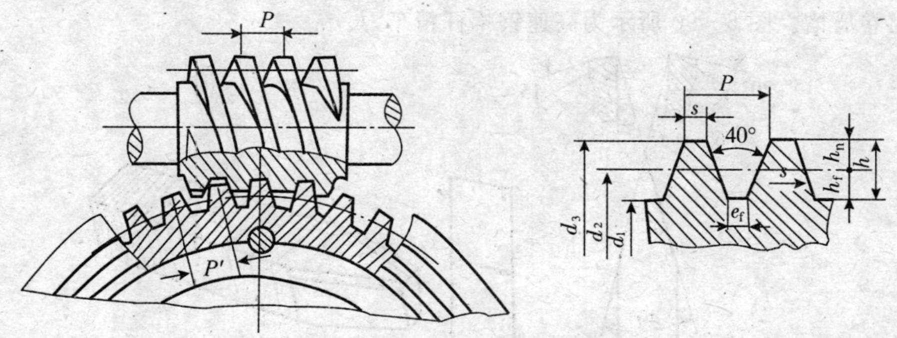


图 6-86 蜗杆和蜗轮啮合图及蜗杆各部分尺寸

蜗杆的齿形和梯形螺纹相似，其牙型角有 40°和 29°两种。蜗杆螺纹各部分尺寸的计算，可参看有关手册。

蜗杆粗车刀要磨出一定的径向前角，以利切削，刀尖角要小于牙型角，刀头宽度要小于蜗杆槽底宽，以留出精车余量。由于蜗杆的螺纹升角较大，车削时顺走刀方向一侧的实际后角减小，另一侧的实际后角增大。车右旋蜗杆时，车刀左侧的刃磨后角应增加一个螺纹升角 $\varphi$ 值，另一侧的刃磨后角应减少一个 $\varphi$ 值，如图 6－87 所示。即

$$\alpha_{左刃磨}=\alpha_{左实}+\varphi$$

$$\alpha_{右刃磨}=\alpha_{右实}-\varphi$$

图 6－88 所示为高速钢蜗杆粗车刀。

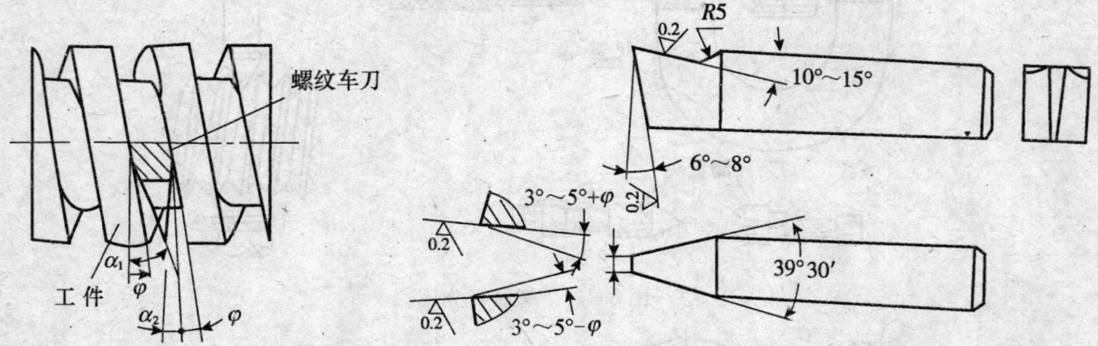


图 6－87　螺旋升角对车刀后角的影响　　　图 6－88　高速钢蜗杆粗车刀

由于蜗杆的螺纹升角较大，车削时不仅对车刀两侧刃后角影响大，而且背走刀方向的刀刃前角成负值，车削很不顺利。为了不过分削弱车刀的强度及有利于切削，可采用可回转刀杆（图 6－89）进行车削。

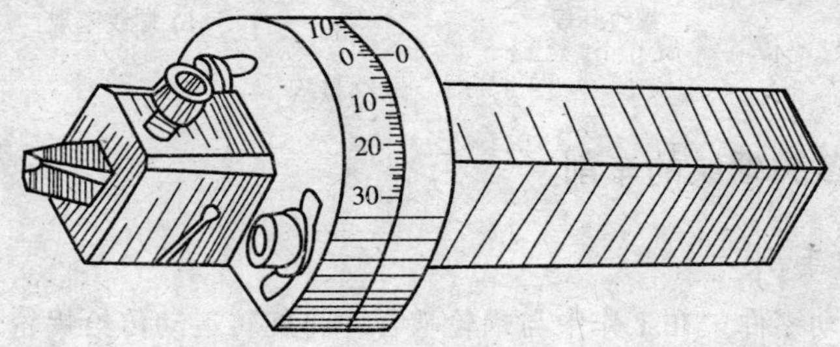


图 6－89　可回转刀杆

蜗杆精车的径向前角应等于零，刀尖角等于牙型角。为便于切削，可在刀刃两侧前面上磨出卷屑槽。图 6－90 所示为高速钢蜗杆精车刀。

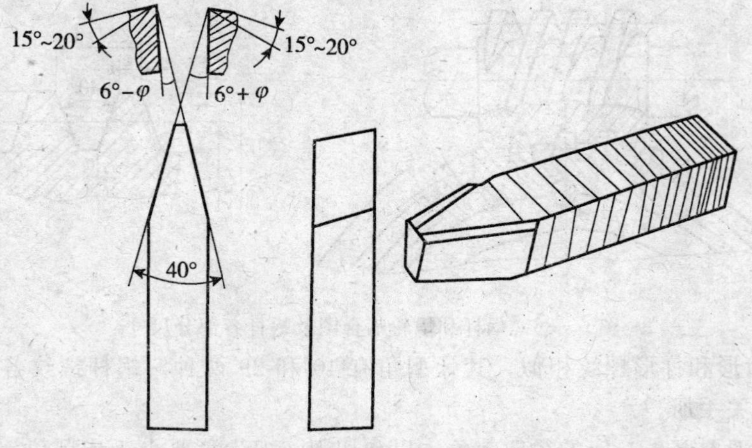


图 6－90　高速钢蜗杆精车刀

车削轴向直廓蜗杆时，车刀两刀刃组成的平面应与工件中心线重合，装刀时可用样板对刀。车削法向直廓蜗杆时，两刀刃组成的平面应垂直于齿面。如图 6-91 所示。

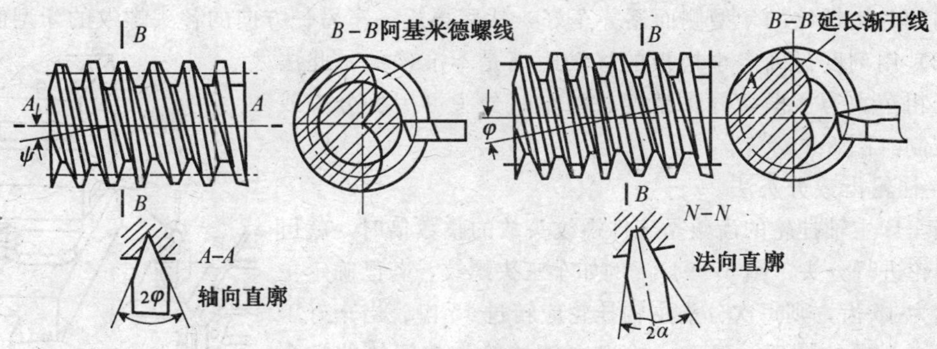


图 6-91　车削不同齿形蜗杆的装刀方法

车削蜗杆时，可根据螺距大小及精度要求，采用一把、两把或三把车刀，分粗、精车两步进行。粗车时，可用左右切削法；精车时，可用直进法。为防止产生振动和“扎刀”，可用两把车刀分别精车左右侧面，以保证获得较高的精度和较好的表面粗糙度。最后用一把刀尖宽等于螺纹槽底宽、刀尖角等于牙型角的精车刀精车蜗杆小径，以保证牙型清晰。

（二）多头螺纹的车削

圆柱体上有两条或两条以上的螺纹叫做多头螺纹。图 6-92 所示为单头和多头螺纹。螺纹头数可根据螺纹末端螺旋槽的数目来区别，或从螺纹的端面上看。

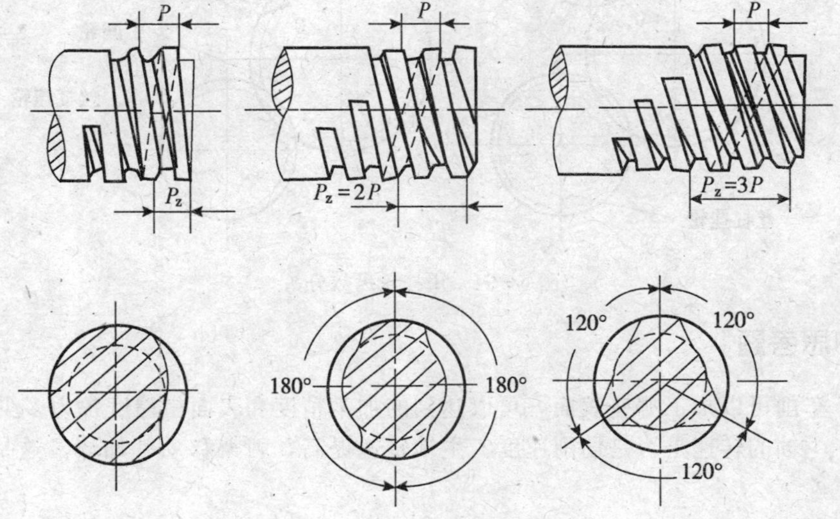


图 6-92　单头和多头螺纹

车削多头螺纹时，主要是解决螺纹的分头方法问题。如果螺纹分头出现误差，工件的螺距就不等，会严重地影响内外螺纹的配合精度，降低使用寿命。

根据多头螺纹的形成原理，分头的方法有以下几种。

1. 小拖板刻度分头法

车好一个螺纹槽后，转动小拖板手柄，使车刀轴向移动一个螺距的距离，就可以车相邻的另一个螺纹槽。采用这种方法必须注意以下几点：

(1) 先要校正小拖板导轨，使它平行于工件的轴线。

(2) 要减少小拖板丝杠与螺母间的间隙所引起的误差。若用左右切削法，必须先将同一方向的各头螺纹的牙型侧面逐一车好，然后再逐一车另一方向的各头螺纹的牙型侧面。

(3) 用刻度盘确定小拖板的移动距离是不准确的，此法多用于粗车。为了提高分头精度，精车时分头可用百分表或块规控制（图 6-93）。

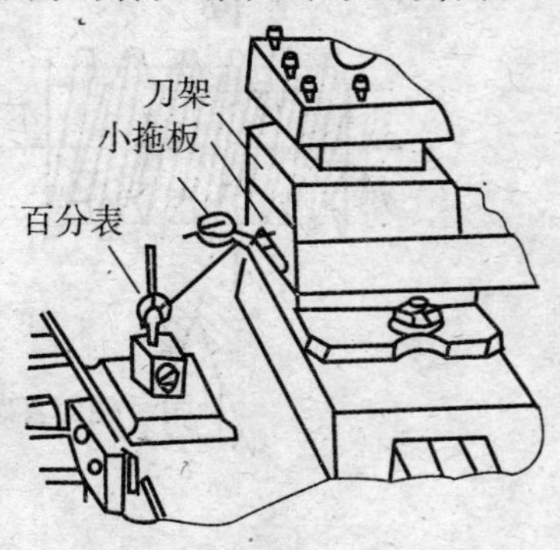


图 6-93 利用百分表分头

2. 挂轮齿数分头法

当车床主轴挂轮的齿数是工件螺纹头数的整数倍时，就可以用挂轮进行分头（图 6-94）。例如车三头螺纹，若已确定主轴挂轮为 45 齿，则每次分头主轴挂轮应转过 15 齿。当车好工件的第一个螺纹槽后，停车，找出主轴挂轮与中间轮的啮合齿，在中间轮的该齿上做记号“0”，在主轴挂轮的啮合齿上做记号“1”，由此数过 15 个齿做记号“2”，再数 15 个齿做记号“3”。随后把中间轮和主轴挂轮脱开，用手转动卡盘，使注有“2”的齿与注有“0”的齿对齐，并将中间轮推进与主轴挂轮啮合。这样就完成了一次分头，可以车第二个螺纹槽了。以后的分头可用同样的方法进行。分头时为了减小误差，齿轮必须向一个方向转动。

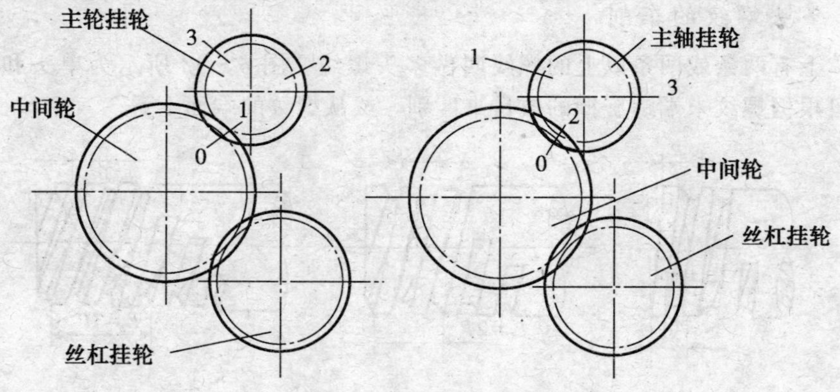


图 6-94 用挂轮齿数分头

## [复习思考题]

6-1 车削可以加工哪些表面，可以达到的加工精度和表面粗糙度各为多少？

6-2 主轴的转速是否是切削速度？主轴转速提高，刀架移动就加快，这是否就指进给量加大了？

6-3 车床上为什么既有光杠又有丝杠？

6-4 什么叫切削用量？它的单位是什么？

6-5 常用的车刀材料有几种？比较它们的切削性能。

6-6 加工 45 钢和 HT200 铸铁时，应选用哪类硬质合金车刀？

6-7 车床上所用夹具的特点是什么？如何选用？

6-8 比较粗车和精车的加工质量、切削用量的差别。

6-9 车削时为什么要开车对刀？

6-10 为什么车削位置精度有要求的各表面时，必须在一次装夹中车削？

# 第七章　刨　削

[刨工实习安全技术]

1. 工作时要穿好工作服，长头发压入帽内，以防发生人身事故。
2. 多人共用一台刨床时，只能一人操作，严禁两人同时操作。
3. 工作台和滑枕的调整不能超过极限位置，以防发生人身事故。
4. 开动刨床后，滑枕前禁止站人，以防发生人身事故。

## 第一节　刨削加工概述

在牛头刨床及龙门刨床上用刨刀切削工件的过程叫刨削加工。刨削可以加工平面及沟槽等，其加工范围见图 7－1。

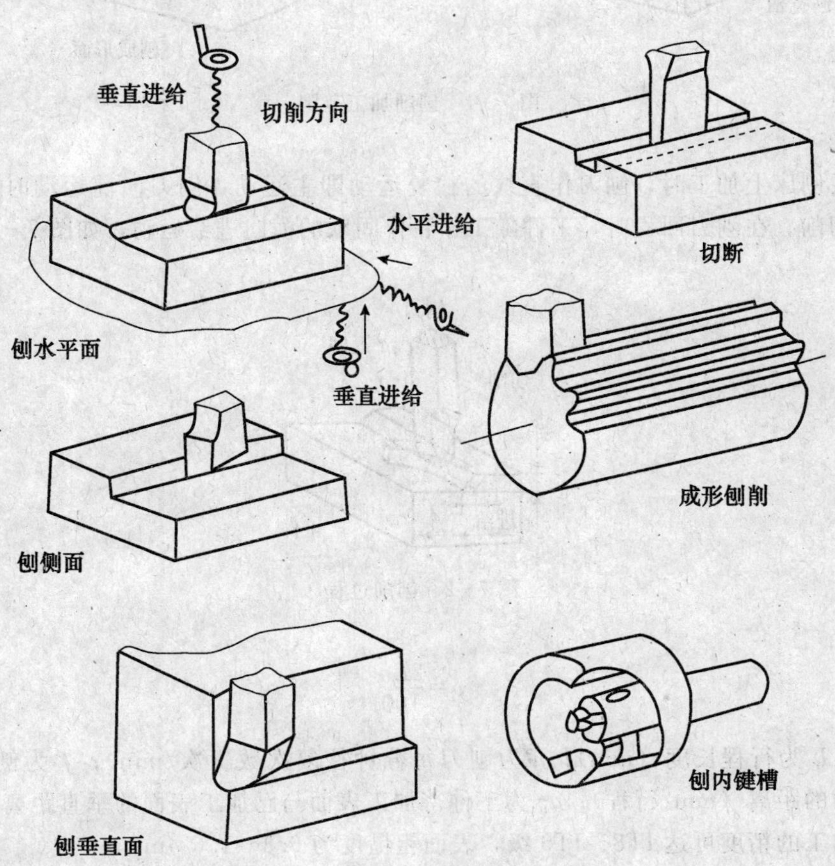

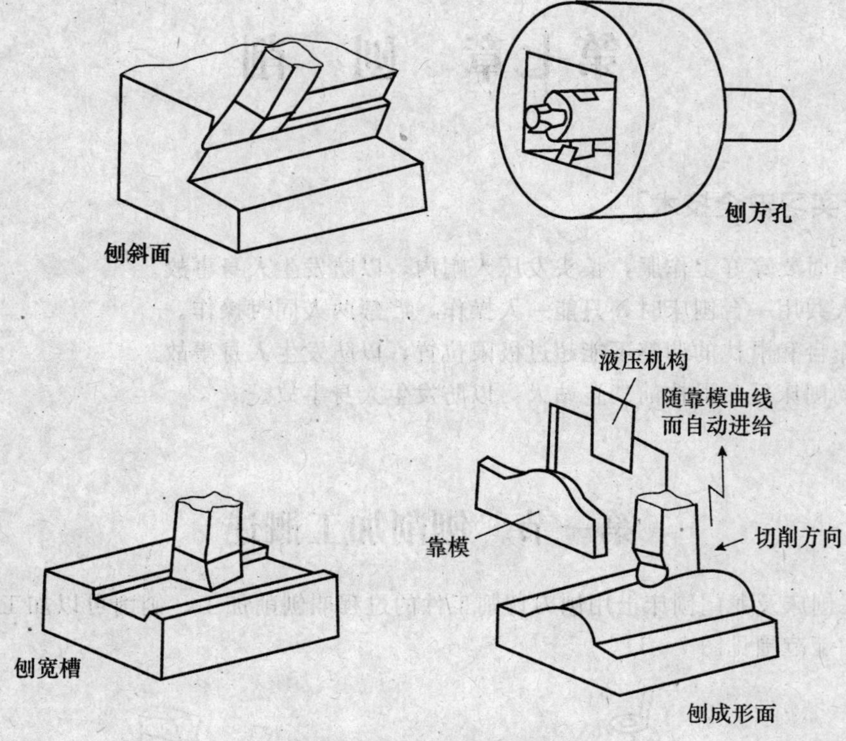


图 7-1　刨削加工范围

在牛头刨床上加工时，刨刀作直线的往复运动即主运动，刨刀向前运动时进行切削，回程时不切削。在刨刀回程时，工件随工作台作间歇的横向进给运动，如图 7-2 所示。

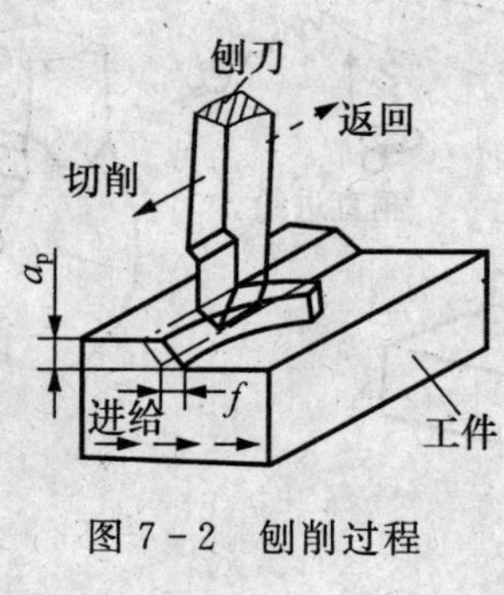


图 7-2　刨削过程

$$v=\frac{2Ln}{100}$$

式中：$L$ 为行程长度（mm）；$n$ 为刨刀每分钟往复次数（次/min）；$f$ 为刨刀往复一次工件移动的距离（mm/行程）；$a_p$ 为工件待加工表面与已加工表面的垂直距离（mm）。

刨削加工的精度可达 IT8～IT9 级，表面粗糙度为 6.3～1.6 μm。

# 第二节 B6065 牛头刨床的结构及其调整

## 一、型号与规格

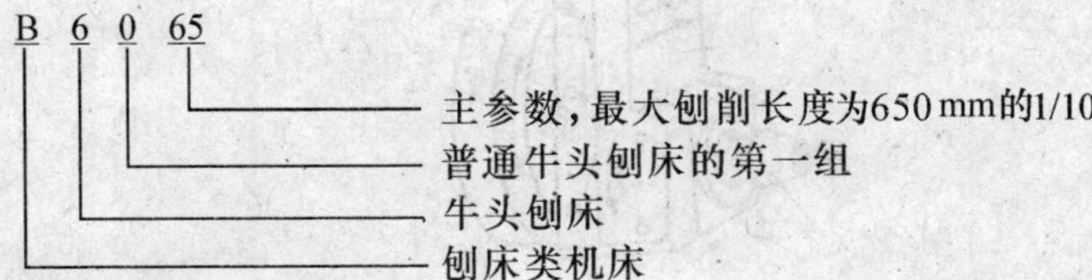


## 二、牛头刨床的组成部分

图 7－3 为牛头刨床的外观图。

（1）床身。用来支承和连接刨床的各部件，顶面有导轨供滑枕作往复运动，侧面导轨供工作台升降。床身内部有传动机构。

（2）滑枕。前端装有刀架，主要用来带动刨刀作直线往复运动。

（3）刀架。刀架用来装夹刨刀，结构如图 7－4 所示。转动刀架手柄时，拖板可沿转盘上的导轨带着刀具上下移动，以实现刨刀的切入。松开转盘上的螺母，将转盘扳转一定的角度后，就可使刀架斜向进给以刨削斜面。松开刀座上的螺母，可使刀座偏转以适应装刀的要求。回程时，抬刀板可以绕刀座上的轴抬起，以减少刀具后面与工件加工表面的摩擦。

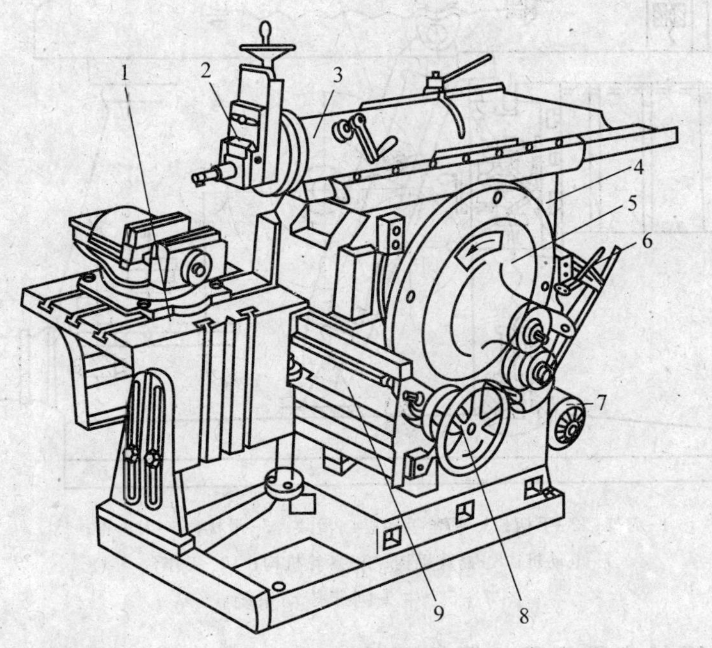


1－工作台；2－刀架；3－滑枕；4－床身；5－摆杆机构；6－变速机构；7－电动机；8－进给机构；9－横梁

图 7－3 牛头刨床外观图

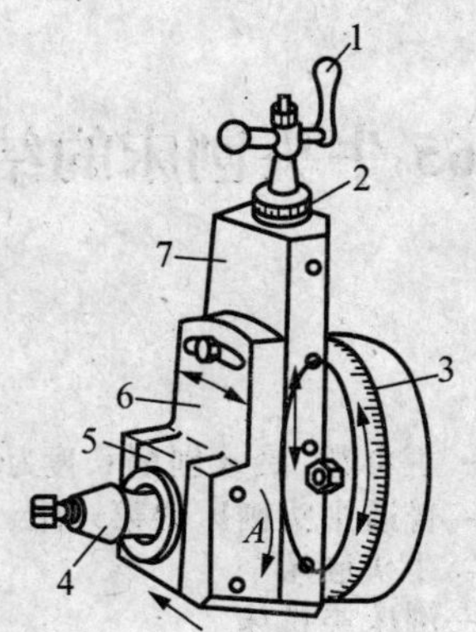


1-手柄；2-刻度盘；3-转盘；4-刀架；5-抬刀板；6-刀座；7-拖板

图 7-4 刀 架

## 三、传动系统（图 7-5）

电动机—变速齿轮系—{大齿轮滑块—摇臂机构—滑枕—刨刀（完成切削运动）<br>棘轮机构—丝杠螺母—工作台（完成进给运动）}

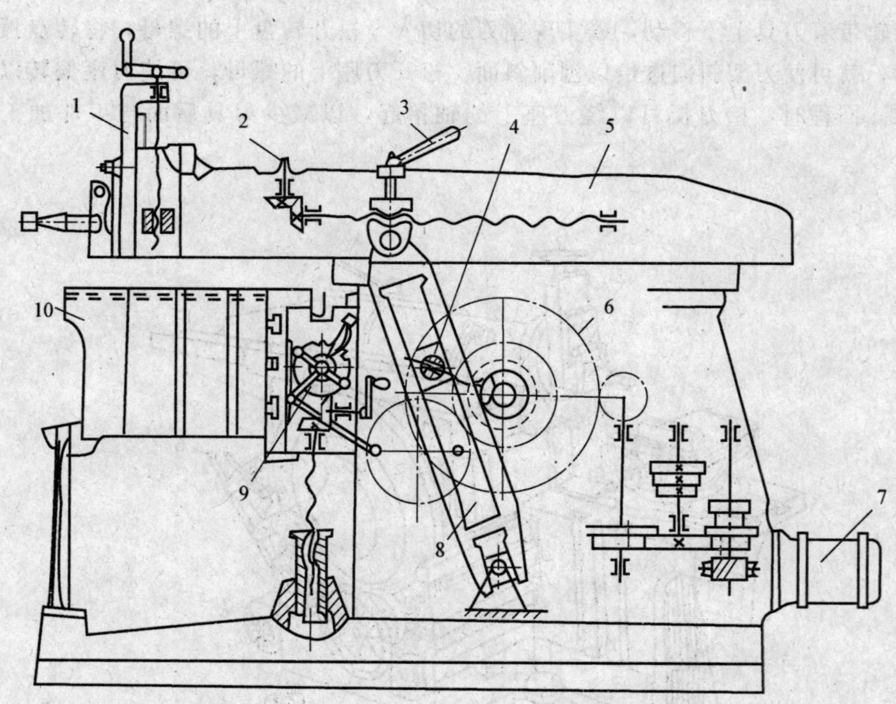


1-刀架；2-手柄；3-锁紧手柄；4-滑块；5-滑枕；6-大齿轮；

7-电动机；8-摇臂机构；9-棘轮机构；10-工作台

图 7-5 牛头刨床传动系统

## 四、滑枕行程长度及行程位置的调整

滑枕的往复直线运动是由摇臂机构完成的，滑枕前端装有刀架。

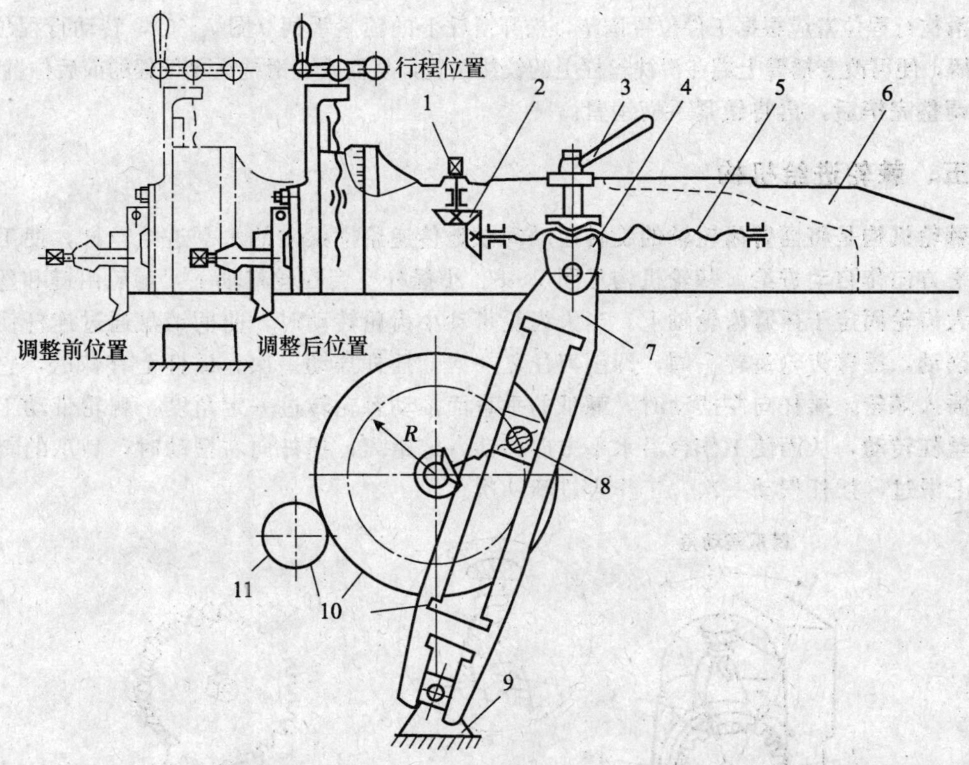


1 -调整手柄；2 -锥齿轮；3 -锁紧手柄；4 -螺母；5 -丝杠；6 -滑枕；
7 -摇臂；8 -偏心滑块；9 -支架；10 -摇臂齿轮；11 -小齿轮

图 7-6　摇臂机构

摇臂机构是由传动齿轮（小齿轮）、摇臂齿轮（大齿轮）和摇臂、偏心滑块、支架组成（图 7-6）。摇臂的下端与支架相连，上端与滑枕的螺母相连，摇臂的滑槽与摇臂齿轮上的偏心滑块相连。当摇臂齿轮由小齿轮带动旋转时，偏心滑块就带动摇臂绕支架左右摆动，因而滑枕作往复直线运动。

滑枕行程长度应略大于工件刨削表面的长度，它是由调整摇臂齿轮上滑块的偏心距来实现的，如图 7-7 所示。转动锥齿轮，丝杠便带动偏心滑块在摇臂齿轮的滑槽内移动，从而改变了滑块在摇臂齿轮上的偏心距。偏心距越大，则滑块的回转半径越大，摇臂摆动的角度亦越大，因而滑枕的行程越长。

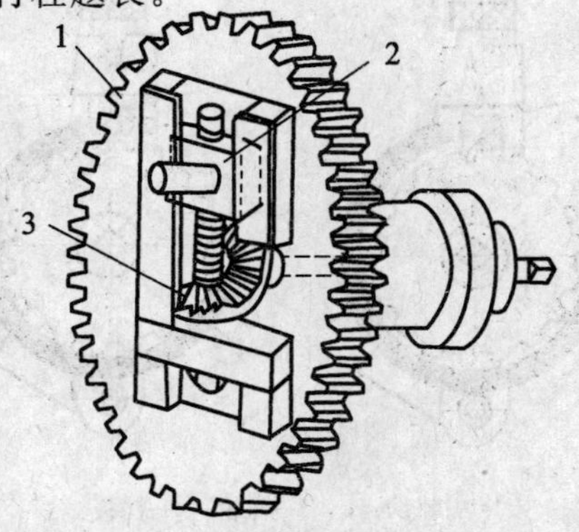


1 -摇臂齿轮；2 -偏心滑块；3 -锥齿轮

图 7-7　偏心滑块的调整

滑枕行程位置应根据工件位置调整，松开滑枕上的锁紧手柄（图 7-6），转动行程位置调整手柄，便可改变摇臂上端在滑枕丝杠上的铰接位置，从而改变滑枕往复行程的前后位置。

调整完毕后，再将锁紧手柄锁紧。

## 五、棘轮进给机构

棘轮机构是将摇臂齿轮轴的旋转运动间歇地传递给横梁内的水平进给丝杠，使工作台在水平方向作自动进给。棘轮机构见图 7-8。小摇杆空套在丝杠轴上，棘轮由键和丝杠相连，大齿轮固定于摇臂齿轮轴上。当大齿轮带动小齿轮转动时，曲柄销盘通过连杆使摇杆往复摆动，摇臂齿轮每转一周，即刨刀往复一次，摇杆摇动一次。摇杆上有棘爪，它借弹簧力插入棘轮。摇杆向左摆动时，棘爪的垂直面推动棘轮转过一定角度，棘轮带动工作台进给丝杠转动，从而使工作台沿水平方向移动一定距离；摇杆向右摆动时，棘爪的斜面从棘轮上滑过，摇杆摆动一次，工作台进给一次。

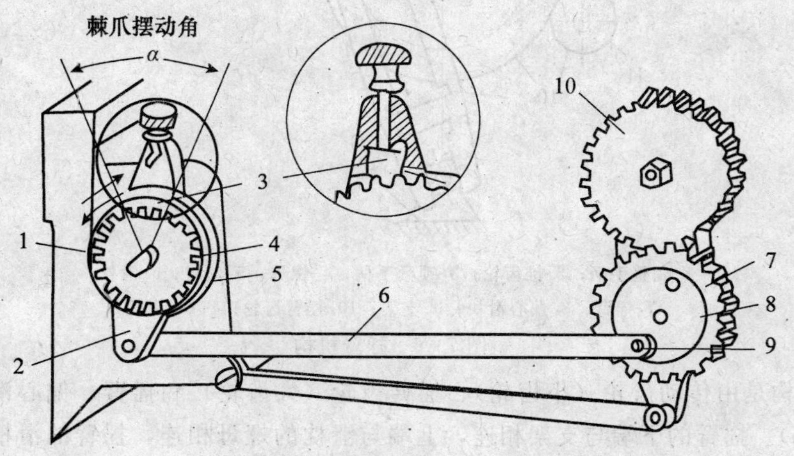


1-工作台丝杠；2-摇杆；3-棘爪；4-棘轮；5-挡板；
6-连杆；7-小齿轮；8-曲柄销盘；9-偏心销；10-大齿轮

图 7-8　棘轮机构

改变棘爪前挡板的位置，可以改变进给量的大小。挡板前露出的齿数就是需拨动的齿数，拨动齿数越多，进给量越大，如图 7-9 所示。

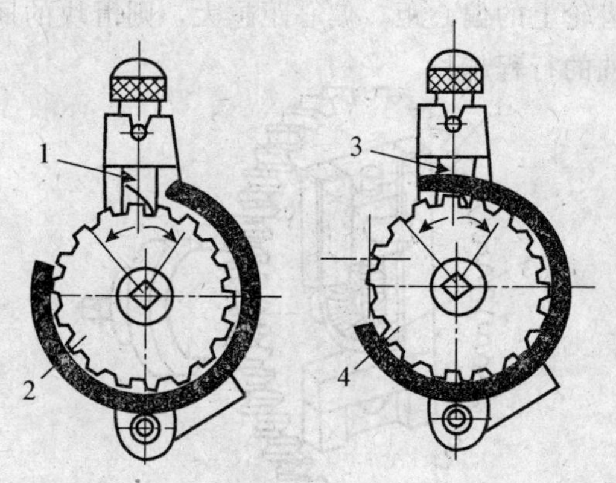


1-棘爪；2，3-棘轮；4-挡板

图 7-9　牛头刨床进给量的调整

# 第三节　刨刀特点

刨刀几何形状和车刀基本相同，但由于刨削主运动是往复直线运动，因此对刨刀有特殊要求：

（1）刨刀在切削时受到较大的冲击力，刀杆的截面积较大。

（2）加工硬铸件时，要做成弯头的（图 7－10），当刀具碰到硬点时，能围绕 $O$ 点为圆心转动，使刀刃离开工件表面，不至于挖入工件表面而折断刀具或损坏加工表面。

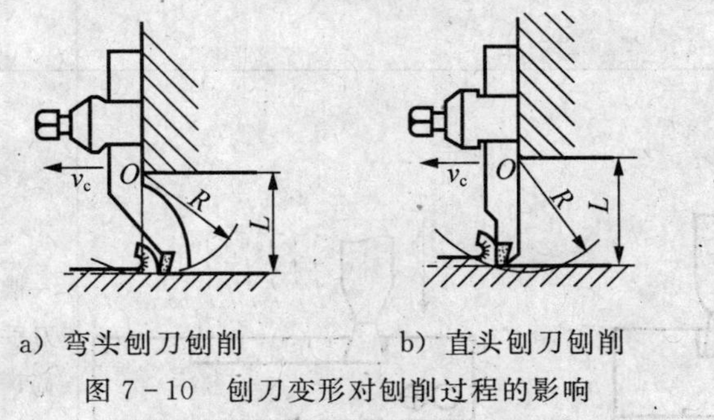


a）弯头刨刀刨削　　b）直头刨刀刨削

图 7－10　刨刀变形对刨削过程的影响

# 第四节　刨削加工

刨削时，小工件用虎钳夹持，较大的工件可用螺钉、压板等固定在工作台上。各种表面刨削方法见表 7－1。

**表** 7－1　　**各种表面刨削方法**

| 加工表面 | 加工简图 | 特点 |
|---|---|---|
| 刨水平面 | 垂直方向　切削方向　水平方向 | 粗刨时，用普通平面刨刀；精刨时，用圆头刨刀，刀尖 $r_\varepsilon=3\sim5$ mm，$a_p=0.2\sim0.5$ mm，$f=0.33$ mm/双行程。 |
| 刨垂直面 |  | 刀架作垂直进给运动，手动进给。为了保证返回行程时刨刀可以自由离开铅垂面以减少刨刀磨损和避免划伤已加工表面，刀座要偏转 10°～20°。 |

续表

| 加工表面 | 加工简图 | 特点 |
| --- | --- | --- |
| 刨斜面 | 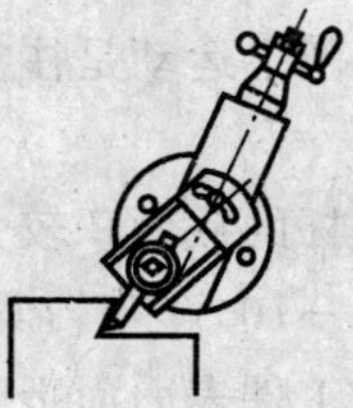 | 刀座偏转 10°～20°，刀架倾斜成图纸规定角度，自上而下斜向进给进行刨削。 |
| 刨直槽 | 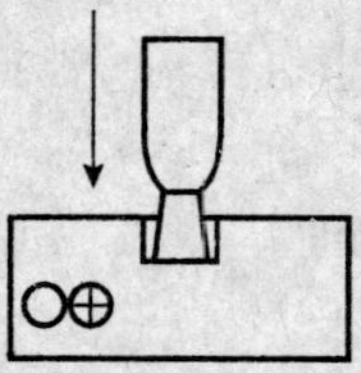 刨窄槽 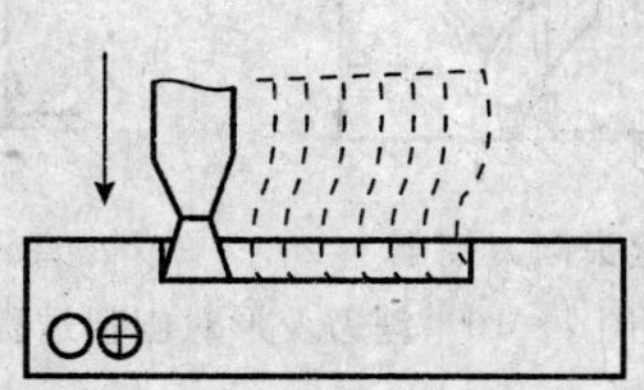 刨宽槽 | 槽宽与刀宽相同时，用刨槽刀垂直进给加工；槽宽大于刀宽，则要多次走刀完成。 |
| 刨 T 形槽、燕尾槽 | 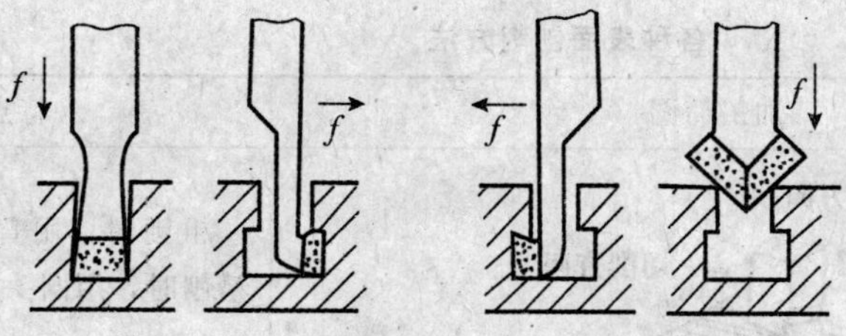 $f$ $f$ $f$ $f$ | 需先刨出直槽，然后用左右弯刀进行刨削。 |

## 第五节　其他类型刨床

除牛头刨床外，常用的刨床还有龙门刨床和插床。

1. 龙门刨床

龙门刨床（图 7－11）常用来加工大型工件，或同时加工若干个中小型工件。大多数龙门刨床的刨削长度在 3 m 以上，刨削宽度在 1 m 以上。

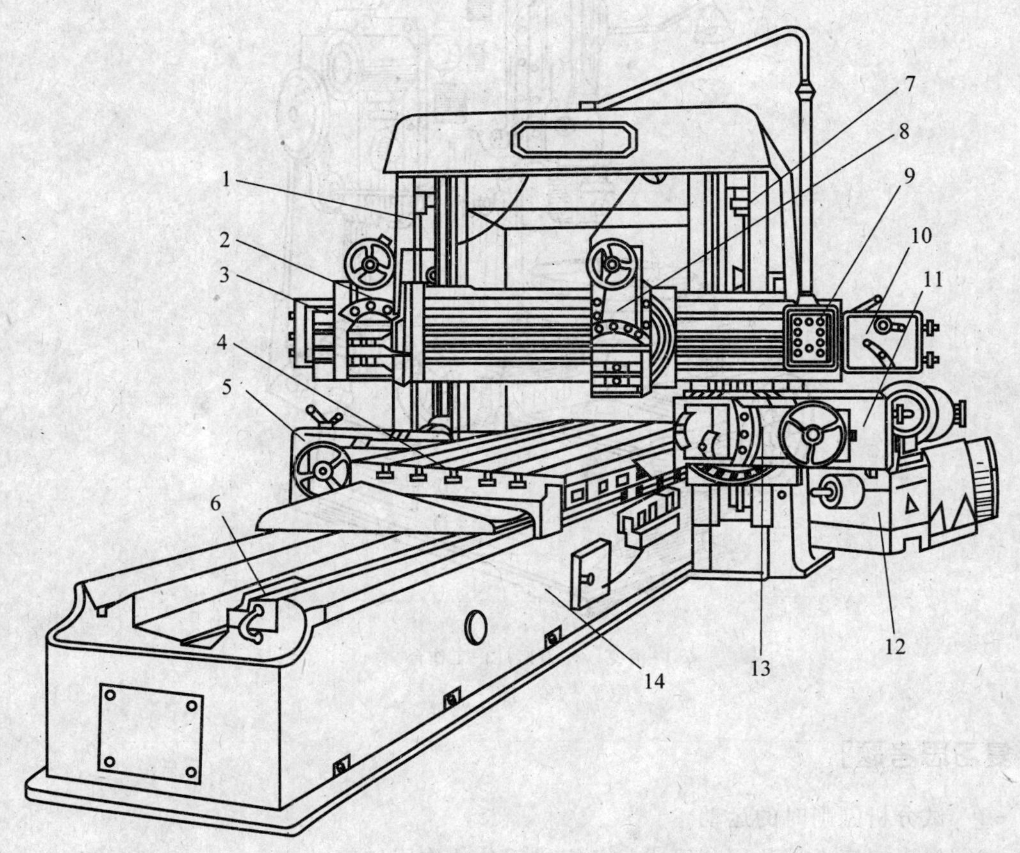


1 -左立柱；2 -左垂直刀架；3 -横梁；4 -工作台；5 -左侧刀架进给箱；6 -液压安全器；7 -右立柱；8 -右垂直刀架；9 -悬挂按钮站；10 -垂直刀架进给箱；11 -右侧刀架进给箱；12 -工作台减速箱；13 -右侧刀架；14 -床身

图 7 - 11 龙门刨床

龙门刨床刨削时是工作台带动工件作往复直线运动，进给运动是刨刀作间歇移动。横梁上的垂直刀架和立柱上的两个侧刀架，既可以作垂直进给，又可以作横向进给，亦可偏转一定角度，以刨削垂直面、水平面和斜面。由于龙门刨床的刀架较多，故适于多刀同时加工，生产效率较高。

目前我国生产的龙门刨床，大多数采用电力传动或液压传动，可进行无级变速，运动平稳，操作方便。

插床（图 7 - 12）又称立式刨床，结构和传动都与牛头刨床相似，只是插床的滑枕在垂直方向作直线往复的主运动，工作台作纵向、横向或回转的间歇运动。插床主要用于单件小批生产中加工零件的内表面、内键槽、多边形孔等。由于插床的生产率低，在成批大量生产时，已被拉削所代替。

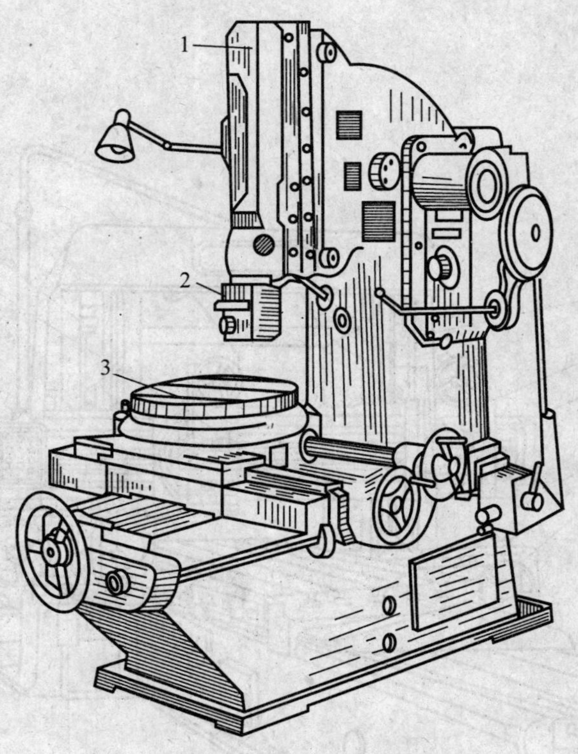


1－滑枕；2－刀架；3－工作台

图 7－12　插　床

## [复习思考题]

7－1　试分析刨削时的运动。

7－2　牛头刨床由哪几部分组成？各组成部分的作用如何？

7－3　怎样调整刨削行程长度及行程的位置？

7－4　牛头刨床工作台的进给机构构造如何？如何调节进给量？

7－5　为什么在刨垂直面时需将刨刀架转盘旋转一个角度？

7－6　刨刀与车刀比较具有什么特点？

7－7　简述刨削 T 形槽和燕尾槽的步骤。

7－8　牛头刨床、龙门刨床和插床在应用方面有何不同？

# 第八章　铣削加工

［铣工实习安全技术］

1. 工作时应穿好工作服，并扎紧袖口，女同学必须戴好工作帽，不得戴手套操作机床。

2. 多人共用一台机床时，只能一人操作，严禁两人同时操作，以防意外，并注意他人的安全。

3. 开动机床前必须检查手柄位置是否正确，检查旋转部分与机床周围有无碰撞或不正常现象，并给机床加油润滑。

4. 工件、刀具和夹具必须装夹牢固。

5. 加工过程中不能离开机床，不能测量正在加工的工件或用手去摸工件，不能用手去清理切屑，应该用刷子进行清理。

6. 严禁开车变换铣床转速，以免发生设备和人身事故。

7. 发现机床运转有不正常现象，应立即停车，关闭电源，报告指导师傅。

8. 工作结束后，关闭电源，清理切屑，擦拭机床、工具、量具和其他辅具，加油润滑，清扫地面，保持良好的工作环境。

## 第一节　铣削运动及铣削工作范围

在铣床上用铣刀加工工件的过程叫铣削。

铣削时，铣刀旋转作主运动，工件随工作台作纵向、横向、垂直三个方向的进给运动。铣削工作范围如图 8-1 所示，一般能达到表面粗糙度 6.3～1.6 $\mu$m，精度 IT7～IT9 级。铣床有卧式铣床、万能铣床、立式铣床、工具铣床及龙门铣床等。

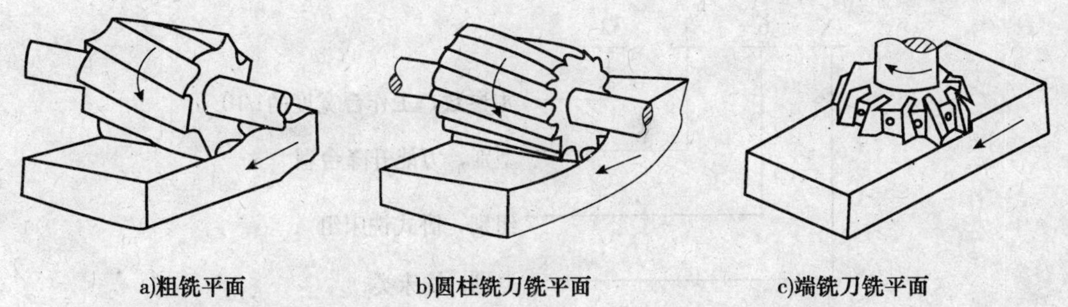

a)粗铣平面　b)圆柱铣刀铣平面　c)端铣刀铣平面

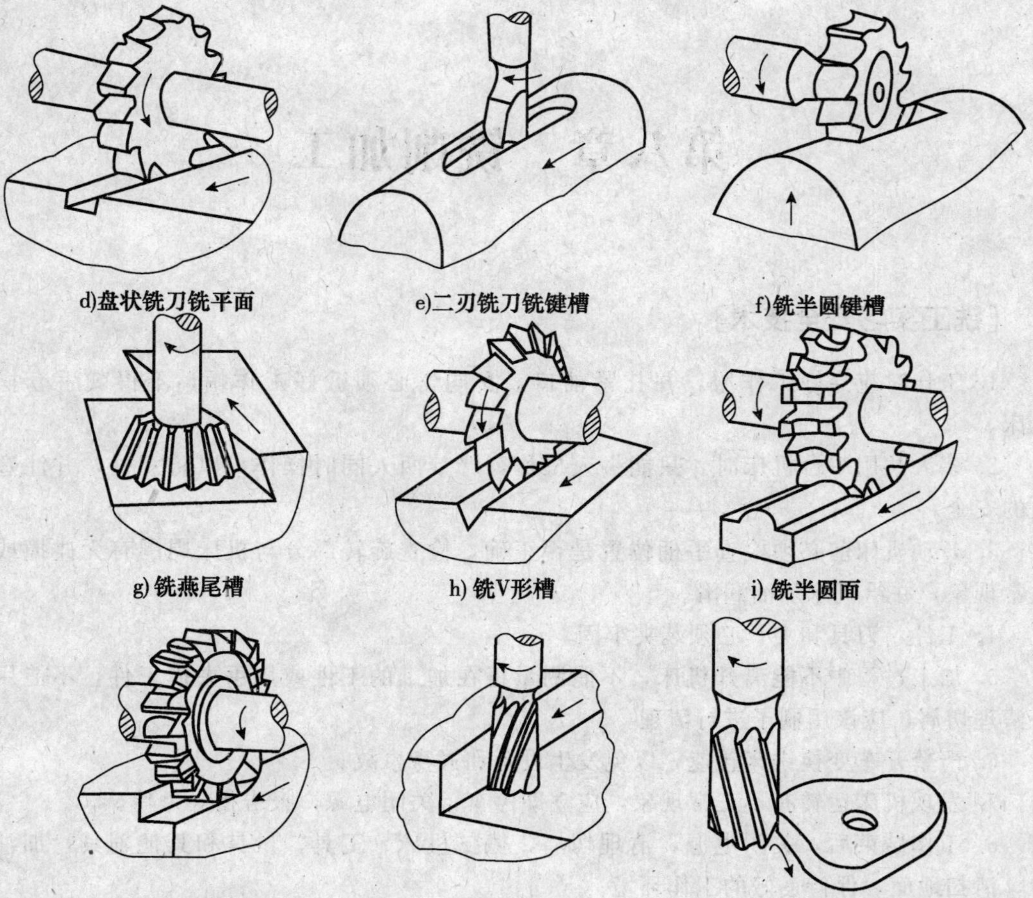

d)盘状铣刀铣平面 e)二刃铣刀铣键槽 f)铣半圆键槽

g) 铣燕尾槽 h) 铣V形槽 i) 铣半圆面

j)三面刃盘铣刀铣侧面 k)立铣刀铣侧面 l) 立铣刀铣曲面

图 8-1 铣削工作范围

## 第二节 X6132 万能卧式铣床

X6132 铣床主轴是水平的，铣床工作台可旋转一定的角度，故称为万能卧式铣床。

### 一、铣床的型号及主要规格

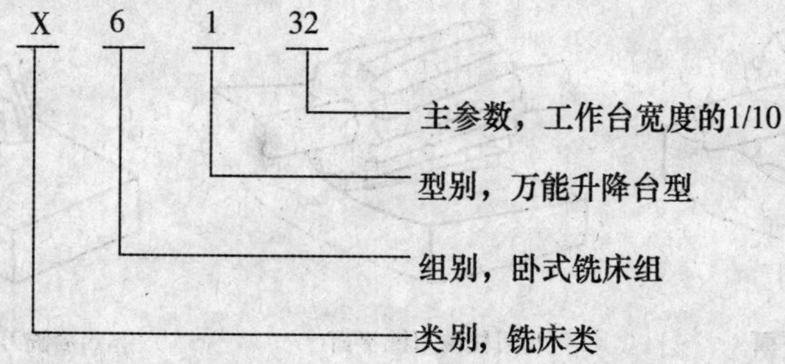

主要规格：

(1) 工作台工作面积（宽×长）320 mm×1250 mm。

(2) 主轴转速 18 级（30～1500 r/min），工作台纵向进给量 18 级（23.5～1180 mm/min）。

(3) 工作台最大回转角度±45°。

(4) 主轴轴线到工作台台面距离最小 30 mm，最大 350 mm。

## 二、铣床主要部件及其功用

X6132 万能卧式铣床由下列各部分组成（图 8－2）。

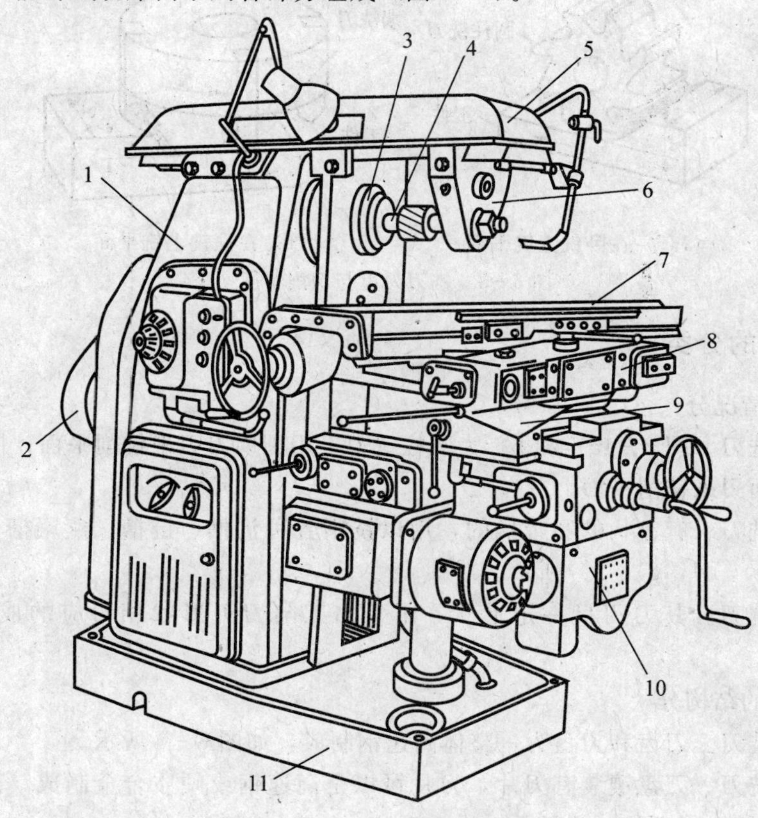


1－床身；2－电动机；3－主轴；4－刀杆；5－横梁；6－吊架；
7－纵向工作台；8－转台；9－横向工作台；10－升降台；11－底座

图 8－2　X6132 万能卧式铣床

(1) 床身。用来固定和支承铣床上所有的部件，主轴、主轴变速机构、主电动机都安装在它的内部。主轴是空心轴，前端有 7∶24 的精密锥孔，用以安装铣刀刀杆并带动铣刀旋转。

(2) 横梁。横梁可沿床身的水平导轨移动，以调整其伸出的长度。其上有支架，用来支承刀杆的悬出端，以增强刀杆的刚性。

(3) 升降台。升降台上有纵向、横向工作台和转台，可沿床身垂直导轨作垂直运动。横向工作台位于升降台上面的水平导轨上，可带动转台和纵向工作台一起作横向运动；纵向工作台可以在转台的导轨槽内作纵向移动，以带动安装在台面上的工件作纵向进给。转台能将纵向工作台在水平面内旋转一个角度（左、右均能转动 45°），以便铣削螺旋槽等。

(4) 主轴。用来安装铣刀或者通过刀杆来安装铣刀，并带着铣刀一起旋转（主运动）

以切削工件。

(5) 底座。是整个铣床的基础，承受铣床全部重量及盛放切削液。

# 第三节　铣　刀

铣刀是多齿刀具，每个刀齿都可看做一把车刀，其切削情况与车刀相似（图 8-3）。

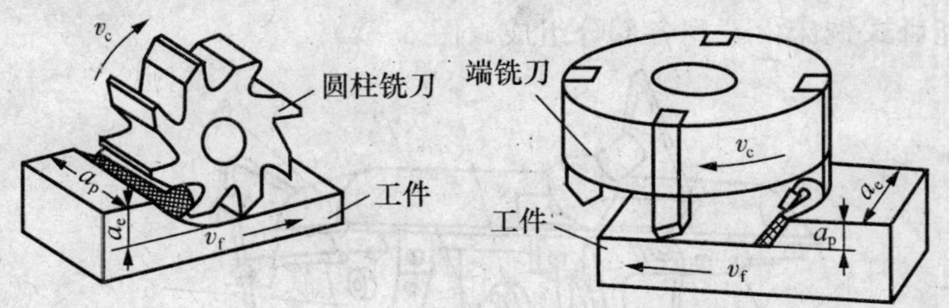


(a) 在卧铣上铣平面　　(b) 在立铣上铣平面

图 8-3　铣刀刀齿与切削情况

## 一、铣刀的分类

1. 按切削情况分

(1) 平面铣刀。图 8-1a) 和 b) 为圆柱铣刀，用圆周刀刃来铣削平面；图 8-1c) 为端铣刀，用端面刃来铣削平面。

(2) 沟槽铣刀。有盘状的和带柄的，用以铣削各种沟槽、键槽、燕尾槽、T 形槽等，如图 8-1d)，e)，f)，g)，h) 所示。

(3) 成形铣刀。其刀刃呈一定形状，用于加工与刀刃形状相对应的成形面，如图 8-1i) 所示。

2. 按铣刀的结构分

(1) 整体铣刀。刀齿和刀盘为一整体高速钢制成，如图 8-4 所示。

(2) 镶齿铣刀。刀盘镶装有刀片，刀片可以是高速钢或硬质合金制成，刀片磨钝后，可重新调整或更换，如图 8-5 所示。

(3) 组合铣刀。图 8-6 为加工复杂外形的组合铣刀。

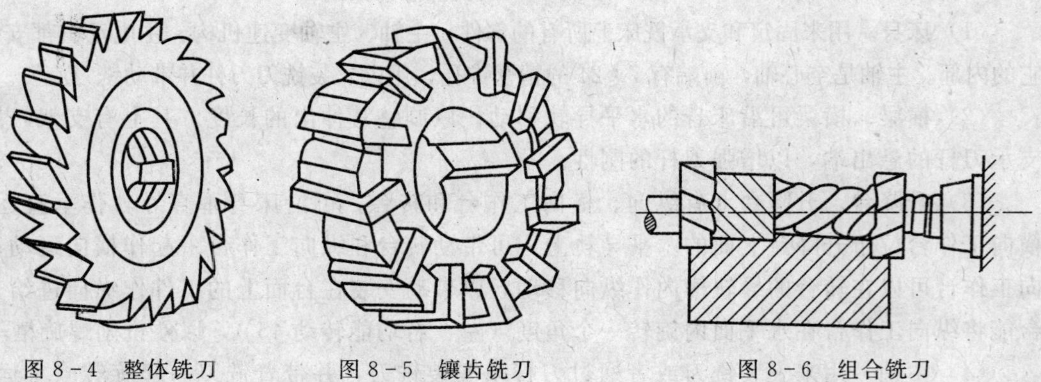

图 8-4　整体铣刀　　图 8-5　镶齿铣刀　　图 8-6　组合铣刀

## 二、铣刀的安装

带孔铣刀安装在刀杆上，如图 8－7 所示。在不影响加工的情况下，应尽可能使铣刀靠近铣床主轴，并使支架尽量靠近铣刀，以增加刚性。铣刀的距离可用套筒垫圈调整。铣刀装在刀杆上后，应先把支架轴承装好，再拧紧锁紧螺母。一般铣刀可以用平键传动，直径不大的铣刀或锯片铣刀，靠套筒垫圈端面摩擦力传递扭矩。

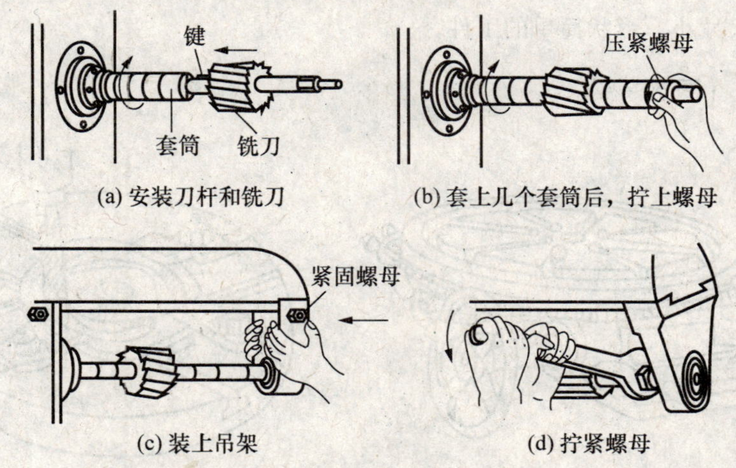


(a) 安装刀杆和铣刀　　(b) 套上几个套筒后，拧上螺母

(c) 装上吊架　　(d) 拧紧螺母

图 8－7　带孔圆柱铣刀的安装方法

直径较小带孔的端铣刀，同样安装在刀杆上（图 8－8），用紧固螺母固紧，刀杆锥面与主轴的内锥孔贴合，然后用拉紧螺丝将刀杆在主轴的另一端拉紧。

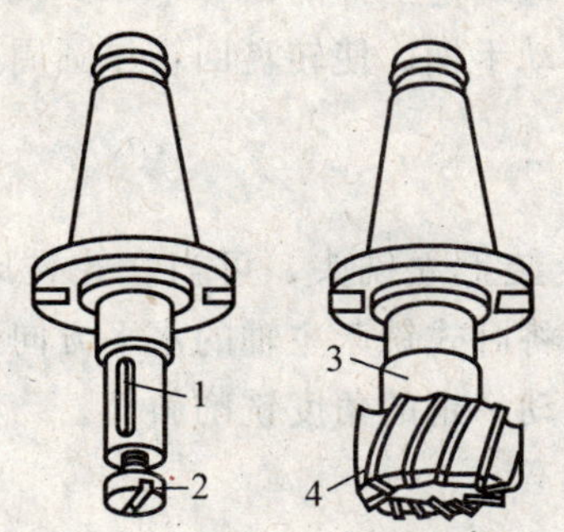


(a) 短刀杆　　(b) 安装在短刀杆上的端铣刀

1－键；2－螺钉；3－垫套；4－铣刀

图 8－8　带孔端铣刀的安装方法

直柄半圆键铣刀或直柄立铣刀可用三爪卡盘或弹簧夹头安装。铣刀的柱柄插入弹簧套筒的圆孔中，当用螺母压弹簧套筒的端面时，套筒的外锥面挤紧在夹头体的锥孔中而将铣刀夹住，夹头体的锥面和铣床主轴的内锥孔配合定位，并用拉紧螺丝拉紧。更换弹簧套筒，可以安装不同直径的直柄铣刀。

锥柄立铣刀的柄部锥度如果与主轴孔内锥面锥度相同，则可直接安装在铣床主轴孔中，用拉紧螺杆将铣刀拉紧。如果铣刀柄的锥度与主轴孔锥度不同，则需使用过渡锥套。也可用刀杆安装锥柄铣刀，再用拉紧螺杆或螺母紧固。

# 第四节　铣床主要附件及其用途

## 一、铣床虎钳

用来安装尺寸小、形状简单的工件。

## 二、转盘（图 8－9）

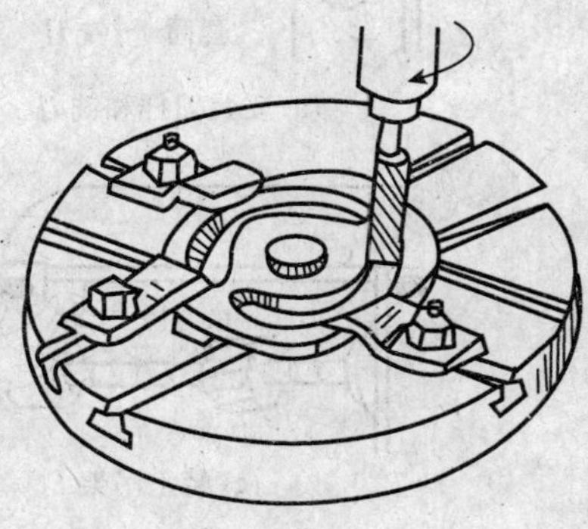

图 8－9　转　盘

转盘是立式铣床上的附件，用来铣削圆弧形或曲线形的沟槽及外形。工作时，转动手轮，通过蜗杆蜗轮作用，即可使转盘作旋转运动。转盘四周有刻度，可以用来确定转台位置。转盘中央有一孔，可以方便地确定工件的回转中心。铣圆弧槽时，工件安装在转盘上，铣刀旋转，用手均匀缓慢地摇动手柄，使转盘回转作圆周进给。

## 三、立铣头

在卧式铣床或万能卧式铣床上装上立铣头，可当立式铣床用，其构造如图 8－10 所示。立铣头内部有一对锥齿轮，可将卧式铣床主轴的水平方向的回转运动转变为垂直方向的回转运动，立铣头的主轴还可转动一定的角度铣削斜面。

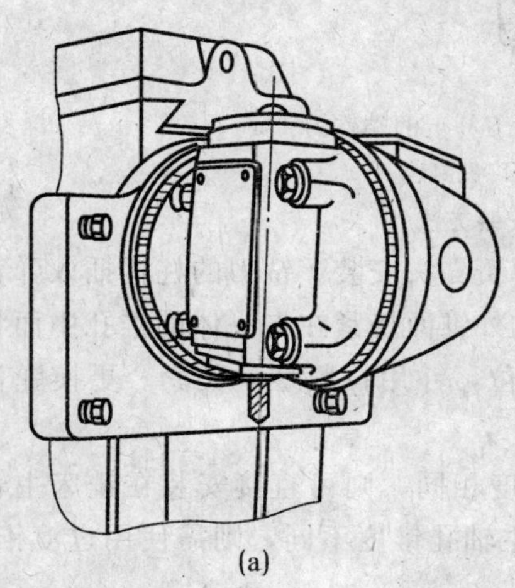
(a)

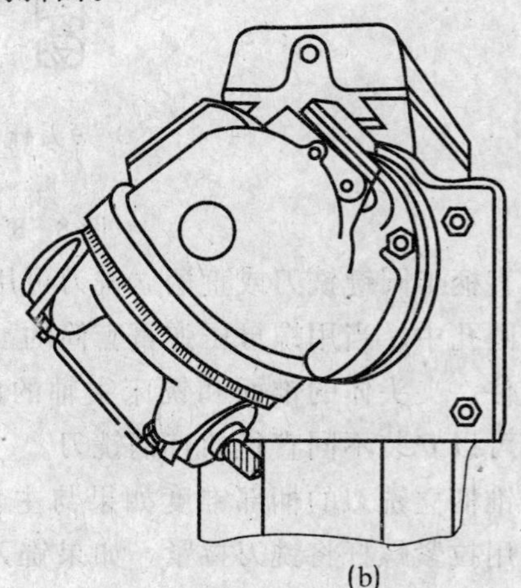
(b)

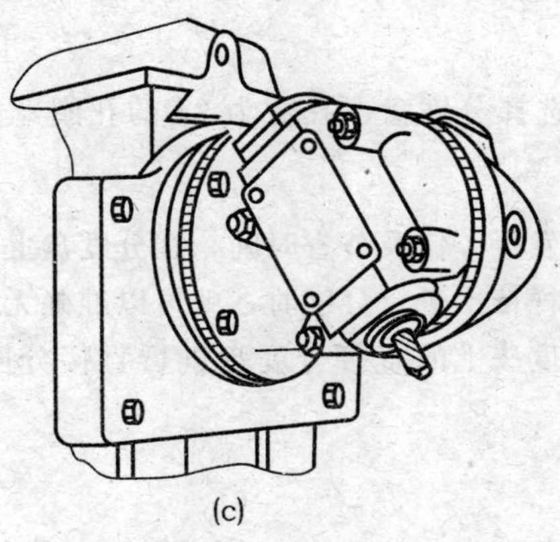

(c)

图 8-10　立铣头

## 四、分度头

分度头是铣床的主要附件之一，用来安装需要进行分度的工件，如齿轮、多边形零件等；还可和铣床工作台的纵向进给配合，铣削螺旋槽。图 8-11 是分度头的结构示意图。工件安装在分度头顶尖和尾架顶尖之间，也可用三爪卡盘夹紧。工件和分度头主轴靠鸡心夹头拨盘连接。分度时，首先将手柄上的定位销自分度盘 5 拔出，然后转动手柄。由于手柄和蜗杆轴相连，运动就经过蜗杆带动蜗轮，蜗轮带动分度头主轴转动，于是装在主轴上的工件转过所需的角度，然后再将定位销插入分度盘的孔中。分度头蜗轮为 40 齿，与之相啮合的蜗杆为单头。手柄转一圈，主轴转 1/40 转，即

$$\frac{\text{手柄转数 } n}{\text{工件（主轴）转数}}=\frac{1}{1/40}=40$$

设工件等分数为 $z$，则每铣完一槽后，工件应转 $1/z$ 转，再进行下一槽的铣削。

因此手柄转数

$$n=40\times1/z=\frac{40}{z}$$

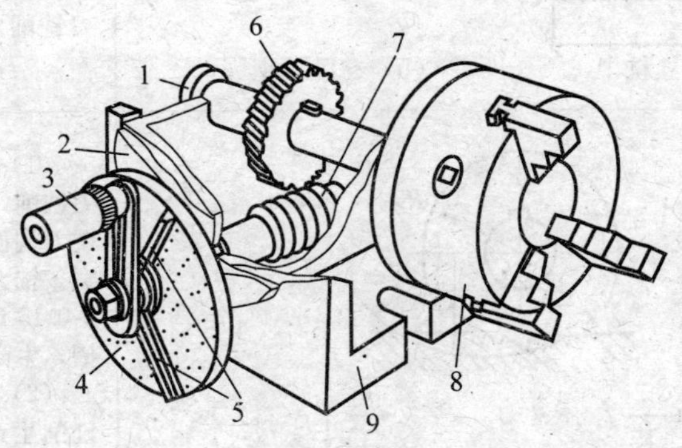


1-分度头主轴；2-回转体；3-手柄；4-分度盘；5-扇形夹；6-蜗轮；7-单头蜗杆；8-三爪自定心卡盘；9-基座

图 8-11　分度头结构

手柄的准确转数要利用分度盘才能确定。国产分度头共备有两块分度盘，分度盘两面钻有许多圈孔，各圈孔数均不相等，但每一圈上的孔距是相等的。第一块正面 24，25，28，30，34，37；反面 38，39，41，42，43。第二块正面 46，47，49，51，53，54；反

面 57，58，59，62，66。

当 $n=1\frac{1}{3}$ 转时，可选择分度盘上孔数为 24 的孔圈，使手柄转过一整圈，再转 8 个孔距。

为了避免手柄转动时发生差错及节省时间，在分度盘上装有扇形叉，其角度大小可按所需的孔数任意调节，这样依次进行分度时，就可以准确无误。

分度时，也可利用分度头上的直接分度盘进行直接分度，这时以直接分度用定位销定位。

## 第五节 铣削工作

各种表面的铣削加工方法见表 8-1。

表 8-1 各种表面的铣削加工方法

| 加工表面 | 加工简图 | 特点 |
| --- | --- | --- |
| 铣平面 | 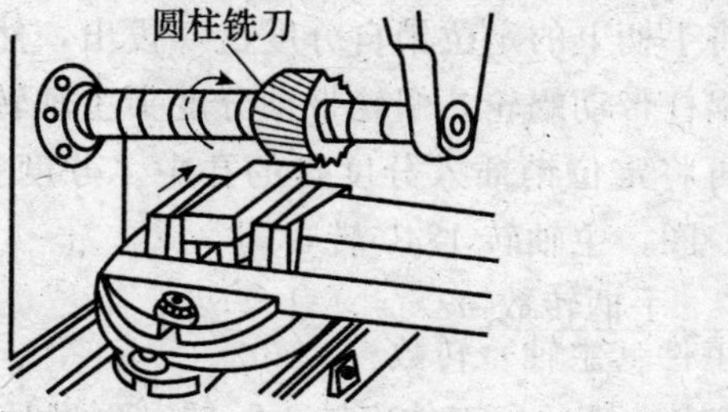 圆柱铣刀 | 工件可夹在虎钳上，也可用螺钉压板直接装夹在工作台上。 |
| 铣平面 | 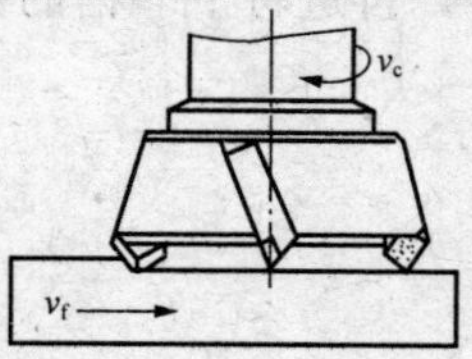 $v_c$ $v_f$ (a) 在立铣上 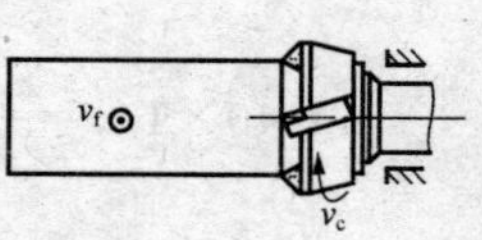 $v_f$ $v_c$ (b) 在卧铣上 | 在卧式铣床上，可用圆柱铣刀铣水平面，也可用端铣刀铣垂直平面；在立式铣床上，可用端铣刀铣削水平面。 |
| 铣键槽 | 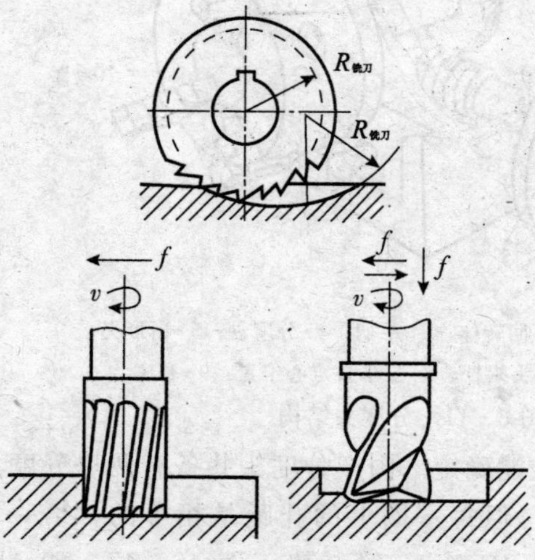 $R_{铣刀}$ $R_{铣刀}$ $f$ $v$ $f$ $f$ $v$ | (1) 在卧式铣床上用三面刃铣刀铣削，因铣刀直径大，容易引起铣刀端面摆动，铣削的键槽比铣刀宽。铣刀宽度应比键槽宽度小 0.10～0.15 mm，常用以铣通槽或不通槽，生产率高，精度较低。<br>(2) 在立式铣床上用立铣刀铣削生产率较低，精度较高，刀具不能垂直进给，在铣封闭键槽时应先钻工艺孔。<br>(3) 用键槽铣刀加工，铣刀的两个刀齿通向轴心，可垂直进给，$a_p=0.05\sim0.25$ mm，纵向进给 $f_{纵}=150\sim300$ mm/min，铣削键槽精度高。 |

续表

| 加工表面 | 加工简图 | 特　点 |
|---|---|---|
| 铣花键轴 | 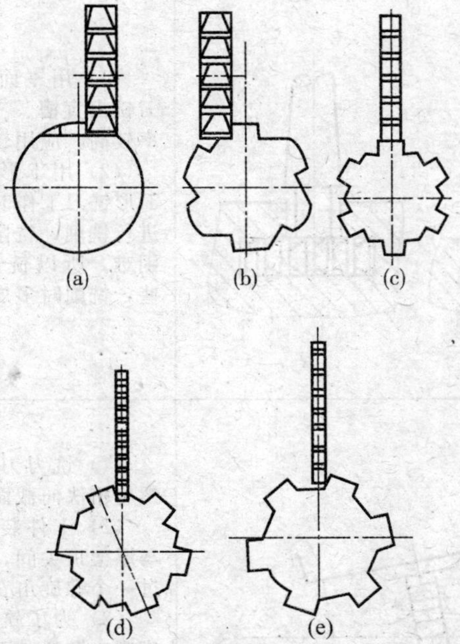 (a) (b) (c) (d) (e) | 用三面刃盘铣刀和锯片铣刀配合进行，三面刃盘铣刀宽度应尽量小些，以免伤及邻近齿侧。<br>(1) 用分度头将花键一侧依次全部铣出。<br>(2) 铣花键的另一侧。<br>(3) 用锯片铣刀对准中心，然后摇动分度头使工件转过一个角度，并使升降台连同工件上升一个齿高深度。 |
| 铣奇数直齿离合器 | 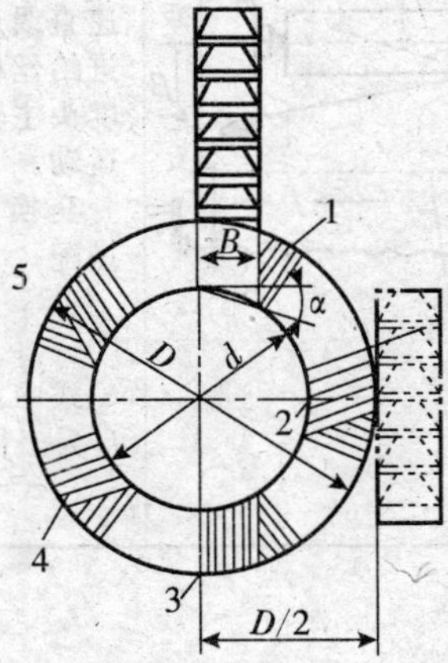 B 1 5 α D d 2 4 3 D/2 | 用三面刃铣刀进行加工，铣刀宽度 $B$ 按下式计算<br>$B=d\times\sin\dfrac{90^\circ}{z}\times\cos\dfrac{90^\circ}{2}$<br>$d$ 为离合器的孔径；$z$ 为离合器的齿数。<br>工件夹在分度头的三爪卡盘内，分度头主轴调整至垂直位置，使待加工面朝上。对刀时将铣刀的一个端面对准中心，将工件升高至规定齿深，即可铣削。先铣槽 1 和 3 的一侧，分度后再铣 2 和 4 的一侧，这样依次铣五次即可。 |
| 铣偶数直齿离合器 | 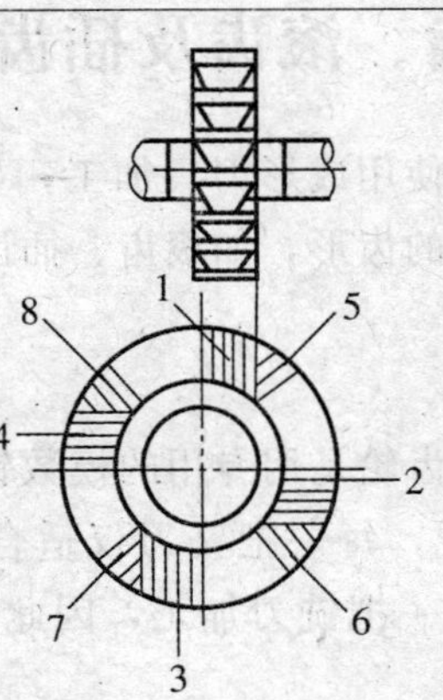 1 8 5 4 2 7 6 3 | 装夹与对刀方法同上。铣削时，每次铣削一个槽的一侧，当各齿的同一侧全部铣好后，需要摆动分度头手柄，使工作台转过一齿的中心角，横向移动一个铣刀宽度，铣削齿槽另一侧面。铣削顺序如图中数字所示。 |

续表

| 加工表面 | 加工简图 | 特点 |
| --- | --- | --- |
| 铣T形槽 | | (1) 用三面刃盘铣刀或立铣刀铣出直槽。三面刃铣刀生产效率较高，应用较多。<br>(2) 用T形铣刀铣出T形槽。T形铣刀工作时三个面的刀刃都进行铣削，铣削力较大，排屑亦困难，所以铣削用量应选得小些，铣削时多加切削液。 |
| 铣螺旋槽 | 交换齿轮 a b c d f β | (1) 铣刀刀刃形状应和所铣螺旋槽法向截面形状相似。<br>(2) 工件装夹在分度头主轴与尾架顶尖间，铣床工作台须转过一个螺旋角 $\beta$。<br>(3) 为了铣出一定导程的螺旋槽，铣削时工件随工作台作等速直线运动，同时由工作台纵向进给丝杠，通过交换齿轮传动分度头主轴，带动工件作等速圆周运动。<br>交换齿轮齿数可按下式进行搭配<br>$\frac{a}{b}\cdot\frac{c}{d}=\frac{40t}{L}$<br>式中：$t$ 为工作台到丝杠距离；$L$ 为工件螺旋槽导程。 |

# 第六节 铣齿、滚齿及插齿

加工齿轮有以下两种方法：范成法——使用成形刀具加工，如铣齿；展成法——刀具和工件作一定关系的相对运动来切成渐开线的齿形，如滚齿、插齿等。

## 一、铣齿

在卧式铣床上应用分度头可铣齿轮。铣齿轮是用专用的模数铣刀，铣刀应根据齿轮的模数和齿数来选择。同一模数的铣刀有 8 把，每一把铣刀仅适合加工一定齿数范围的齿轮。由于同一模数而齿数相近的齿轮是用同一把铣刀加工，因此会产生一定的齿形误差。表 8-2 是模数铣刀的加工齿数范围。

表 8-2　　模数铣刀加工范围

| 铣刀号数 | 1 | 2 | 3 | 4 | 5 | 6 | 7 | 8 |
|---|---|---|---|---|---|---|---|---|
| 加工齿数范围 | 12～13 | 14～16 | 17～20 | 21～25 | 26～34 | 35～54 | 55～134 | 135 以上 |

带孔齿坯是以孔及一个端面定位，这时可用心轴装夹。带轴齿轮是以一端外圆及一端中心孔，或两端中心孔定位。为了保证铣出的齿形对称，必须要以齿坯中心对准铣刀截面中心。根据齿轮齿数计算好分度头手柄转数，铣削深度等于齿深，铣削时，齿深不大的可一次粗铣，留 0.2 mm 作为精铣余量，齿深大的需分 2～3 次粗铣。精铣时，铣好 2～3 齿时，须进行尺寸及表面质量检验，如满足要求，再继续铣下去。

## 二、滚齿

(1) 滚齿机。专门用以加工直齿圆柱齿轮、螺旋齿圆柱齿轮和蜗轮的齿轮加工机床，图 8-12 为其外形图。

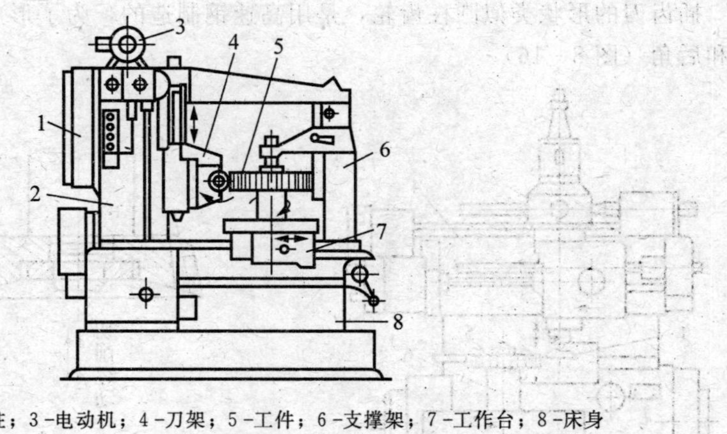


1-电器箱；2-立柱；3-电动机；4-刀架；5-工件；6-支撑架；7-工作台；8-床身

图 8-12　滚齿机外形图

(2) 滚刀。滚刀外形与蜗杆相似，刀刃是由围绕刀具圆柱面形成的螺旋沟及垂直于螺旋沟方向切出的沟槽相交而形成，近似于齿条轮廓（图 8-13）。

滚齿时，滚刀与被切齿轮相当于蜗杆、蜗轮啮合的关系，滚刀的旋转运动为主运动，被切齿轮的旋转为分齿运动，滚刀同时沿垂直方向作进给运动（图 8-14）。

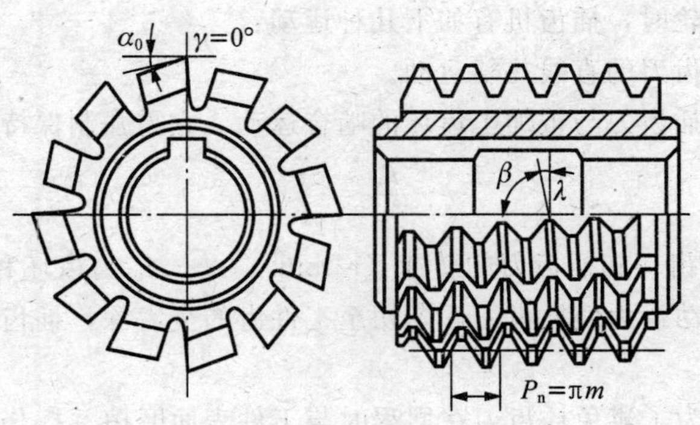


图 8-13　滚　刀

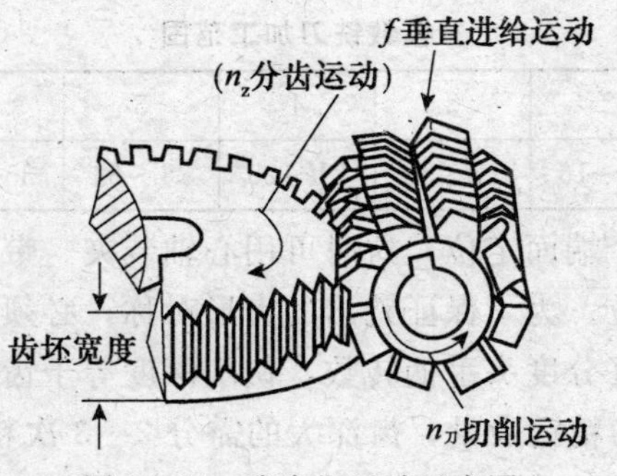


图 8-14　滚齿机运动示意图

## 三、插齿

插齿是用插齿刀在插齿机（图 8-15）上进行的，插齿时插齿刀与被切齿坯的运动相当于一对圆柱齿轮的啮合。

插齿刀的形状类似圆柱齿轮，是用高速钢制造的，为了形成切削刃，轮齿上磨出了前角和后角（图 8-16）。

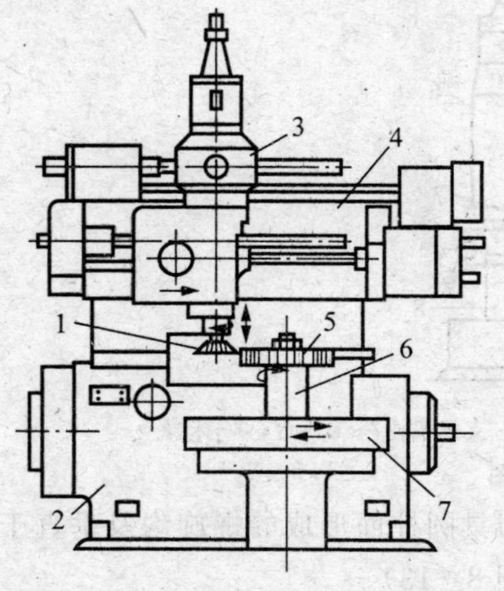


1-插齿刀；2-床身；3-刀架；4-横梁；
5-工件；6-心轴；7-工作台

图 8-15　插齿机

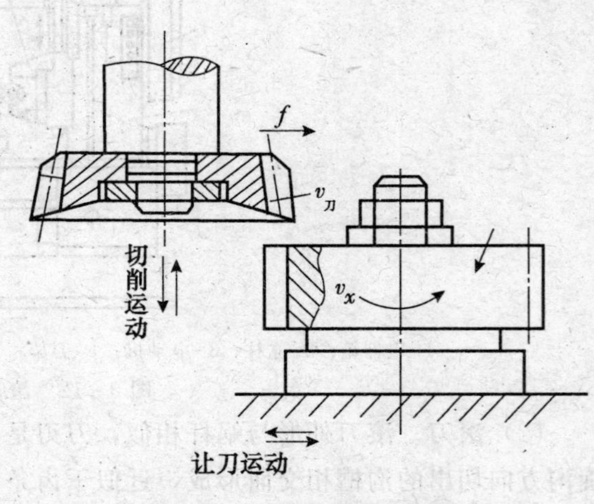


图 8-16　插齿机工作原理

插制直齿圆柱齿轮时，插齿机有如下几种运动：

(1) 主运动：插齿刀的直线往复运动。

(2) 分齿运动：插齿刀与被加工齿坯的啮合运动。它需强制保持下列关系：

$$\frac{n_w}{n_0}=\frac{z_0}{z_w}$$

式中：$n_w$，$n_0$ 为齿坯和插齿刀的转速（r/min）；$z_w$，$z_0$ 为齿坯和插齿刀的齿数。

(3) 径向进给运动：为使插齿刀逐渐切至工件齿的全齿深，插齿刀必须有沿齿坯径向的进给运动。

(4) 让刀运动：为了避免插齿刀在回程时与工件表面摩擦，擦伤已加工表面和减少刀齿运动后面磨损，工作台带着工件让开插齿刀；而当插齿刀工作行程开始前，工作台又恢复原位。这个运动就是让刀运动。

## [复习思考题]

8-1　铣削时，机床需具有哪些运动?

8-2　铣削加工与车削加工比较具有什么特点?

8-3　铣床有几种?卧式铣床与万能卧式铣床有什么不同?

8-4　铣床由哪几部分组成?各部分有何用途?

8-5　铣床主轴怎样带动铣刀旋转?

8-6　铣刀的基本分类方法有几种?

8-7　列出几种普通铣床附件，并说出它们的用途。

8-8　了解铣床分度头的构造及分度原理。

8-9　铣齿轮齿数 $z=27$，若铣好一齿槽后，分度头手柄应转过多少圈?

8-10　带孔铣刀如何进行安装?安装时需注意什么问题?

8-11　带柄铣刀如何进行安装?

8-12　立铣刀与键槽铣刀有何区别?铣键槽时有什么不同?

8-13　铣T形槽时为什么要先铣一垂直的狭槽?

8-14　铣削平面时如何调整铣削深度?

8-15　了解铣花键轴的步骤。

8-16　铣螺旋槽时，刀具与工件需作什么运动?

8-17　试说明插齿和滚齿时的切削运动。

# 第九章　磨削加工

## [磨工实习安全技术]

1. 实习时穿好工作服，袖口扎紧，扣好扣子。

2. 不准穿拖鞋进入实习场地，女同学不准穿裙子和高跟鞋实习。

3. 开车后不准离开机床，如要离开必须停车。

4. 两人操作一台机床时，应分工明确，相互配合，在开车时必须注意另一人的安全。

5. 工作中如机床发出不正常声音或发生事故时，应立即停车，保持现场，并报告指导师傅。

6. 不准站在砂轮前方，以防砂轮飞出伤人。

7. 开动机床前，要检查机床周围有无障碍物，各操作手柄位置是否正确，工件及刀具是否夹持牢固等。

## 第一节　磨削加工应用范围

在磨床上用砂轮进行切削加工的过程叫磨削。磨削用的砂轮是由许多细小而且极硬的磨粒用结合剂黏结而成的，将砂轮表面放大，可以看到在砂轮表面杂乱地布满很多尖棱多角的颗粒，它们叫砂粒或磨粒，如图 9－1 所示。这些锋利的磨粒就像铣刀的刀齿一样，磨削时就是依靠它们，在砂轮的高速旋转下切入工件表面，将工件表面的金属层不断切除。所以，磨削的实质是一种多刀多刃的超高速切削过程。

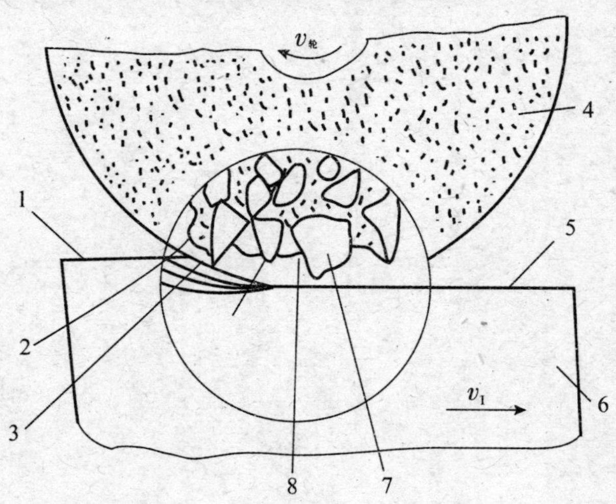


1－待加工表面；2－空隙；3－加工表面；4－砂轮；5－已加工表面；6－工件；7－砂粒；8－结合剂

图 9－1　磨削原理及砂轮的组成

在磨削过程中，由于磨削速度很高，产生大量的切削热，温度可达 1000 ℃以上，同时，剧热的磨屑在空气中发生氧化作用会产生火花，在这样的高温下，会使工件材料的性能改变而影响加工表面质量。因此，为了减少摩擦和散热，降低磨削温度，应及时冲走磨屑，以保证工件表面质量。在磨削时，需使用大量冷却液。

由于砂轮的砂粒硬度极高，因此磨削不仅可以加工一般的金属材料，如碳钢、铸铁及一些有色金属，而且可以加工硬度很高的材料，如淬过火的钢件、各种切削刀具以及硬质合金等。这些材料制作的工件、刀具，用一般切削加工方法很难进行加工，有的甚至根本不能进行加工，这是磨削加工的一个特点。

由于磨削时每次磨去的金属层很薄，因此只适用于精加工，工件经过磨削后加工精度可达 IT7～IT5 级，表面粗糙度可达 0.8～0.1 μm。磨削主要用于零件的内外圆柱面、圆锥面、平面、成形表面（螺纹、齿轮等）的精加工，常见的磨削方式见图 9－2。

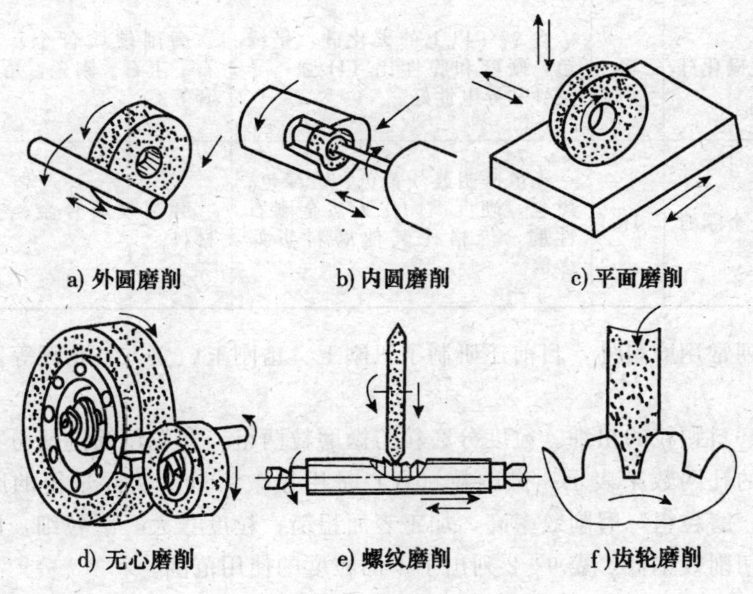


图 9－2　常见磨削方式

## 第二节　砂　轮

砂轮是磨削的切削工具，是由磨粒用结合剂黏结而成的多孔体。砂轮的切削性能与磨料种类、颗粒大小、结合剂、磨粒黏结强度（砂轮的硬度）、磨粒间空隙及砂轮形状、尺寸等因素有关。

1. 磨料

磨料具有很高的硬度，是起切削作用的。常用的磨料见表 9－1。

表 9-1 **常用磨料**

| 类别 | 名称 | 代号 | 特性 | 用途 |
|---|---|---|---|---|
| 刚玉类 | 棕刚玉 | GZ | 含 91%～96%氧化铝，呈棕色，硬度高，韧性好，价格便宜。 | 磨碳钢、合金钢、可锻铸铁、硬青铜。 |
| | 白刚玉 | GB | 含 97%～99%氧化铝，白色，比棕刚玉硬度高，韧性低，磨削时发热少。 | 精磨淬火钢、高碳钢、高速钢及薄壁钢件。 |
| 碳化硅类 | 黑色碳化硅 | TH | 含 95%以上的碳化硅，呈黑色或深蓝色，有光泽，硬度比白刚玉高，性脆而锋利，导热性好。 | 磨削铸铁、黄铜、铝及非金属材料。 |
| | 绿色碳化硅 | TL | 含 97%以上的碳化硅，呈绿色，硬度和脆性比 TH 强，导热性和导电性好。 | 磨削硬质合金、光学玻璃、宝石、玉石、陶瓷，珩磨发动机汽缸套等。 |
| 金刚石类 | 人造金刚石 | JR | 无色透明或淡黄色、黄绿色、黑色，硬度高，比天然金刚石性脆，价格比其他磨料贵好多倍。 | 磨削硬质合金、宝石等高硬度材料。 |

除上表所列常用磨料外，目前还研制了钒刚玉、锆刚玉、立方氮化硼等。

2. 粒度

粒度是指磨料颗粒的粗细。粒度分磨粒与微磨粒两组：磨粒用筛选法分类，是以一英寸长的筛子上的孔网数来表示；微磨粒（W）是用显微测量法实际量得的磨料尺寸来分类。粒度号小，磨粒粗，磨削效率高，加工表面粗糙；粒度号大，磨粒细，磨出工件的表面较光洁，但切削效率低。表 9-2 列出了不同粒度的使用范围。

表 9-2 **不同粒度的使用范围**

| 砂轮粒度 | 使用范围 |
|---|---|
| 14～24 | 磨钢锭，切断钢坯，打磨铸件毛刺。 |
| 36～60 | 磨平面、外圆、内圆以及无心磨等。 |
| 60～100 | 精磨和工具刃磨等。 |
| 120～W20 | 精磨、珩磨和螺纹磨。 |
| W20 以下 | 镜面磨、精细珩磨、超精磨等。 |

3. 结合剂

结合剂是砂轮中用以黏结磨料的物质。砂轮的强度、抗冲击性、耐热性及抗腐蚀能力等，主要取决于结合剂的性能。常用结合剂的性能及用途见表 9-3。

表 9－3　　　　常用结合剂

| 名称 | 代号 | 性能 | 用途 |
|---|---|---|---|
| 陶瓷结合剂 | A | 耐腐蚀性好，能保持正确的几何形状，气孔率大，磨削效率高，强度较大，韧性、弹性、抗震性差，不能承受侧向力。 | $v_{轮}<35$ m/s，应用最广，能制作各种模具，适用于成形磨削和磨螺纹、齿轮、曲轴等。 |
| 树脂结合剂 | S | 强度大，富有弹性，耐冲击，能够在高速下工作；耐热及耐腐蚀性能比较差，气孔率小。 | $v_{轮}>50$ m/s 的高速磨削。可制成薄片砂轮磨槽，刃磨刀具前刀面，高精度磨削。湿磨时，切削液中含碱量小于 1.5%。 |
| 橡胶结合剂 | X | 弹性更好，强度更大，气孔率小，磨粒易脱落，耐热、耐腐蚀性差，有臭味。 | 制造磨轴承槽和无心磨砂轮、导轮、薄片砂轮、柔性抛光砂轮。 |
| 金属结合剂（青铜、电镀镍） | J | 韧性、成形性好，强度大，自砺性能差。 | 制造各种金刚石磨具，使用寿命长。制造直径 1.5 mm 以上的用青铜；直径 1.5 mm 以下的用电镀镍。 |

4. 砂轮硬度

砂轮硬度是指砂轮工作表面的磨粒在外力作用下脱落的难易程度。砂轮硬度软的，磨粒易脱落；砂轮硬度硬的，磨粒不易脱落。硬度主要取决于结合剂的性能、数量及砂轮的制造工艺。表 9－4 列出了砂轮的硬度等级。

表 9－4　　　　砂轮硬度等级名称及代号

| 硬度等级名称及代号 | 大级 | 超软 CR | 软 R | | | 中软 ZR | | 中 Z | | 中硬 ZY | | | 硬 Y | | 超硬 CY |
|---|---|---|---|---|---|---|---|---|---|---|---|---|---|---|---|
| | 小级 | | 软$_1$ $R_1$ | 软$_2$ $R_2$ | 软$_3$ $R_3$ | 中软$_1$ $ZR_1$ | 中软$_2$ $ZR_2$ | 中$_1$ $Z_1$ | 中$_2$ $Z_2$ | 中硬$_1$ $ZY_1$ | 中硬$_2$ $ZY_2$ | 中硬$_3$ $ZY_3$ | 硬$_1$ $Y_1$ | 硬$_2$ $Y_2$ | |

磨削硬质合金刀，可选 $R_2 \sim R_3$ 的 TL 砂轮；磨削淬过火的碳素钢、合金钢、高速钢，可选用 $R_2 \sim ZR_1$；磨削未淬火钢，可用 $ZR_2 \sim Z_2$ 砂轮。精磨与成形磨需保持砂轮的形状和精度，应选用较硬的砂轮。

5. 砂轮组织

砂轮组织表示磨粒、结合剂、气孔三者体积的比例关系。砂轮的组织号是以磨粒所占磨轮体积的百分数来确定，组织号越大，砂轮组织越松，磨削时不易堵塞，磨削效率高，但磨刃少，磨削后表面粗糙度较大。表 9－5 所列是砂轮组织分类及用途。

表 9－5　　　　砂轮组织号及用途

| 类 别 | 紧 密 | | | | 中 等 | | | | 疏 松 | | | | |
|---|---|---|---|---|---|---|---|---|---|---|---|---|---|
| 组 织 号 | 0 | 1 | 2 | 3 | 4 | 5 | 6 | 7 | 8 | 9 | 10 | 11 | 12 |
| 磨料占砂轮体积（%） | 62 | 60 | 53 | 56 | 54 | 52 | 50 | 43 | 46 | 44 | 42 | 40 | 38 |
| 用 途 | 成形磨削及精密磨削。 | | | | 磨削淬火钢，刃磨刀具。 | | | | 磨削韧性大而硬度低的材料，大面积磨削。 | | | | |

6. 砂轮的形状和尺寸

在生产上，为了适应工件表面形状、尺寸以及磨床种类规格的不同，制成各种不同形状和尺寸的砂轮。在可能情况下，砂轮的外径应尽量选得大一些，提高砂轮的线速度，以获得较高的生产率和较低的表面粗糙度。表 9-6 为各种常用砂轮的形状、代号和用途。

表 9-6 常用砂轮形状、代号及用途

| 砂轮名称 | 简　图 | 代号 | 主要用途 |
|---|---|---|---|
| 平形砂轮 | | P | 磨外圆、内圆、平面、螺纹，用于无心磨、工具磨和砂轮机上。 |
| 双斜边一号砂轮 | | $PSX_1$ | 磨齿轮和单线螺纹。 |
| 双面凹砂轮 | | PSA | 磨外圆和刃磨刀具，还用做无心磨的磨轮和导轮。 |
| 薄片砂轮 | | PE | 切断和开槽。 |
| 碟形砂轮 | | $D_1$ | 刃磨铣刀、铰刀、拉刀和其他刀具，大尺寸用于磨轮齿面。 |
| 碗形砂轮 | | BW | 磨机床导轨，刃磨刀具。 |
| 杯形砂轮 | | B | 端面刃磨铣刀、铰刀、扩孔钻、拉刀等，圆周磨平面、内圆。 |
| 筒形砂轮 | | N | 用于端面磨的平面床上磨平面。 |

7. 砂轮标志

砂轮标志是指用符号和数字表示砂轮的特性。

例如，$GB46ZR_1A6P400\times50\times203$ 的含义是

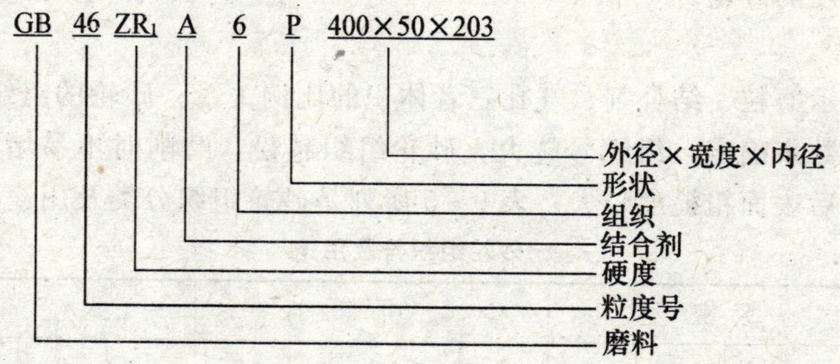


8. 砂轮的安装及平衡

由于砂轮工作时转速很高，因此安装砂轮时，必须安装正确和夹持牢固。

砂轮在安装前，应通过外形观察或用木棒轻敲，检查砂轮是否有裂纹，有裂纹的严格禁止使用。

安装时，砂轮内孔与砂轮轴配合间隙要适当，过松会使砂轮旋转时偏向一边而产生振

动，过紧则磨削时受热膨胀易将砂轮胀裂，一般配合间隙为 0.1～0.8 mm。砂轮用法兰盘与螺母紧固（图 9-3），为了使法兰盘与砂轮接触面紧密贴合，在法兰盘与砂轮间垫以 0.3～3 mm 厚的皮革或橡胶制垫片，紧固螺母时也不要用力过大。

砂轮在装到磨床上之前，必须经过平衡。静平衡是使砂轮各部分的重量在静止状态时互相均等，经过平衡之后的砂轮，在工作时就不会发生振动，工作平稳，磨削质量高。

平衡是在平衡架上进行的（图 9-4）。砂轮装在心轴上，心轴则放在平衡架轮道的刀口上。如果砂轮是不平衡的，较重的部分总是转在下面，这时可以移动法兰盘端面环槽内的平衡块来进行平衡，然后再进行检查。这样反复进行，直至砂轮可以在刀口上任意位置静止，这时砂轮各部分重量是均匀的。

一般直径在 250 mm 以上的砂轮都必须经过平衡检验。

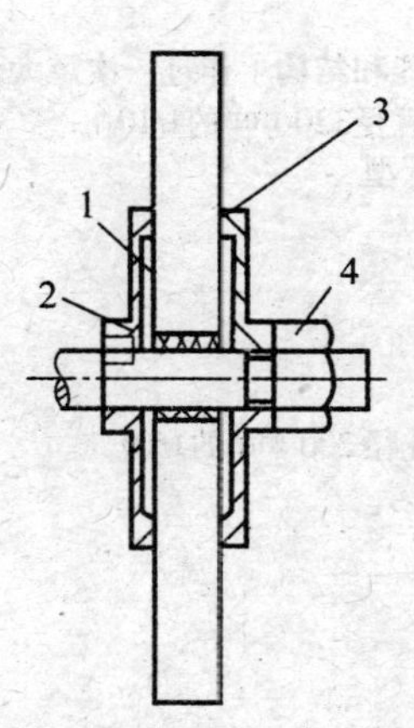


1-间隙；2-法兰盘；3-垫片；4-螺母

图 9-3　砂轮的安装方法

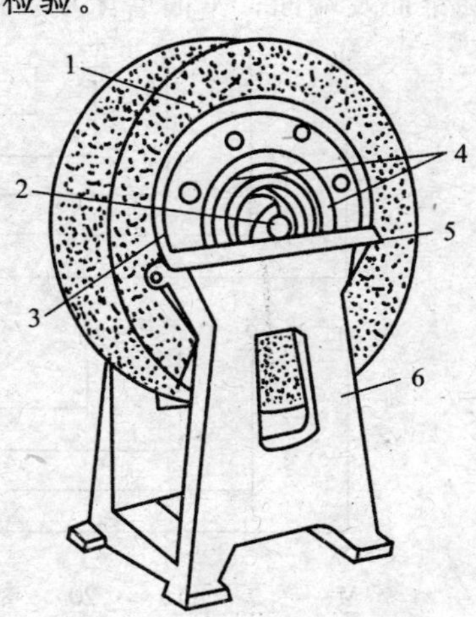


1-砂轮；2-心轴；3-砂轮套筒；
4-平衡铁；5-平衡轨道；6-平衡架

图 9-4　砂轮平衡装置

9. 砂轮的修整

砂轮工作一段时间后，磨粒逐渐变钝，砂轮表面空隙被堵塞，使磨削质量和生产率都降低，这时就须修整砂轮。修整砂轮通常采用金刚石刀进行（图 9-5）。

修整时，金刚石刀与水平面倾斜 5°～15°，刀尖低于砂轮中心 1～2 mm 以减小振动。修整时要充分冷却或不用冷却，不可在点滴冷却下修整，以防金刚石刀因忽冷忽热而碎裂。修整时横向进给量为 0.01～0.02 mm，纵向进给速度与加工表面粗糙度有关。进给量越小，砂轮表面修出的微刃等高性越好，磨出的工件表面粗糙度越小。

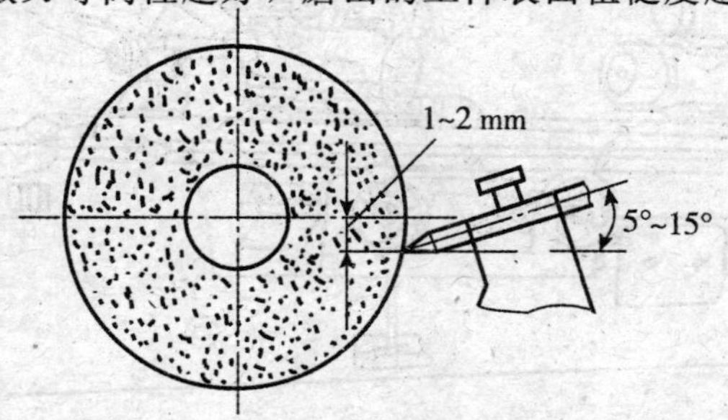


图 9-5　用金刚石刀修整砂轮

# 第三节 磨 床

## 一、磨床类型与型号

磨床有外圆磨床、内圆磨床、平面磨床、无心磨床、工具磨床等，外圆磨床有普通外圆磨床及万能外圆磨床等。普通外圆磨床可以磨削圆柱面及外圆锥面；万能外圆磨床上常备有磨内圆装置，还可以磨削内圆柱面、内圆锥面及端面；内圆磨床主要用于磨削内圆柱面、内圆锥面及端面；平面磨床主要用于磨削工件上的平面。磨床的型号表示如下：

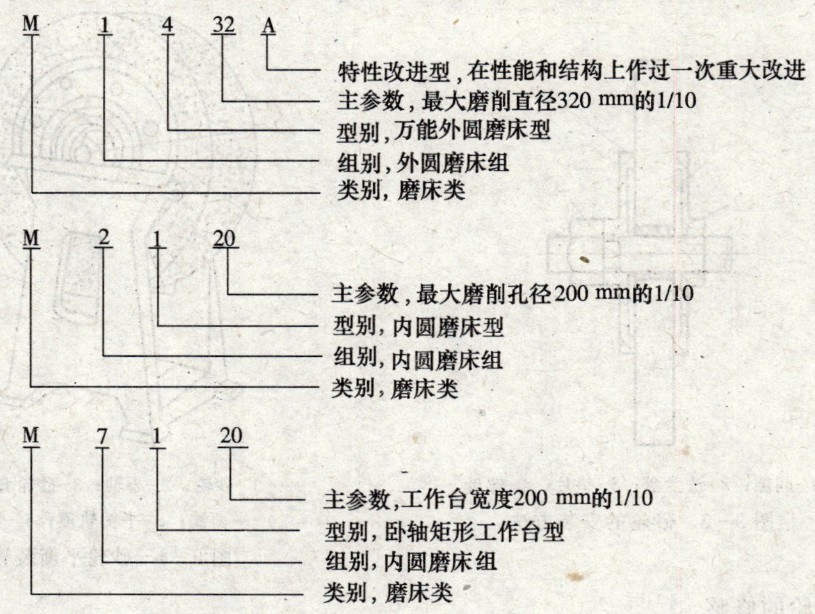


## 二、外圆磨床的主要部件

外圆磨床由床身、工作台、头架、砂轮架和尾架组成，各组成部件见图 9-6。

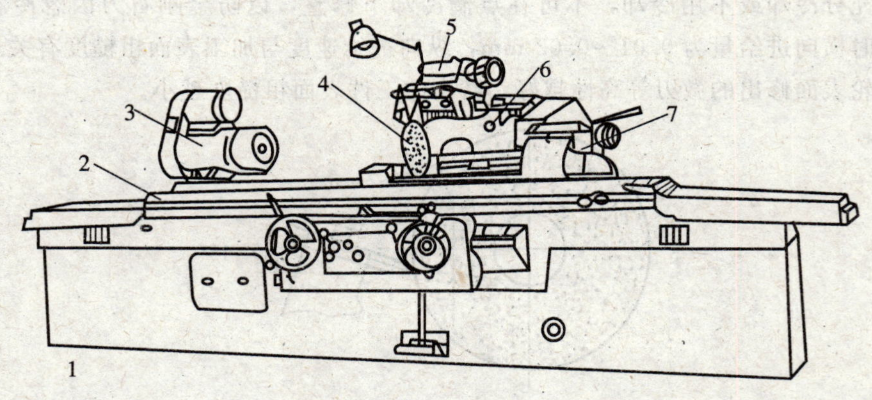


图 9-6 外圆磨床

(1) 床身。用来支承各部件，上部有工作台和砂轮架，内部装有液压传动系统。

(2) 工作台。工作台装有头架和尾架。工作台有两层，下工作台由液压传动机构带动作纵向往复运动，上工作台相对下工作台可偏转一定的角度，以磨削锥面。

(3) 头架。头架内的主轴由单独的电动机经塔轮变速机构带动旋转，主轴端部可安装顶针、拨盘或卡盘，工件可支承在头架顶针和尾架顶针之间，也可用卡盘安装。

(4) 砂轮架。用于安装砂轮，并有单独电动机带动砂轮高速旋转，砂轮架可在床身后部的导轨上作横向进给。横向进给可由液压传动系统来实现自动进给，也可通过手转动齿轮及丝杠螺母，实现手动进给。

(5) 尾架。用以支承工件。

## 三、磨削工作

### (一) 磨外圆

1. 磨削运动（图 9-7）

(1) 主运动。砂轮高速旋转为主运动。砂轮圆周速度是指砂轮外圆上任一点砂粒在单位时间内所走的距离，一般为 35 m/s，高速磨削为 60 m/s 以上。

(2) 圆周进给运动。工件绕本身轴线旋转作圆周进给运动。工件的圆周速度 $v_{工}$ 比砂轮的圆周速度 $v_{轮}$ 要低。一般 $v_{轮}$ 取 13～26 m/min，粗磨时取大值，精磨时取小值。

(3) 纵向进给运动。工作台带着工件，沿砂轮轴线方向作往复运动。纵向进给量 $f_{纵}$ 一般是工件每转一转砂轮移动（0.2～0.8）$B$，$B$ 为砂轮宽度，粗磨时取大值，精磨时取小值。

(4) 横向进给运动。在工件每次往复行程终了时，砂轮架带着砂轮向着工件作横向进给运动。横向进给量 $f_{横}$ 很小，通常取 0.005～0.05 mm。

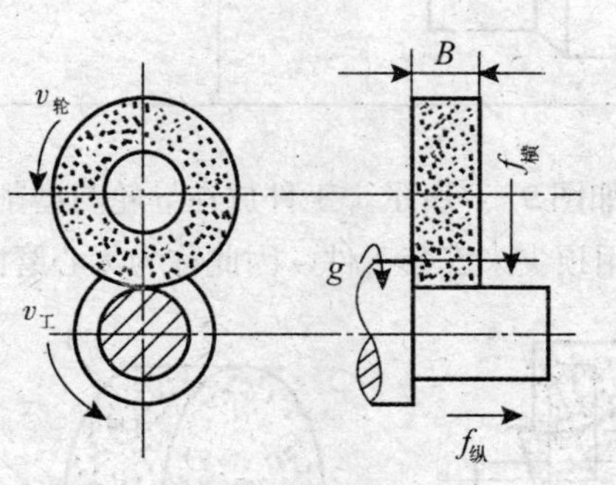


图 9-7　磨削时的运动

2. 磨削方法

外圆磨削可用前后顶针、心轴、卡盘装夹工件，磨削方法见表 9-7。

**表** 9－7 **外圆磨削方法**

| 加工方法 | 加工简图 | 特点及应用 |
| --- | --- | --- |
| 纵磨法 | | 磨削时工件转动（圆周进给）并由工作台带动作直线往复运动（纵向进给），砂轮在纵向行程终了时作小量的横向进给。当工件磨削接近最终尺寸时，无横向进给地纵向往复几次至火花消失为止。<br>磨削质量好，效率较低，通用性好，生产中应用最广。 |
| 横磨法<br>（切入磨法） | | 磨削时工件无纵向进给运动，砂轮连续地或断续地向工件作横向进给运动。粗磨时 $f_{横}=0.025\sim0.2$ mm/r，精磨时 $f_{横}=0.001\sim0.01$ mm/r。<br>生产率较高，但精度及表面质量都较低，适合磨削短外圆表面及两侧都有轴肩的轴颈。 |
| 深磨法 | | 砂轮一端外缘修成稍带倒角，全部余量在一次行程中磨去，$f_{纵}=1\sim6$ mm/r，最后再以无横向进给作几次纵向行程至火花消失，以获得表面粗糙度较低的表面。<br>生产率较高，磨削力大，工件刚性及装夹刚性均要求较高。 |

3. 无心磨削外圆

在无心磨床上磨削外圆如图 9－8 所示，工件放在导轮与磨削轮之间的托板上，依靠工件被磨的外圆表面定心，不需使用顶尖来安装工件，因此称为无心磨削。

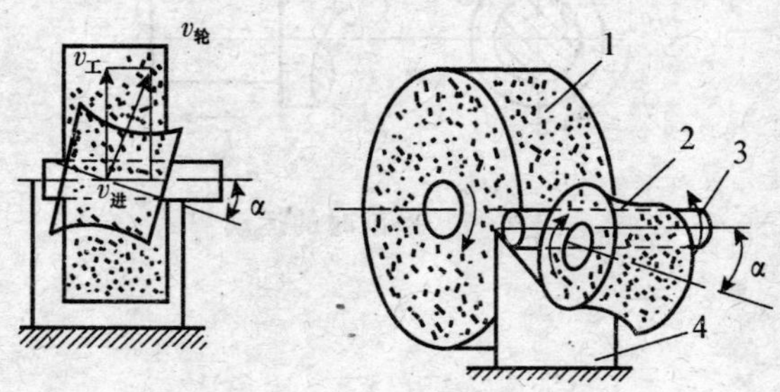


1－磨削轮；2－导轮；3－工件；4－托板

图 9－8　无心磨削示意图

磨削轮的直径较大，磨削时高速旋转作主运动，对工件进行磨削。导轮磨粒较粗，组织疏松，用橡胶结合剂制成，其轴线相对于磨削轮轴线倾斜 $\alpha$ 角（1°～5°），旋转速度较低。在导轮与工件接触处的线速度 $v_{导}$，可分解为带动工件旋转的 $v_{工}$（圆周进给）和使工件作轴向进给的 $v_{进}$。为了保持导轮与工件表面的线接触，外形应修整成双曲线回转体。

无心磨削法生产率很高，主要用于大批量生产细长轴、销等工件，但不能磨削断续的外圆表面，如外圆上有长键槽或平面等。

（二）磨内圆

磨内圆可在内圆磨床或万能磨床上进行。与磨外圆相比，由于砂轮直径受工件孔径的限制，而且砂轮轴悬伸长度又较大，刚性差，磨削用量不高，生产率较低，加上冷却排屑条件不好，所以表面粗糙度不易降低。

作为孔的精加工，在成批、大量生产中常用铰孔和拉孔。由于磨孔的通用性能较好，故在小批及单件生产中应用较多。特别对于淬硬工件，磨孔仍是孔精加工的主要方法。

磨圆柱体的内孔，如内外圆同轴度要求较高，而外圆柱面已经过精加工，可用三爪卡盘或四爪卡盘找正外圆进行安装。如零件外表面较粗糙，或形状不规则，可以内圆本身定位找正安装。

内孔磨削方法一般用纵向磨和切入磨（横向磨），如图 9－9 所示。纵向磨时，工件和砂轮按相反方向旋转，同时砂轮还要沿被加工孔的轴线作纵向往复移动和沿垂直于孔的轴线作横向进给运动，切入磨时作横向进给运动。

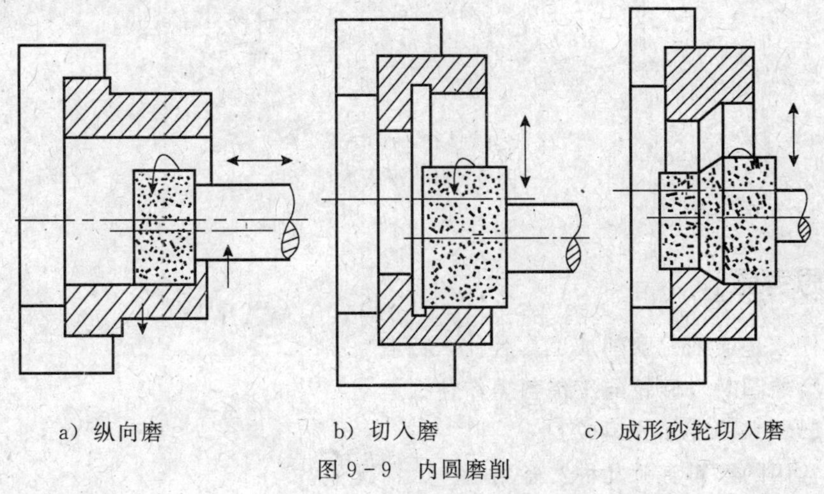

a）纵向磨　　b）切入磨　　c）成形砂轮切入磨

图 9－9　内圆磨削

（三）磨平面

铣削或刨削加工后的工件平面，如需精加工，可在平面磨床上进行磨削。

磨平面时，一般是以一个平面为基准磨削另一个平面。如果两个平面都要磨削而且有平行度要求时，则可互为基准，反复磨削。磨削中小型工件的平面，常采用电磁吸盘工作台吸牢工件。如磨削键、垫圈、薄壁套筒等尺寸小而壁较薄的零件时，因零件与工作台接触面积小，吸力弱，受磨削力时容易走动，甚至飞出去而造成事故，因此安装这类零件时，需在工件四周或左右两端用挡铁围住，如图 9－10 所示。

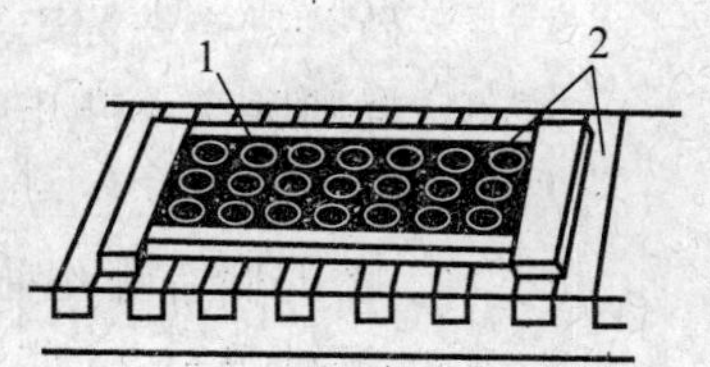


1－工件；2－挡铁

图 9－10　用挡铁围住工件

平面磨削的方法有两种：一种是以砂轮的圆周面进行磨削，称为周磨（图 9 - 11a）和 d））；另一种是以砂轮端面进行磨削，称为端磨（图 9 - 11b）和 c））。

平面磨床的工作台有长方形和圆形两种。周磨和端磨都可以在长方形工作台或圆形工作台的平面磨床上进行。磨削时，砂轮快速旋转作主运动，工件随工作台作直线往复运动或圆周旋转运动的进给运动。因此，砂轮沿自身轴线作周期性进给运动。

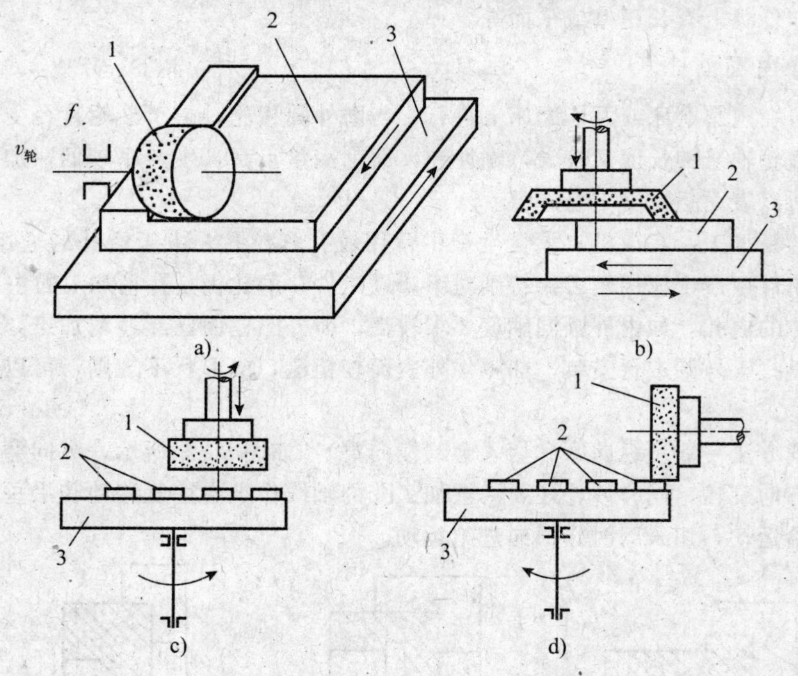


1 -砂轮；2 -工件；3 -工作台

图 9 - 11　平面磨削

## [复习思考题]

9 - 1　什么是磨削？磨削加工具有什么特点？

9 - 2　磨外圆时，砂轮与工件各需作什么运动？

9 - 3　砂轮由哪几部分组成？

9 - 4　常用的磨料有哪几种？各用在什么情况下？

9 - 5　什么是砂轮的粒度？怎样选择？

9 - 6　什么是砂轮的硬度？如何选择砂轮的硬度？

9 - 7　砂轮怎样进行安装？安装前为什么要进行平衡？如何平衡？

9 - 8　外圆磨床由哪几部分组成？各有何用途？

9 - 9　简述磨床工作台液压传动系统工作原理。

9 - 10　磨外圆有哪几种方法？各有何特点？

9 - 11　磨内孔时工件如何进行安装和找正？与磨外圆比较它有哪些特点？为什么？

9 - 12　磨平面的方法有几种？试分析工件与砂轮的运动。

# 第十章 钳 工

[钳工实习安全技术]

1. 钳台应放在光线适宜、便于操作的地方。

2. 钻床、砂轮机应安放在场地边缘。操作钻床时，不允许戴手套；使用砂轮机时，要戴防护眼镜，以保证安全。

3. 零件或坯料应平稳整齐地放在规定区域，并避免碰伤已加工表面。

4. 工具安放应整齐，取用方便；不用时应整齐地收藏于工具箱内，以防损坏。

5. 清除铁屑要用刷子，不要用嘴吹，更不要用手直接去抹、拉切屑，以免划伤。

6. 要经常检查所用的工具和机床是否有损坏，发现有损坏不得使用，须修好后再用。使用电动工具时，应有绝缘防护和安全接地措施。

## 第一节 概 述

钳工主要是利用各种手工工具完成某些零件的加工、部件和机器的装配和调试，以及各类机械设备的维护、修理等工作。

钳工分装配钳工、修理钳工、工具钳工和划线钳工。装配是产品生产的重要阶段，装配钳工负责保证产品质量指标的实现；维修钳工担负生产设备的维修和故障的排除工作；工具钳工负责非标准工具的制造；划线钳工为单件小批生产的切削加工做准备工作。

钳工的基本操作有：划线、錾削、锯削、锉削、钻孔、扩孔、铰孔、攻丝、套丝、刮削等。

由于钳工的基本操作大多在台虎钳上进行，故称钳工。钳工以手工操作为主，对工人技术水平要求较高，劳动强度大，生产率低，但工具简单，操作灵活方便，可以完成机床加工所难以进行的工作，因而得到广泛的应用。

## 第二节 划 线

按照图纸要求，在零件的毛坯或者半成品上准确地划出加工界限的操作称为划线。

### 一、划线的作用和种类

1. 划线的作用

(1) 为机械加工作准备。划线可确定工件加工表面的加工余量和位置，划出的线可作为工件安装找正及切削加工的明确标志和依据。

（2）检查毛坯的形状与尺寸是否合乎图纸要求，以便及时发现和剔除不合格的毛坯，避免机加工时的浪费。

（3）合理分配加工余量。当毛坯误差不太大时，通过划线可以以多补少，避免报废。

2. 划线的种类

划线可以分为平面划线和立体划线两种。

（1）平面划线：在工件的一个平面上划线称为平面划线（图 10－1）。

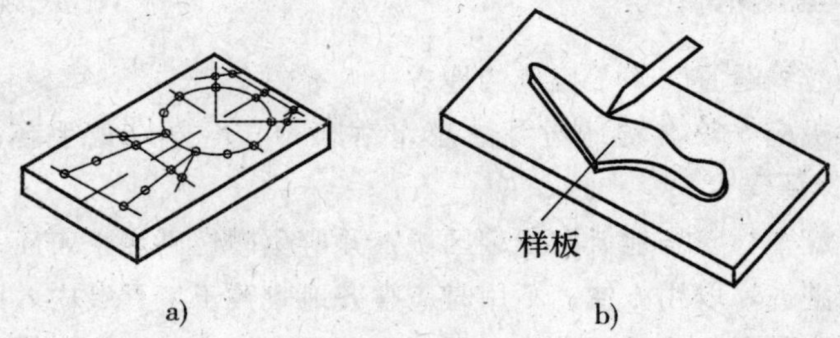


图 10－1　平面划线

（2）立体划线：在工件的几个表面上划线，亦即在工件的长、宽、高三个方向或其他倾斜方向上划线，称为立体划线（图 10－2）。

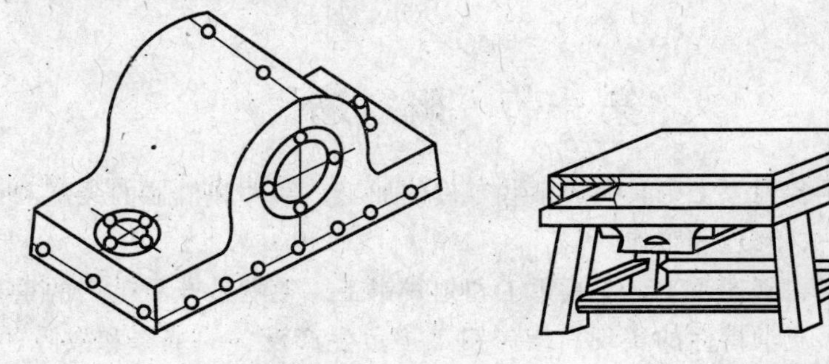

图 10－2　立体划线　　图 10－3　划线平板

划线多数用于单件、小批生产，新产品试制和工、夹、模具制造。

## 二、划线工具及其用法

划线工具按用途可分为基准工具、测量工具、绘划工具和夹持工具四类。

1. 基准工具

（1）划线平板。划线平板是划线的主要基准工具，外形结构如图 10－3 所示。它是由铸铁制成，工作平面经过精刨或刮削，平面度误差较小，表面粗糙度较小，是划线的基准平面。划线平板安置要牢固，工作平面应保持水平，以便稳定地支承工件。平板要各处均匀使用，以免局部磨损。使用时不准碰撞和用锤敲击平板，以保持其精度。还要保持平板工作表面清洁，使用后应涂油防锈或用木板防护。

（2）方箱。方箱是用铸铁制成的空心长方体或立方体，六个面都经过精加工，相邻的各面互相垂直。图 10－4 所示为方箱的使用情况，旋紧压紧螺栓可将工件固定在方箱上，翻转方箱一次即可划出工件上全部互相垂直的线。

方箱用于夹持尺寸较小而加工面较多的工件。方箱上面的 V 形槽主要用来安装轴、盘、套筒类等圆柱形工件。

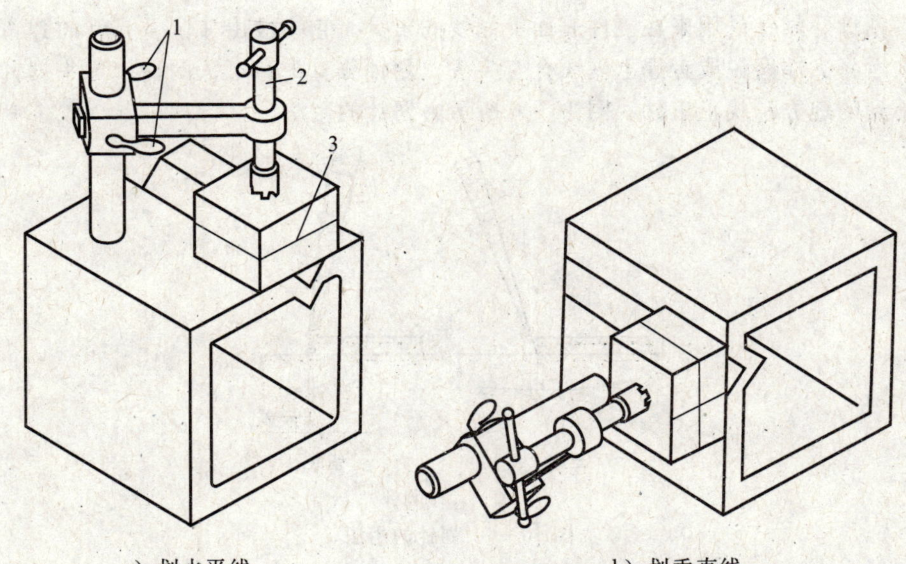


1-紧固手柄；2-压紧螺栓；3-划出的水平线

图 10-4　用方箱夹持工件

2. 测量工具

测量工具是用来测量工件尺寸和角度的。常用的划线量具有钢尺、游标高度尺、直角尺和角度规等，见图 10-5。

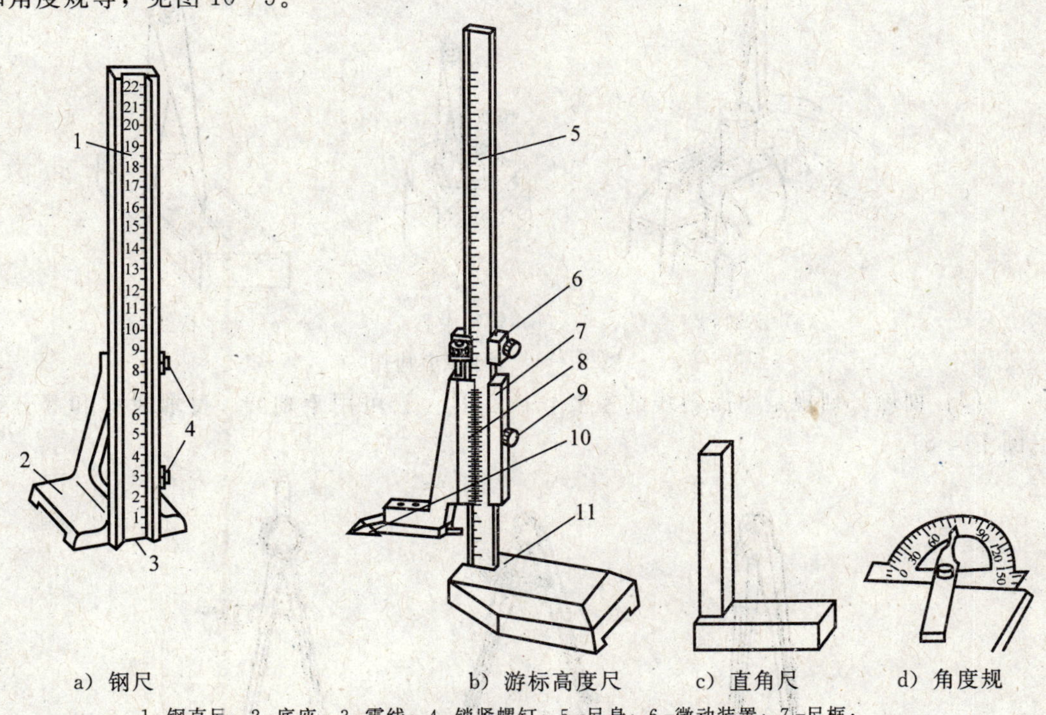


1-钢直尺；2-底座；3-零线；4-锁紧螺钉；5-尺身；6-微动装置；7-尺框；8-游标；9-紧固螺钉；10-划线量爪；11-底座

图 10-5　常用划线量具

3. 绘划工具

在工件上划线的工具称为绘划工具，它包括划针、划卡、划规、划针盘和样冲等。

(1) 划针。划针是用来在工件表面上划线的工具。它一般由 $\phi 2 \sim 5$ mm 的弹簧钢丝制造，淬硬后将尖端磨锐或者焊上硬质合金尖头。划针分直头和弯头两种，弯头划针用于直划针划不到的地方和找正工件。图 10－6 所示为划针的用法。

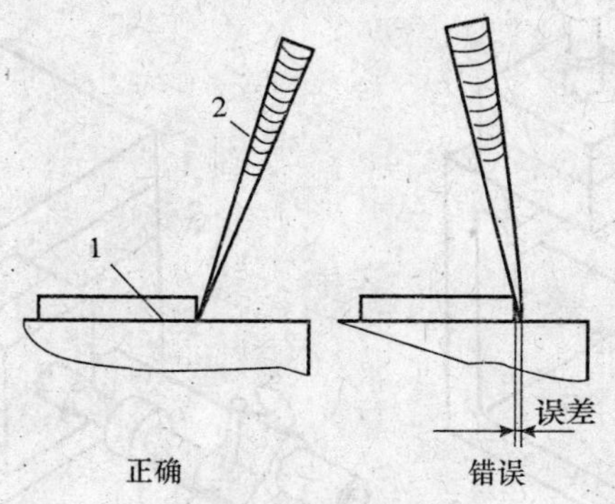


1-直尺；2-划针

图 10－6 划针的用法

(2) 划卡。划卡主要用来确定轴和孔的中心位置，也可用来划平行线，如图 10－7 所示。

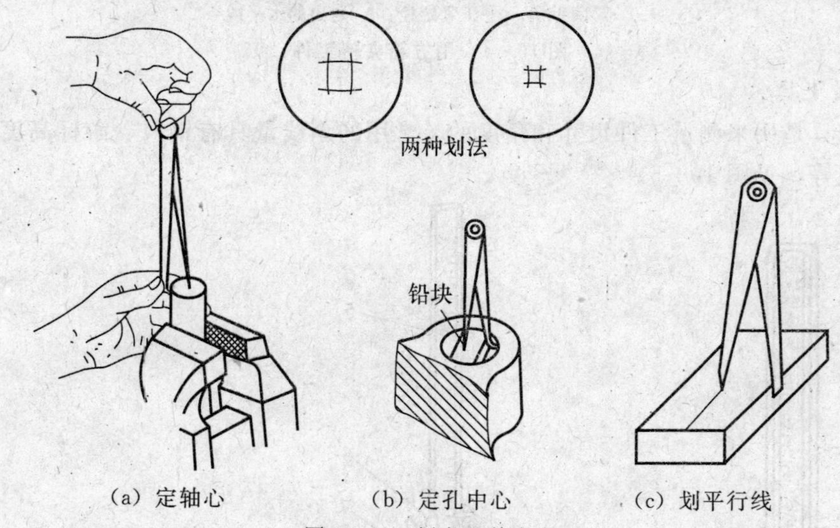


(a) 定轴心　(b) 定孔中心　(c) 划平行线

图 10－7 划卡及其应用

(3) 划规。划规是平面划线的主要作图工具。它可用于划圆、量取尺寸和等分线段(图 10－8)。

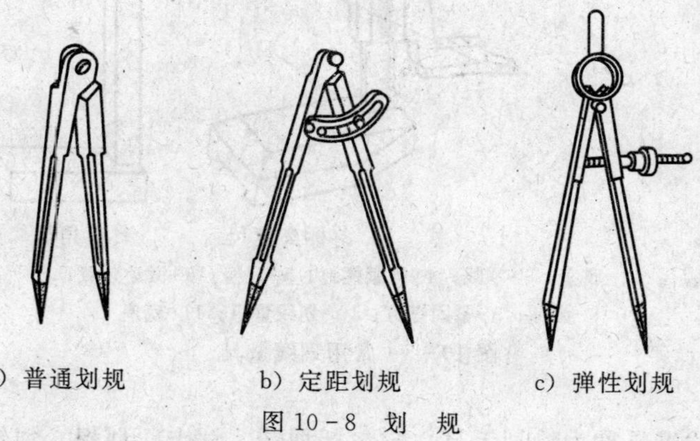

a) 普通划规　b) 定距划规　c) 弹性划规

图 10－8 划 规

普通划规和定距划规刚性好，适合在毛坯上作图；而弹簧划规刚性较差，一般用于在半成品上作图。

（4）划针盘。划针盘是立体划线和找正工件位置用的工具，有普通划针盘和可调划针盘两种。用划针盘划线如图 10－9 所示。

调节划针到一定高度，并在平板上移动划针盘，即可在工件上划出与平板平行的线。此外，划针盘还可用于找正工件的位置和确定圆柱体的轴心。

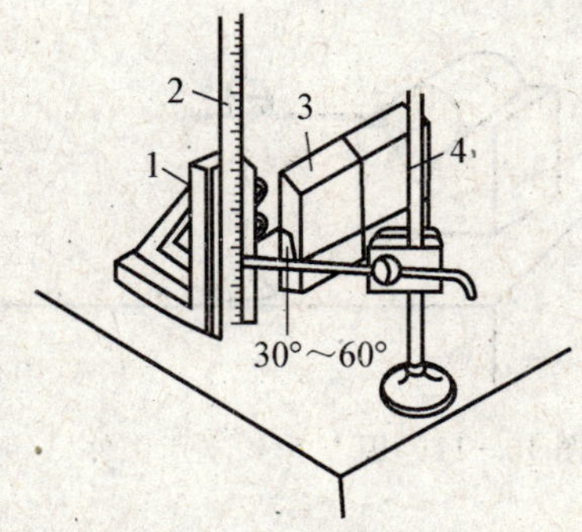


1－尺座；2－钢尺；3－工件；4－划针盘

图 10－9　用划针盘划线

（5）样冲。用工具钢制成并经淬硬。它用来在工件已划出的线上打出小而均匀的冲眼，以免工件在搬运、装夹过程中使所划的线模糊不清而影响加工。样冲及其用法如图 10－10所示。钻孔前的圆心也要打样冲眼，以便钻头定位。

样冲眼之间的距离，视线段的长短而定，一般在直线上可用较大的距离，在曲线上可使距离近些，在交点及连接点上都必须打眼。打眼的深浅视工件条件而定，如薄壁件上要打轻些，粗糙表面要打深些，而精加工过的表面上禁止打样冲眼。

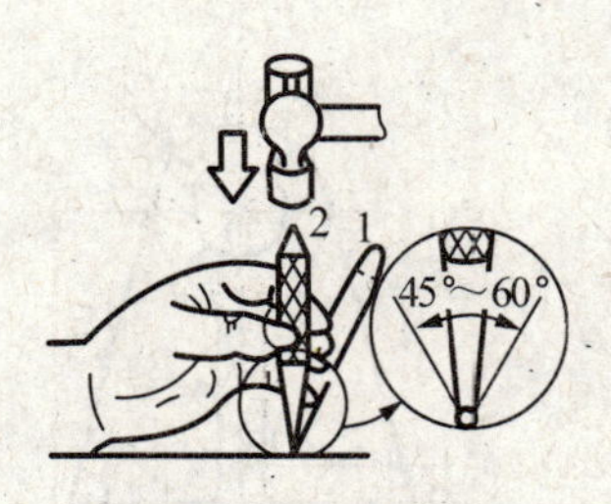


a）样冲的用法

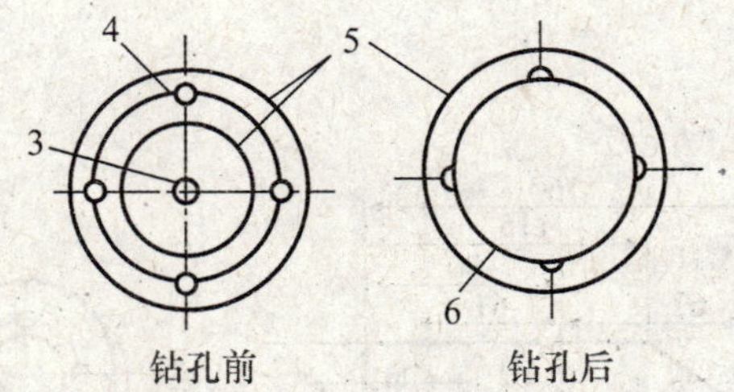


b）钻孔打样冲眼

1－对准位置；2－冲孔；3－定中心样冲眼；4－检查样冲眼；5－检查圆；6－钻出的孔

图 10－10　样冲及其用法

4. 夹持工具

用以夹持划线工件的工具为夹持工具，有 V 形铁、千斤顶和方箱等。

（1）V 形铁。用于支持轴、盘、套筒等圆柱形工件，使工件轴线与平板平行（图 10－11）。

V 形铁用碳钢制成，淬火后经磨削加工。V 形槽夹角一般为 90°或 120°，其余相邻各边互相垂直。一般 V 形铁都是两块为一副，其尺寸和形状完全相同。V 形铁也可与方箱配合使用。

在较长的圆柱形工件上划线时，须把工件安装在两个等高的 V 形铁上，以保证工件轴心线与划线基面平行。

（2）千斤顶。千斤顶的结构如图 10－12b）所示。

当在毛坯上划线或划线的工件形状复杂、尺寸较大不适合用方箱和 V 形铁装夹时，通常用三个千斤顶支承工件，如图 10－12a）所示，调整顶杆的高度就能方便地找正工件。

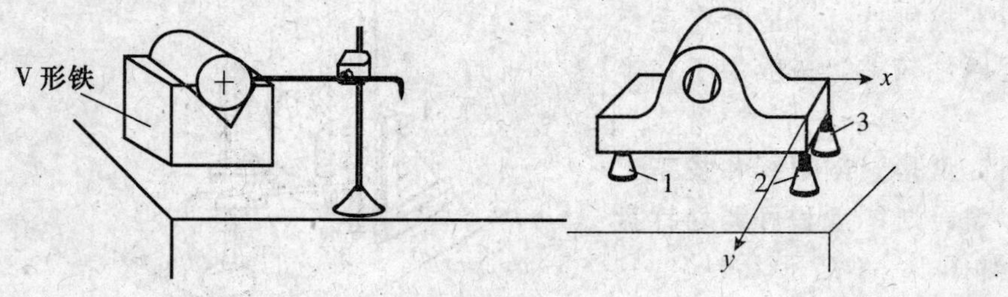


图 10－11　用 V 形铁支承工件

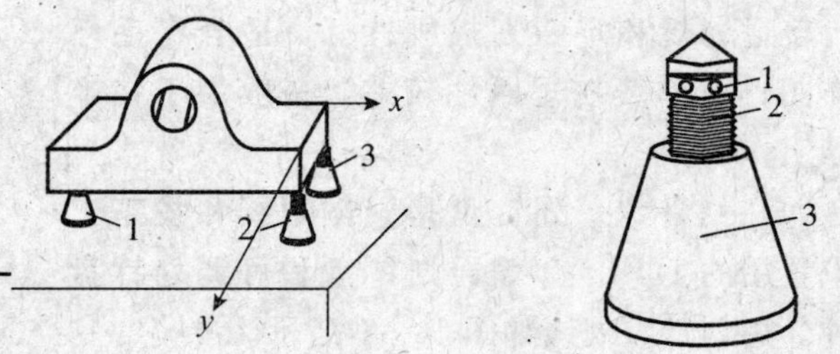

a）用千斤顶与承工件　　b）千斤顶的结构

1－用千斤顶支承工件；2－丝杠；3－顶座

图 10－12　千斤顶的结构和用法

## 三、划线基准

在划线时用来确定工件各部位尺寸、几何形状及相对位置的依据称为划线基准。

1. 选择划线基准的原则

（1）选择工件加工表面的设计基准（即零件图上标注尺寸的基准）作为划线基准。

（2）若毛坯上有孔或凸起部分，则以孔或凸起部分的中心线作为划线基准。

（3）若工件上有已加工过的平面，则应以已加工过的平面作为划线基准。

2. 常用的划线基准

（1）以两个互相垂直的平面或线作为划线基准，如图 10－13a）所示。

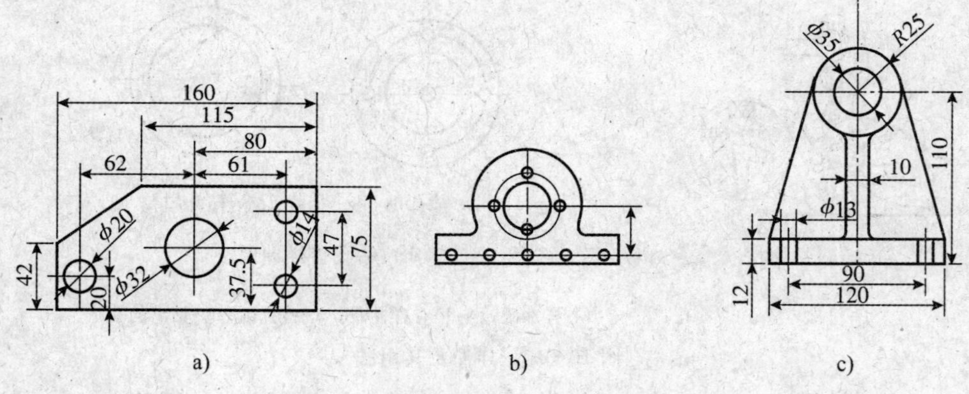


图 10－13　划线基准

（2）以孔的轴线为划线基准，如图 10－13b）所示。

（3）以一个平面和一条中心线作为划线基准，如图 10－13c）所示。

（4）每一个方向的尺寸都应确定一个划线基准。

## 四、划线的方法

1. 平面划线法

平面划线的方法有几何划线法和样板划线法两种。

几何划线法与机械制图相同，用划线工具在工件表面上按图纸要求划出线或点。

对于各种平面形状复杂、批量大而精度要求一般的零件，可根据零件的尺寸和形状要求先加工一块平面划线样板，然后以划线样板为基准，在工件表面上仿划出其加工界限。样板划线法可节省划线时间，提高划线效率。划线样板一般用 0.5～2 mm 厚的钢板制成。

2. 立体划线的步骤

(1) 研究图纸，确定划线基准。分析图纸以便了解零件的加工要求，明确应划哪些线并选择划线基准。

(2) 清理和检查毛坯。清除铸件毛坯的浇口、冒口、毛边和表面粘砂，除去锻件毛坯上的飞边和氧化皮，目的是便于工件的检查和涂色。工件清理后检查毛坯上的裂缝、夹砂、气孔、缩孔以及形状和尺寸等方面的缺陷，如不能用即报废。

(3) 工件表面涂色。为了使划出的线条清晰可见，在工件表面上先涂一层薄而均匀的涂料。常用的涂料有白灰浆、紫溶液和硫酸铜，可根据工件条件选用。

(4) 在工件孔中安装中心塞块。为了在有孔的工件上找出孔的中心，便于用划规划圆，在孔中要装上中心塞块。常用的中心塞块如图 10 - 14 所示。

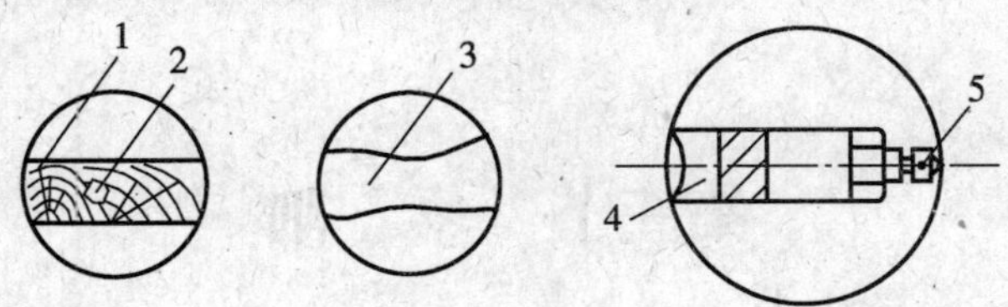


a) 木质塞块 b) 铅皮塞块 c) 可调塞块

1 -木块；2 -铅皮及铜皮；3 -铅条；4 -支承块；5 -伸缩螺钉

图 10 - 14 划孔中心线用的塞块

(5) 合理装夹工件，调整千斤顶找正工件，使划线基准平行平板工作面。

(6) 划线。

(7) 详细检查划线的准确性和线条有无漏划。

(8) 在线条上打样冲眼。

3. 划线实例

(1) 支持及找正工件(图 10 - 15a))。先划出划线基准，再划出其他水平线（图 10 - 15b))。

(2) 翻转工件，找正划出垂直线（图 10 - 15c) 和 d))。

(3) 检查划出的线是否正确，打样冲眼。

4. 划线操作注意事项

(1) 工件安装支承要稳定，以防滑倒或移动。

(2) 在一次支承中，应把需要划出的平行线划全，以免再次支承补划，造成误差。

(3) 应正确使用划针、划针盘、高度游标尺和直角尺等划线工具，以减小误差。

(4) 操作中注意安全。

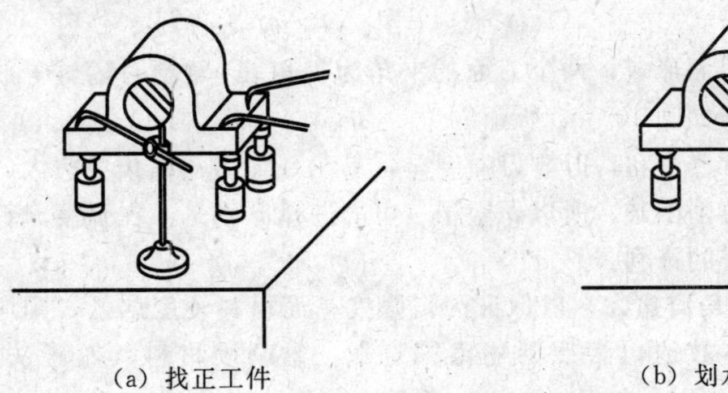

(a) 找正工件 (b) 划水平线

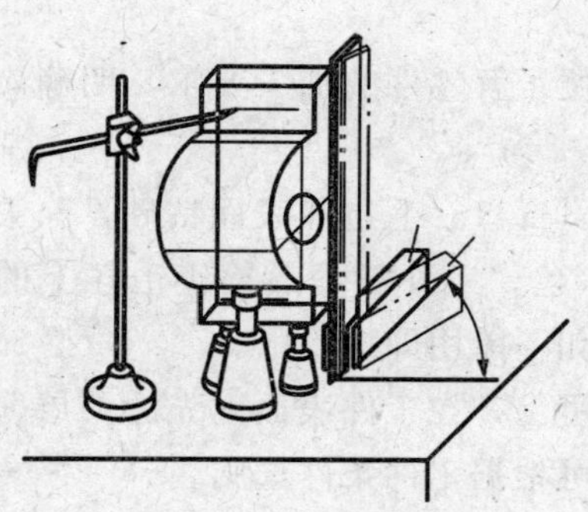

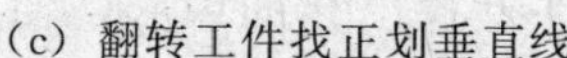

(c) 翻转工件找正划垂直线

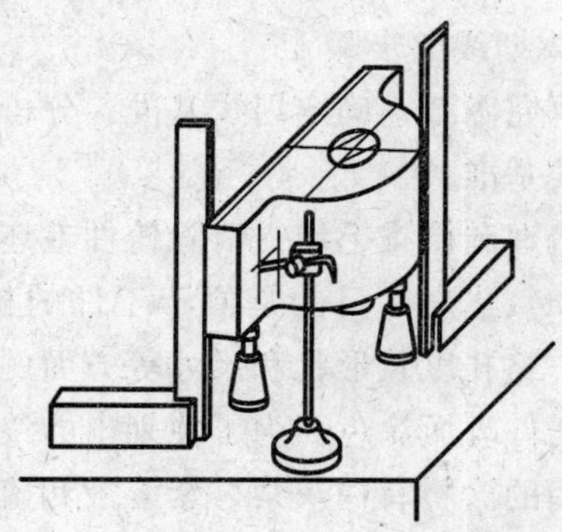

(d) 翻转工件找正划垂直线

图 10－15　立体划线示例

# 第三节　錾　削

錾削是用手锤锤击錾子，对金属进行加工的操作。錾削可以加工平面、沟槽、切断金属及清理铸、锻件上的毛刺等。每次錾削金属层的厚度为 0.5～2 mm，这是一种粗加工方法。

## 一、錾削工具及其用途

1. 錾子

錾子一般用碳素工具钢制成，刃部经淬火和回火处理。常用的錾子有平錾（扁錾）和槽錾（窄錾），见图 10－16。平錾主要用于錾削平面以及錾断金属，它的刃宽一般为 10～15 mm；槽錾用于錾削沟槽，它的刃宽约为 5 mm。錾子全长为 125～150 mm。

2. 手锤

錾削用的手锤的大小用锤头重量表示，常用的约为 0.5 kg。手锤的全长约为 300 mm，锤头多用碳素工具钢制造，并经淬火和回火处理。

1　2　3

a) 平錾（扁錾）

b) 槽錾（窄錾）

1－錾刃楔角；2－錾身；3－錾头

图 10－16　平錾与槽錾

## 二、錾削操作

1. 錾削角度选择

錾子的切削刃由两个刀面形成，两个刀面的夹角为楔角 $\beta$，錾削时随錾子放置的角度可改变前角和后角的大小，如图 10－17 所示。

楔角 $\beta$ 愈小，錾子刃口愈锋利，但錾刃强度差，易出现崩刃；楔角 $\beta$ 愈大，刃口强度愈大，但錾削阻力加大，錾削困难。所以，錾子 $\beta$ 角的选择原则是：在强度允许的情况下尽量选取小值，以保证錾子的锋利。

工件材料硬度愈高，$\beta$ 角应愈大，以保证刃口强度；而材料硬度愈低，则应选较小的 $\beta$ 角，以使刃口锋利。具体数值可参照下述范围选取：錾削硬材料（如铸铁）时，$\beta=60°\sim70°$；錾削一般中硬度钢时，$\beta=50°\sim60°$；錾软金属时，$\beta=30°\sim50°$。

錾削时后角 $\alpha$ 的大小主要根据錾削层的厚薄来确定。錾削层愈厚，$\alpha$ 角应愈小（约为 3°～5°），以免啃入工件（图 10－17b））；錾削层愈薄（细錾），$\alpha$ 角应略大（见图 10－17c）），以免錾子滑出。显然，后角愈小，则前角愈大，錾削阻力也较小，这对粗錾是有利的。

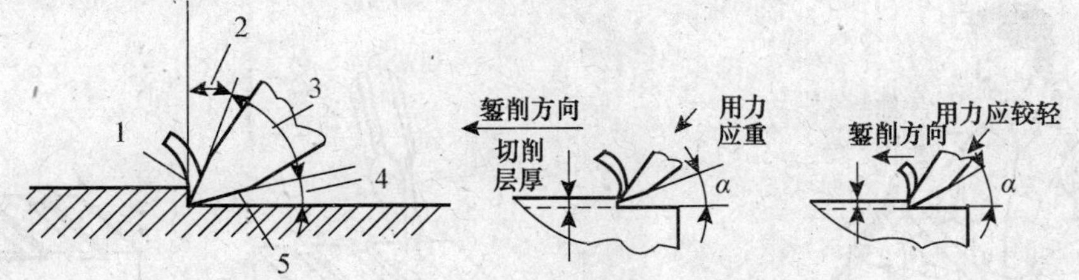


a）切削部分几何角度　　b）粗錾时后角应小，以免啃入工件　　c）细錾时后角应大些，以免打滑

1－前面；2－前角；3－楔角；4－后角；5－后刀面

图 10－17　錾子的切削角度

2. 操作方法

（1）錾子和手锤的握法。常用的握錾方法有两种：正握法和松握法，一般多用正握法（图 10－18）。握錾应自如且略为放松，主要用左手中指和无名指握住錾子，小指自然合拢，食指和拇指自然伸直与錾子接触，錾子头部伸出约 20 mm。而手锤一般采用松握法，用拇指和食指始终握紧锤柄，其余各指在锤击瞬间依次收拢握紧，柄部只能露出 15～30 mm（图 10－19）。这种握锤方法的优点是手不易疲劳，且锤击力大。

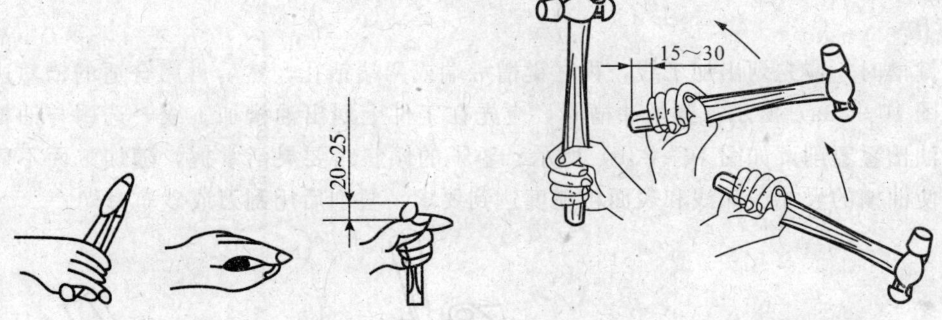


图 10－18　錾子握法　　　图 10－19　手锤握法

（2）錾削要领。起錾时，应将錾子握平或使錾头稍向下倾，如图 10－20a）所示，以便錾刃切入工件。錾削时应握稳錾　吏后角保持不变，锤击力要均匀（不可忽大忽小），方向要与錾子中心一致（图 10－20b）），这样才能把表面錾平。当錾削到靠近工件尽头时，应调转工件，从另一端轻轻錾掉剩余部分，以免工件棱角损坏（图 10－20b））。

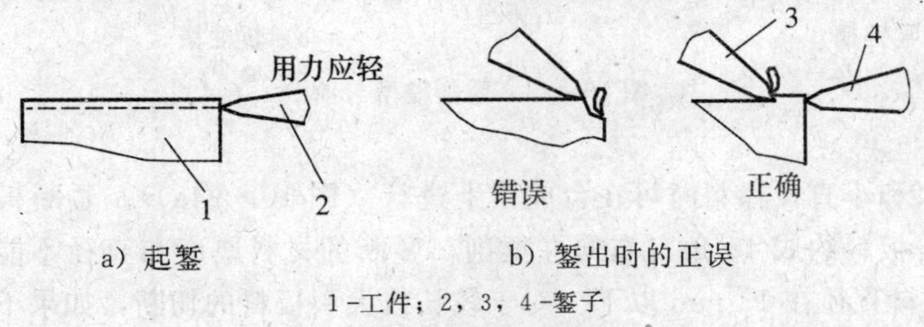


a）起錾　　b）錾出时的正误

1－工件；2，3，4－錾子

图 10－20　錾削要领

(3) 錾削时的姿势。錾削时的姿势应便于用力，不易疲倦。挥锤要自然，眼睛应注视錾子刃口和工件接触处，而不是錾头。这样，既能顺利地进行操作和保证錾削质量，又能避免手锤打在手上，如图 10－21 所示。

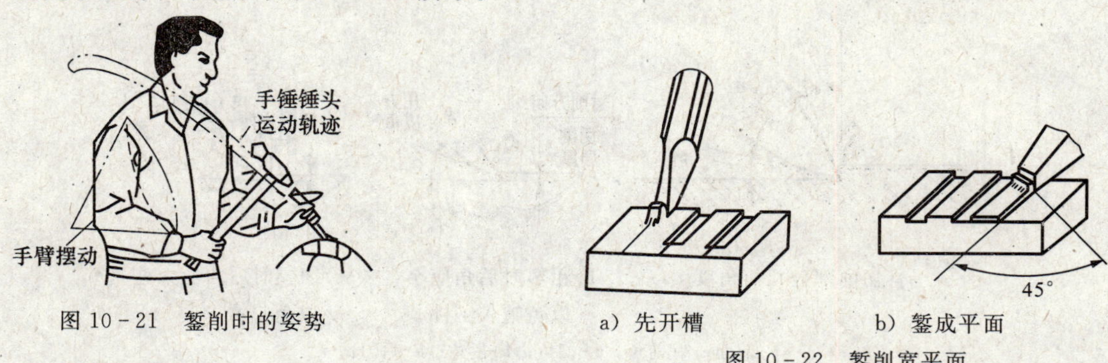


图 10－21　錾削时的姿势

a）先开槽　b）錾成平面

图 10－22　錾削宽平面

## 三、錾削加工

1. 錾削平面

錾削平面时，每次錾削厚度为 0.5～2 mm。如果錾得过厚，不仅费力，而且会把工件錾坏；如果錾得过薄，錾子会从工件表面上滑脱。

对于狭窄平面可以用平錾进行錾削。錾削较大平面时，应先用槽錾开槽（图 10－22a)），槽间的宽度约为平錾錾刃宽度的 3/4，然后再用平錾錾平（图 10－22b)）。为了易于錾削，平錾錾刃应与前进方向成 45°角。

2. 錾槽

錾削键槽时，应先划出加工线，再在键槽一端或两端钻孔，然后再用合适的槽錾进行錾削，如图 10－23a）所示。錾削油槽时，应先在工件上划出油槽加工线，选用与油槽宽度相同的油槽錾錾削，如图 10－23b）所示。錾子的倾斜角要灵活掌握，随加工面不停地移动，以使油槽的尺寸、深浅和表面粗糙度达到要求。錾削后用刮刀或砂布修光。

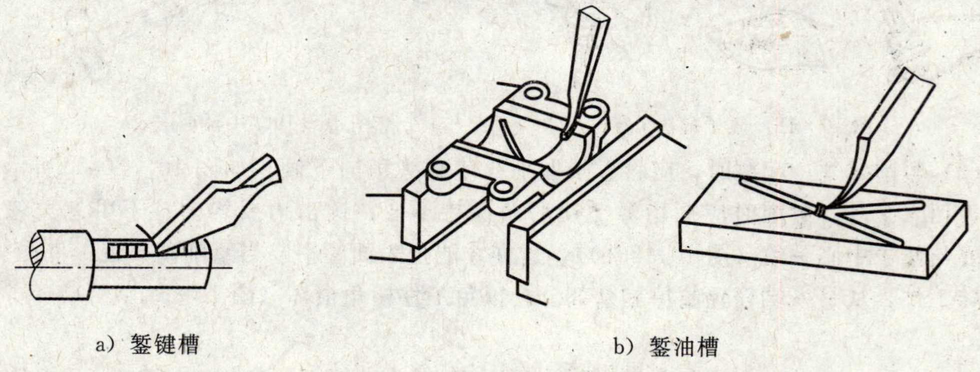

a）錾键槽　b）錾油槽

图 10－23　錾削键槽与油槽

3. 錾断

錾断薄板料和小直径棒料时可在台虎钳上进行（图 10－24a)）。錾断板料时用平錾沿着钳口并斜对着板料约成 45°角自右向左錾削，錾断的材料厚度与直径不能过大，板料在 4 mm 以下，棒料直径在 13 mm 以下。对于较长或大型板料的切断，如果不能在台虎钳上进行，可以在铁砧上錾切（图 10－24b)）。

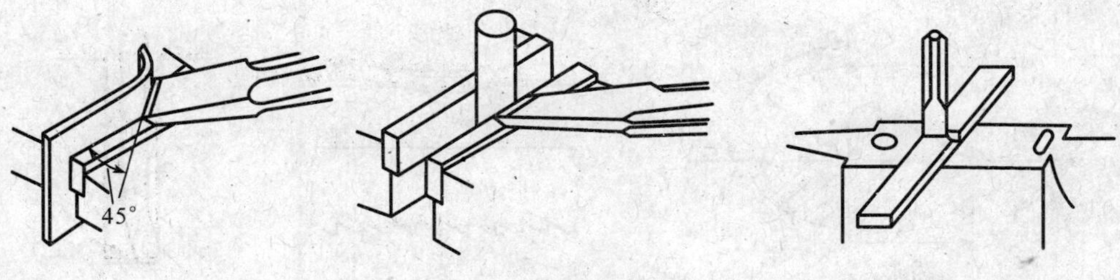


a）錾断薄板及棒料　　b）錾长板料

图 10－24　錾断薄板料和小棒料

## 四、錾削操作注意事项

（1）工件夹持应牢固，以免錾削时因工件松动被錾子击出而伤人。

（2）錾头如有毛边，应在砂轮上磨掉，以免錾削时手锤偏斜而伤手。

（3）不要用手摸錾头端面，以免沾油后锤击时打滑。

（4）手锤的锤头与锤柄之间不应松动，如有松动，应将锤头楔铁打紧。挥锤时应注意不要伤人。

（5）錾削用的工作台必须有防护网，以免錾削伤人。

# 第四节　锯　削

锯削是用手锯锯断金属材料或在工件表面上锯出沟槽的操作。

## 一、锯削工具

钳工锯削主要是用手锯进行，手锯由锯弓和锯条两部分构成。

1. 锯弓

锯弓用来安装和张紧锯条，它有可调式和固定式两种。图 10－25 所示为可调式锯弓，由锯柄 1、锯弓 2、方形导管 3、夹头 4 和蝶形螺母 5 等部分组成。一端夹头上安有装锯条的销钉，另一端夹头带有拉紧螺栓，并配有蝶形螺母 5，以便拉紧锯条。

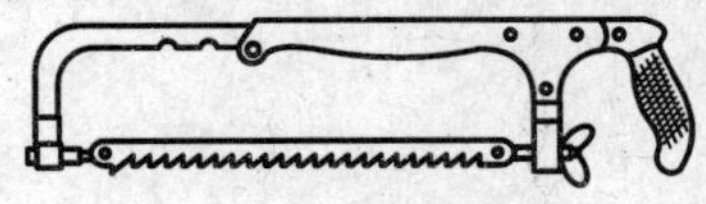

图 10－25　可调式锯弓

可调式锯弓的长度可以调整，能安装不同规格的锯条，而且锯柄形状便于握持与施力，故目前广泛应用。

2. 锯条及其选用

锯条用碳素工具钢制成，并经淬火处理。锯条规格用其两端安装孔间的距离表示，常用锯条长约 300 mm、宽 12 mm、厚 0.8 mm。锯条的齿形如图 10－26a）所示。锯齿的排列为多波形（图 10－26b)），以减少锯口两侧与锯条间的摩擦。锯条按锯齿的齿距大小，可分为粗齿、中齿和细齿三种，其用途见表 10－1。

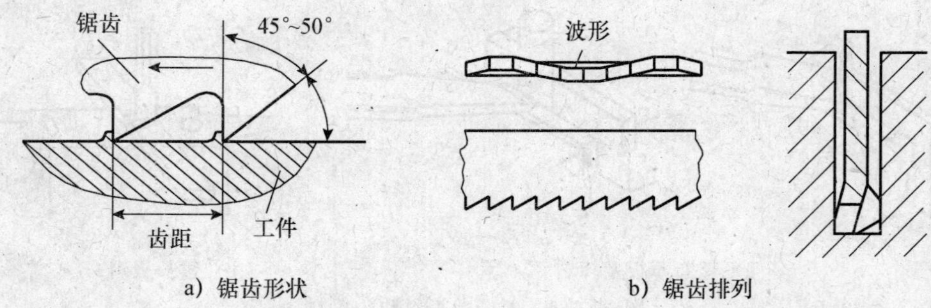

a）锯齿形状　　b）锯齿排列

图 10-26　锯齿的形状与排列

表 10-1　锯条的齿距及用途

| 锯齿粗细 | 每 25 mm 长度内含齿数 | 用　途 |
|---|---|---|
| 粗齿 | 14～16 | 锯铜、铝等软金属及厚工件。 |
| 中齿 | 18～24 | 加工普通钢、铸铁及中等厚度的工件。 |
| 细齿 | 26～32 | 锯硬钢板料及薄壁管子。 |

图 10-27 所示为锯齿粗细的选用对锯削的影响。

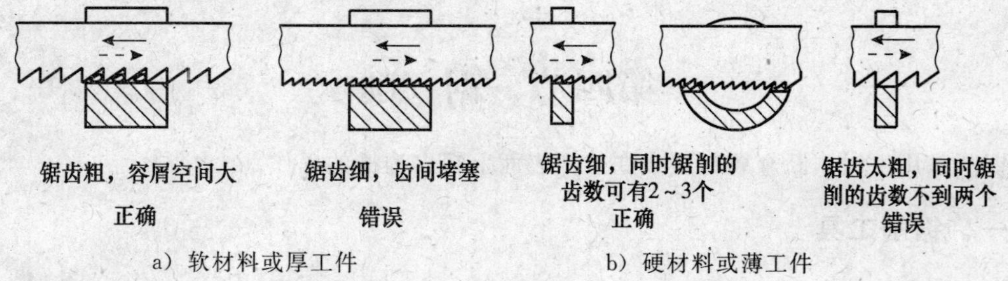

a）软材料或厚工件　　b）硬材料或薄工件

图 10-27　锯条粗细的选择

## 二、锯削操作

1. 锯条的安装

根据工件材料及厚度选择合适的锯条，安装在锯弓上。锯齿应向前（图 10-25），锯条松紧应适当，否则锯削时易折断。锯条安装后，要保证锯条平面与锯弓中心平面平行，否则锯削时锯缝容易歪斜。

2. 工件的安装

工件一般应夹在台虎钳左边，以便操作；工件伸出钳口不应过长，防止锯削时产生振动；锯线应和钳口侧面平行；工件夹紧要牢靠，并防止产生变形和夹坏已加工表面。

3. 起锯方法

起锯时锯条表面要垂直于工件表面，并以左手拇指靠住锯条，防止锯条滑动，使锯条正确地锯在所需的位置上（图 10-28a)）；行程要短，压力要小，速度要慢。起锯角度（锯条与工件表面倾斜角）约为 10°左右，如图 10-28b）所示。如果起锯角度过小，锯条与工件同时接触的齿数较多，锯齿不易切入工件，多次起锯往往容易发生偏离，使工件表面锯出许多锯痕而影响表面质量。如果起锯角度过大，锯齿钩住工件棱边，会使锯齿崩断或锯条折断，如图 10－28c）所示。锯出锯口后（深 2～3 mm），逐渐使锯弓处于水平方向。

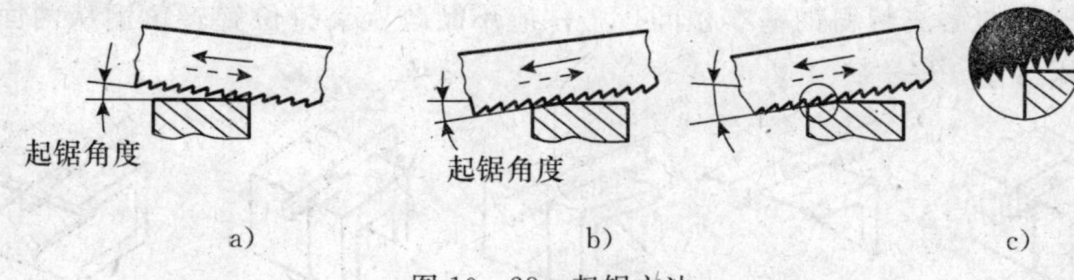


图 10－28 起锯方法

4. 锯削压力、速度、方向与行程长度的控制

锯削的操作姿势如图 10－29 所示。锯削时，锯弓作往复直线运动。锯条前推时起切削作用，应给予适当的压力，用力要均匀；返回时不切削，不加压力作自然拉回，使锯条从工件已加工表面轻轻滑过，速度不宜太快。快锯断时，用力要轻，以免碰伤手臂或折断锯条。锯削速度应根据工件材料及硬度而定，锯削硬材料时应低些，锯削软材料时可高些，通常为 20～40 次/min。锯削运动方向要保持平直，不可左右摆动，以免折断锯条。锯削行程长度应不小于锯条全长的 2/3，以免锯条局部磨损而降低其使用寿命。锯钢时应加机油润滑。

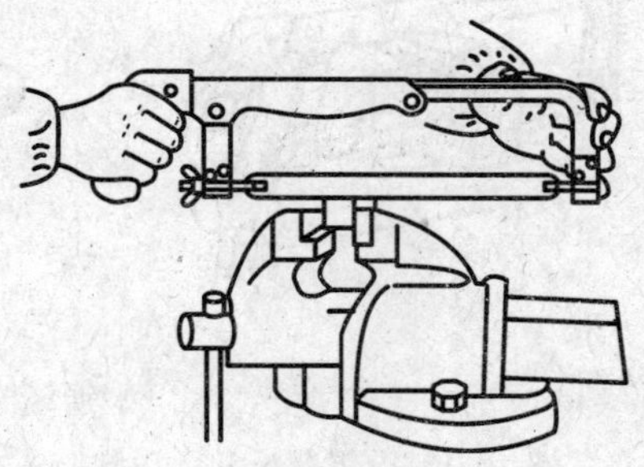

图 10－29 锯削的操作姿势

## 三、锯削加工

1. 锯扁钢

锯扁钢时应从扁钢较宽的面下锯，以保证锯缝浅而齐整，锯条不至于卡住（图 10－30a））。

2. 锯圆管

锯圆管时，应该每当锯到管子的内壁时，就要把圆管向推锯方向转过一定角度，再使锯条沿原锯缝继续锯削（图 10－30b）），这样不断地旋转、锯削，直到锯断为止，不可一次单向由上而下锯断（图 10－30c））。

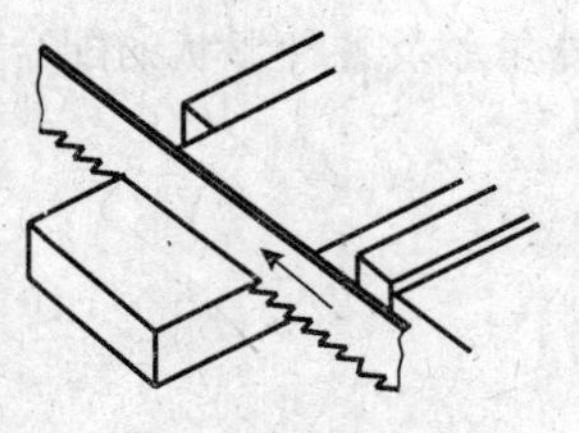

a）锯扁钢

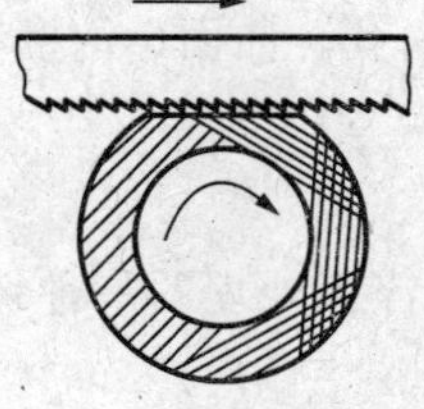

b）旋转锯圆管法

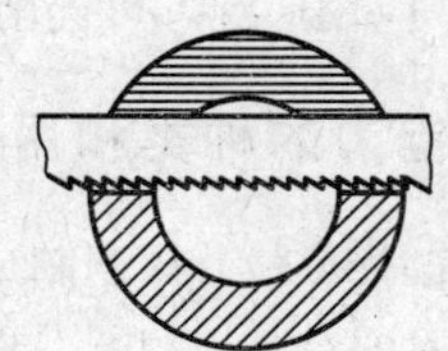

c）单向锯圆管

图 10－30 锯扁钢与圆管的方法

3. 锯型钢

角钢与槽钢的锯法与扁钢基本相同，工件应不断改变夹持位置。角钢从两面来锯，槽钢从三面来锯（图 10 - 31）。

a)锯角钢　　b)锯槽钢

图 10 - 31　锯角钢和槽钢的方法

4. 锯薄板与锯深缝

锯薄板时，薄板两侧可用木板夹住，固定在台虎钳上进行锯削（图 10 - 32a)），或用多片薄板叠在一起锯削，既可避免锯齿钩住，又增加了板料的刚性。

锯深缝时，当锯缝深度超过锯弓高度时，应将锯条相对锯弓转 90°安装，使锯弓平放（图 10 - 32b)）。

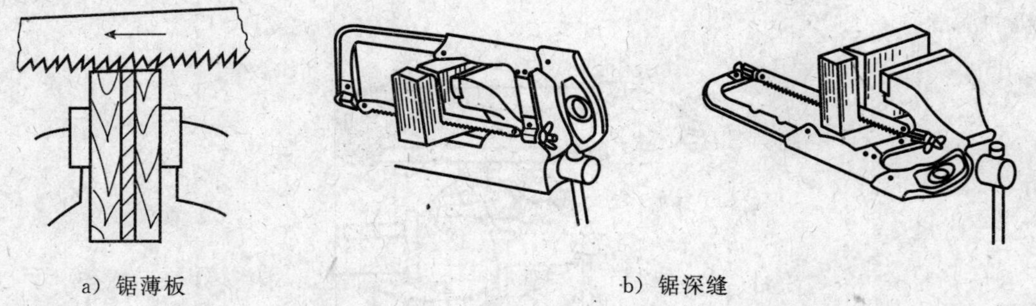

a）锯薄板　　b）锯深缝

图 10 - 32　锯薄板和锯深缝

5. 锯圆钢

如果锯削的断面要求平整，则应一次连续锯断；如果锯出的断面要求不高，可分几个方向锯下，锯削面小而容易锯入，并可提高工作效率。

# 第五节　锉　削

用锉刀对工件表面进行加工的操作称为锉削。锉削主要用于单件小批生产中形状复杂零件的加工、样板和模具的加工以及在部件或整机装配时修整零件。锉削可以提高工件的精度和减小表面粗糙度，也可用于去除工件表面的细小毛刺、锋利棱角等。锉削是钳工最基本的操作方法，应用广泛，可锉削平面、孔、曲面、沟槽、内外角形及各种形状的配合表面。

## 一、锉刀的种类和用途

锉刀是用碳素工具钢制成并经淬火处理的一种切削刀具。

1. 锉刀的结构

锉刀的结构如图 10 - 33a）所示。锉面 1 上有单纹或多纹锉齿，锉齿起切削作用，其形状如图 10 - 33b）所示。锉刀的锉纹多制成双纹，与单纹齿相比，双纹齿的齿刃是间断的，即在全宽齿刃上有许多分屑槽，使锉屑碎断，锉齿的容屑槽不易被堵塞，锉削时比较省力。锉齿 2 一侧有单纹锉齿起清理毛坯、去除氧化皮等辅助切削作用；另一侧无锉齿，防止锉削互相垂直面时，锉边锉伤已加工表面。锉柄 5 用于握持，锉舌 4 用来与锉柄连接，3 称为锉根。

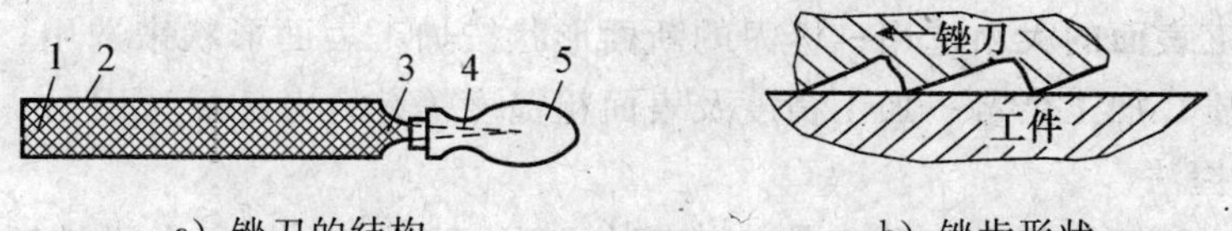


a）锉刀的结构　　　　b）锉齿形状

1-锉面；2-锉齿；3-锉根；4-锉舌；5-锉柄

图 10-33　锉刀的结构与锉齿形状

锉刀的大小以锉面（工作部分）长度来表示。

2. 锉刀的种类

锉刀按其长度可分为 4 英寸(100 mm)、6 英寸(150 mm)、……16 英寸(400 mm)等七种。

锉刀按其断面形状的分类见图 10-34b)，其相应所能加工的表面如图 10-34a）所示。

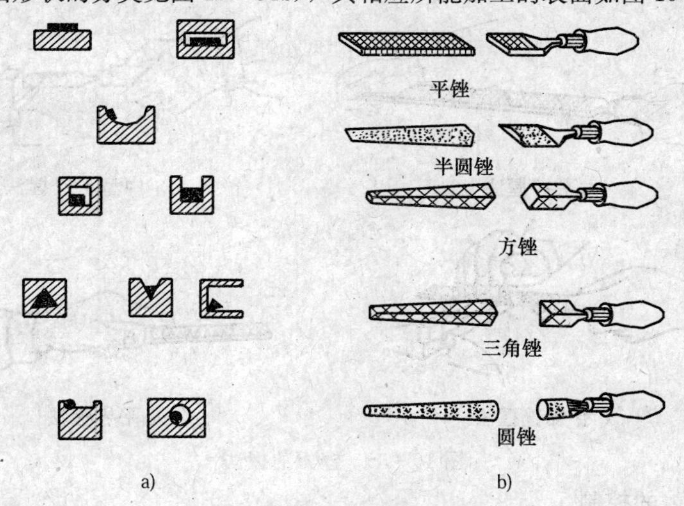


图 10-34　锉刀的形状和用途

锉刀按每 10 mm 锉面上锉齿的齿数的分类及其各自的应用见表 10-2。

表 10-2　**锉刀刀齿粗细的划分及其应用**

| 类别 | 齿数（10 mm 长度内） | 加工余量（mm） | 能获得的表面粗糙度（μm） | 一般用途 |
|---|---|---|---|---|
| 粗齿锉 | 4～12 | 0.5～10 | 20 ～ 5 | 粗加工或锉软金属 |
| 中齿锉 | 13～24 | 0.2～0.5 | 10 ～ 6.3 | 粗锉后加工 |
| 细齿锉 | 30～40 | 0.1～0.2 | 5 ～ 3.2 | 锉光表面或锉硬金属 |
| 油光锉 | 40～60 | 0.02～0.1 | 3.2 ～ 0.8 | 精加工时修光表面 |

什锦锉刀主要用于精细加工，如样板、冲模等。它由若干把各种不同形状的小尺寸锉刀组成。

## 二、锉削操作

1. 锉刀的选用

合理选用锉刀，对保证加工质量、提高工作效率和延长锉刀使用寿命有很大的影响。锉刀长度按加工表面的大小选用；锉刀的断面形状按加工表面形状来选用；锉刀齿纹粗细按工件材料性质、加工余量、加工精度及表面粗糙度等综合考虑后选用。

2. 锉刀的握法

锉刀的握法随锉刀的大小及工件加工部位不同而改变。使用大平锉时，用右手握锉柄，柄端顶在拇指根部的手掌上，大拇指放在锉柄上，其余手指依次握住锉柄；左手掌部压在锉刀另一端，拇指自然伸直，其余四指弯曲扣住锉刀前端，使锉刀保持水平（图10-35a)）。当使用中型平锉轻锉时，因用力较小，左手的大拇指和食指捏着锉刀前端引导锉刀作水平移动（图10-35b)）。小锉刀及什锦锉的握法如图10-35c)、d）所示。

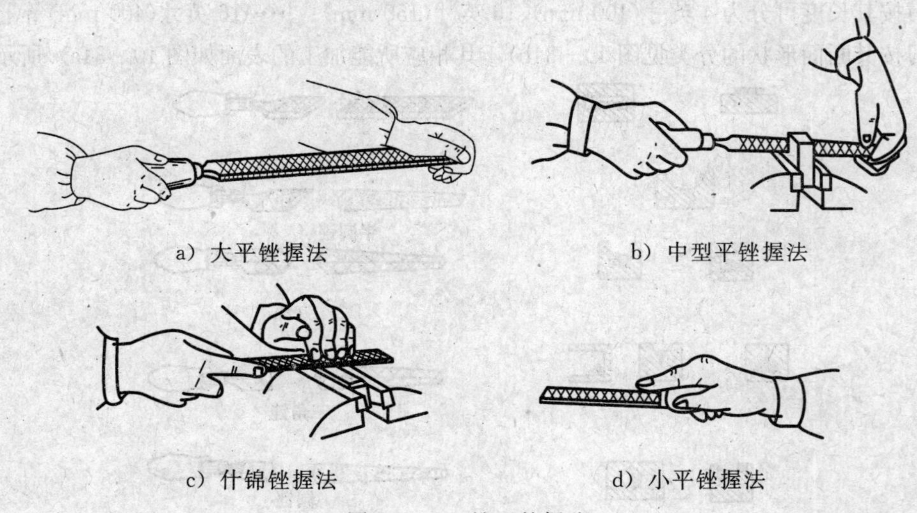

a）大平锉握法　b）中型平锉握法　c）什锦锉握法　d）小平锉握法

图10-35　锉刀的握法

3. 锉削时施力的控制

锉削时施力的变化如图10-36所示。

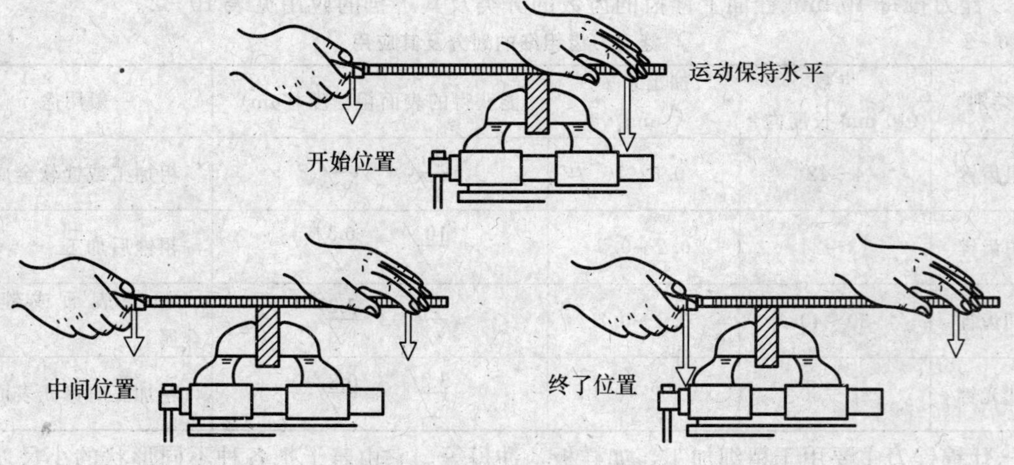


图10-36　锉削时施力的变化

锉刀向前推时，用手压在锉刀上的力应保持平衡，即随着锉刀的推进，右手的压力要逐渐增加，而左手的压力逐渐减小，锉刀应保持水平，以便把表面锉平。锉刀返回时，不宜压紧工件，以免磨钝锉齿和损伤已加工表面。

4. 锉削加工质量检验

锉削时，工件的尺寸可用钢尺或游标卡尺测量，工件表面平面度和垂直度用直角尺、塞尺检查（图 10 - 37），成形面用样板检查。

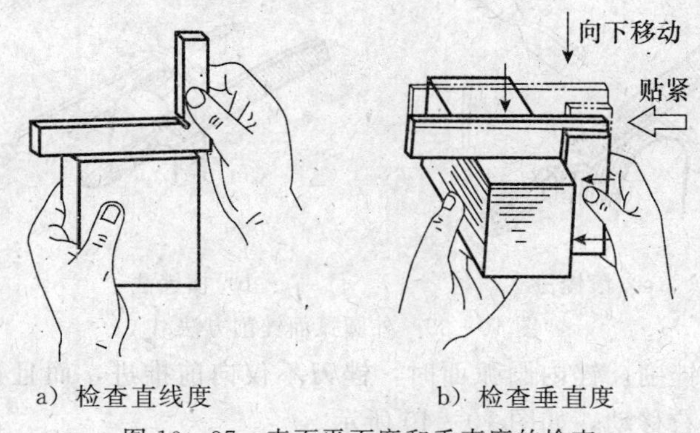


a）检查直线度　　b）检查垂直度

图 10 - 37　表面平面度和垂直度的检查

## 三、锉削加工

1. 平面的锉削

（1）直锉法。沿加工表面较窄的方向进行锉削。锉刀的切削运动是单方向的，锉刀每次退回时，横向移动 5～10 mm（图 10 - 38a））。

（2）交叉锉法。锉刀的切削运动方向与工件夹持方向成 30°～40°角，且锉纹交叉。由于锉刀与工件接触面大，因而容易锉出准确的平面，适合锉削余量较大的工件，如图 10 - 38b)所示。

（3）顺向锉法。它是沿加工表面较长的方向锉削（图 10 - 38c)），一般用于交叉锉后对平面进一步锉光。

（4）推锉法。锉刀切削运动方向与工件加工表面的长度方向垂直，用两手握住锉刀，拇指抵住锉刀侧面，沿工件表面平稳地推拉锉刀，以得到光洁的表面（图 10 - 38d)）。这种锉法是在工件表面已经锉平、余量很小的情况下，修光工件表面，适合锉削较窄的平面及用顺向锉法锉刀推进受阻碍的情况。为了提高工件表面质量，可在锉刀上涂些粉笔灰，或将细砂布垫在锉刀下面推锉。

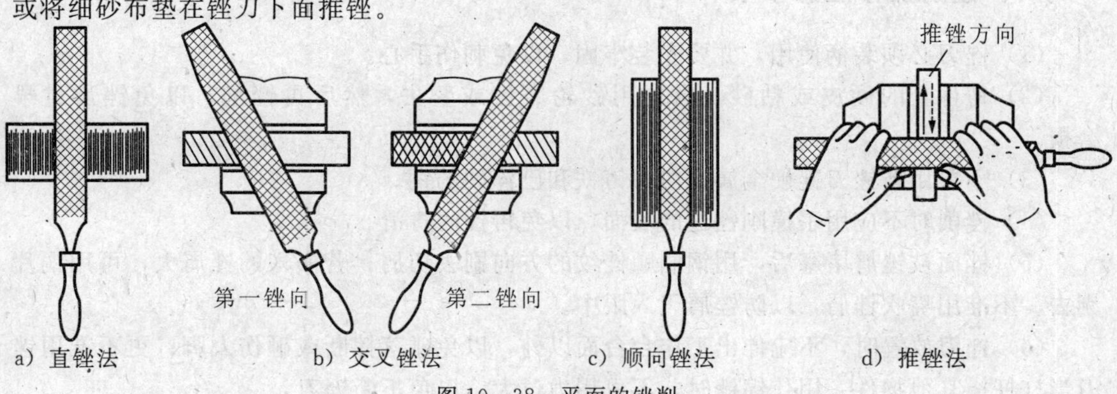


a）直锉法　　b）交叉锉法　　c）顺向锉法　　d）推锉法

图 10 - 38　平面的锉削

2. 圆弧面的锉削

（1）外圆弧面的锉削。锉削外圆弧面时，锉刀既向前推进，又绕圆弧面中心摆动。常用的外圆弧面锉削方法有滚锉法和横锉法两种，如图 10－39 所示。前者适合精锉，而后者适合粗锉。

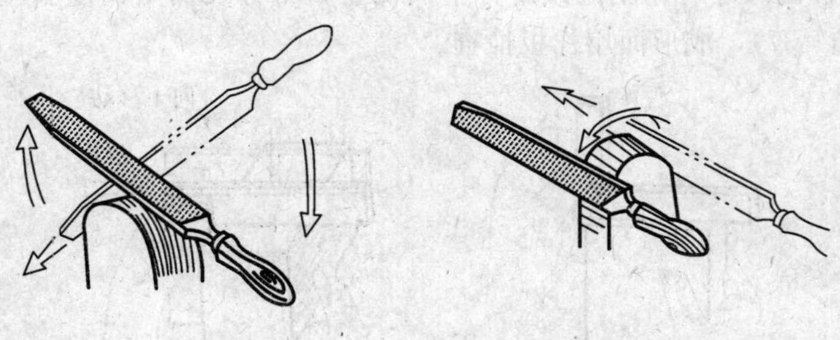

a）滚锉法　　　　b）横锉法

图 10－39　外圆弧面锉削方法

（2）内圆弧面的锉削。锉内圆弧面时，锉刀不仅向前推进，而且自身要作旋转运动，还要沿圆弧面向左向右移动，如图 10－40 所示。

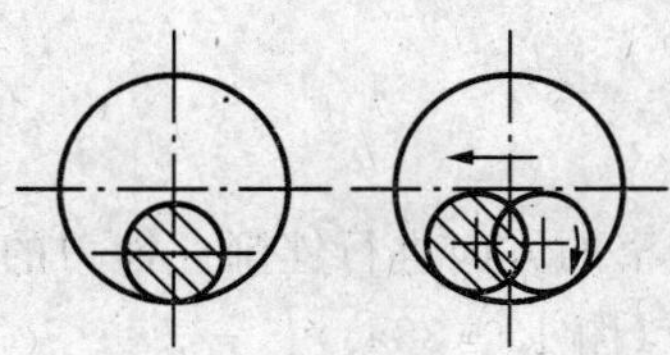

图 10－40　内圆弧面的锉削

（3）锉通孔。根据工件通孔的形状、工件材料、加工余量、加工精度和表面粗糙度来选择所需的锉刀。通孔锉削方法如图 10－41 所示。

图 10－41　通孔的锉削

## 四、锉削操作注意事项

（1）锉刀必须装柄使用，并要安装牢固，以免刺伤手心。

（2）铸件上的硬皮或粘砂，应先用砂轮磨去或錾去，然后再锉削，以免锉齿过早磨损。

（3）不要用新锉刀锉硬金属、白口铸铁和已淬硬的钢。

（4）锉削时不应用手摸刚锉过的表面，以免再锉时打滑。

（5）锉面被锉屑堵塞后，用钢刷顺锉纹的方向刷去切屑；若嵌入的锉屑大，可用铜片剔去。不准用嘴吹锉屑，以防锉屑飞入眼中。

（6）锉刀放置时，不应伸出工作台台面以外，以免碰落摔断或砸伤人脚；更不准用锉刀当杠杆撬其他物件。用什锦锉时，不可用力过大，以免折断锉刀。

# 第六节　刮　削

用刮刀在工件已加工表面上刮去一层很薄金属的操作称为刮削。刮削是钳工中的一种精加工方法，刮削后的表面具有良好的平面度，表面粗糙度可达 1.6 μm 以下。刮削可以消除加工表面的微观不平度，消除加工表面的凹凸和扭曲，提高工件表面的配合精度。经刮削的表面可以形成存油空隙，减小摩擦阻力。由于刮削有压光作用，可以改善表面质量和提高工件的耐磨性。刮削还可以使工件外表美观（通过刮花）。刮削一般用在零件上互相配合的重要滑动表面，特别适用于高精度的需作相对运动的配合表面，如机床导轨、滑动轴承、仪器导轨等要求保持均匀接触的表面。刮削劳动强度大，刮削余量小（0.1 mm 以下），生产效率低，因而目前常用磨削等机械加工方法代替它。

## 一、刮刀

刮刀应具有较高的硬度和锋利的刃口，一般用碳素工具钢或轴承钢制成，刀头部分经过淬火处理。刮削硬金属时，刀头部分可焊上硬质合金刀片。

刮刀分平面刮刀和曲面刮刀两类。平面刮刀有普通刮刀和活头刮刀两种；曲面刮刀有三角刮刀、匙形刮刀、蛇头刮刀、圆头刮刀等。

下面仅介绍普通平面刮刀和三角刮刀。

1. 平面刮刀

普通刮刀由柄部、刀体和切削部分组成，刀刃略呈弧形，楔角为 90°，如图 10－42a）所示。刮削时，刮刀与所刮表面形成的角度如图 10－42b）所示。

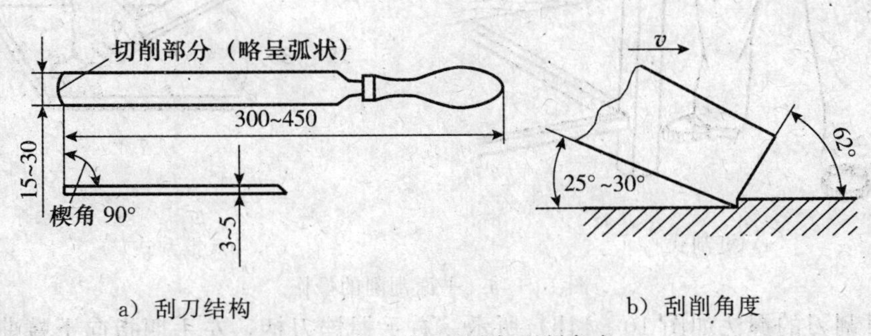


图 10－42　平面刮刀与刮削角度

2. 三角刮刀

三角刮刀由柄部、三角形刀体和切削部分组成。它有三个长弧形刀刃和三条长的凹槽。

三角刮刀是常用的刮削内圆曲面刮刀，对于某些要求较高的滑动轴承的轴瓦，为了得到高质量的配合，也要用三角刮刀进行刮削加工（图 10－43）。

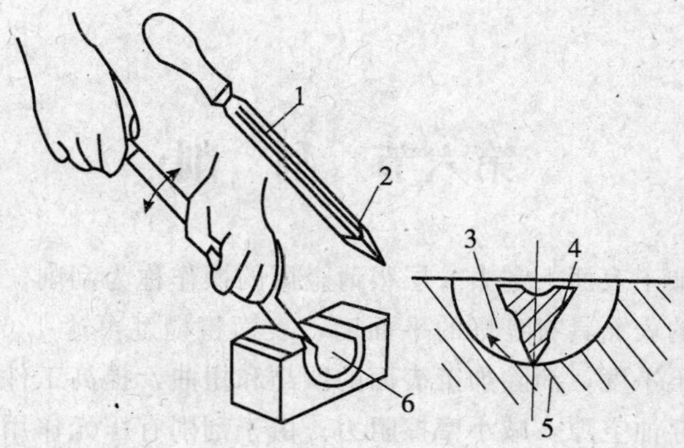


1-三角刮刀；2-刮刀切削部分；3-刮削方向；4-刮刀截形；5-工件；6-轴瓦

图 10-43　用三角刮刀刮削轴瓦

## 二、刮削操作

平面刮削方法常见的有挺刮法和推刮法。

挺刮的姿势如图 10-44a）所示，将刮刀柄放在小腹的右下侧，双手握住刀体，左手距刀刃约 80 mm。刮削时双手加压力，用力要均匀，刮刀要拿稳，用腹部和腿部力量使刮刀向前推挤，在推到适当距离后，用双手将刮刀抬起，完成一次刮削动作。

a）挺刮式　　b）推刮式

图 10-44　平面刮削的操作

推刮时刮刀的握法如图 10-44b）所示。右手握锉刀柄，左手四指向下蜷曲握住刮刀近头部约 50 mm 处，刮刀与被刮表面成 25°～30°角，靠双臂力量推压刮刀进行刮削。

推刮操作灵活方便，适应性强，适用于各种工作位置，姿势可合理掌握，但手易疲劳，故不适合加工余量较大的场合。

挺刮的力量比推刮大，每刀切削量较大，适合大余量的刮削，工作效率较高，但腰部易疲劳。

刮削操作分粗刮、细刮、精刮和刮花等。

1. 粗刮

若工件表面粗糙、有锈斑或余量较大时，应先用刮刀将其全部粗刮一遍，刮削余量大于0.05 mm。粗刮刀迹较宽（10 mm以上），行程较长（10～15 mm）。一般粗刮刀方向应与工件表面的残留刀痕约成45°角，多次刮削刀迹应交叉（图10-45a)），直至残留刀痕全部被刮除后，即可研点检查。

刮削表面的精度通常是用研点法来检查。研点法如图10-45b）所示，将工件表面擦净，并均匀涂上一层红丹油（红丹粉与机油的混合物），然后将工件表面与检验平板均匀加压相配研。配研后工件表面上的高点（与平板的贴合点）被磨去红丹油而显出亮点。刮削表面的精度是以25 mm×25 mm的面积内均匀分布的贴合点的数目来表示，检查点数的方法如图10-45c）所示。

当工件表面贴合点增至4～5个时，即可开始细刮。

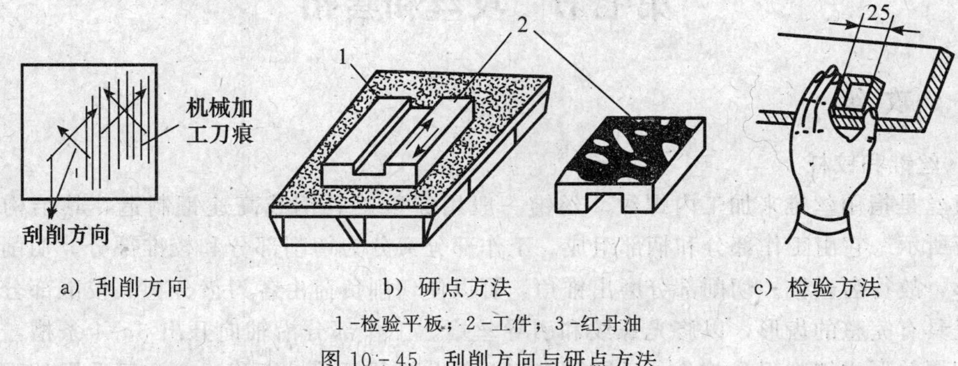


a）刮削方向 b）研点方法 c）检验方法

1-检验平板；2-工件；3-红丹油

图10-45 刮削方向与研点方法

2. 细刮

细刮就是将粗刮后的高点刮去，使工件表面贴合点逐渐增加，直到满足要求为止。细刀宽6 mm左右，长5～10 mm。细刮时每次刮削要朝着一定方向，点愈少，刮削量愈多，相反，刮削量愈少。反复刮削刀痕应呈交叉网纹状。

3. 精刮

精刮时应选用较短的刮刀，施加较小的压力，进行短行程的刮削（刀痕3～5 mm），多次反复刮削和研点，直到达到图纸要求。

刮削的精度要求可参考表10-3选取。

表10-3 刮削的精度要求

| 平面种类 | 质量要求（25 mm×25 mm内的点数） | 应用范围 |
|---|---|---|
| 普通平面 | 10～14 | 固定接触面（工作台面） |
| 中等平面 | 15～23 | 机床导轨面、量具接触面 |
| 高精平面 | 24～30 | 平板、直尺、精密机床导轨 |
| 超精平面 | 30点以上 | 精密工具的接触面 |

刮削时应根据工件材料和质量要求确定施力的大小。对于较硬的金属或粗刮，应施较大的压力；对于软材料及精刮，应施加较小的压力。

4. 刮花

刮花可增加美观，保证润滑，借刀花消失来判断表面磨损情况。图10-46为一般常见的花纹。

a）斜花纹（小方块）　　b）鱼鳞花纹

图 10－46　刮花花纹图案

# 第七节　攻丝和套扣

## 一、攻丝

1. 丝锥和铰杠

攻丝是指用丝锥来加工内螺纹。丝锥一般用碳素工具钢或高速钢制造，其结构如图10－47所示。它由工作部分和柄部组成。工作部分又分为切削部分和校准部分。切削部分呈锥形，故得名丝锥。切削部分磨出锥角，可以使切削负荷由各刀齿分担。校准部分为圆柱形且具有完整的齿形，以修光螺纹和引导丝锥。工作部分沿轴向开出 3～4 条槽，用以容纳切屑并形成切削刃和前角。丝锥只有切削部分沿锥面磨出后角 $\alpha$，一般手用丝锥的后角 $\alpha=6^\circ\sim8^\circ$。丝锥的柄部一般制成方头，以供夹持和传递扭矩用，柄部一般印有螺纹直径的标记。

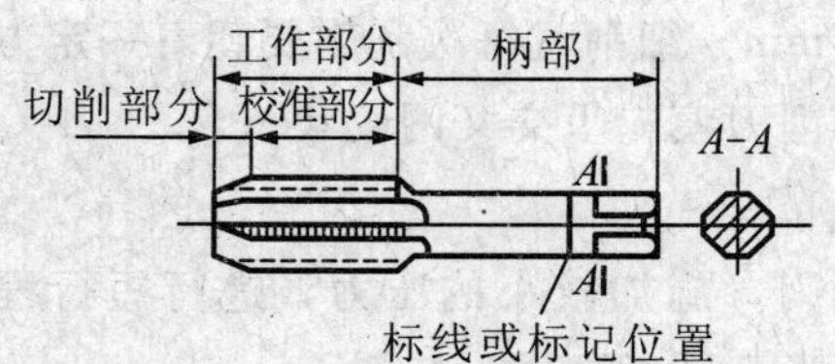


图 10－47　丝锥及其组成

丝锥为标准刀具，一般成组供应。通常，M6～M24 的丝锥一组有 2 个，M6 以下和 M24 以上的丝锥一组有 3 个。这是因为小丝锥强度不高，容易折断，故用 2 个一组；而大丝锥切除金属量大，应分几次逐步切除，所以制成 3 个一组。细牙丝锥不论大小，都是 2 个一组。

区分成组丝锥的头、二、三锥主要看切削部分的牙数。一般头锥有 5～7 牙，二锥有 3～4牙，三锥有 1～2 牙。有些丝锥在柄部加标记 Ⅰ，Ⅱ，Ⅲ 等字样代表头、二、三锥。

成组丝锥按校正部分的直径可分为等径和不等径两种。等径丝锥在一组中直径相同，只是切削部分长短不同；不等径丝锥不仅切削部分长度不同，而且螺纹的外径和中径也不同。如图 10－48 所示。例如，攻通螺孔时，等径丝锥只用头锥即可得到完整的牙形，而不等径丝锥则须用二、三锥才能完成。可见，不等径丝锥使用不如等径丝锥方便，但其各锥的切削负荷均匀，可提高丝锥的使用寿命。

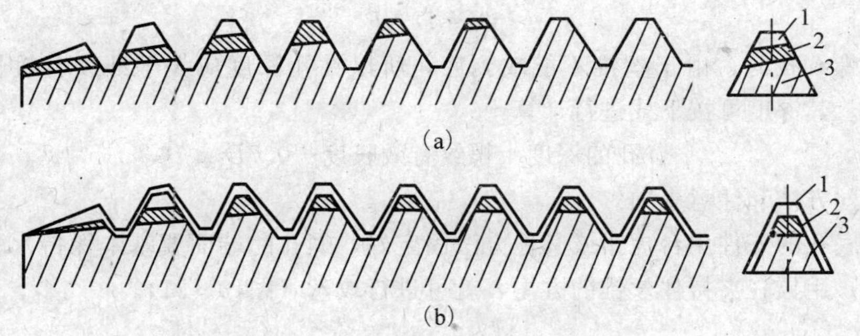


1－三锥；2－二锥；3－头锥

图 10－48　等径与不等径丝锥

攻丝时除了用丝锥之外，还要使用铰杠。铰杠是扳转丝锥的工具（图 10－49），常用的是可调式铰杠，转动手柄或螺母可以调节方孔尺寸，以夹持各种不同尺寸的丝锥。铰杠的规格应与丝锥的大小相适应。

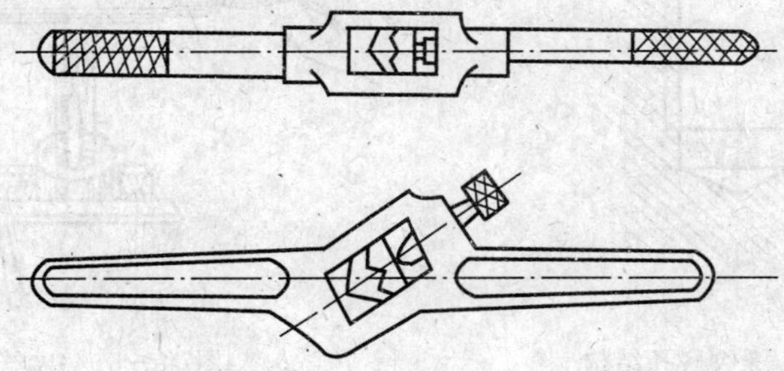

图 10－49　可调式铰杠

2. 攻丝操作

(1) 攻丝底孔直径的确定

攻丝前必须先钻孔。由于丝锥在攻丝时除了切削金属之外，还有挤压金属的作用，加工塑性金属时，挤压作用尤其显著，因此钻孔的直径一定要大于螺纹小径，可选用相应的标准钻头。确定底孔直径要根据工件的材料性质和螺纹直径的大小来考虑，可查表或用经验公式计算。

部分普通螺纹攻丝前钻底孔用的钻头直径尺寸如表 10－4 所示。

表 10－4　**钢材上钻螺纹底孔的钻头直径**　/mm

| 螺纹公称直径 | 2 | 3 | 4 | 5 | 6 | 8 | 10 | 12 | 14 | 16 | 20 | 24 | 27 | 30 | 36 |
|---|---|---|---|---|---|---|---|---|---|---|---|---|---|---|---|
| 螺距 $P$ | 0.4 | 0.5 | 0.7 | 0.8 | 1 | 1.25 | 1.5 | 1.75 | 2 | 2 | 2.5 | 3 | 3 | 3.5 | 4 |
| 钻头直径 $d$ | 1.6 | 2.5 | 3.3 | 4.2 | 5 | 6.7 | 8.5 | 10.2 | 11.9 | 13.9 | 17.4 | 20.9 | 23.9 | 26.3 | 31.8 |

普通螺纹小径可按下式计算

$$D_1 = D - 1.0825P$$

式中：$D_1$ 为螺纹小径；$D$ 为螺纹大径；$P$ 为螺距。

钻头直径的经验计算式

脆性材料

$$D_2 = D - (1.04 \sim 1.08)P$$

塑性材料

$$D_2 = D - P$$

钻不通螺纹孔时，由于丝锥不能攻到底，所以钻孔深度应大于螺纹有效长度，如图10－50所示。其深度可按下式进行计算

$$\text{孔的深度} = \text{螺纹有效长度} + 0.7D$$

（2）攻丝方法和注意事项

将钻好底孔的工件用台虎钳或其他方法固定好，螺孔的端面要基本保持水平，以便校正丝锥垂直；用铰杠夹持住丝锥的方尾，就可进行攻丝（图10－51）。

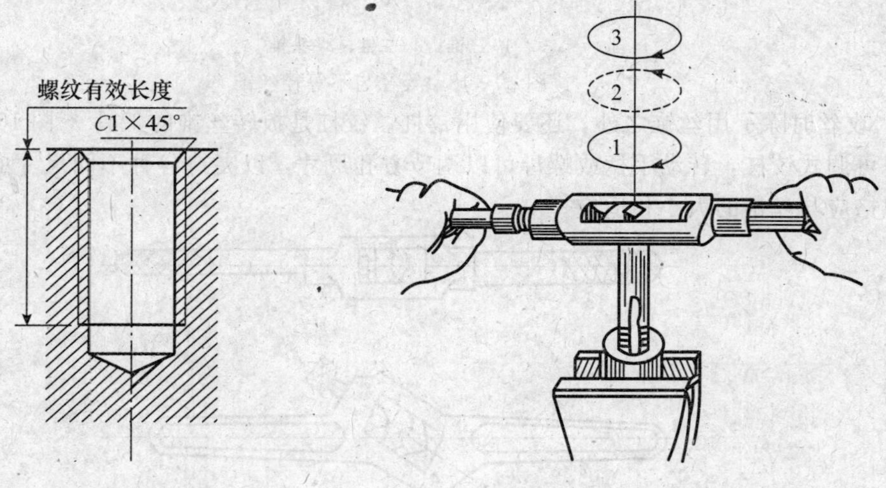


图 10－50　螺纹底孔结构　　图 10－51　攻丝操作

在螺纹底孔的孔口，通孔螺纹两端都应倒角，倒角处直径可略大于螺孔大径，以使丝锥开始切削时容易切入，并可防止孔口螺纹崩裂。

攻丝时两手用力要均匀，在丝锥攻入1～2圈后，应将丝锥反转1/4转，以便折断切屑，利于切屑的排出。攻丝时如已感到很费力，不可强行转动，应将丝锥倒转退出，清除切屑后再攻。攻不通孔时，可在丝锥上做好深度记号以防止丝锥触到孔底。对钢件攻螺纹时，要加乳化液或机油；对铸铁、硬铝件攻丝，一般不加润滑油，必要时可加煤油润滑。

使用成组丝锥时，必须按头、二、三锥顺序攻削至标准尺寸。在较硬的材料上攻丝时，可轮换各丝锥交替使用，以减少切削部分的负荷，防止丝锥折断。

## 二、套扣

1. 板牙和板牙架

套扣是用板牙来加工外螺纹。板牙多用合金工具钢来制造，常用的圆板牙见图10－52。可调式圆板牙在圆柱面上开有0.5～1.5 mm窄缝，使板牙螺纹孔直径可在0.1～0.25 mm范围内进行调节。圆板牙就像个圆螺母，只不过在螺孔处开有4～5个贯穿整个螺牙的圆柱孔，以便形成刀刃和前角 $\gamma_p$，螺孔两端制成锥形并经铲磨形成后角 $\alpha_p$，是板牙的切削部分。板牙的中间一段（圆柱形部分）是校准部分，也是套扣时的导向部分。

M3.5以上的板牙的外圆上有四个锥坑和一条V形槽（图10－52c)）。下面两个锥坑是借助板牙架上两个相应位置的紧固螺钉将板牙固定在板牙架上，以传递扭矩带动板牙旋转。板牙端切削部分磨损后，可调头使用。当板牙校准部分因磨损而使套出的螺纹尺寸变

大以至于超出公差范围时，可用锯片砂轮沿板牙V形槽将板牙开出一条通槽，用上面两个锥坑靠板牙架上的两个紧固螺钉使板牙的螺纹中径变小。调整时，应使用标准样件校对尺寸。

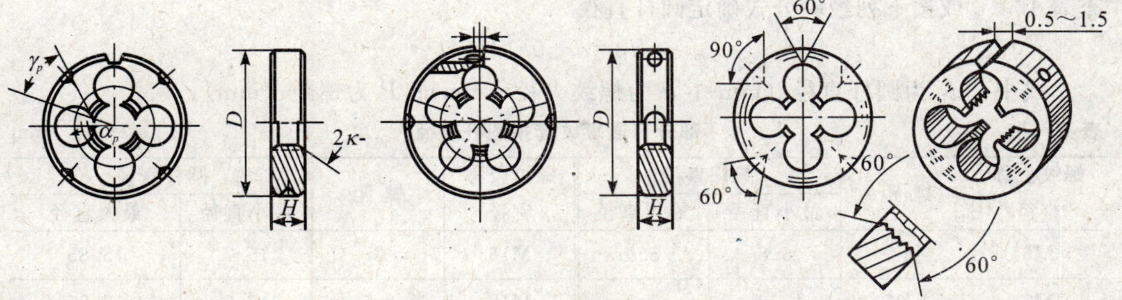


a）普通圆板牙　　b）可调式圆板牙　　c）可调式圆板牙外形结构

图 10－52　圆板牙的种类

板牙切削部分的锥角 $2\kappa_r$（图 10－53a））影响板牙的切削情况和结构。锥角小，容易切入工件，切削省力，螺纹粗糙度小，但减小了螺纹的有效长度。标准圆板牙锥角见表 10－5。

**表 10－5**　　**标准圆板牙锥角**

| 螺纹外径 $d$（mm） | 孔口直径 $D_1$（mm） | 切削锥角 $\kappa_r$ Ⅰ型 | 切削锥角 $\kappa_r$ Ⅱ型 |
|---|---|---|---|
| 1～6 | $d+0.1$ | 25° | 15° |
| ＞6～16 | $d+0.4$ | 20° | |
| ＞16～52 | $d+0.2$ | 20° | |

表 10－5 中Ⅰ，Ⅱ型结构如图 10－53 所示。

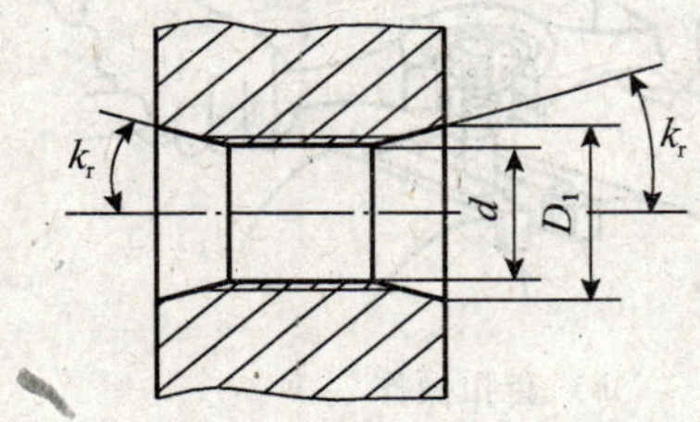


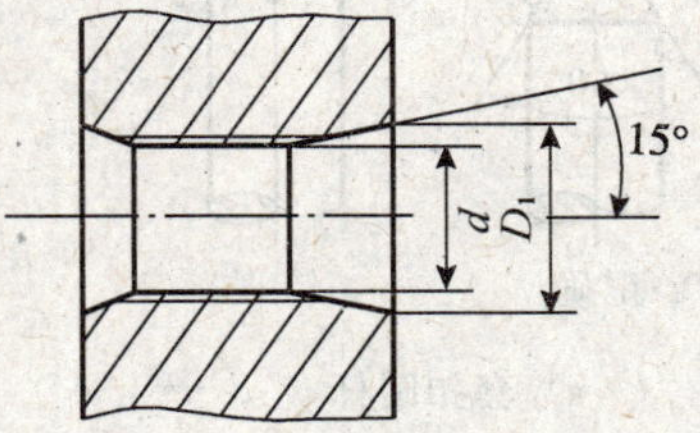


a）Ⅰ型板牙　　b）Ⅱ型板牙

图 10－53　板牙切削锥角

套扣的质量较低，一般用于加工 8h 级、表面粗糙度 6.3～3.2 μm 间的螺纹。

手工套扣需要用板牙架，如图 10－54 所示。

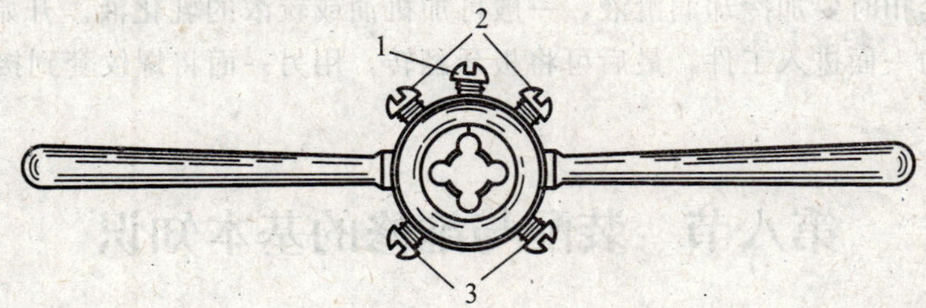


1－撑开用螺钉；2－调整螺钉；3－紧固螺钉

图 10－54　板牙架

2. 套扣操作

(1) 套扣前工件直径的确定

套扣与攻丝相同，在切削过程中也有挤压作用，因此圆杆直径要略小于螺纹大径。可查表 10－6 或按下列经验公式确定圆杆直径

$$d_1 = d - 0.13P$$

式中：$d_1$ 为圆杆直径（mm）；$d$ 为螺纹大径（mm）；$P$ 为螺距（mm）。

表 10－6　**部分普通螺纹套扣圆杆直径**　/mm

| 螺纹公称直径 | 螺距 | 圆杆直径 | | 螺纹公称直径 | 螺距 | 圆杆直径 | |
|---|---|---|---|---|---|---|---|
| | | 最小直径 | 最大直径 | | | 最小直径 | 最大直径 |
| M6 | 1 | 5.8 | 5.9 | M16 | 2 | 15.7 | 15.85 |
| M8 | 1.25 | 7.8 | 7.9 | M18 | 2.5 | 17.7 | 17.85 |
| M10 | 1.5 | 9.75 | 9.85 | M20 | 2.5 | 19.7 | 19.85 |
| M12 | 1.75 | 11.75 | 11.9 | M22 | 2.5 | 21.7 | 21.85 |
| M14 | 2 | 13.7 | 13.85 | M24 | 3 | 23.65 | 23.8 |

(2) 套扣方法和注意事项

要套扣的圆杆端部应倒角，以便套扣时容易使板牙切入工件并对准工件中心。锥面的小端直径应略小于螺纹小径（图 10－55a)），使切出的螺纹端部避免出现锋口和卷边。

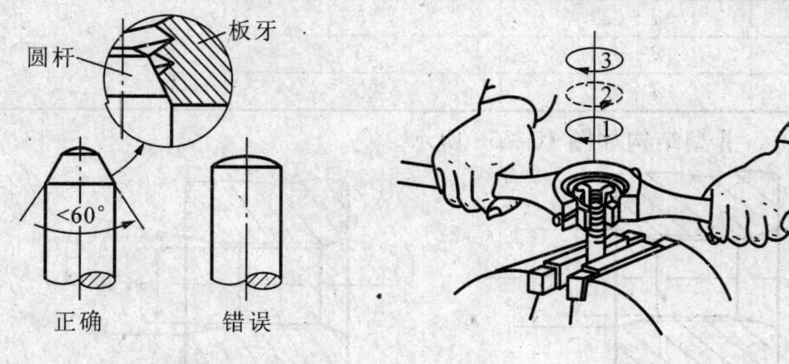


a) 套扣圆杆　　b) 套扣操作

图 10－55　套扣圆杆及其操作

套扣时把圆杆夹在台虎钳中，要保持其基本垂直；板牙装在板牙架内，用顶丝固紧。开始套扣时要使板牙的端面和圆杆中心保持垂直。板牙每正转 1/2～1 圈时，要倒转 1/4 圈以折断切屑，然后再往下套扣（图 10－55b)）。

在钢件上套扣时要加冷却润滑液，一般可加机油或较浓的乳化液。开始套扣时，用板牙切削锥角小的一面进入工件，最后可将板牙翻转，用另一面将螺纹套到接近螺纹根部。

## 第八节　装配与维修的基本知识

机器的装配与维修是钳工的两项主要工作，作为从事机械设计或制造工作的技术人员，应全面了解这两项工作的重要性、基本内容和主要操作等。

## 一、机器的装配

机械产品从原材料或半成品到制成成品的全过程，称为生产过程。产品的生产过程一般可分为三个阶段：设计阶段、零件的制造阶段和装配阶段。设计阶段包括产品技术条件的拟定、总体结构设计和零件设计（材料的选择、尺寸和形状的确定及拟定技术条件等等），零件制造阶段包括毛坯制造、机械加工及热处理、技术检验等，装配阶段包括安装、调整、检验、试验、油漆及包装等。

### （一）装配的概念

任何一台机器都是由若干零件组成的。按照规定的技术要求，将若干个零件连接或固定起来，结合成机器的过程，称为装配。机器的装配，不仅要保证相互连接的零件有正确的配合，而且要保证它们之间的相对位置。例如，轴和滑动轴承之间必须留有一定的间隙，即要求间隙配合，间隙过大或过小都会影响轴的正常运转；又如两个相互啮合的圆柱齿轮的轴若不平行，则影响齿轮的正常啮合，工作时就会产生噪声并加速齿轮的磨损。装配是一项相当复杂而重要的工作，装配工作的质量直接影响机器的工作性能和使用寿命，因此装配是机器生产过程中的一个重要阶段。

机器的装配过程是对设计和制造质量的综合检验。设计和制造中存在问题，就会直接影响装配的质量和劳动量，它必然会在装配中暴露出来。因此，可以根据机器装配过程中发现的问题提出改进设计和修改工艺的方案，进一步提高产品的质量和经济效益。由此可见，设计、制造和装配是密切相关、互相促进的。作为设计人员，了解和研究机器的装配过程和装配方法以便在设计时考虑装配的结构工艺性是很有必要的。

### （二）机器的装配过程

对于结构比较复杂的机器，为了便于组织生产和分析装配中的问题，根据机器的结构特点和各部分的作用将其分解为若干可以独立进行装配的部分——装配单元。机器划分为装配单元后，可以合理使用劳动力和工作地，而且便于组织装配工作的平行、流水作业。装配单元包括合件、组件、部件。

(1) 合件。也称套件或分组件，一般是少数零件的组合。图 10－56 所示为几种合件的示例。其中，图 a) 为用焊接方法焊接而成的零件；图 b) 为浇铸了耐磨合金的轴套以及轴瓦；图 c) 和 d) 为用不同材料加工后镶配而成的组合零件，如镶套和镶有铜齿圈的蜗轮。

(2) 组件。将若干个零件或合件安装在一个基础零件上，并保持它们之间正确的相对位置和配合（图 10－57）。组件可以独立地整体进入装配，也可预先装调好，装配时拆开再重新组装。

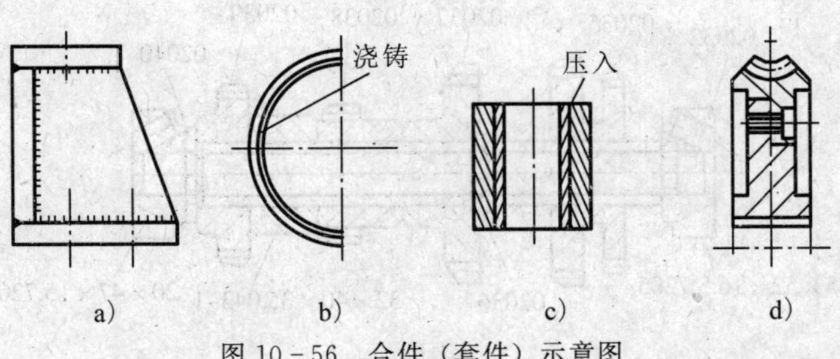


图 10－56 合件（套件）示意图

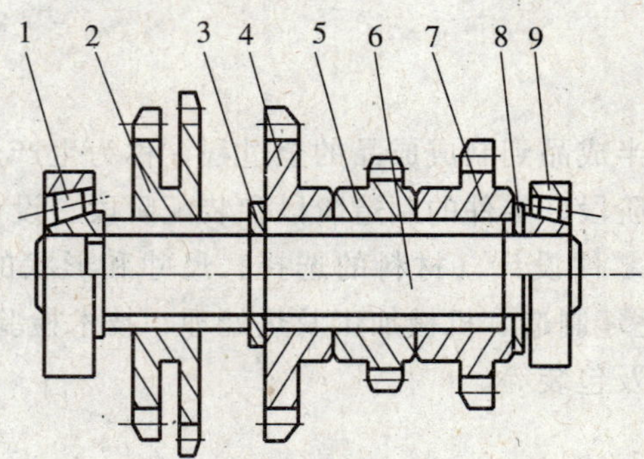


1，9 -滚动轴承；2 -双联齿轮；3 -挡圈；4，5，7 -齿轮；6 -花键轴；8 -垫片

图 10 - 57　传动轴组件结构图

(3) 部件。将若干个零件、合件及组件安装在一个基础零件上而成的装配单元即部件。部件具有独立的功用，它是独立的结构单元，也可以独立地进行装配、调试等。车床的主轴箱、进给箱、溜板箱、尾架等都是部件。

机器的装配过程可以分为组件装配、部件装配和总装配三个阶段，图 10 - 58 所示为机器装配过程的示意图。

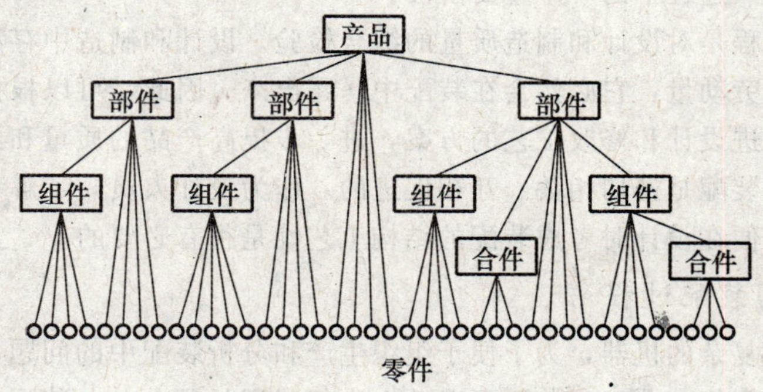


图 10 - 58　机器装配过程示意图

在各装配阶段，为了清楚地反映装配的顺序，可绘制装配单元系统图。图 10 - 59 所示为图 10 - 57 传动轴的装配单元系统图。图中，每一零件、合件、组件或部件都用长方格表示，长方格的上方注明装配单元名称，左下方填写装配单元的编号，右下方填写装配单元的数量。图中的横线代表基准件，在横线的左端画出代表基准件的长方格，右端画出代表装配成品的（组件、部件或机器）长方格。横线从左到右表示装配顺序，直接进入装配的零件画在横线的上面，直接进入装配的合件、组件或部件画在横线的下面。

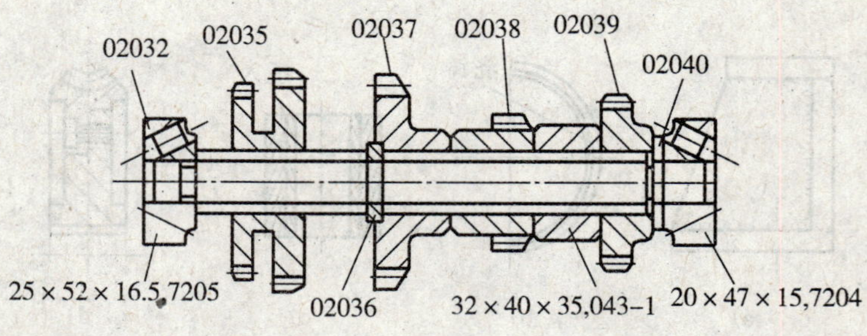


a）传动轴结构

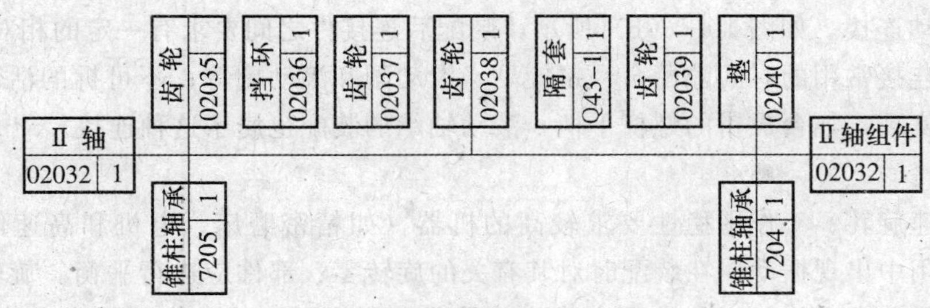


b）装配单元系统图

图 10－59　传动轴组件装配单元系统图

## （三）装配工作的基本内容

机器装配是产品生产的最后一个阶段，它在产品生产过程中占有极为重要的地位，产品质量最终是由装配工作来保证的。零件的质量是产品质量的基础，但装配不是简单地将合格零件连接或固定起来的过程，而是根据各装配阶段的技术要求，通过校正、调整、平衡、配作以及反复的检验来保证产品质量的复杂过程。如果没有高质量的装配技术，即使采用高质量的零件，也可能装出劣质甚至不合格的产品。因此，必须十分重视产品的装配工作。常见的装配工作有以下几项。

1. 清洗

机器装配过程中，清洗零、部件对于保证产品装配质量和延长产品使用寿命均有重要意义，对于轴承、密封件、精密部件（柱塞泵及滑阀等）以及有特殊清洗要求的零件就更为重要。清洗主要是去除零件表面或部件中的油污、粘附于零件表面的磨屑、灰尘等杂质。清洗的方法有擦洗、浸洗、喷洗和超声波清洗等，常用的清洗液有工业汽油、煤油、轻柴油和各种化学清洗液等。

2. 连接

装配过程中大量的工作都是连接。零、部件间的连接一般可分为固定连接和活动连接两类，每类连接又可分为可拆与不可拆两种，如图 10－60 所示。

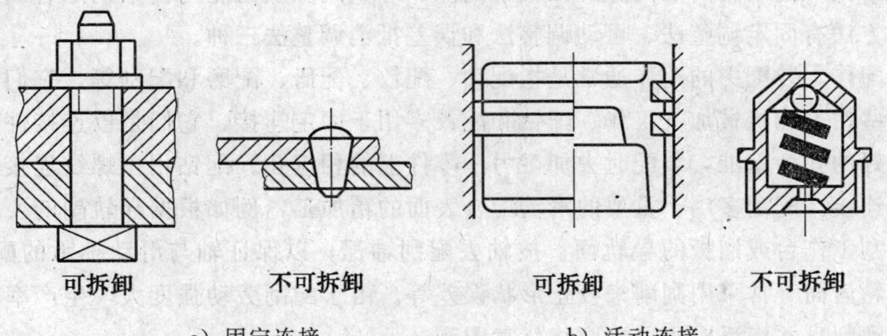


a）固定连接　　b）活动连接

图 10－60　机器零、部件的连接方式

（1）固定连接。如图 10－60a）所示，连接后的零件间不允许有相对运动，即保证连接件的正确的相对位置关系不变。可拆开的固定连接在装配后容易拆开，而且不损坏原件，拆开后重新装配在一起仍能恢复原有状态，常用的有螺纹连接、销钉连接、键连接、圆锥连接和过渡配合等。不可拆开的固定连接在装配后一般不再拆开，如要拆开，就会损坏某些零件，常见的有焊接、铆接、粘接、过盈配合等。

(2) 活动连接。如图 10-60b) 所示，装配后连接件之间要求有一定的相对运动关系。可拆的活动连接常用的有间隙配合、螺旋副、滑动副和滚动副等；不可拆的活动连接常用铆接的方法实现，如台虎钳的螺杆手柄，滚动轴承的装配也属于这种连接。

3. 平衡

对于高速旋转、工作平稳性要求较高的机器（如精密磨床、电机和高速内燃机等），为了防止使用中出现振动，在装配时对其有关的旋转零、部件应进行平衡。旋转体的不平衡是由于质量分布不均匀引起的，为消除质量分布不均引起的静力不平衡和力偶不平衡，生产中常采用静平衡法和动平衡法。

(1) 静平衡。在静平衡架上进行。若试件不平衡，当处于静止状态时，其重心必在下方，可在重心反向一侧适当位置处加校正质量（或在偏重一侧适当位置去除金属），直到旋转体在任何位置均能静止，即达到静平衡。

(2) 动平衡。可在动平衡台或动平衡机上进行，适用于长度较大的旋转体零、部件或整机的平衡。旋转体内不平衡量的校正可采用增加或减少质量及在预制的平衡槽内改变平衡块的位置和数量（砂轮静平衡常用此法）的方法。

4. 校正、调整与配作

在产品的装配过程中，特别是在单件小批生产条件下，为了保证部件和总装的精度，常需要进行一些校正、调整和配作工作。

(1) 校正。校正是指产品中相关零、部件相互位置的找正、找平及相应的调整工作。校正包括测量和补偿两个环节，即测出实际误差的大小和方向，然后用调整或修配的方法予以补偿。例如普通车床总装中，床身安装水平及导轨扭曲的校正、床头箱主轴中心与尾座套筒中心等高的校正、溜板对主轴轴心线平行度的校正等。校正时常用的工具有平尺、角尺和水平仪、光学准直仪及相应的一些检具。

(2) 调整。装配中的调整是指相关零、部件相互位置的具体调节工作。它不但能配合校正工作以调节或纠正零、部件的位置误差，而且可保证产品中运动零、部件的运动精度，还用来调节运动副间的间隙，如轴承间隙、导轨间隙及齿轮与齿条的啮合间隙等。常见的调整方法有固定调整法、可动调整法和误差抵消调整法三种。

(3) 配作。装配中的配作通常是指配钻、配铰、配研、配磨和配刮等，它们是装配中附加的一些钳工和机械加工工作。配钻和配铰多用于固定连接，它们是以连接件中一个件上已加工好的孔为基准，装配时去加工另一零件上的相应孔。配钻用于螺纹连接，配铰多用于销钉连接。配刮多用于重要的滑动配合表面的精加工，例如根据导轨副的要求，按床身导轨配刮工作台或溜板的导轨面；按轴去配刮轴瓦，以保证轴与滑动轴承的配合要求；平板及蜗轮齿面等常采用刮削来校正形状误差等。由于配刮劳动强度大，生产率较低，近年来导轨磨削日益广泛应用，配磨将代替配刮。

配作是和校正、调整工作结合进行的，只有经过认真的校正调整之后，才能进行配作。

5. 验收试验

机器装配完后，应根据有关技术标准和规定，对产品进行全面的检验和试验工作。机床的验收试验工作一般包括机床的几何精度和工作精度检验、空车试验、负荷试验、寿命试验及外观检查等。机器经验收试验合格后，发给合格证书才准予出厂。

（四）典型连接件的装配

1. 螺纹连接件的装配

螺纹连接装拆简便，调整、更换方便，是应用最广泛的可拆固定连接。常用的螺纹连接有螺栓连接、螺钉连接和双头螺栓连接，如图 10－61 所示。

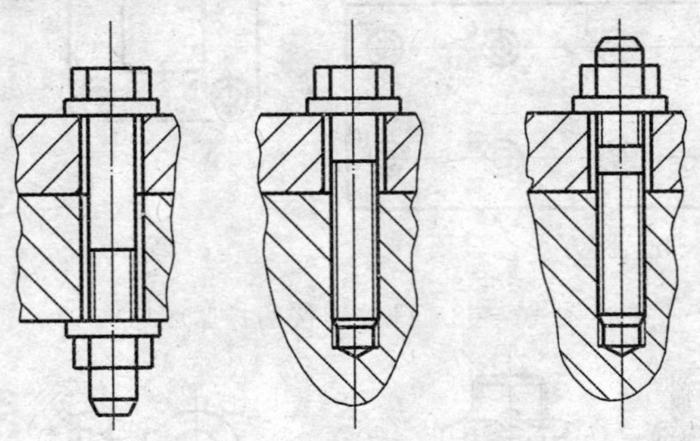

图 10－61　常用的紧固螺纹连接件

螺纹连接件装配的主要技术要求是获得规定的锁紧力。对于一组螺纹，连接件的锁紧力应均衡，以获得规定的配合；螺母、螺钉、双头螺栓不产生偏斜和弯曲，防松装置可靠。

装配螺纹连接件时，保证获得规定的锁紧力的大小和均衡性，是首要的装配技术要求，一般由一定长度的扳手来保证。扳手的长度通常不大于螺纹直径的 15 倍，以获得合理的锁紧力和防止拧坏螺纹。图 10－62 所示为常用的普通扳手。但是，锁紧力除了与扳手的长度有关外，还与操作者施于扳手的力以及螺纹连接件的结构和摩擦系数等因素有关。重要场合，大多数采用力矩扳手，以控制拧紧力矩。

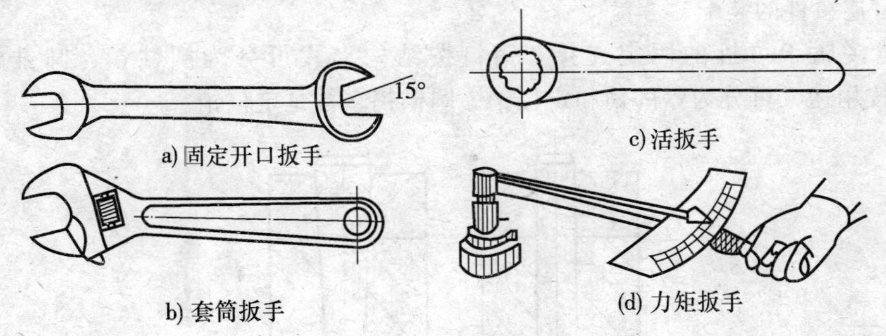


图 10－62　常用普通扳手

装配成组螺纹连接件时，为了保证锁紧力均衡以使零件贴合面不至于发生扭曲而影响装配质量，应按一定顺序来拧紧（图 10－63），并且不要一次拧紧，应分两次或三次拧紧。

压紧用的螺母应与螺纹轴线垂直，以使受力均匀；螺栓、螺母与零件的贴合面应平整、光洁，否则螺纹容易松动，加垫圈可以提高贴合质量。

机器在使用过程中，由于振动或载荷变化可能会使螺纹连接自动松弛，从而导致重大事故的发生。因此，重要的机器上各处紧固螺纹常采用防松措施。常用的防松装置有开口销、弹簧垫圈、销片、保险丝、双螺母等，如图 10－64 所示。此外，还有利用螺纹旋向来达到防松目的的。如两端都安装砂轮的砂轮机，分别设计成左、右螺纹，使用时，螺纹可以愈旋愈紧；但这种结构如果装配时不注意而将左、右装反了，则会在使用时造成砂轮飞出的重大事故。

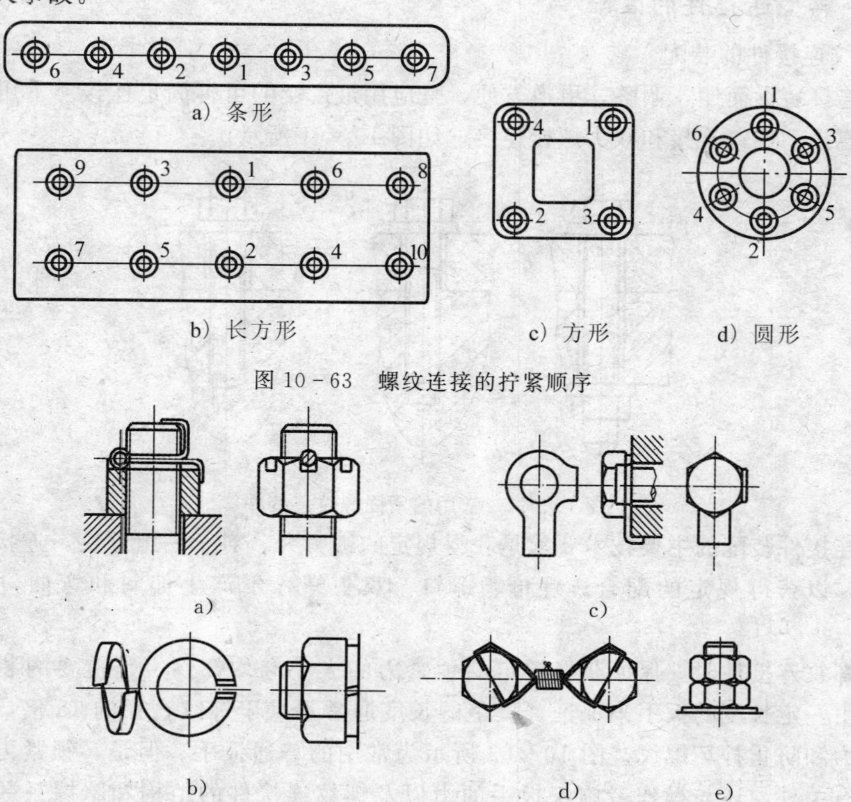


图 10－63　螺纹连接的拧紧顺序



图 10－64　螺纹连接件的防松结构

2. 销钉连接件的装配

销钉连接属于可拆的固定连接。销钉按结构形式可分为圆柱销、圆锥销等（图 10－65），按用途又可分为紧固销和定位销。圆锥销多数是定位销。

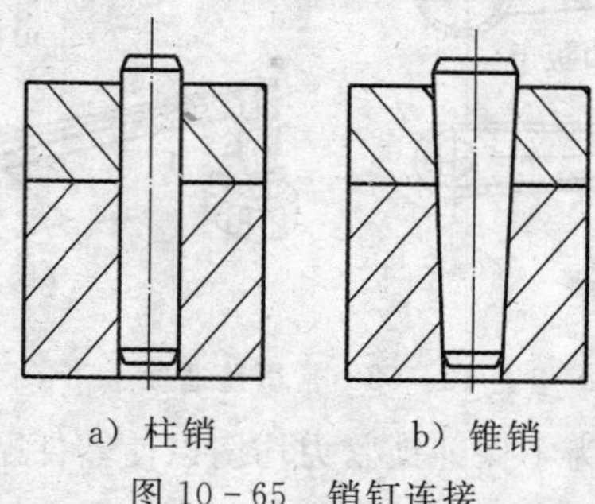


图 10－65　销钉连接

为了防止连接件间的松动位移，或为了预装、调整、加工等原因而需拆装时保证位置精度的需要，应采用销钉做定位件。根据六点定位原理，应用两个圆柱销或圆锥销与端面配合以限制被连接件的位移（图 10－66a））。销孔经配钻和配铰后打入销钉，重装时借助两销钉就可保持原已达到的位置精度。

如图 10－66b）所示，用圆锥销将齿轮和轴固定在一起，并用以传递运动。紧固销在工作中要承受一定的力和力矩，为防止销钉脱出，必须选用较紧的过渡配合或过盈配合。圆柱孔或圆锥孔经配钻和配铰后，销钉用手锤打入或用压力机压入。

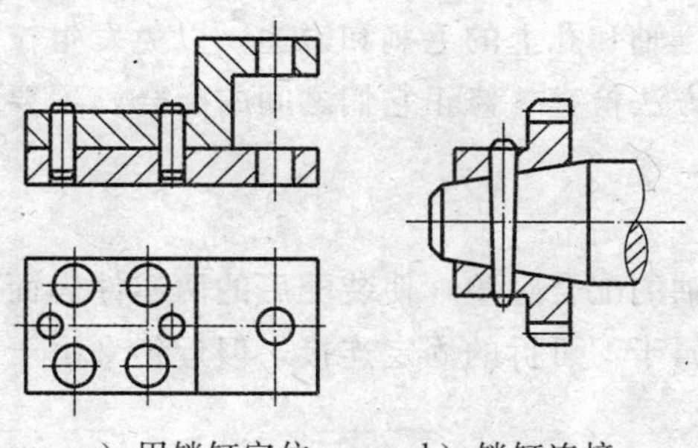

a）用销钉定位　　b）销钉连接

图 10－66　销钉连接应用

3. 键连接的装配

键连接是用键将机器的传动轴与装在轴上的皮带轮、齿轮、蜗轮等零件连成一体来传递运动和动力。图 10－67 所示为常用键的连接形式。

平键装配后，键底面应与轴上键槽底部接触，键顶面和轮毂间必须留有一定的间隙，键的两侧应有一定的过盈。装配时，先去除键槽锐边毛刺，取键长并修锉两头，修配键侧和槽的配合，将键配入键槽内。然后试装轮毂，若轮毂上的键槽与键配合太紧，可修整轮毂的键槽，但不允许松动。

楔键的形状与平键相似，不同的是楔键顶面带有 1∶100 的斜度，相应的轮毂键槽上也要有同样的斜度。楔键的一端有钩头，便于装卸。楔键装配后，应使键的顶面和底面分别与轮毂键槽、轴上键槽紧贴，两侧面与键槽有一定的间隙（图 10－67b））。

导键（滑键）不仅可带动轮毂旋转，而且允许轮毂沿轴线方向移动。导键一般较长，键上制有螺纹孔（图 10－67c）），以便拆卸。导键与滑动件的键槽侧面是间隙配合，而与非滑动件的键槽侧面必须紧密配合，没有松动现象。有时为防止键从键槽中跳出，采用埋头螺钉把键固定。

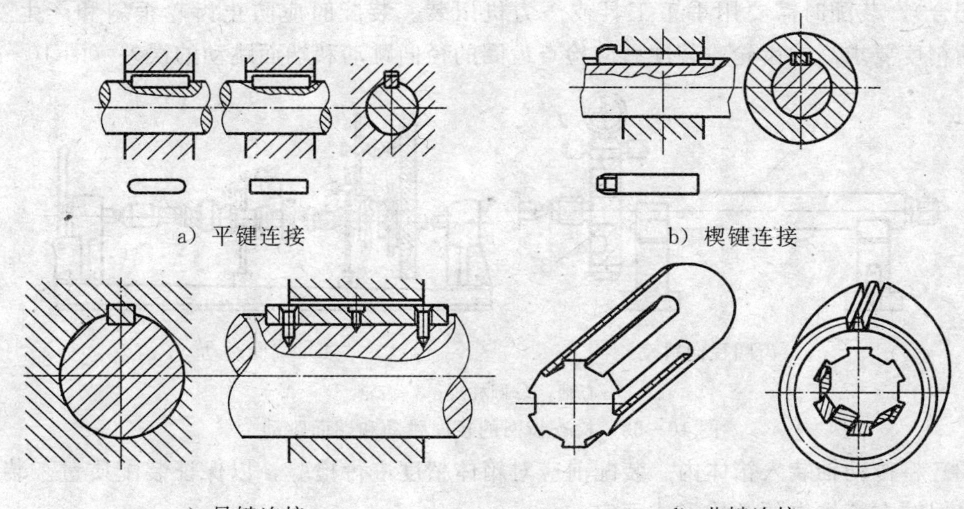

a）平键连接　　b）楔键连接

c）导键连接　　d）花键连接

图 10－67　键的连接形式

花键的作用与导键相同。花键连接与其他键连接相比，最大的优点是相配件同轴度好，传递动力大。一般花键齿数有 4，6，8，10 等多种，其中 6 个齿的用得最多。花键装配好之后，花键全长在轮毂中移动的松紧程度应均匀，用手晃动轮毂，不能感到有任何间隙。装配时要仔细清理花键轴和孔上的毛刺和锐边，以免发生拉毛和咬住现象。把轮毂套在轴上，用涂色法或其他方法检查、修正它们之间的配合，不要用手锤猛击，以防轮毂倾斜和损伤花键的工作表面。

4. 过盈连接的装配

过盈连接是依靠孔与轴的配合过盈，使装配后的两零件表面产生弹性变形，以获得紧固的连接。过盈连接一般属于不可拆的固定连接，但近年来由于液压套合法的应用，其可拆性日益成为可能。

装配前，零件应清洗干净，检查有关尺寸和形位误差，必要时测出实际过盈量，分组选配。

过盈连接的装配主要有压入配合法、热胀配合法和冷缩配合法。压配法一般在常温下用手锤或重物冲击压入，用螺旋式、杠杆式或气动式工具压入，用压力机压入。热配法是采用火焰、介质、电阻或感应等加热方法将套加热，再自由装到轴上。冷配法是采用干冰、低温箱和液氮等冷缩方法将轴冷却再自由装入套中。热配法和冷配法一般用于过盈量较大的孔和轴的装配。

5. 圆柱齿轮传动的装配

圆柱齿轮传动的装配工作包括齿轮与传动轴的装配、将传动轴装入箱体中及装配质量的检验和调整。装配的主要技术要求有：保证正确的传动比，达到规定的运动精度；齿轮齿面达到规定的接触精度；保证两齿轮轮齿之间的侧隙达到规定的要求；工作平稳，无冲击振动和噪声等。

（1）齿轮与传动轴的装配。齿轮在轴上有空套、滑移和固定连接三种形式。在轴上空套或滑移的齿轮，其孔与轴为间隙配合，装配后的精度主要取决于零件本身的加工精度，这类齿轮装配比较简单。在轴上固定连接的齿轮，其孔与轴一般为过渡配合（也有少数是过盈配合），装配时需要用手工工具或压力机压装。装配时应防止齿轮歪斜和产生变形，对运动精度要求高的齿轮，装配后应检查齿圈的径向跳动和端面跳动的误差（图 10－68）。

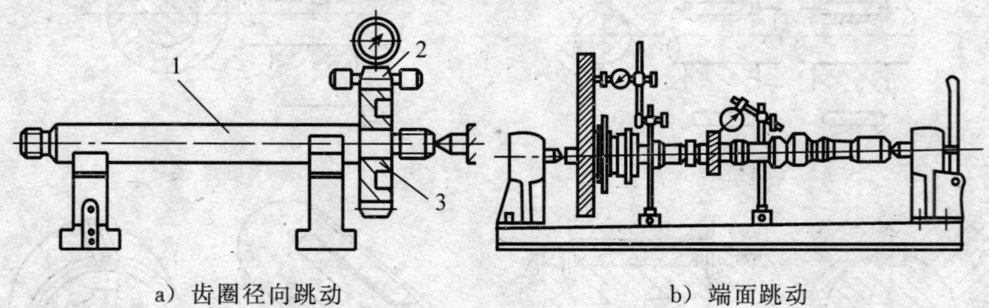


a）齿圈径向跳动　　b）端面跳动

1－心轴；2－圆柱规；3－齿轮

图 10－68　检查齿圈的径向跳动和端面跳动

（2）将传动轴装入箱体内。装配前应对箱体精度进行检验，以保证装配质量。装配方式应根据轴在箱体内的结构形式而定。

（3）装配质量的检验和调整。传动轴组件装入箱体后，必须检验其装配质量，以保证各齿轮之间有良好的啮合精度。装配质量的检验包括接触面积和齿侧间隙的检验。

安装好的齿轮副，在轻微制动下，运转后齿轮面上分布的接触擦亮的痕迹即接触斑点。用途色法检验接触斑点，以判断齿面的接触情况和装配时产生误差的原因。直齿圆柱齿轮接触斑点及调整方法见表10－7。

齿侧间隙可以补偿齿轮的制造和装配误差，补偿热膨胀及形成油膜，防止卡住现象。检验齿侧间隙的方法有两种。图10－69a）所示为铅丝检查齿侧间隙，即在齿面两端平行放置两条铅丝，转动齿轮挤压铅丝，测量压扁后的铅丝最薄处的厚度，即为齿侧间隙。需要注意的是，铅丝的直径不宜超过最小侧隙的3倍。图10－69b）所示为用百分表检验侧隙的方法，即将一个齿轮固定，在另一个齿轮上装有夹紧杆1，由于齿侧间隙的存在，装有夹紧杆的齿轮可摆动一定的角度，从而推动百分表2的触头，得到表针摆动的度数，由此计算出齿侧间隙值（或由另一个表直接读得）。

**表10－7　直齿圆柱传动接触斑点及其调整方法**

| 接触区 | 原因分析 | 调整方法 |
|---|---|---|
|  正常接触 | 正常。 | 正常。 |
|  单向偏接触 | 两齿轮轴线不平行。 | 在允许范围内刮削轴瓦或调整轴承座。 |
|  异向偏接触 | 两齿轮轴线歪斜或齿向有偏差。 | 同上，或修整有齿向偏差的轮齿。 |
|  单向偏接触 | 两齿轮轴线不平行，同时歪斜。 | 在允许范围内刮削轴瓦或调整轴承座。 |
|  接触区有一边逐渐移至另一边，周期为大齿轮或小齿轮齿数 | 大齿轮或小齿轮基准端面与回转中心线不垂直。 | 偏差在允许范围内时，修整有偏差齿轮的齿面。 |
|  齿顶接触 | 齿轮轴线中心距大或齿轮加工有原始齿形位移偏差（铣齿偏深），或齿轮毛坯顶圆直径小。 | 在可能情况下，调整齿轮轴线，减小中心距，否则修整齿面。 |
|  齿根接触 | 齿轮轴线中心距小或齿轮加工有原始齿形位移偏差（铣齿偏浅），或齿轮毛坯顶圆直径偏大。 | 在可能情况下，调整轴线，加大中心距，否则修整齿面。 |
|  接触区由齿顶逐渐移向齿根，周期为大齿轮或小齿轮齿数 | 齿圈径向跳动。 | 偏差在允许范围内时，修整有偏差的齿轮齿面。 |
| 不规则接触，或个别齿接触不好 | 齿面有毛刺、碰伤、隆起或个别齿加工有偏差。 | 去除毛刺，修整有碰伤或有偏差的齿轮。 |

6. 轴承的装配

轴承是轴的支座，常用的轴承有滚动轴承和滑动轴承两种。

(1) 滚动轴承的装配。滚动轴承是机器上广泛应用的一种重要的标准件。它的种类很多，常用的有向心球轴承、圆锥滚子轴承、推力轴承等。下面仅介绍向心球轴承的装配方法。

向心球轴承属于不可分离型的轴承，用压入法装配时，不允许通过滚动传递压力。若轴承内圈与轴配合较紧，外圈与机体配合较松时，可先将轴承装到轴上，压装时在轴承端面垫上铜或软钢的装配套筒（图 10-70a)），然后把轴和轴承一起装入机体内。若外圈与机体配合较紧，应先将轴承压入机体孔内，如图 10-70b) 所示，这时垫套的外径应略小于机体孔径。若轴承内圈与轴、外圈与机体都是紧配合时，垫套的端面应同时靠住内外圈的端面，把轴承同时压到轴上和机体孔中（图 10-70c)）。若轴承内圈与轴配合时过盈较大，最好将轴承放在温度为 80 ℃～90 ℃的机油中加热，注意不要使轴承与槽底相接触，以免轴承过热。

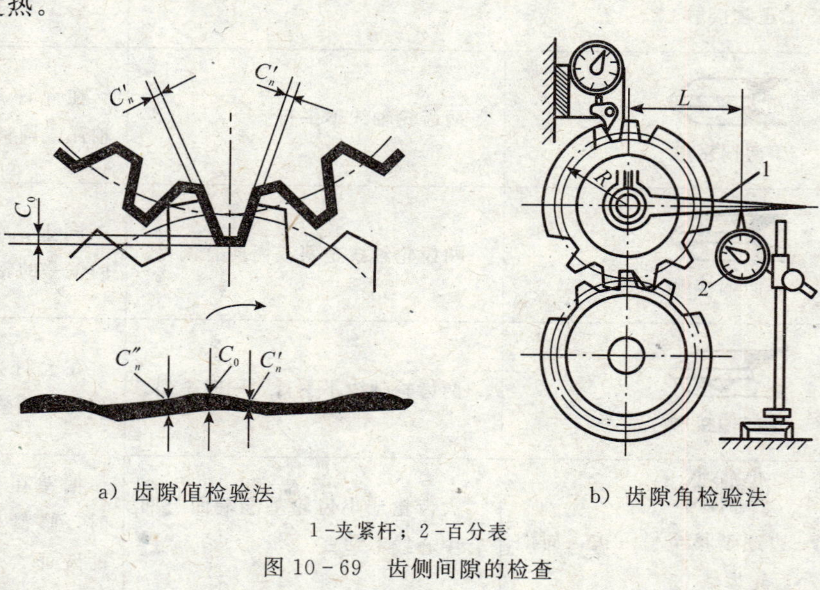

a) 齿隙值检验法　　b) 齿隙角检验法

1-夹紧杆；2-百分表

图 10-69　齿侧间隙的检查

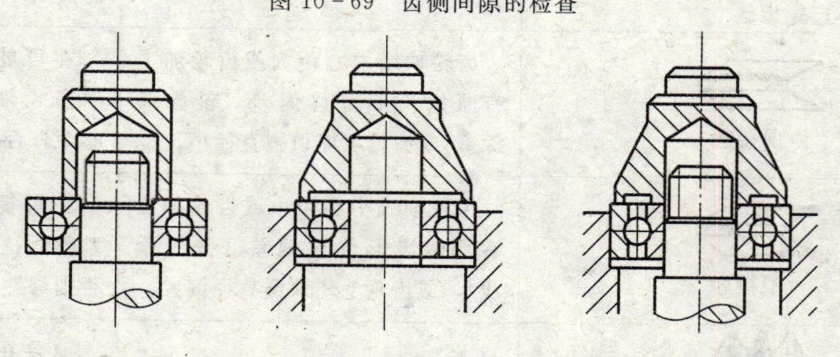
a) 内圈受装配力　　b) 外圈受装配力　　c) 内、外圈同时受装配力

图 10-70　用垫套安装滚动轴承

轴承装配后要检查滚珠是否被卡住，是否有合理的间隙以补偿轴承工作时的热变形。检查径向间隙的最简单方法是用手，一般单列向心滚珠轴承的轴向位移量为径向间隙变化量的 12～20 倍，这是可以用手感觉到的。精密轴承装配后可用打表法检查。

（2）滑动轴承的装配。滑动轴承分为整体式和对开式两种。

①整体式轴承（轴套）的装配。轴套的装配过程是：压入和固定轴套，检验和修整轴套。压入轴套前，必须仔细检查轴套和机体上的孔的表面情况及配合过盈量，修整端面上的尖角并擦净配合表面，然后涂上润滑油。有油孔的轴套压入时要对准机体上的油孔。

压入轴套的方法可根据轴套的尺寸和过盈量的大小来确定。当尺寸和过盈量较小时，可用手锤加垫板将轴套敲入（图 10－71a））。开始时先放正轴套的位置，然后边压边检查，待压正后再加大压力压入，否则会使压合表面擦伤而引起轴套变形。当尺寸或过盈量较大时，为保证装配时轴套与孔的中心对正，可用图 10－71b）和 c）所示的工具压入。装配时，轴套先套在心轴或导向套上，当用心轴导向时，将垫板用螺钉与心轴连接，并将心轴放入孔内，经垫板传递手锤或压力机的压力，将轴套压入孔内。大直径或过盈量大于 0.1 mm的轴套，压入时可用加热机体或冷却轴套的方法。

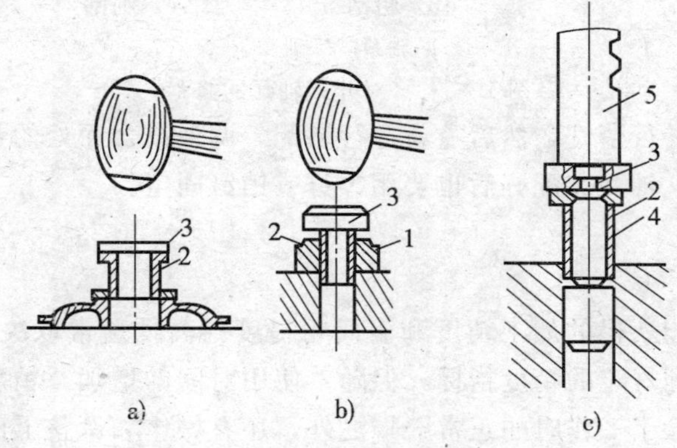


1－导向套；2－轴套；3－垫板；4－心轴；5－压力机的冲压杆

图 10－71　压入轴套的方法

轴套压入后，往往发生变形（如出现椭圆度、圆锥度和偏斜等）或工件表面损坏，因此在装配后需要进行检查和修整。修整时常采用铰孔和刮削的方法，使轴套和轴颈之间的间隙和接触点达到所要求的质量。

轴套装配后，为防止以后工作时转动，可采用螺钉（图 10－72a））、销钉（图 10－72b））和骑缝螺钉（图 10－72c））固定。不带凸肩的轴套压入机体时，要求与机体端面平行。

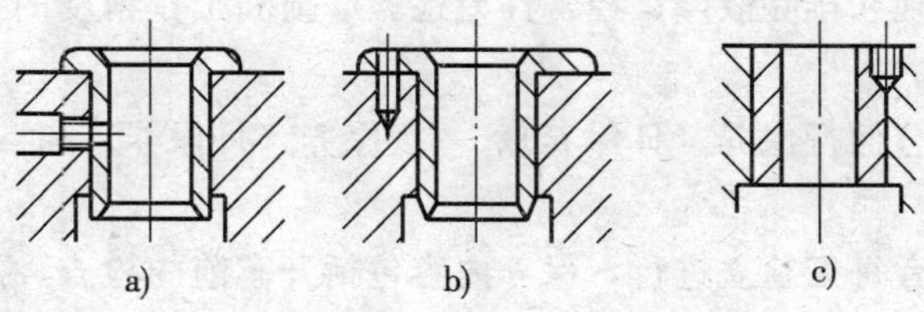


图 10－72　轴承与机体的固定

②对开式轴承（轴瓦）的装配。轴瓦的装配过程是：将上、下轴瓦分别装入轴承盖和轴承座孔内，配刮轴瓦，装配和调整间隙。安装轴瓦时，首先应使轴瓦上的润滑油孔与轴承座油孔重合。

上、下轴瓦与轴承盖、轴承座装配时，应保证它们之间均匀接触，下轴瓦与轴承座孔的接触面积不得少于整个面积的 50%，上轴瓦与轴承盖之间的接触面积不得少于 40%。

如不符合要求，对厚壁轴瓦应以轴承盖、座孔为基准修刮轴瓦背部；对薄壁轴瓦，必须进行选配。

为了达到轴瓦与轴颈的配合要求，一般是按轴颈修配轴瓦，即先在轴瓦上涂上一层极薄的铅油，使轴颈在轴瓦中加压后回转 2～3 转，如图 10－73d）所示，轴瓦上的斑点应布满全轴瓦表面 75%～80%左右，在每平方厘米上有 3 个或更多的接触斑点。如达不到这些要求，应修刮轴瓦，直到达到要求为止。图 10－73 所示为轴瓦的修刮。

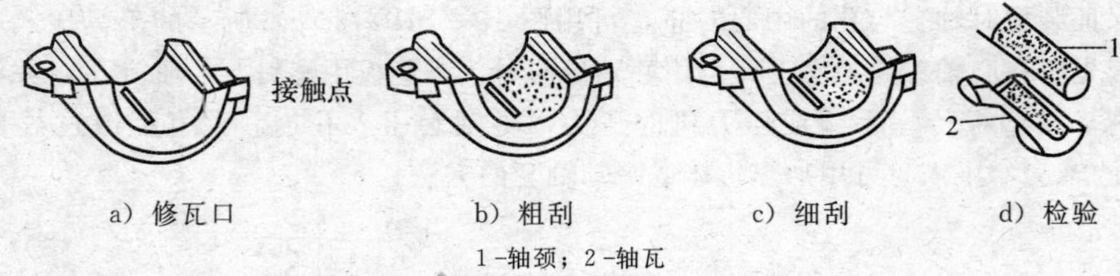


a）修瓦口　　b）粗刮　　c）细刮　　d）检验

1 -轴颈；2 -轴瓦

图 10－73　对开式轴瓦的修刮

轴瓦配刮好后应进行清洗，然后重新进行装配，调整结合面处的垫片，以保证轴和轴瓦间的径向配合间隙。轴瓦装配好后也要用螺钉或销钉固定。

## 二、设备维修

各种加工方法所能获得的加工精度和表面粗糙度的高低通常取决于机床设备的精度。新的机床一般都能达到规定的精度指标，但随着使用时间的增加，精度会逐渐降低。造成机床精度下降的原因除了工作时的正常磨损之外，还有操作和调整上的失误。机床工作的质量，不仅取决于机床本身制造精度的高低，还取决于使用者能否对机床进行正确使用、维护、调整和及时修理。因此，必须重视机床设备的维修工作，特别注意在机床出现不正常现象时，及时排除故障，做到“防患于未然”，以保持机床的加工精度和较长的使用寿命，避免造成不必要的经济损失。

设备维修大致可分两类，即日常的维护保养和计划维修工作。

### （一）设备的日常维护保养

设备日常维护保养工作包括：正确地安装和试车；正确地使用、调整；仔细地润滑、冷却及清洁；及时发现和排除故障；经常性地检验磨损和工作精度的考核；制定出合理的修理计划与准备工作。

设备的维护保养分例行保养（日保养）、一级保养（月保养）和二级保养（年保养）。

1. 例行保养

例行保养由操作者每天独立进行，保养内容包括开车前的检查、润滑、工作中遵守操作规程、下班前认真清扫、做好交接班工作及周末大清洗等工作。例如车床的日保养除了日常的清洁措施和润滑外，在装夹工件时，必须先清除工件上的泥沙等杂质，以免杂质嵌进溜板滑动面，研坏导轨；安装及校正一些尺寸较大、结构复杂而装夹面又较小的工件时，应在床面上放一木板，防止工件落下损坏床面；工具和车刀不要放在车床导轨上，以免损坏导轨，如必须放置时，应放一木板，然后将车刀、工具放在木板上；严格执行车床操作规程等，以确保机床的整齐、清洁和安全。

2. 一级保养

一级保养的目的是减少设备磨损，延长其使用寿命，消除事故隐患。设备每运转1～2个月（两班制），应以操作工人为主，维修工人配合，按规定内容进行保养。一级保养的内容包括部件的拆卸、清洗、检查、调整和紧固等工作。

普通车床的一级保养应从8个部位进行：

(1) 外部。清洗机床外表；清洗丝杠及光杠等外露精密表面，要求无毛刺、无锈蚀等；检查补齐外部缺件。

(2) 传动部分。检查皮带并调整其松紧程度；调整主轴轴承、摩擦离合器的间隙；调整制动机构；检查主轴上的螺母和紧固螺钉是否松动；清洗调整镶条；调整脱落蜗杆机构等。

(3) 刀架溜板。拆洗横溜板和小溜板上的丝杠螺母、压板，并调整镶条及丝杠螺母间隙。

(4) 挂轮架。拆洗齿轮、轴套并注入新油脂，调整齿轮间隙。

(5) 尾座。拆洗尾座，调整顶尖与主轴的同轴度。

(6) 润滑部位。油路应畅通，油窗醒目，润滑装置齐全；清洗滤油器。

(7) 冷却部位。清洗过滤网，使冷却液池清洁，冷却管道畅通，固定紧牢。

(8) 电器部件。电器装置应固定整齐，动作灵敏可靠。

3. 二级保养

二级保养的目的是提高和巩固设备的完好率，延长大修周期。设备每运转1年，以维修工人为主，操作工人为辅，进行一次包括修理内容的保养。二级保养的内容除了一级保养的内容外，还必须进行检修、换油。如修复或更换磨损零件，修刮镶条以及导轨，更换润滑油、冷却液及电器元件，检查机床调整精度等。

### （二）设备的计划维修

设备的计划修理分为小修、中修和大修三类。计划维修应根据工厂管理部门编制的年维修计划进行。

1. 小修

一般情况下，小修可以用二级保养来代替。小修是根据机床工作情况，由车间的机修组（班）完成的。其工作内容是：对机床进行部分检查和调整，更换个别严重磨损的零件（如螺钉、手柄、轴承及调节杠杆、齿轮等）；调整零、部件间的间隙和相对位置（如主轴轴承间隙的调整、镶条的调整等）；修光相对运动件结合面上的毛刺和划痕等。总之，小修的修理量不大，机床工作的中断是短时间的。其指导原则是：保持机床性能，迅速重新开动。

2. 中修

中修是修理计划中预先规定、在规定的运转小时后的一定期间进行的，并预先进行检查，确定修理项目。中修除了包括二级保养的工作项目外，还要根据预检情况对机床的局部进行修理，由机修工人在机床原地来完成。中修时，拆卸、分解需要修理的部件；清洗和擦净已分解的零、部件和未分解的部件，进一步检验所有的零件、部件；修复或更换不能维持到下一次中（大）修期的零件，修刮磨损的导轨和工作台台面等等。修理后应按机床验收标准进行试车和验收，个别难以达到精度的部分，留到大修时解决。

3. 大修

大修也是修理计划中预先规定的。大修的任务是：在再加工的基础上，使机床重新具有原有的性能水平，并使它的使用期限大大延长。大修时，拆卸和分解整台机床，清洗、擦净全部零件；更换或修复不符合要求的零件，修复主要大型零件；刮削全部刮研表面，恢复机床的原有精度并达到出厂精度标准；机床外观的修理等。对大修后的机床的试车、验收应按新机床的精度标准进行。在国内，大修一般由工厂的机修车间来完成，国外大多由原制造厂或专门的机修厂完成机床大修。

在大修拆卸机床时，必须把使用时磨损严重的部位记录下来，并进行观察分析，以便提出改进措施。如一根传动轴在它的支承轴颈（装轴承）处磨损特别严重，不仅要更换它，还要分析产生这种超常磨损的原因。这可能有以下情况：材料不合适（轴承材料过硬）；润滑不足（或润滑液质量差）；滑动速度太大，不符合现有的润滑情况；轴承承压太大（由于偏斜使局部压力增大）等。当准确地找出故障原因后，才能进行有针对性的补救。

## 三、机床的拆装

机床的拆装是体现修理和装配两项工作内容的操作。任何一项修理工作，首先必须将机床的局部（部件、组件）拆卸开，然后才能进行修理工作，而拆卸后的安装则是装配工作的重演。通过机床的拆装操作既可体会修理工作的要求，也可了解装配工作的内容。此外，通过机床的拆装可以更清楚地了解机床的传动路线、典型传动副（齿轮副、蜗轮副、丝杠-螺母副等）的特点和用途、典型机构（棘爪棘轮机构、变向机构、摆杆机构等）的结构和工作原理、连接件（螺钉、螺栓、销钉等）和支承件（轴承）的结构及作用，掌握一般机械传动的拆装方法及常用拆装工具的使用方法。

### （一）对拆装工作的要求

1. 拆卸

拆卸的注意事项如下：

(1) 拆卸前必须对机器或部件的结构有充分的了解，初次拆卸应仔细研究装配图或结构图，应根据不同结构，预先考虑操作程序，防止因拆卸方法错误而损坏机床。

(2) 拆卸的顺序应与装配的顺序相反，一般应按由外部到内部、由上部到下部的顺序，依次拆卸部件、组件或零件。

(3) 拆卸时，必须保证使用的工具对所拆零件（组件）不会损伤，尽量使用专用工具（如各种拉出器、固定扳手、软质手锤等）。紧配的零件拆卸时，严禁用铁锤直接敲击，可用铜锤（铝锤、木锤）或用软材料垫在零件上敲，以防损坏零件。如拆卸滚动轴承时可采用拉出器（图 10－74）进行拆卸。

(4) 拆卸时，必须先辨清某些特殊零件的旋松方向（左、右旋）。

(5) 拆下的零件、组件或部件必须按次序放好，连接件按原来结构套在一起（螺钉与螺母、销钉与销钉孔），配合件做上记号，以免错位。拆下的长丝杠、长轴类零件必须吊起垂直放置，以防弯曲变形。

(6) 有些难拆的零件，在设计时已经设置了便于拆卸的结构，拆卸时应注意利用这类结构，如在零件上增加了顶出螺丝孔，拆卸时只要选用合适的螺钉就能把零件顶出。

(7) 紧固件上的防松装置（如开口销、销片等），一般在拆卸后应更换，以防再使用时折断而造成重大事故。

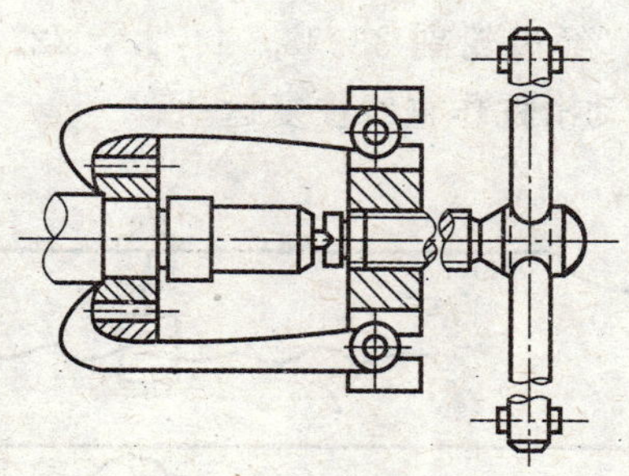

图 10-74　滚动轴承拉出器

2. 安装

将拆下的零件用煤油或汽油清洗干净后，按拆卸的相反顺序进行安装，并按装配要求进行调整和检验。

（二）小型牛头刨床和卧式铣床的拆装

1. 小型牛头刨床的拆装

小型牛头刨床的外形及组成如图 10-75 所示，它主要由床身、滑枕、刀架、工作台和横梁等部分组成。它适合刨削长度不大的小型工件。刨削时，刨刀由滑枕带动作直线往复运动，工作台带动工件在横梁上作横向间歇进给运动。

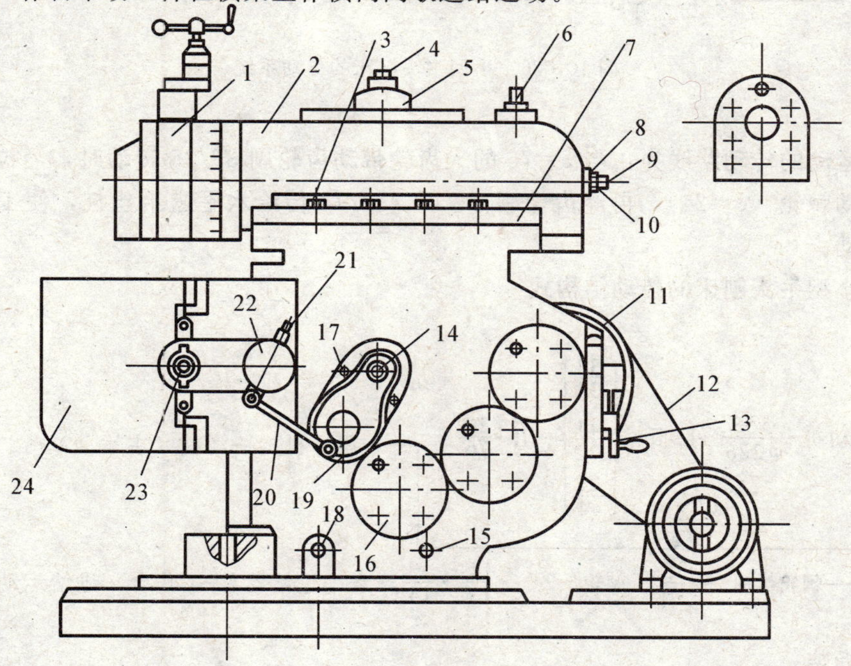


1-刀架；2-滑枕；3-压板螺钉；4-压紧螺钉；5-压紧块；6-行程位置手柄；7-压板；8-垫圈；9-支承杆；10-螺母；11-大皮带轮；12-皮带；13-变速手柄；14-行程长短手柄；15-摆杆支承轴；16-支承套；17-螺钉；18-手柄；19-壳体；20-拉杆；21-棘爪手柄；22-壳体；23-纵向进给手柄；24-工作台

图 10-75　小型牛头刨床的外形及组成

（1）小型牛头刨床的传动系统

如图 10－76 所示，主运动的传动路线为：由电动机经皮带轮 $\phi 58/\phi 226$ 传至Ⅰ轴，再经齿轮副 20/40 传至Ⅱ轴后，经齿轮副 33/33，44/22，22/44 传至Ⅲ轴，最后由齿轮副 20/76 传至摆杆机构，从而带动滑枕作直线往复运动。

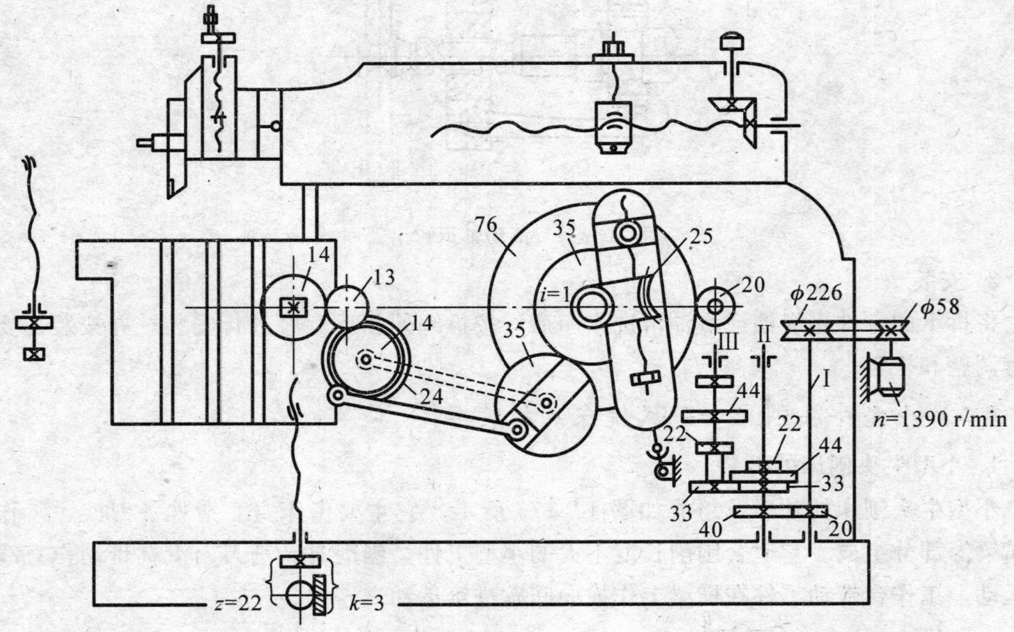


图 10－76　小型牛头刨床的传动系统

进给运动的传动路线为：当 $z=76$ 的大齿轮带动齿轮副 35/35 转动时，经拉杆使棘爪摆动而拨动棘轮（$z=24$），再经齿轮副 14/13，13/14 传给水平进给丝杠，使工作台作横向间歇运动。

（2）小型牛头刨床的传动结构式

$$\text{电动机}\rightarrow\frac{\phi 58}{\phi 226}\rightarrow\text{I}\rightarrow\text{II}\rightarrow\begin{Bmatrix}\frac{33}{33}\\[4pt] \frac{44}{22}\\[4pt] \frac{22}{44}\end{Bmatrix}\rightarrow\text{III}\rightarrow\frac{20}{76}\text{——摆杆机构}\rightarrow\text{滑枕（主运动）}$$

$$\text{——棘轮机构}\rightarrow\frac{35}{35}\rightarrow\text{棘轮}(z=24)\rightarrow\frac{14}{13}\rightarrow\frac{13}{14}\rightarrow\text{水平进给丝杠}\rightarrow\text{工作台（进给运动）}$$

（3）拆装

按照实习指导书规定进行。

2. 小型卧式铣床的拆装

小型卧式铣床的外形及组成部分如图 10－77 所示，它主要由床身、横梁、主轴、纵向及横向工作台、转台和升降台组成。工作台宽为 140 mm。

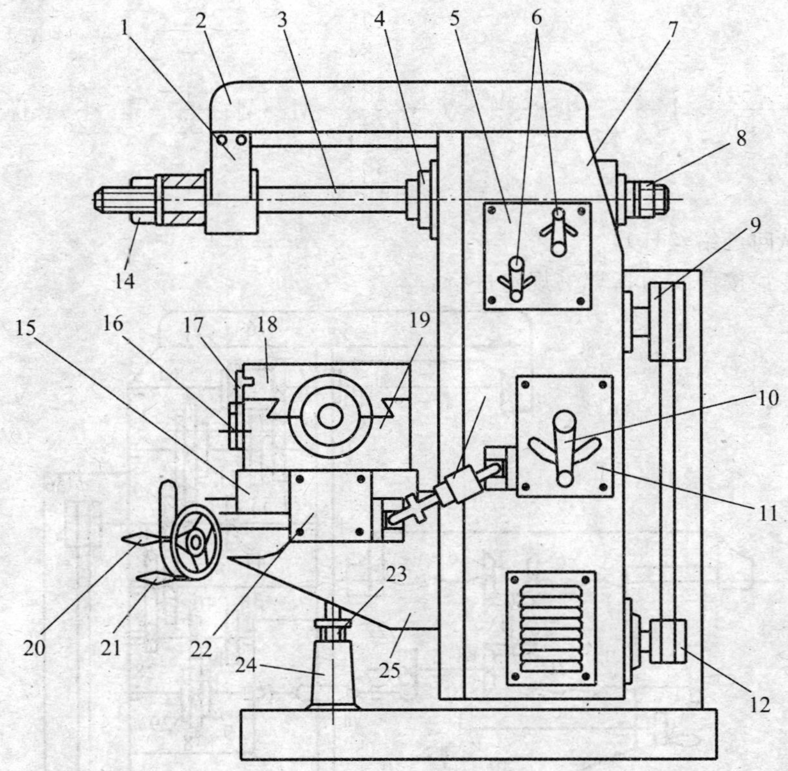


1 -吊架；2 -横梁；3 -刀杆；4 -主轴；5 -盖板；6 -主轴变速手柄；
7 -床身；8 -拉杆螺母；9 -大皮带轮；10 -进给变速手柄；11 -盖板；12 -小皮带轮；
13 -伸缩轴；14 -螺母；15 -横向工作台；16 -变速杆；17 -挡块；18 -纵向工作台端盖；
19 -转台；20 -横向手柄；21 -升降手柄；22 -盖板；23 -双重丝杠；24 -螺母支承座；25 -升降台

图 10 - 77　X0614 铣床的外形及组成

(1) X0164 铣床的传动系统。如图 10 - 78 所示，其主运动的传动路线为：电动机的运动经皮带轮 $\phi54/\phi156$ 传至Ⅰ轴，再经齿轮副 21/61，30/52，41/41 传至Ⅱ轴，后由齿轮副 21/63，53/31 传至主轴Ⅲ，使主轴获得 3×2＝6 种转速，其转速范围为 58～858 r/min。

进给运动的传动路线为：由电动机经皮带轮将运动传至Ⅰ轴后，再经齿轮副 30/40 传至Ⅳ轴，经齿轮副 40/28 传至Ⅴ轴，经齿轮副 19/38 和 28/29、38/19 传至Ⅵ轴，通过万向接头和伸缩轴将运动传至Ⅶ轴，由蜗杆-蜗轮副 1/22 传至Ⅷ轴，又经一对锥齿轮 20/26 传至Ⅸ轴，最后由锥齿轮传动将运动传至Ⅹ轴，即纵向进给丝杠，由固定在工作台上的螺母带动工作台作纵向往复运动。工作台的横向及垂直进给运动均为手动。

(2) X0614 铣床的传动结构式：

主运动的传动结构式：

$$\text{电动机} \rightarrow \frac{\phi54}{\phi156} \rightarrow \text{Ⅰ} \rightarrow \left\{\begin{matrix} \frac{21}{61} \\ \frac{30}{52} \\ \frac{41}{41} \end{matrix}\right\} \rightarrow \text{Ⅱ} \rightarrow \left\{\begin{matrix} \frac{21}{63} \\ \\ \frac{53}{31} \end{matrix}\right\} \rightarrow \text{Ⅲ} \rightarrow (\text{主轴})$$

进给运动的传动结构式：

$$\text{电动机}\rightarrow\frac{\phi54}{\phi156}\rightarrow \mathrm{I}\rightarrow\frac{30}{40}\rightarrow \mathrm{IV}\rightarrow\frac{40}{28}\rightarrow \mathrm{V}\rightarrow\begin{Bmatrix}\frac{19}{38}\\ \frac{28}{29}\\ \frac{38}{19}\end{Bmatrix}\rightarrow \mathrm{VI}\rightarrow \mathrm{VII}\rightarrow\frac{1}{22}\rightarrow \mathrm{VIII}\rightarrow\frac{20}{26}\rightarrow \mathrm{IX}\rightarrow\begin{Bmatrix}\frac{26}{26}\\ \text{(变向)}\\ \frac{26}{26}\end{Bmatrix}$$

$\rightarrow \mathrm{X}$（纵向进给丝杠）

(3) 拆装：按照实习指导书规定进行。

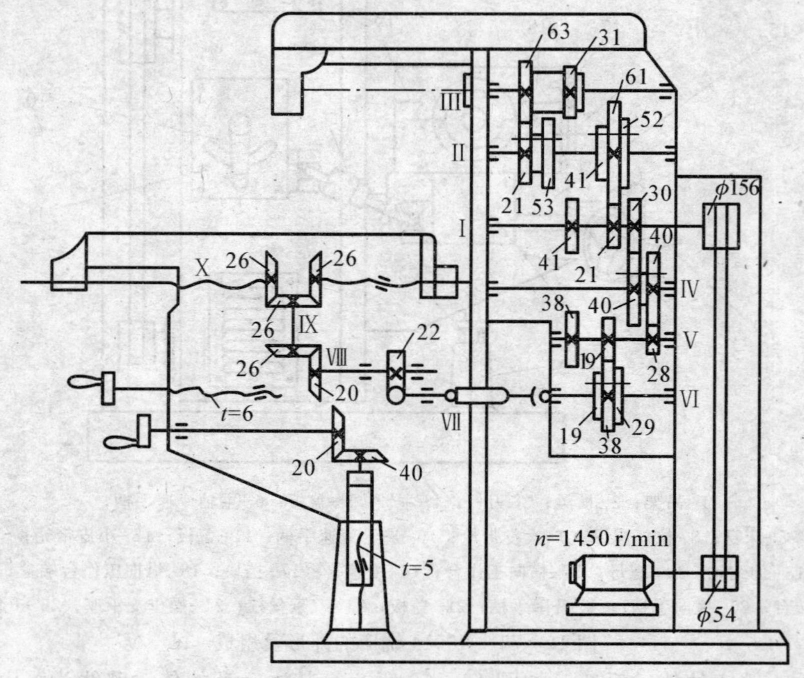


图 10 - 78　X0614 铣床的传动系统

## [复习思考题]

10 - 1　试说明划线的作用、种类和区别。

10 - 2　何谓划线基准？如何确定划线基准？

10 - 3　简述立体划线步骤。划线前应对毛坯进行哪些准备工作？为什么？

10 - 4　对图示零件（铸件）拟订划线步骤。

10 - 5　常用的錾子有哪几种？各有何特点和用途？錾削能完成哪些工作？

10 - 6　试说明錾子的切削刃和楔角 $\beta$ 是如何形成的。楔角 $\beta$ 的作用和选择原则是什么？

10 - 7　錾削时怎样起錾和錾出？

10 - 8　怎样划分锯齿的粗细及选择锯条？

10 - 9　锯齿是怎样排列的？为什么要这样排列？

10 - 10　起锯和锯削操作的要领是什么？

10 - 11　试讨论图 10 - 80 所示截面形状工件的锯断方法。

10 - 12　试分析锯削时锯齿崩落和锯条折断的原因。

10 - 13　锉削能加工何种表面？锉削的加工质量和应用范围如何？

10－14 锉刀按其断面形状可分为哪几种？各适用于哪些表面的加工？

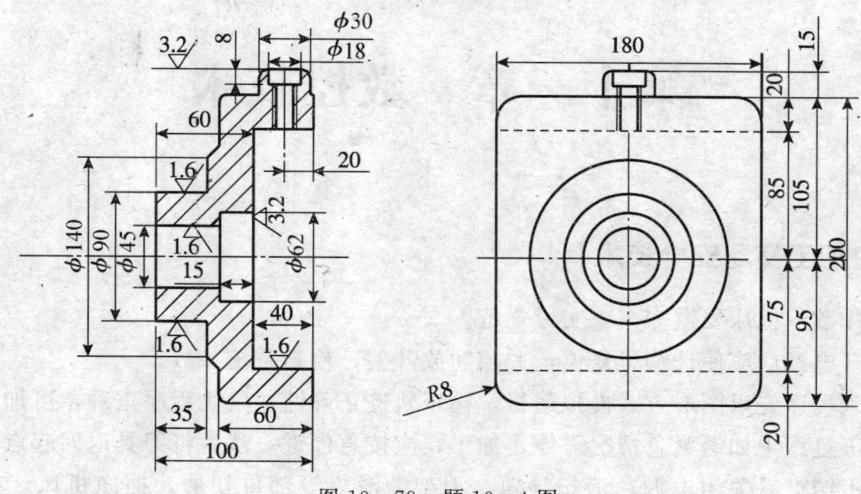


图 10－79 题 10－4 图

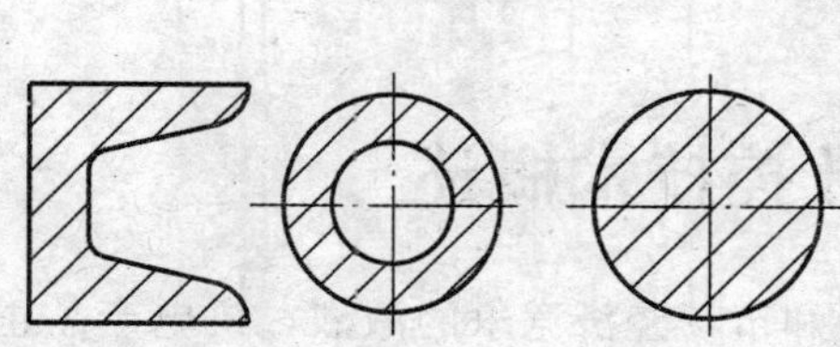

图 10－80 题 10－11 图

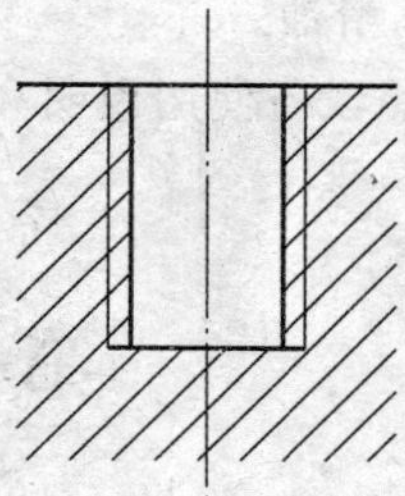

图 10－81 题 10－24 图

10－15 怎样选择粗、细锉刀？

10－16 试分析平面锉削的各种锉削方法的特点和用途。

10－17 如何检验平面锉削后的平面度及垂直度？

10－18 刮削有何特点和用途？

10－19 根据什么提出刮削的精度要求？怎样提出？如何检验？

10－20 何谓研点法？如何进行？

10－21 零件表面刮花的作用是什么？哪种表面需要刮花？

10－22 丝锥和板牙为什么要制出锥角？

10－23 为什么丝锥有 2 只或 3 只一组，而板牙却都是单只的？

10－24 如果把零件上盲螺孔设计成如图 10－81 所示形状，从加工工艺方面分析该图有哪些错误，应怎样改正。

10－25 在材料分别为 45 钢、铸铁的两个零件上均要加工 M10×1 的螺孔，问：加工底孔应选多大直径的钻头？为什么？

10－26 试说明装配工作的重要性。

10－27 装配工艺包括哪些内容？

10－28 滚动轴承装配有哪些方法？

10－29 试说明设备维修的重要意义和维修工作的重要性。

10－30 举例说明实习中所拆装的机床中的传动件和连接件、支承件的名称和作用。

# 第十一章　数控技术

[数控加工实习安全技术]

1. 操作数控机床要遵守车工实习规范。

2. 打开电源后应使计算机复位，关掉功放开关，检查系统参数。

3. 输入程序先以图形方式模拟运行，检查轨迹正确性，确认程序正确，可加工零件。

4. 加工过程中如遇紧急情况需停止加工，应按急停键，然后将刀具退回起点。

5. 加工结束后关闭电源，清扫导轨、刀架、滑板等部位切屑，擦净机床，在导轨和滚珠丝杠上加润滑油。

6. 严格按照设备使用说明和操作规程操作。

## 第一节　数控技术概述

随着科学技术的进步、社会生产的发展和市场经济竞争的激烈，机电产品正向着高质量、耐高温、耐高压、小型化、多样化和大功率方向发展。由于材料技术的发展，使产品材料愈来愈难加工，零件形状愈来愈复杂，要求也愈来愈高，仅仅靠传统的加工方法和对机床运动的控制方法是难以实现的，甚至根本无法实现。数控机床加工是根据零件图样的加工要求，按数控机床规定的代码和程序格式编成加工程序单，通过控制介质，经数控装置的变换发出相应的指令，控制机床动作，实现自动加工过程，实现了多品种、小批量、高质量、高生产率和低成本等加工要求。数控机床有以下加工特点。

1. 适应性强

适应性是指数控机床随生产对象变化而变化的适应能力。由于市场对产品的需求逐渐趋于多样化，实现单件、小批量产品的生产自动化是制造业的当务之急。当产品改变时，对数控机床来说，仅仅需要改变数控机床的输入程序就能适应新产品的需求，而不需要改变机械部分和控制部分的硬件，而且生产过程是自动化完成的。因此，用数控机床生产，准备周期短，灵活性强，为多品种、小批量生产和新产品的研制提供了方便条件。

2. 精度高

数控机床是按照预定程序自动工作的，工作过程一般不需要人工干预，这就消除了操作者人为产生的误差。在设计制造设备时，通常采用了许多措施，使数控机床达到较高的精度。数控装置的脉冲当量目前可达 0.01～0.001 mm，同时，可以通过实时检测误差修正值或补偿来获得更高的精度。

3. 效率高

由于数控机床可采用较大的切削用量，有效地减少了加工中心的切削工时；数控机床还具有自动变速、自动换刀和其他辅助操作自动化等功能，并且无须工序间的检验与测量，使辅助时间大为缩短；对于多功能的加工中心，在一次装夹后几乎可以完成零件的全部加工，这样不仅可减少装夹误差，还可减少半成品的周转时间。因此，与普通机床相比，数控机床生产效率高出许多倍，对于复杂型面的加工，生产效率可提高十倍甚至几十倍。

4. 劳动强度低，劳动条件得到改善

利用数控机床进行加工，只要按图纸要求编制零件的加工程序单，然后输入并调试程序，安装坯件进行加工，监督加工过程并装卸零件。这样，大大减轻了操作者的劳动强度和紧张程度，减少了对熟练技术工人的需求，劳动条件也得到了相应的改善。

5. 有利于生产管理的现代化

用数控机床加工零件，能准确地计算产品的工时，并有效地简化检验、工夹具和半成品的管理工作；采用数控信息的标准代码输入，有利于与计算机连接，构成由计算机控制和管理的生产系统，实现制造和生产管理的现代化。

与硬线 NC 机床相比，CNC 机床具有以下特点：

(1) 柔性好。硬线 NC 机床的控制功能是靠硬件来实现的，若要改变系统的加工控制功能，必须重新布线；CNC 机床可以通过软件的编制灵活地改变或增加数控系统的功能，具有较大的灵活性。

(2) 功能强。CNC 机床利用计算机的高度计算处理能力，可以实现许多复杂的数控功能，如二次曲线插补运算、多轴联动、固定循环加工、坐标偏移、图形显示、刀具补偿等，使刀具在三维空间中能实现任意轨迹，完成复杂型面的加工过程；硬线 NC 装置只能进行简单的直线、圆弧插补计算，完成直线、圆弧的加工。

(3) 通用性好。CNC 机床可以编制不同的软件来满足各种机床的不同加工要求，这样可以用同一种 CNC 装夹满足多种数控机床的要求，体现了较强的通用性；而硬线 NC 机床的功能和种类不同，NC 装置就不同，不能通用。

(4) 可靠性高。硬线 NC 机床的零件程序是在加工过程中分段读入、分段加工的，频繁启动光电阅读机有可能产生故障，引起零件程序错误，这是硬件 NC 装置可靠性不高的主要原因；CNC 机床可使用磁带、软盘等输入装置，将零件加工程序一次输入存储器，避免了在加工过程中频繁开启光电阅读器造成的差错，提高了可靠性。CNC 机床还易于建立各种诊断程序，能进行故障预检和自动查找，便于维修和减少停机的时间。

(5) 易于实现机电一体化。CNC 机床采用大规模集成电路和先进的印刷技术，采用数块印刷电路板即可构成整个控制系统，使其硬件结构尺寸大大缩小，可以与机床结合在一起，减少占地面积，实现机电一体化。

## 第二节　数控机床

数控机床是自动加工机床，是在传统机床技术基础上利用数字控制等一系列自动控制和微电子技术发展起来的高效率、高精度和高柔性化兼有的机床。图 11 - 1 所示是数控车床的组成及原理图。

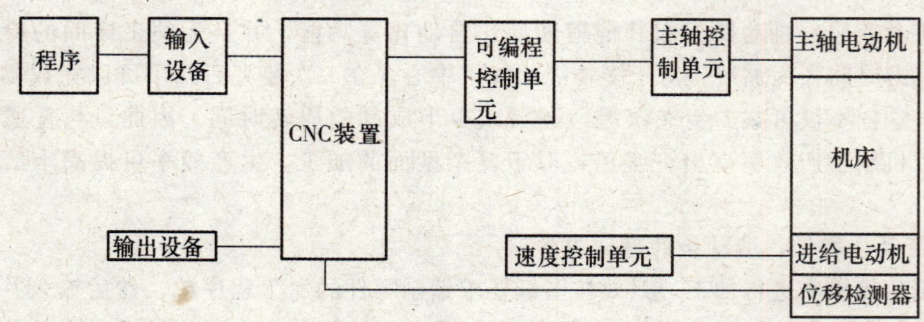


图 11 - 1　CNC 机床的组成及原理图

## 一、数控技术的基本概念

数字控制（Numberical Control）简称 NC，是采用数字化信息实现加工自动化的控制技术。早期的数控机床的 NC 装置是由各种逻辑元件、记忆元件组成的随机逻辑电路，是固定接线的硬件结构，由硬件来实现数控功能，称为硬件控制，用这种技术实现的数控机床一般称为 NC 机床。

计算机数控（Computer Numberical Control）简称 CNC，是采用微处理器或专用微机的数控系统，由事先存放在存储器里的系统程序（软件）来实现控制逻辑，实现部分或全部数控功能，并通过接口与外围设备进行连接，这样的机床一般称为 CNC 机床。

## 二、数控机床的组成

现代计算机数控机床是由程序、输入输出设备、计算机数控装置、可编程控制器、主轴控制单元及速度控制单元等部分组成，见图 11 - 1。

1. 程序的存储介质

在数控机床上加工零件时，首先要根据零件图纸上的零件形状、尺寸和技术条件，确定加工工艺，然后编制出加工程序。程序必须存储在某种存储介质上，如纸带、磁带或磁盘等。目前最常用的是八单位标准穿孔纸带和磁盘。

2. 输入输出装置

存储介质上记载的加工信息通过输入装置输送给机床数控系统，机床内存中的零件加工程序可以通过输出装置传送到存储介质上。输入输出装置是机床与外部设备的接口，目前输入装置主要有纸带阅读机、软盘驱动器、RS232C 串行通信口、MDI 等。

3. 数控装置

数控装置是数控机床的核心，它接受输入装置送到的数字化信息，经过数控装置的控制软件和逻辑电路进行译码、运行和逻辑处理后，将各种指令信息输出给伺服系统，使设备按规定的动作执行。

4. 伺服系统

伺服系统包括伺服驱动电机、各种伺服驱动元件和执行机构等，它是数控装置的执行部分，其作用是把来自数控装置的脉冲信号转换成机床移动部件的位移。每一个脉冲信号使机床移动部件产生的位移量叫做脉冲当量（也叫最小设定单位）。常用的脉冲当量为 0.001 mm/脉冲。每个进给运动的执行部件都有相应的伺服驱动系统，整个机床的性能主要取决于伺服系统。常用的伺服元件有直流伺服电机、交流伺服电机、电液伺服电机等。

5. 检测反馈系统

检测反馈装置是对机床的实际运动速度、方向、位移量以及加工状态加以检测，把检测结果转化为电信号反馈给数控装置，通过比较计算出实际位置与指令位置之间的偏差，并发出纠正误差指令。检测反馈系统可分为半闭环和闭环两种。半闭环系统中，位置检测主要使用感应同步器、磁栅、光栅、激光测距仪等。

6. 机床本体

机床本体是加工运动的实际机械部件，主要包括主运动部件、进给运动部件（如工作台、刀架）和支承部件（如床身、立柱等），还有冷却、润滑、转位部件，如夹紧、换刀机械手等辅助装置。

## 三、数控系统的主要功能

计算机数控装置（CNC 装置）是 CNC 系统的核心，其主要功能包括：多坐标控制（多轴联动）、准备功能（G 功能）、实现多种函数的插补（直线、圆弧、抛物线等）、代码转换（ELA/ISO 代码转换、英制/公制转换、绝对值/增量值转换等）、固定循环加工、进给功能（指定进给速度）、主轴功能（指定主轴转速）、辅助功能（规定主轴的起、停、反转，冷却系统的开、关等）、刀具的选择功能、各种补偿功能（如刀具半径、刀具长度补偿等）、字符图形在显示器（CRT）上的显示、故障的诊断及显示、与外部设备的联网及通信、存储加工程序、人机对话、程序的输入、编辑及修改。

## 四、数控机床的种类

数控机床的分类方法很多，大致有以下几种。

1. 按工艺用途分类

数控机床是在普通机床的基础上发展起来的，各种类型的数控机床基本上起源于同类型的普通机床。

（1）数控机床（NC Lathe）。

（2）数控铣床（NC Milling Machine）。

（3）加工中心（Machine Center）。

（4）数控钻床（NC Drilling Machine）。

（5）数控镗床（NC Boring Machine）。

（6）数控齿轮加工机床（NC Gear Holling Machine）。

（7）数控平面磨床（NC Surface Grinding Machine）。

（8）数控外圆磨床（NC External Cylindrical Grinding Machine）。

（9）数控轮廓磨床（NC Confour Grinding Machine）。

（10）数控工具磨床（NC Tool Grinding Machine）。

（11）数控坐标磨床（NC Jig Grinding Machine）。

（12）数控电火花加工机床（NC Diesinking Electric Dischange Machine）。

（13）数控线切割机床（NC Wire Electric Discharge Machine）。

（14）数控激光加工机床（NC Laser Beam Machine）。

(15) 数控冲床（NC Punching Press）。

(16) 数控超声波加工机床（NC Ultrasonic Machine）。

(17) 其他（如三坐标测量机等）。

其中，加工中心、数控激光加工机床等新型加工设备与传统上的普通机床有明显差别，带来一些新特点。随着数控技术的发展，数控机床在多功能、高精度、良好的加工能力方面有较大发展，同时带来了数控机床的种类的更新与多样化。

2. 按运动方式分类

(1) 点位控制方式。点位控制方式的主要功能是在坐标系中将刀具从某一个加工点移到另一个加工点的准确定位（也称定位控制）。刀具在点与点之间所经过的轨迹是不加控制的，并且在移动过程中刀具也不作切削加工。图 11-2a）所示为点位控制示意图。采用点位控制方式的机床有数控钻床、数控镗床、数控冲床等。

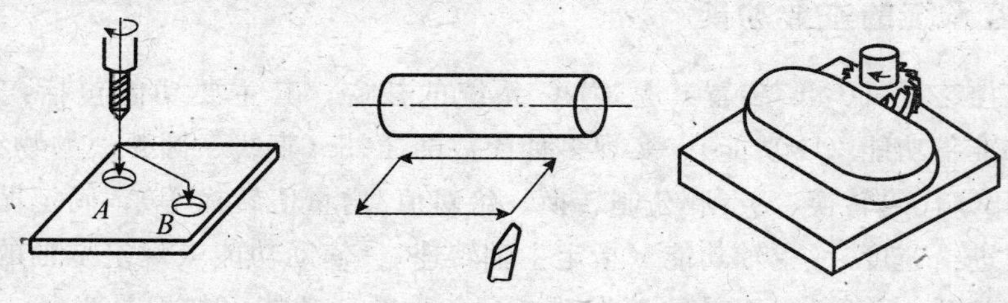


a）点位控制式　b）直线控制式　c）轮廓控制式

图 11-2　刀具相对于工件移动轨迹

(2) 直线控制方式。直线控制方式除了控制点与点之间的准确定位外，还要保证运动的轨迹是一条直线，并且在运动中进行切削加工。图 11-2 b）所示为直线控制方式示意图。采用直线控制方式的机床有数控车床、数控铣床和数控磨床等。

(3) 轮廓控制方式。轮廓控制方式比较复杂，它不但要控制起点与终点的坐标位置，而且要控制整个运动过程的轨迹（轨迹可以是直线或曲线），也称为连续控制，在加工过程中要进行连续插补运动。图 11-2c）所示为轮廓控制方式的示意图。数控车床和数控铣床属于这类控制的机床。

3. 按控制方式分类

(1) 开环控制系统（Opened Loop Control System）。开环控制系统是指不带位置反馈装置的控制方式，由功率型步进电动机作为驱动元件的控制系统。数控装置根据所要求的运动速度和位移量，向环形分配器和功率放大电路输出一定频率和数量的脉冲，不断改变步进电动机各相绕组的供电状态，使相应坐标轴的步进电动机转过相应的角位移，再经过机械传动链，实现运动部件的直线移动或转动。运动部件的速度与位移量是由输入脉冲的频率和脉冲数决定的。开环控制系统具有结构简单和价格低廉等优点，但通常输出的扭矩值的大小受到了限制，而且当输入较高的脉冲频率时，容易产生失步，难以实现运动部件的快速控制。目前，开环控制系统已不能满足数控机床日益提高的对控制功率、运动速度和加工精度的要求。但近年来由于发展了步进电动机的细化技术，出现了专用的细分功率驱动模块，步进电动机在低转矩、高精度、速度中等的小型设备的驱动控制中得到了广泛应用，特别是在微电子生产设备中充分发挥了它的独特优势。图 11-3 所示是开环控制系统的示意图。

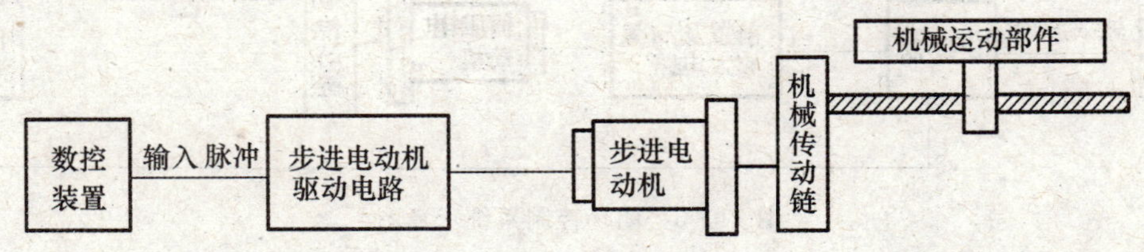


图 11-3　开环控制系统示意图

(2) 半闭环控制系统（Semi-closed Loop Control System）。半闭环控制系统是在开环控制伺服电动机上装有角位移检测装置，通过检测伺服电动机的转角间接地检测出运动部件的位移（或角位移）反馈给数控装置的比较器，与输入指令进行比较，用差值控制运动部件。随着脉冲编码器的迅速发展和性能的不断完善，角位移检测装置能方便地直接与直流或交流伺服电动机同轴安装；而高分辨率的脉冲编码器的诞生，为半闭环控制系统提供了一种高性能价格比的配置方案。惯性较大的机床运动部件由于不包括在闭环之内，控制系统的调试十分方便，并且有良好的系统稳定性，甚至可以将脉冲编码器与伺服电动机设计成一个整体，使系统变得更加紧凑。虽然半闭环控制将运动部件的机械传动链包括在闭环之内，机械传动链的误差无法得到校正或消除，但是目前广泛采用的滚珠丝杠螺母机构具有很高的精度和精度保持性，而且采用了可靠的消除反向运动间隙的结构，完全可以满足绝大多数数控机床用户的需要。因此，半闭环控制正在成为首选的控制方式在广泛地采用。图 11-4 所示是半闭环控制系统示意图。

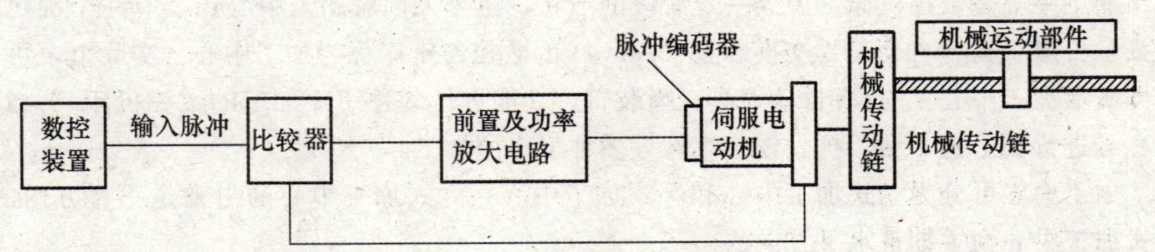


图 11-4　半闭环控制系统示意图

(3) 闭环控制系统（Closed Loop Control System）。闭环控制系统是在机床最终的运动部件的相应位置直接安装直线或回转式检测装置，将直接测量到的位移或角位移反馈到数控装置的比较器中与输入指令位移量相比较，用差值控制运动部件，使运动部件严格按实际需要的位移量运动。闭环控制的主要优点是将机械传动链的全部环节都包括在闭环内，因而从理论上说，闭环控制系统的运动精度主要取决于检测装置的精度，而与机械传动链的误差无关，其控制精度超过半闭环系统，为提高精度提供了技术保障。但闭环控制系统除了价格昂贵之外，对机床结构及传动链仍然提出了严格的要求，因为传动链的刚度、间隙、导轨的低速运动特性以及机床结构的抗震性等因素都会增加系统调试的难度，甚至使伺服系统产生振荡，降低数控系统的稳定性。图 11-5 所示是闭环控制系统示意图。

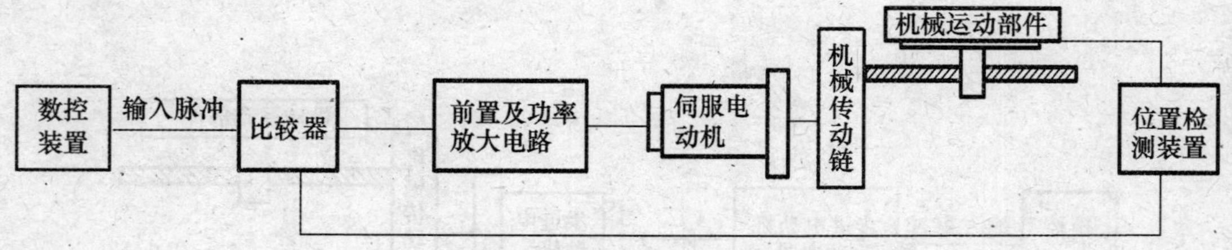


图 11-5 闭环控制系统示意图

## 五、主要数控机床

1. 数控车床

数控车床包括主轴、溜板、刀架等，数控系统包括显示器（CRT）、控制面板、强电控制系统。

数控机床一般具有两轴联动功能，$Z$ 轴是与主轴平行方向的运动轴，$X$ 轴是在水平面内与主轴方向垂直的运动轴。另外在最新的车铣加工中心中，还增加了一个 $C$ 轴，可用于工件的分度功能，在刀架上可安放铣刀，对工件进行铣加工。

2. 数控铣床

数控铣床适合加工三维复杂曲面，在汽车、航空航天、模具等行业中被广泛采用。世界上第一台数控机床就是来自数控铣床，但随着时代的发展，数控铣床趋于加工中心。由于较低的价格、方便灵活的操作、较短的准备工作时间等原因，数控铣床目前仍被广泛采用，它分为数控立式铣床、数控卧式铣床、数控仿形铣床等。

3. 加工中心

加工中心是数控机床发展到一定阶段的产物，至今人们对加工中心还没有一个确定的定义，一般将具有自动刀具交换装置（ATC）的数控镗铣床称为加工中心。实际上，可以这样概括加工中心："具有自动刀具交换装置，并能进行多种工序加工的数控机床。"加工中心可进行铣、镗、钻、扩、铰、攻丝等多种工序的加工。

加工中心可分为立式加工中心和卧式加工中心。立式加工中心的主轴是垂直方向的，卧式加工中心的主轴是水平方向的。

一个工件可以通过夹具安放在回转工作台或交换托盘上，通过工作台的旋转可加工多面体，托盘的交换可更换加工的工件，提高了加工效率。

4. 数控钻床

数控钻床可分为数控立式钻床和数控卧式钻床。数控钻床主要是完成钻孔、攻丝工作，刀库可以存放多种刀具。

5. 磨床

数控磨床主要用于加工高硬度、高精度表面，可分为数控平面磨床、数控内圆磨床、数控轮廓磨床等。随着自动砂轮补偿技术、自动砂轮修整技术和磨削固定循环技术的发展，数控磨床的功能越来越强。

6. 数控电火花成形机床

数控电火花成形机床提供一种特种加工方法，它是利用两个不同极性的电极在绝缘液体中产生放电现象去除材料进而完成加工，对于形状复杂的模具、难加工材料有特殊的优势。

7. 数控线切割机床

数控线切割机床的工作原理与电火花成形车床一样，其电极是电极钼丝，加工液一般采用去离子水。

## 六、先进制造系统简介

20 世纪初，人们对大批量生产方式采用由专用机床或组合机床组成的流水生产线，在汽车制造、拖拉机制造业中取得了很大的成功，成为 20 世纪自动化生产的一种重要模式。高度机械化的自动线具有很高的生产率，但缺乏柔性，不允许加工对象的设计发生变化，只适用于大批和大量生产的企业。随着社会的发展进步，机械制造业中单件小批量生产约占 75%左右，在传统的生产组织原则指导下，它们只能采用生产率较低的工艺方法和通用加工设备进行生产。因此，在传统的小批量生产工厂中，手工操作较多，机械化和自动化程度低，劳动强度大，生产周期长，劳动生产率低，产品成本高，产品质量不稳定和缺乏竞争力，远不能满足市场对产品的多品种的需求，使企业长期处于技术和经济落后状态。因此，先进制造系统的采用，是生产发展的客观需求。先进制造系统是在现代机械制造、自动控制和计算机等技术的支持下，为适应多品种自动化生产的需求而迅速发展起来的现代化加工方法，具有传统机械加工方法无法比拟的许多突出特点，因而发展很快。先进制造系统的核心是生产加工设备的数控化、柔性化和精密化。

1. 柔性制造系统（FMS）

按柔性自动化程度及功能范围可把柔性制造系统分为三类。

（1）单机数控加工。这是用一台数控机床或加工中心加工零件的方法，是柔性自动化加工中心规模最小的一种。其功能特点是：柔性自动化程度只限于切削加工过程，不能实现如工件自动化搬运、交换和存储等其他功能，控制系统也相对比较简单，但却是各种柔性自动化加工的基本方法和基础，使用较简单，应用也最广泛。

（2）柔性加工单元（Flexible Machine Cell）。这类系统除了具有柔性自动化加工功能外，还可以实现工件及其他与加工有关的物料（如刀具、托盘、废屑等）在加工过程中的柔性自动输送、搬运和存储。设备除数控机床外，还包括物流系统的设备，如运输车、存储库、搬运机器人等。柔性加工单元是一种在人的参与减少到最小时，能连续地对同一零件族内不同的零件进行自动化加工（包括工件在单元内部的运输和交换）的最小单元，既可以作为独立使用的加工设备，又可作为更大更复杂的柔性制造系统或柔性自动化的基本组成模块。近年来，这种单元的功能和应用已扩展到非切削加工，如焊接、喷漆等加工领域，因而称为柔性制造单元。显然，单机数控加工是柔性加工单元的子集，两者都称为 FMC。

（3）柔性制造系统（Flexible Manufacturing System）。柔性制造系统简称 FMS，是由加工系统（由一组数控机床和其他自动化工艺设备，如清洗机、成品试验机、喷漆机等组成）、物料自动搬运系统和信息控制系统三者相结合，由中央计算机管理使之自动运转的制造系统。这种系统可按任意顺序加工一组不同的工件，工艺流程可随工件不同而调整，能适时地平衡资源的利用。因而，这种系统能在设备的技术范围内自动地适应加工工件和生产规模的变化。

2. 计算机集成制造系统

计算机集成制造（Computer Integrated Manufacturing，简称 CIM）有两个基本观点：

（1）企业生产的各个环节（即从市场分析、产品设计、加工制造、经营管理到售后服务的全部生产活动）是一个不可分割的整体，要紧密联系，统一考虑。

（2）整个生产过程实质上是一个数据的采集、传递和加工处理的过程，最终形成的产品可以看做数据的物质表现。

CIM 是一种企业管理的哲学，它强调企业的生产经营是一个整体，必须用系统工程的观点来研究解决生产经营中的问题。CIM 必须与市场需求紧密相连。集成是 CIM 的核心，它不仅是设备的集成，更是以信息为特征的技术集成和功能集成；计算机是集成的工具，计算机辅助的各单元是集成的基础、信息交换的桥梁、信息共享的目标。

计算机集成制造系统（Computer Intergrated Manufacturing System，简称 CIMS）的构成如下：设计的过程、加工制造的过程、计算机辅助生产管理、集成方法及技术。

## 第三节　数控加工的程序

### 一、程序编制的基本概念

#### （一）数控编程的方法

数控机床是按照事先编制好的零件加工程序自动地对工件进行加工的高效自动化设备。在数控编程之前，编制人员首先应了解所用数控机床的规格、性能，数控系统所具备的功能及编程指令格式等。编制程序时，应先对图纸规定的技术要求、零件的几何形状、尺寸及工艺要求进行分析，确定加工方法和加工路线，再进行数学运算，获得刀位数据。然后按照数控机床的代码和程序格式，将工件的尺寸、刀具运动中心轨迹、位移量、切削参数以及辅助功能（换刀、主轴正反转、冷却液开关等）编制成加工程序，并输入数控系统，由数控系统控制数控机床自动地进行加工。

数控机床所使用的程序是按一定的格式并以代码形式编制的，一般称为加工程序。目前，零件的加工程序编制方法主要有以下三种。

1. 手工编程

利用一般的计算工具，通过各种数学方法，进行刀具轨迹的运算，并进行指令编制。这种方法比较简单，很容易掌握，适应性较强。手工编程适用于中等复杂程度程序、计算量不大的零件编程，对机床操作人员来讲必须掌握。

2. 自动编程

利用微机及专用的自动编程软件，以人机对话方式确定加工对象和加工条件，自动进行运算和生成指令。对形状简单（轮廓由直线和圆弧组成）的零件，手工编程是可以满足要求的，但对于曲线轮廓、三维曲面等复杂型面，一般采用计算机自动编程。目前中小型企业普遍采用这种方法。自动编程编制较复杂的零件加工程序效率高，可靠性好，专用软件多为在开放式操作系统环境下在微机上开发的，成本低，通用性强。

3. CAD/CAM

利用 CAD/CAM 系统进行的零件设计、分析及加工编程。该种方法适用于制造业中 CAD/CAM 集成系统，目前正被广泛应用。该方法使用面广，效率高，程序质量好，适用于各类柔性制造系统和集成制造系统，但投资大，掌握起来需要一段时间。

本章主要介绍手工编程的方法。手工编程的一般方法是：分析工件的零件图及技术要求，确定工艺路线，计算刀具轨迹坐标，用数控代码编制程序。

### （二）程序代码

国际标准化组织（ISO）在数控技术方面制定了一系列相应的国际标准，各国也都根据各自的实际情况制定了国家标准，这些标准是数控加工编程的原则。一般来说，数控机床的输入方式分为两类：一类是使用数码托盘、字符键、按键等的手工输入方式（MDI）；另一类是使用穿孔纸带、磁盘、磁带等控制介质的自动输入方式。目前国内使用的比较老一点的数控系统上使用的控制介质多为八单位穿孔纸带，其代码形式有两种国际标准，即 ISO 和 EIA（美国电子工业协会标准），代码中有数字代码（0～9）、文字码（A～Z）和字符码。

由于不同类型的机床使用的指令及代码格式并不一定完全相同，因此编程人员必须按照数控机床编程手册的要求进行编程。

EIA 代码和 ISO 代码的主要区别在于：EIA 代码每行孔数为奇数，其第 5 列为补奇列；ISO 代码各行孔数为偶数，其第 8 列为补偶列。补奇或补偶的作用是判别纸带穿孔是否有错。ISO 代码的信息量比 EIA 代码大 1 倍，而且 ISO 代码的编码规律性强，因而后面编程举例均采用 ISO 代码。

### （三）数控机床的程序指令格式

加工程序由若干程序段组成，而程序段是由一个或若干个指令组成，指令字代表一个信息单元。每个指令字由地址符和数字组成，它代表机床的一个位置或一个动作。

1. 程序的书写形式和格式

表 11－1 为一个已填制好的程序单的例子。

**表 11－1**　**零件加工程序单**

Z（W/K）　　图号××　工序××　共 1 页　第 1 页

X（U/I）　　名称：矩形轨迹　编程××　校图××

%101

| N | G | X | U | Z | W | I | K | F | S | T | M | L | 备　注 |
|---|---|---|---|---|---|---|---|---|---|---|---|---|---|
| 10 | 01 | | －100 | | | | | 300 | | | | | A→B |
| 20 | | | | | －200 | | | | | | | | B→C |
| 30 | | | 100 | | | | | | | | | | C→D |
| 40 | | | | | 200 | | | | | | | | D→A |
| 50 | | | | | | | | | | | 02 | | 程序结束 |

注：这个程序是从刀尖位置开始以 300 mm/min 速度走一个矩形轨迹，如图 11－6 所示。

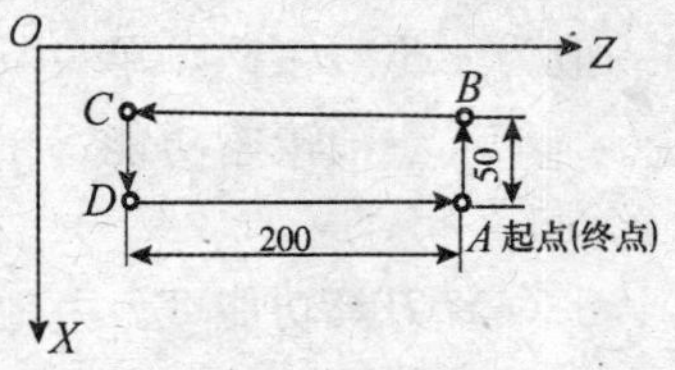

图 11－6　矩形轨迹

由此，程序的格式可见一斑。每个零件加工程序都有一个程序号%××××，或叫工件号，写在程序的首部。接下来每行写一个程序段，每一个程序段由段号 N××××和若干个指令字组成。表 11 - 2 给出了常用地址符的含义。

**表 11 - 2** **常用地址符含义**

| 功能 | 代码 | 含义 |
|---|---|---|
| 程序号 | %×××× | 不同加工程序的代号，%0000 即引导程序 |
| 程序段序号 | N | 顺序号 |
| 准备功能 | G | 定义运动方式 |
| 坐标地址 | X，Y，Z | 轴向运动指令 |
| | A/B/C/U/V/W | 附加轴运动指令 |
| | R | 圆弧半径 |
| | I/J/K | 圆心坐标 |
| 进给速度 | F | 定义进给转速 |
| 主轴转速 | S | 定义主轴转速 |
| 刀具功能 | T | 定义刀具号 |
| 辅助功能 | M | 机床的辅助动作 |
| 偏置号 | H/D | 偏置号 |
| 子程序号 | P | 子程序号 |
| 重复次数 | L | 子程序的循环次数 |
| 参数 | P，Q，R | 固定循环参数 |
| 暂停 | P，X | 暂停时间 |

程序段格式是指令字在程序段中排列的顺序，不同的数控系统有不同的程序段格式。格式不符合规定，数控装置就会报警，不运行。常见程序段格式见表 11 - 3。

**表 11 - 3** **常见程序段格式**

| 1 | 2 | 3 | 4 | 5 | 6 | 7 | 8 | 9 | 10 | 11 |
|---|---|---|---|---|---|---|---|---|---|---|
| N__ | G__ | X__<br>U__<br>Q__ | Y__<br>V__<br>P__ | Z__<br>W__<br>R__ | I__J__<br>K__<br>R__ | F__ | S__ | T__ | M__ | LF |
| 顺序号 | 准备功能 | 坐标字 | | | | 进给功能 | 主轴功能 | 刀具功能 | 辅助功能 | 结束符号 |

表 11 - 2 和表 11 - 3 中包括：

(1) 程序段符号（简称顺序号）。通常用 4 位数表示，即 0000～9999，在数字前还有标识符“N”，如 N0001 等。

(2) 准备功能（简称 G 功能）。由表示准备功能的地址符“G”和 2 位数字组成，G 功能的代号已标准化。

(3) 坐标字。由坐标地址符及数字组成，且按一定的顺序进行排列，各组数字必须由作为地址代码的字母（如 X/Y 等）开头。各坐标轴的地址符按下列顺序排列：X，Y，U，V，W，Q，R，A，B，C，D，E。其中，数字的格式和含义如下：X50.，X50.0 和 X50000 都可表示沿 $X$ 轴移动 50 mm。

(4) 进给速度功能 F。由进给地址符“F”及数字组成，数字表示所选定的进给速度，一般为 4 位数字码，单位一般为 mm/min 或 mm/r。

(5) 主轴转速功能 S。由主轴地址符“S”及数字组成，数字表示主轴转速，单位是 r/min。

(6) 刀具功能 T。由地址符 T 和数字组成，用以指定刀具的号码。

(7) 辅助功能（简称 M 功能）。由辅助操作地址符“M”和 2 位数字组成，M 功能的代码已标准化。

(8) 程序段结束符号。列在程序段的最后一个有用的字符之后，表示程序段的结束。

2. 机床坐标系和工件坐标系

数控机床的坐标系规定已经标准化，按右手直角笛卡儿坐标系确定，如图 11-7 所示。一般假设工件静止，通过刀具相对工件的移动来确定机床各移动轴的方向。

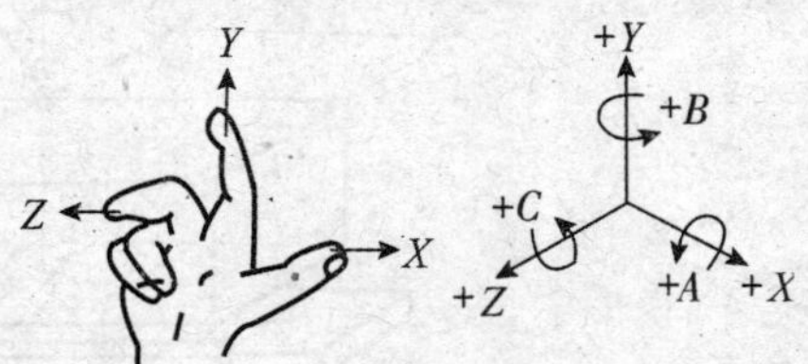


图 11-7 右手直角笛卡儿坐标系

下面介绍几种常见的坐标系。

(1) 机床坐标系

机床坐标系是机床上固有的坐标系，其方位是参考机床上的一些基准确定的。机床上有一些固定的基准线（如主轴中心线）和固定的基准面（如工作台面、主轴端面、工作台侧面、导轨面等），不同的机床有不同的坐标系。

在标准中，规定平行于机床主轴（传递切削力）的刀具运动坐标轴为 $Z$ 轴，取刀具远离工件的方向为正方向（$+Z$）。当机床有多个主轴时，则选一个垂直于工件装夹面的主轴为 $Z$ 轴。

$X$ 轴为水平方向，且垂直于 $Z$ 轴并垂直于工件的装夹面。对于工件作旋转运动的机床（车床、磨床），选平行于横向滑动的方向（工作径向）为刀具运动的 $X$ 轴方向，同样，取刀具远离工件的方向为 $X$ 轴的正方向。对于刀具作旋转运动的机床（如铣床、镗床），当 $Z$ 轴为水平时，沿刀具主轴向看，向右的方向为 $X$ 轴的正方向；如 $Z$ 轴是垂直的，则从主轴向立柱看时，$X$ 轴的正方向指向右边；对于双立柱机床，当从主轴向左侧立柱看时，$X$ 轴的正方向指向右。上述正方向都是刀具相对工件运动而言。

在确定了 $X$，$Z$ 轴的正方向后，可按右手直角笛卡儿坐标系确定 $Y$ 轴的正方向，即在 $ZX$ 平面内，从 $+Z$ 转到 $+X$ 时，右螺旋应沿 $+Y$ 方向前进。常见机床的坐标方向如图 11-8、图 11-9、图 11-10 所示，图中表示的方向为实际运动部件的移动方向。

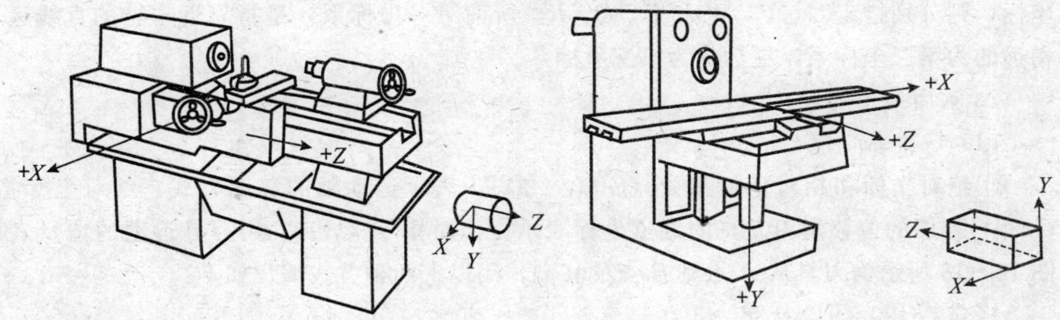


图 11-8 数控车床坐标系　　图 11-9 卧式数控铣床坐标系

①编程坐标。由于工件与刀具是一对运动物件，所以在数控编程中，为使编程方便，一律假定工件固定不动，全部用刀具运动的坐标系来编程，即用标准坐标系 $X$，$Y$，$Z$ 和

$A$，$B$，$C$ 进行编程。这样，即使编程人员不知道是刀具运动还是工件运动，也能编出正确的程序。实际编程时，正号可以省略，负号不可省略且紧跟在字母之后。

②机床原点（机械原点）。是机械坐标系的原点，它的位置是在各坐标轴的正向最大极限处，如图 11－11 所示。

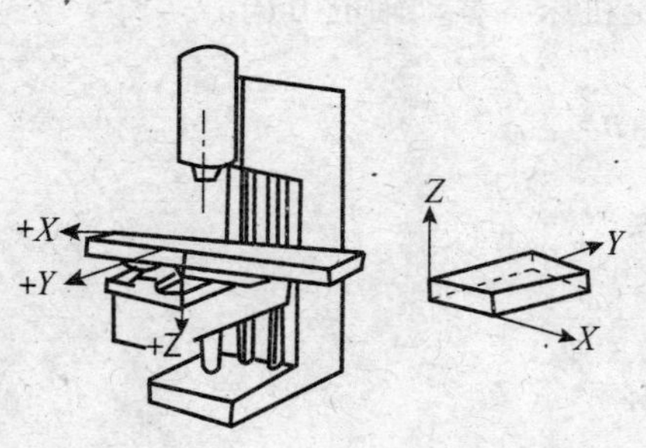


图 11－10　立式数控铣床坐标系

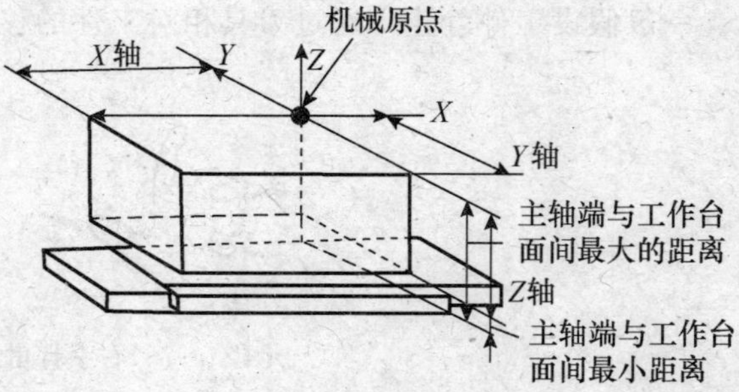

图 11－11　立式铣床机床原点

（2）工件坐标系

工作坐标系是编程人员在编程加工时使用的坐标系，是程序的参考坐标系。工作坐标系的位置以机床坐标系为参考点，一般在一个机床上可定 6 个工作坐标系。编程人员以工作图样上的某点为坐标系的原点，称为工作原点。而编程时的刀具轨迹是按工件轮廓在工件坐标系中的坐标确定的。在加工时，工件随夹具安装在机床上，这时测量工件原点与机床原点的距离，称为工作原点偏置，如图 11－12 所示。该偏置值须预存到数控系统中，加工时，工件原点偏置便自动加到工件坐标系上，使数控系统可按机床坐标系确定加工时的绝对坐标值。因此，编程人员可不考虑工件在机床上的实际安装位置和安装精度，而利用数控系统的原点偏置功能，通过工作原点偏置补偿工件在工作台上的位置误差。现在大多数数控机床都有这种功能，使用起来很方便。

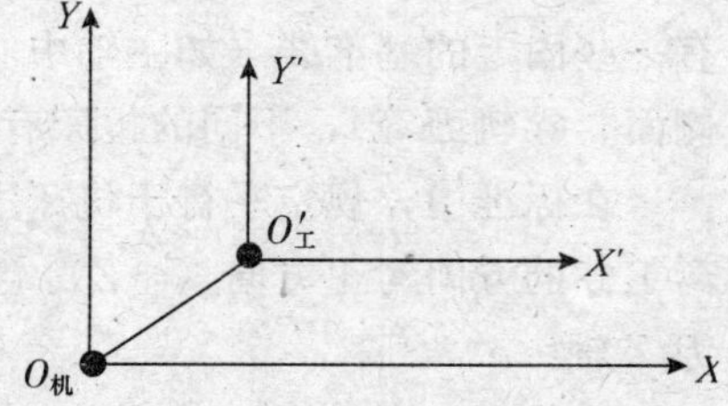


图 11－12　工件坐标系与机床坐标系

（3）附加运动坐标系

一般我们称 $X$，$Y$，$Z$ 为主坐标或第一坐标，如有平行于第一坐标的第二组和第三组坐标，则分别指定 $U$，$V$，$W$ 和 $P$，$Q$，$R$。所谓第一坐标系，是指靠近主轴的直线运动，稍远的为第二坐标系，更远的为第三坐标系。

3. 常用指令的含义

（1）G 准备功能

①绝对坐标和相对坐标指令（G90，G91）。表示运动轴的移动方式。绝对坐标指令（G90）程序的位移量用刀具的终点坐标表示，相对指令（G91）用刀具运动的增量表示。图 11－13 所示为刀具从 $A$ 点到 $B$ 点的移动，用以上两种方式编程如下：

格式：G90（91）　X__　Y__

G90　X80.0　Y150.0

G91　X－120.0　Y0.0

②工件坐标系设定的指令（G92）。在使用绝对坐标系指令编程时，预先要确定工件

坐标系。通过 G92 可以确定当前工件坐标系，该坐标系在机床重开机时消失，如图11－14所示。该指令只设定坐标系，刀具（或机床）并未运动。

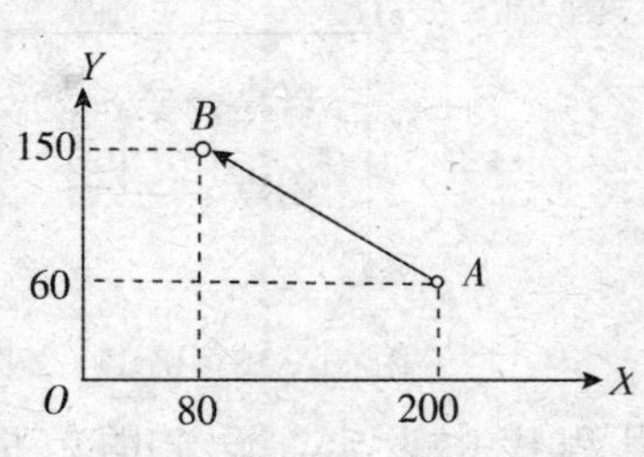


图 11－13　刀具运动增量

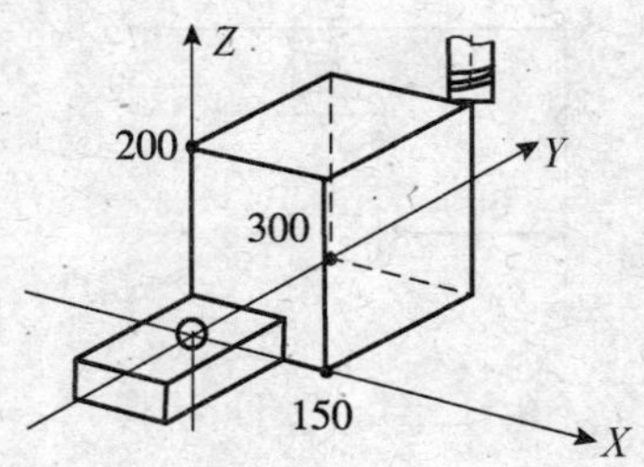


图 11－14　工件坐标的设定

格式：G92 __ X__ Y__ Z__

G92　X150.0　Y300.0　Z200.0

③工作坐标系的选取指令（G54～G59）。一般数控机床可以预先设定 6 个（G54～G59）工作坐标，这些坐标存储在机床存储器内，在机床重开机时仍然存在，在程序中可以分别取其中之一使用。G54，G55，G56，G57，G58，G59 指令可以分别确定坐标系 1，2，3，4，5，6。

6 个工作坐标系皆以机床原点为参考点，分别用各自与原点的偏移量表示，需要提前输入机床内部，如图 11－15 所示。

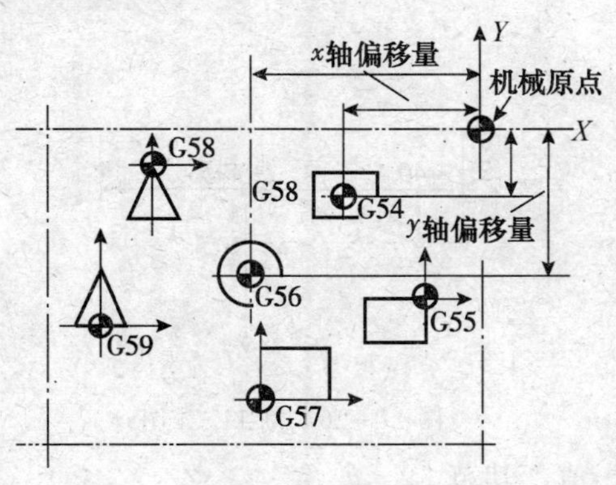


图 11－15　工作坐标的设定

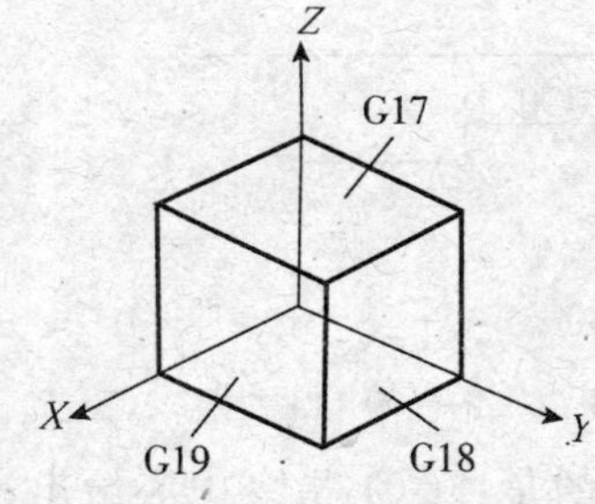


图 11－16　平面选择

④平面选择指令（G17，G18，G19）。在三坐标机床上加工时，如进行圆弧插补、二维刀半径补偿时，要规定加工所在的平面。用 G 代码可以进行平面选择，如图 11－16 所示。G17 指令指定零件进行 *XY* 平面上的加工，G18，G19 分别为 *ZX*，*YZ* 平面上的加工。其中，G17 在使用时可以省略。

⑤快速点定位指令（G00）。本指令可将刀具快速移动到所需位置上，一般为空行程运动，既可以是单坐标运动，又可以是两坐标同时运动。

格式：G00　X__　Y__　Z__

**例** 11－1：N0020　G00　X100　Z300

表示将刀具移动到 *X* 为 100，*Z* 为 300 的位置上，运动轨迹见图 11－17。

**例** 11－2：N0040　G00　X－36.02

表示将刀具向 *X* 轴负方向快速移动，实际位移 18.01，运动轨迹见图 11－18。

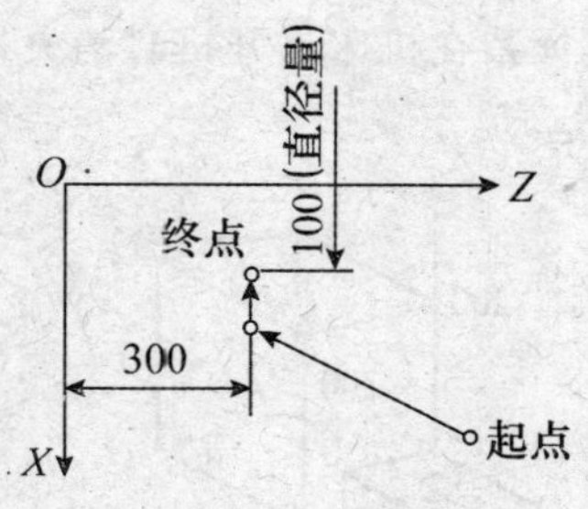

图 11-17 例 11-1 图

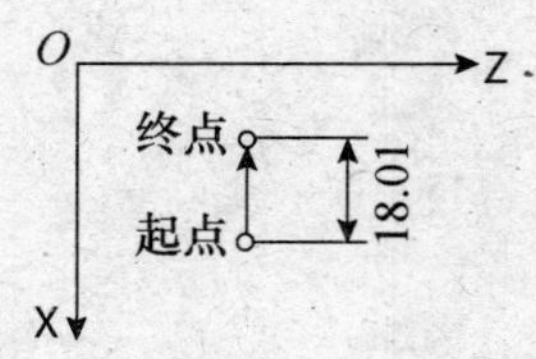

图 11-18 例 11-2 图

需要注意的是：G00 运动速度应在%0 号程序中设定，设定的范围为 2000～6000 mm/min（*Z* 轴），*X* 轴减半。只有一个坐标时，刀具将沿该方向移动（见图 11-18）；有两个坐标时，刀具将先以 1∶1 步数两坐标联动，然后单坐标运动（见图 11-17）。

⑥直线插补指令（G01）。本指令可将刀具按给定速度沿直线运动到所需的位置，一般作为切削加工运动指令。它既可单坐标运动，又可两坐标同时插补运动。

格式：G01　X＿　Y＿　Z＿　F＿

**例** 11-3：N0060　G01　Z100　F200

表示刀具以 200 mm/min 的速度走到 *Z* 为 100 的位置，运动轨迹如图 11-19 所示。

**例** 11-4：N0080　G01　U20.5　W－40　F150

表示刀具以 150 mm/min 的速度插补运动到距起点（U20.5，W－40）的位置，运动轨迹如图 11-20 所示。

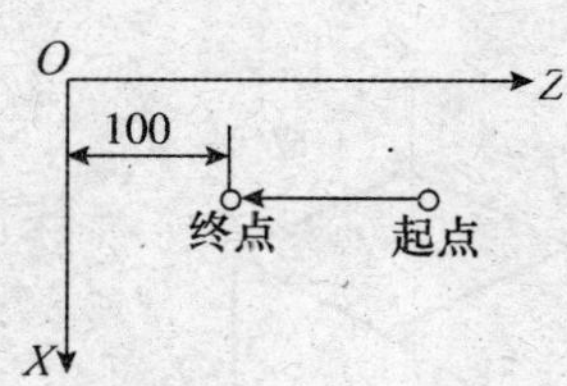

图 11-19 例 11-3 图

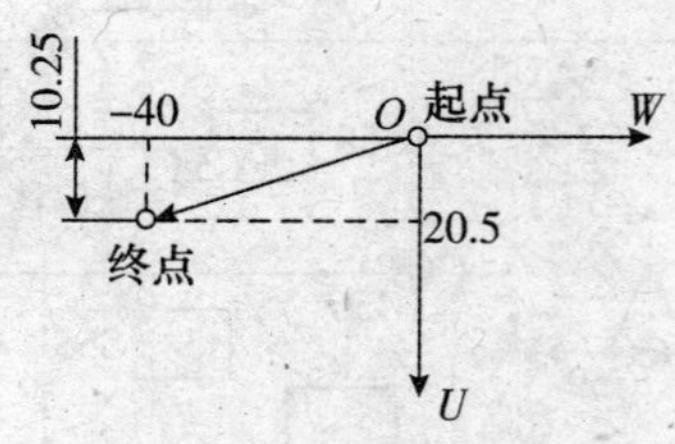

图 11-20 例 11-4 图

需要注意的是：G01 指令中应给出速度 F 值，其范围为 0.6～2000 mm/min。只有一个坐标值时，刀具将沿该方向运动；有两个坐标值时，刀具将按所给的终点作直线插补运动，如图 11-20 所示。

⑦圆弧插补指令（G02，G03）。圆弧插补指令 G02 为顺时针加工，G03 为逆时针加工，刀具运行圆弧插补时必须规定所在的平面，然后再确定回转方向，如图11-21所示。沿圆弧所在平面（如 *XY* 平面）的另一坐标轴的负方向（－*Z*）看去，顺时针方向为 G02，逆时针方向为 G03。

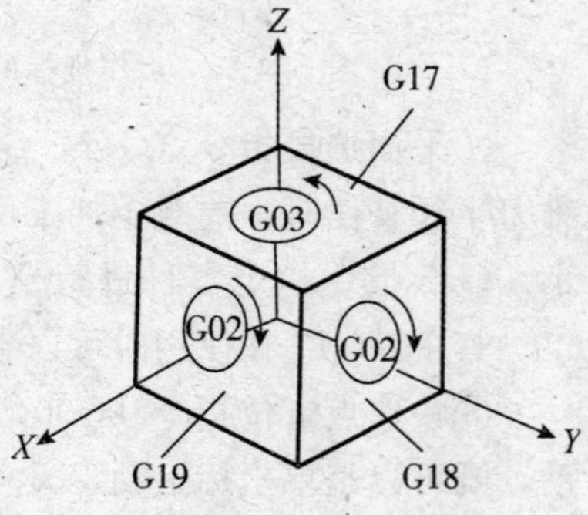

图 11-21 圆弧顺逆方向

格式：

G17　G02（G03）　X＿　Y＿　R＿　E＿（或 I＿　J＿　F＿）

G18　G02（G03）　X＿　Y＿　R＿　F＿（或 I＿　J＿　F＿）

G19　G02（G03）　X＿　Y＿　R＿　F＿（或 I＿　J＿　F＿）

表示圆弧终点坐标，可以用绝对值，也可用增量值，由 G90 或 G91 指定。$I$，$J$，$K$ 分别为圆弧的起点到圆心的 $X$，$Y$，$Z$ 轴方向的增量，见图 11－22。

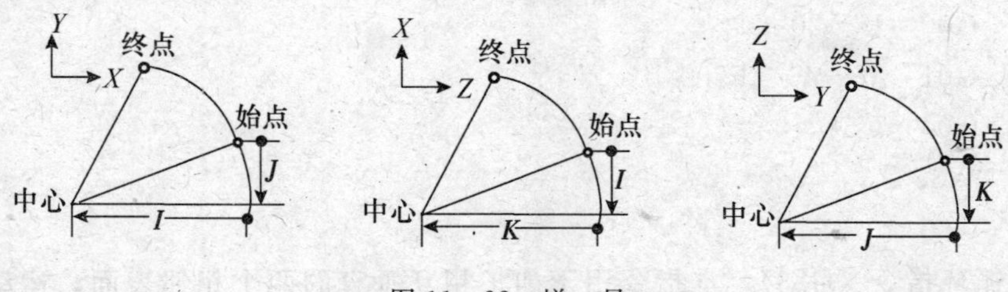


图 11－22　增　量

⑧暂停功能（G04）。G04 暂停指令可使刀具作短时间无进给加工或机床空运转来降低表面粗糙度。

**例** 11－5：G04　X1.6 或 G04　P1600

1.6 或 1600 表示 1.6 s，G04 为非续效指令。

⑨自动机床原点返回指令（G28）。机床原点是机床各移动轴正向移动的界限位置，如刀具交换时常用到 $Z$ 轴参考点的返回。

格式：G28　X__　Y__　Z__

**例** 11－6：G90　G28　X500.0　Y350.0

该指令表示刀具经过中间点坐标返回机床原点。

⑩返回参考点指令（G26，G27，G29）。本指令是让刀具返回参考点。其中，G26 指令用于 $X$（$U$），$Z$（$W$）两坐标均返回至参考点，G27 指令用于 $X$（$U$）返回参考点，G29 用于 $Z$（$W$）返回参考点。

**例** 11－7：N0260　G26

表示 $X$（$U$），$Z$（$W$）方向均返回到参考点。

**例** 11－8：N0280　G27

表示 $X$（$U$）方向返回到参考点。

**例** 11－9：N0300　G29

表示 $Z$（$W$）方向返回到参考点。

需要注意的是：采用 G26 返回参考点时，运动方式与 G00 方式相同，返回速度与 G00 速度一致。

⑪程序循环指令（G22，G80）。本指令用于零件加工中局部需反复加工的场合，如需多刀加工某较大的切削量，或多刀加工螺纹。

**例** 11－10：N0320　G22　L××××

N0330

……（循环程序内容）

N0390

N0400　G80

需要注意的是：程序循环 G22 以下一段程序开始执行，到 G80 以上程序为止结束一次循环，然后再返回到 G22 以下一段程序执行；循环次数 L 后 4 位数（0～9999）表示循环次数。如果为 L0000 则程序跳过循环内容，向下执行；L0007 表示执行 7 次循环内容；依此类推。本指令不可嵌套。

**例** 11－11：按图 11－23 所示轨迹要求编制程序。

N0420　G22　L（L0003）

N0430　G00　U－20

N0440　G01　W－40　F200

N0450　G00　U51

N0460　W35

N0470　G80

⑫矩形循环指令（G23）。本指令用于加工相互垂直的两个相邻表面，运动轨迹为一矩形。在每次进刀量不同时，后续依次给出新的对角点参数，矩形的循环将依次执行。

**例** 11－12：运动轨迹如图 11－24 所示，程序格式如下：

N0480　$\underset{\text{矩形循环指令}}{\underline{\text{G23}}}$　$\underset{\text{矩形轨迹起点的对角点}}{\underline{\text{X3025}}}$　$\underset{\text{速度}}{\underline{\text{F240}}}$

N0490　X26

需要注意的是：本指令可采用绝对尺寸（$X$，$Z$）或增量尺寸（$U$，$W$）编程；执行本指令时，矩形的第①①，④④条边运动速度为 G00 设定的速度，第②②，③③条边按指令中所给定的速度运行；无论对角点位置处于起点何方，本系统均先运行 $X$（$U$）方向；$X$（$U$），$Z$（$W$）所设定的矩形不能有某边长为零的情况出现。

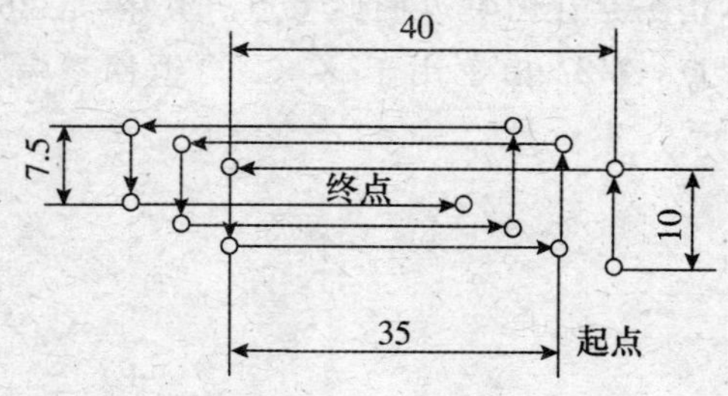

图 11－23　例 11－11 图

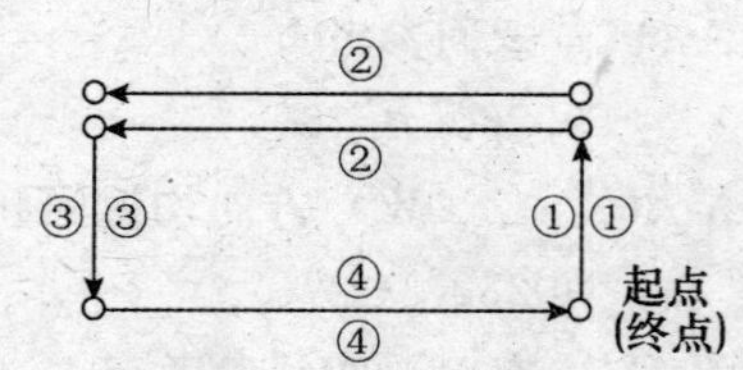

图 11－24　例 11－12 图

⑬螺纹插补指令（G32，G33）。本指令用于加工标准公、英制直螺纹、锥螺纹、多头螺纹。G32 为英制螺纹，G33 为公制螺纹。本指令必须采用增量尺寸方式编程，以 $F$ 表示螺纹导程，单位为毫米或每英寸牙数。$F$ 范围为 0.25～12 mm 或（33½～3）牙/h。

**例** 11－13：N0160　G33　W－50　F1.5

表示刀具沿 $Z$ 轴正方向运行 50 mm，加工导程为 1.5mm 的右旋螺纹（主轴正转）。

**例** 11－14：N0180　G32　W50　F11.5

表示刀具沿 $Z$ 轴正方向运行 50 mm，加工每英寸 11.5 牙的英制左旋螺纹（主轴正转）。

**例** 11－15：按图 11－25 要求编制加工锥体螺纹程序。加工锥螺纹，除了将长度用 $W$ 表示外，还需要将锥螺纹的终点距起点的直径差值以 $U$ 表示，其他与直螺纹程序编制相同。

若以两刀车完螺纹，程序如下：

N0200　G00　X21

N0210　G32　U2　W－32　F14

N0220　G00　Z50

N0230　X20

N0240　G32　U2　W－32　F14

N0250　G00　X40　Z50

需要注意的是：切削螺纹前，必须安排一道 $X$ 向走步指令（G00 或 G01），用来确定螺纹切削完毕后的退尾方向，即退尾方向与进刀方向相反，否则程序出错。

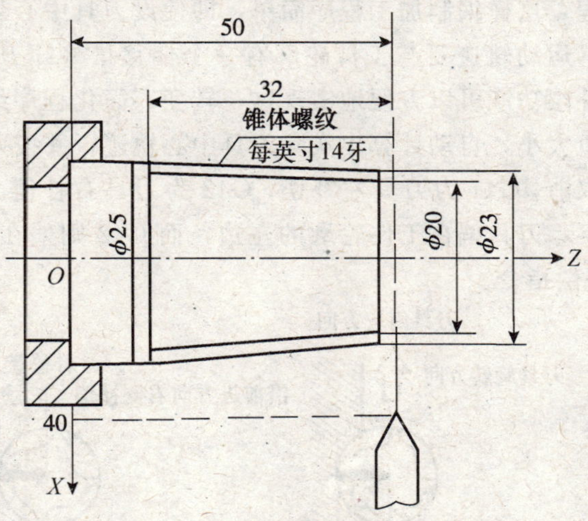


图 11－25　锥体螺纹外形

**例** 11－16：N0150　G01　U10　F30

N0160　G33　W－50　F1.6

……

……

其中，第 N0150 道程序指出了第 N0160 道程序的退尾方向是 $-U$ 方向。英制螺纹以每英寸牙数表示，小数点后的数值表示分数牙数的分母值，如例 11－14 中的每英寸 $11\frac{1}{2}$ 牙表示为 11.2。本系统螺纹加工具有退尾功能，退尾的长度以直径量表示为 2 倍的导程再加2 mm，如导程为 3 mm 的螺纹，退尾量为 8 mm（实际位移为 4 mm）。在加工程序中，退尾不需用程序写出，对于用增量尺寸方式编程，应在下一道加工的进给程序中将退尾量补上，纵向退尾为 1.2 mm，在螺纹长度内完成。螺纹加工需与主轴转速相适应，主轴转速过高会因系统响应跟不上而使螺纹破牙。本系统推荐主轴转速应满足下式要求

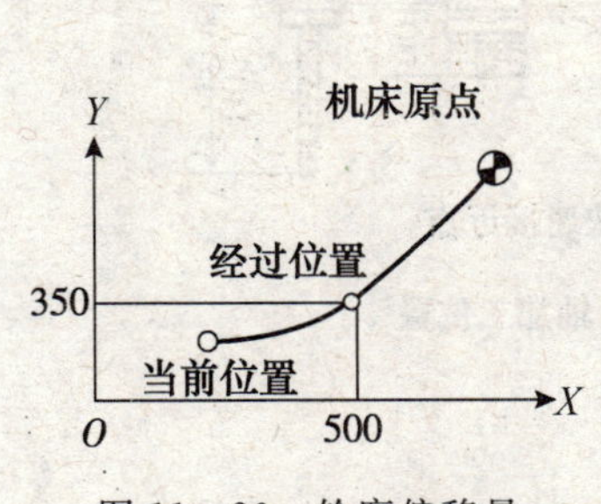


图 11－26　轮廓偏移量

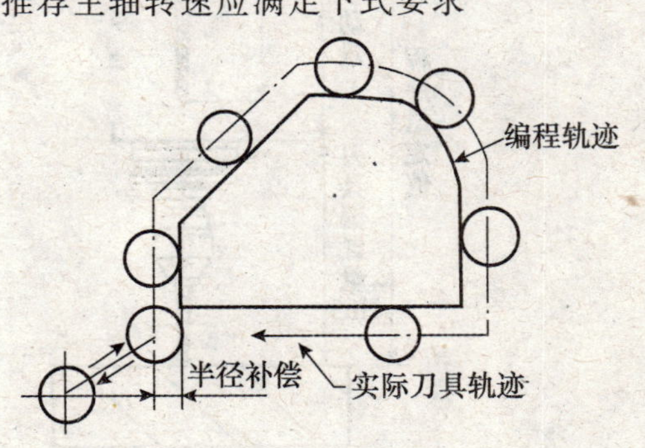


图 11－27　刀具的半径补偿

$$N \leqslant \frac{1200}{t} - 80$$

式中：$n$ 为主轴转速（r/min）；$t$ 为螺纹导程（mm），英制螺纹应换算成相应毫米数。

⑭刀具的补偿与偏置指令。

a. 刀具半径补偿指令（G40，G41，G42）。在轮廓切削加工的场合，一般以加工的轮廓尺寸为刀具轨迹编程，这样编制加工程序简单，即使设刀具中心运动轨迹是沿工件轮廓运动的，而实际的刀具运动轨迹要与工件轮廓有一个偏移量（即刀具半径），如图11－27所示。利用刀具半径补偿功能可以方便地实现这一转变，简化程序编制，机床可以自动判断补偿的方向和补偿值大小，自动计算出实际刀具中心轨迹，并按刀心轨迹运动。

G40 为刀具补偿取消，G41 为刀具左补偿，G42 为刀具右补偿。G41 左补偿指令是沿着刀具前进的方向观察，刀具偏在工件轮廓的左边，而 G42 则偏在右边，如图 11－28 所示。G41，G42 皆为补偿指令。

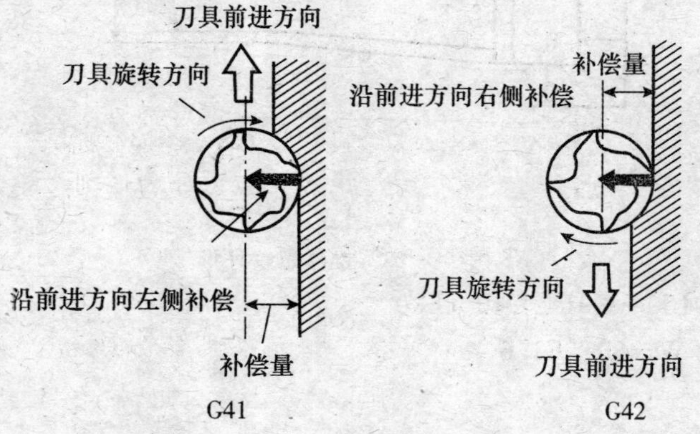


图 11－28　刀具的补偿方向

**例** 11－17：G90　G01　G41　X100.0　Y150.0　D01

其中，D01 为补偿值，需提前输入机床内部。

b. 刀具长度偏置指令（G43，G44，G49）。刀具长度偏置指令用于刀具轴向的补偿，它可以使刀具在 $Z$ 方向上的实际位移量大于或小于程序的给定值。另外，工件加工时所选

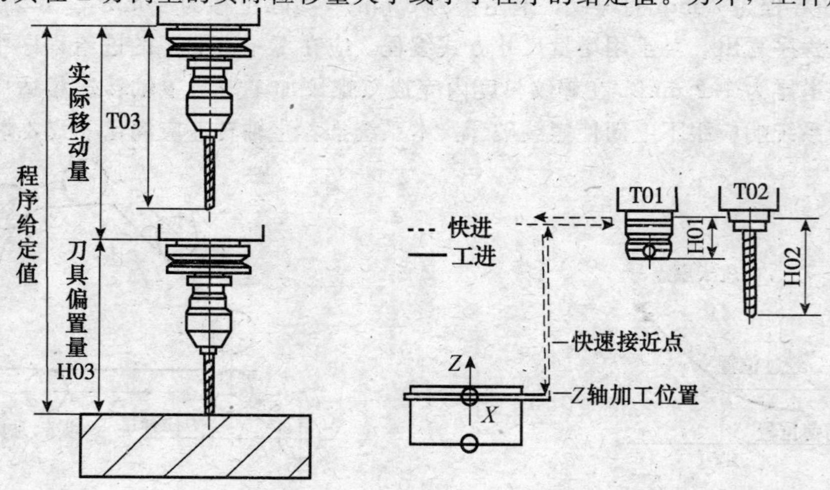


图 11－29　刀具长度偏置

用的刀具长度各异，在沿 $Z$ 轴方向接近工件时，为便于统一定位基准，在编程时就使用刀具长度偏置功能（图 11-29a））。

G43 为正向偏置，G44 为负向偏置，G49 为偏置取消。偏置方向的规定：不论程序使用绝对坐标指令还是相对坐标指令，刀具沿 $Z$ 轴移动的坐标值都要考虑由 H 代码设定的偏置量（刀具长度）。当使用 G43 时（图 11-29a）），与程序给定移动量的代数值做加法，使用 G44 时做减法，从而得到实际移动的终点坐标。

**例** 11-18：刀具快速接近程序如图 11-29b）所示。

```
%0001
G90  G54  X0  Y0  M03
G43  Z100.0  H01  M08  M02
```

⑮固定循环（G73，G74，G76，G80～G89）。在数控加工中，一些典型的加工工序如钻孔，一般需要快速接近工件、慢速钻孔、快速回退等固定的动作。又如在车螺纹时，需要切入、切螺纹、径向退出、快速返回四个固定动作。将这些典型的、固定的几个连续动作用一条 G 指令来代表，这样，只需用单一程序段的指令程序即可完成加工，这样的指令称为固定循环指令。钻孔用循环指令由六步形成，如图 11-30 所示。图中：①为快速移动到（$X$，$Y$）坐标；②为沿 Z 轴快速移动，并达 $R$ 点；③为切削进给加工；④为加工至孔底位置（暂停、主轴停、主轴反转等）；⑤为返回到 $R$ 点（快速返回和切削进给返回）；⑥为快速返回到起始点。

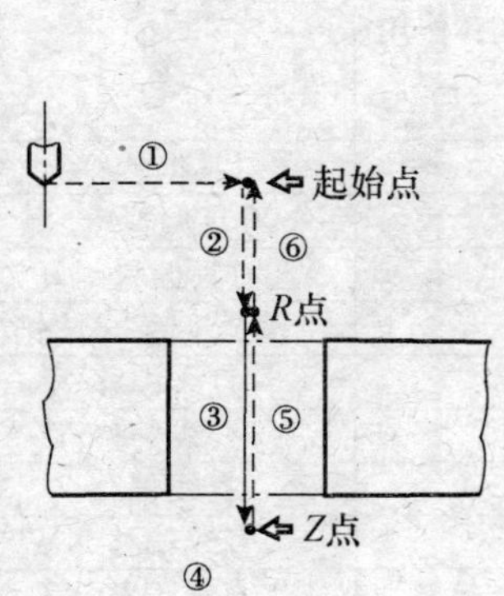

图 11-30　固定循环

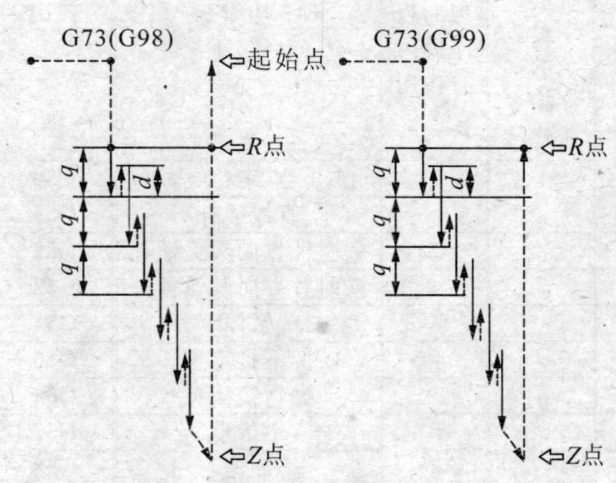

图 11-31　快进刀示意图

下面说明几个钻孔循环指令。

G73 指令的格式：

```
G98
G73  X__  Y__  Z__  R__  Q__  F__
G99
```

这里，$q$ 为每次进刀深度，$d$ 是每次的退刀量，如图 11-31 所示。

G76 指令的格式：

```
G98
G76  X__  Y__  Z__  R__  Q__  P__  F__
G99
```

G76 常用于铣孔加工，如图 11 - 32 所示。

G81 指令的格式：

G98

G81 X__ Y__ Z__ R__ F__

G99

如图 11 - 33 所示。

⑯G 指令的有关规定和含义。G 指令的有关规定和含义见表 11 - 4。

图 11 - 32 G76 指令示意图　　图 11 - 33 G81 指令示意图

**表 11 - 4 准备功能 G 代码及其功能**

| 代码 | 功能保持到被取消或被同样字母表示的程序指令所代替 | 功能仅在所出现的程序段内有作用 | 功能 | 代码 | 功能保持到被取消或被同样字母表示的程序指令所代替 | 功能仅在所出现的程序段内有作用 | 功能 |
|---|---|---|---|---|---|---|---|
| G00 | a | | 点定位 | G50 | ＃（d） | ＃ | 刀具偏置 0/－ |
| G01 | a | | 直线插补 | G51 | ＃（d） | ＃ | 刀具偏置＋/－ |
| G02 | a | | 顺时针方向圆弧插补 | G52 | ＃（d） | ＃ | 刀具偏置－/0 |
| G03 | a | | 逆时针方向圆弧插补 | G53 | f | | 直线偏移，注销 |
| G04 | | * | 暂停 | G54 | f | | 直线偏移 X |
| G05 | ＃ | ＃ | 不指定 | G55 | f | | 直线偏移 Y |
| G06 | a | | 抛物线插补 | G56 | f | | 直线偏移 Z |
| G07 | ＃ | ＃ | 不指定 | G57 | f | | 直线偏移 XY |
| G08 | | * | 加速 | G58 | f | | 直线偏移 XZ |
| G09 | | * | 减速 | G59 | f | | 直线偏移 YZ |
| G10～G16 | ＃ | ＃ | 不指定 | G60 | h | | 准确定位 1（精） |
| G17 | c | | XY 平面选择 | G61 | h | | 准确定位 2（中） |
| G18 | c | | ZX 平面选择 | G62 | h | | 快速定位（粗） |
| G19 | c | | YZ 平面选择 | 63 | | * | 攻丝 |
| G20～G32 | ＃ | ＃ | 不指定 | G64～G67 | ＃ | ＃ | 不指定 |
| G33 | a | | 螺纹切削，等螺纹 | G68 | ＃（d） | ＃ | 刀具偏置，内角 |
| G34 | a | | 螺纹切削，增螺纹 | G69 | ＃（d） | ＃ | 刀具偏置，外角 |
| G35 | a | | 螺纹切削，减螺纹 | G70～G79 | ＃ | ＃ | 不指定 |
| G36～G39 | ＃ | ＃ | 永不指定 | G80 | e | | 固定循环注销 |
| G40 | d 左 | | 刀具补偿及偏置注销 | G81～G89 | e | | 固定循环 |

续表

| 代码 | 功能保持到被取消或被同样字母表示的程序指令所代替 | 功能仅在所出现的程序段内有作用 | 功能 | 代码 | 功能保持到被取消或被同样字母表示的程序指令所代替 | 功能仅在所出现的程序段内有作用 | 功能 |
|---|---|---|---|---|---|---|---|
| G41 | d | | 刀具补偿一左 | G90 | j | | 绝对尺寸 |
| G42 | d | | 刀具补偿一右 | G91 | j | | 增量尺寸 |
| G43 | #（d） | # | 刀具偏置一正 | G92 | | * | 预置寄存 |
| G44 | #（d） | # | 刀具偏置一负 | G93 | k | | 时间倒数，进给率 |
| G45 | #（d） | # | 刀具偏置+/+ | G94 | k | | 每分钟进给 |
| G46 | #（d） | # | 刀具偏置+/- | G95 | k | | 主轴每转进给 |
| G47 | #（d） | # | 刀具偏置-/- | G96 | l | | 恒线速度 |
| G48 | #（d） | # | 刀具偏置-/+ | G97 | l | | 每分钟转数（主轴） |
| G49 | #（d） | # | 刀具偏置0/+ | G98～G99 | # | # | 不指定 |

注：(1) #号表示如选作特殊用途，必须在程序格式说明中说明。(2) 如在直线切削控制中没有刀具补偿，则G43到G52可指定做其他用途。(3) 表中左栏括号中的字母（d）表示可以被同栏中没有括号的字母d所注销或代替，亦可被有括号的字母（d）所注销或代替。(4) G45到G52的功能可用于机床上任意两个预定的坐标。(5) 控制机床上没有G53到G59，G63功能时，可以指定做其他用途。

表11-5对常用G代码功能作了进一步说明。

**表11-5** **G代码的说明**

| 组号 | G代号 | 初态 | 功能 | 说明 |
|---|---|---|---|---|
| GA | G00 | G01 | 定位（快速进给） | 模态码（续效代码） |
| | G01 | | 直线插入（切削进给） | |
| | G02 | | 圆弧插补（顺时针） | |
| | G03 | | 圆弧插补（逆时针） | |
| GB | G04 | — | 延时 | 非模态代码 |
| GC | G28 | — | 自动返回参考点（经中间点）（日本机床用） | 非模态代码 |
| | G29 | | 自动离开参考点（经中间点）（日本机床用） | |
| GD | G40 | G40 | 取消刀具补偿 | 模态码（续效代码） |
| | G41 | | 刀具半径补偿（刀具在工件左侧） | |
| | G42 | | 刀具半径补偿（刀具在工件右侧） | |
| GE | G40 | G40 | 取消刀具补偿 | |
| | G43 | | 刀具长度补偿（刀具伸长） | |
| | G44 | | 刀具长度补偿（刀具缩短） | |
| GF | G90 | G90 | 绝对值输入 | 模态码（续效代码） |
| | G91 | | 增量值输入 | |
| GG | G92 | — | 工件坐标系设定 | |

注：(1) 模态代码表示一经被应用，直到出现同组其他任一G代码时失效，否则保留作用继续有效，而且在以后的程序中使用时可省略不写。(2) 在同一程序段中，出现非同组的几个模态时，并不影响G代码的续效。(3) 非模态码只在本程序有效。(4) 初态表示开机时就有的代码。

（2）辅助功能（M 功能）

M 指令可发出或接受多种信号，控制机床主轴、电动机转位刀架或其他电器——机械装置的动作；M 指令还用于其他辅助动作。

①M00 程序暂停。本指令使程序暂停时停止执行，以便操作其他工作，按下启动键后，程序可继续向下执行。

注意：程序暂停和暂停开关的功能不同，区别在于前者适用于需要固定暂停的场合，后者为随机需要。

②M01 选择停止。执行含有 M01 的语句时，如同 M00 一样会使机床暂时停止，但是只有在机床控制盘上的“选择停止”键处在“ON”状态时此功能才有效。常用于关键尺寸的检验或临时停止。

③M02 程序结束。该指令表明主程序的结束，机床的数控单元复位，如主轴、进给、冷停止，表示加工结束，但并不返回程序起始位置。

④M03 主轴正转。主轴正转是从主轴＋$Z$ 方向看（从主轴头向工作台方向看），主轴顺时针方向旋转。

⑤M04 主轴反转。主轴逆时针旋转是反转，当主轴转向开关 M04 时，不需要用 M05 先使主轴停转，一般用 M03，因为刀具一般都是右刃切削。可用指令 S 指定主轴转速。执行 M03 代码或 M04 后，主轴转速并不是立即达到指令 S 设定的转速。

⑥M05 主轴停转。主轴停转是在该程序段其他指令执行完成后才停止。

⑦M06 换刀指令。常用于加工中心刀库的自动换刀。

⑧M07 冷却液开。执行 M07 后，冷却液、雾状冷却液打开。

⑨M08 冷却液开。执行 M08 后，液态冷却液打开。

⑩M09 冷却液关。

⑪M19 主轴定向停止。主轴准停在预定的位置上。

⑫M21$X$ 轴镜像。使 $X$ 轴运动指令的正负号相反，这时 $X$ 轴的实际运动是程序指定方向的反方向。

⑬M22，M23，M24，M25，M27 发信指令。这些指令都使接口发出信号 0.4 m 后自动撤除，程序继续执行。

⑭M26 发信指令。本指令可使接口发出信号，其持续时间由程序规定。

例 11－19：N0300　M26　F5.00

执行本程序段时，发信持续时间为 5.00 s，然后撤除信号，程序继续执行。

发信时间范围为 0.01～10.00 s。

⑮M30 程序结束。与 M02 相同，表示主程序结束，区别是 M30 执行后使程序返回到开始状态。

⑯M48 取消 M49 指令。

⑰M49 进给速度人工调整的功能取消。M49 使机床控制面板上的进给倍率按钮（FEED RATE OVERRIDE）无效，该指令常用于攻丝（但固定循环如 G76，G84 等不用此指令）。

⑱M97 程序跳转指令。本指令执行后即自动转到 L 指定的程序段顺序执行下去。

例 11－20：

……

N0610　M97　L0670（跳到 N0670 段向下执行）

N0620　G00　U－100

……

……

N0660　G01　U100

N0670　G04　F2

……

说明：L 指定本程序中的任意程序段号（不包括本指令所在程序段号）。

⑲子程序调用指令 M98、子程序返回指令 M99。指令 M98 执行后便调用由 L 指定的子程序，即转去执行子程序。在子程序的最后一段应是子程序返回指令 M99，程序执行到此即返回到主程序执行主程序。

例 11－21：

……

……

N0110　M98　L300

N0160　G01　Z100　F300

……

……

N0300　C63　U0　W－100　I0　K50　F－600（子程序）

N0310　M99

注意：程序在 N0110 处调用了 N0300 子程序，子程序执行后返回到主程序 N0120 处继续执行。当执行到 N0150 处又调用了子程序，结束后再返回到 N0160 处继续执行主程序；L 指定的子程序的程序段号必须在主程序之后。

⑳其他 M 指令。其他 M 指令见表 11－6。

表 11－6　　辅助功能 M 代码及其功能

| 代码 | 功能 | 功能开始 | | 功能保持到注销或被取消 | 功能仅在所出现的程序段用 |
|---|---|---|---|---|---|
| | | 与程序段指令同时开始 | 在程序段指令后开始 | | |
| M00 | 程序停止 | | 0 | | 0 |
| M01 | 计划停止 | | 0 | | 0 |
| M02 | 程序结束 | | 0 | | 0 |
| M03 | 主轴顺时针方向（运转） | 0 | | 0 | |
| M04 | 主轴逆时针方向（运转） | 0 | | 0 | |
| M05 | 主轴停止 | | 0 | 0 | |
| M06 | 换刀 | # | # | | 0 |
| M07 | 2 号冷却液开 | 0 | | 0 | |
| M08 | 1 号冷却液开 | 0 | 0 | 0 | |
| M09 | 冷却液关 | | 0 | 0 | |

续表

| 代码 | 功能 | 功能开始 | | 功能保持到注销或被取消 | 功能仅在所出现的程序段用 |
|---|---|---|---|---|---|
| | | 与程序段指令同时开始 | 在程序段指令后开始 | | |
| M10 | 夹紧（划块、工件、夹具、主轴等） | # | # | 0 | |
| M11 | 松开（划块、工件、夹具、主轴等） | # | # | 0 | |
| M12 | 不指定 | # | # | # | # |
| M13 | 主轴顺时针方向（运转）及冷却液开 | 0 | | 0 | |
| M14 | 主轴逆时针方向（运转）及冷却液开 | 0 | | 0 | |
| M15 | 正运转 | 0 | | | 0 |
| M16 | 负运转 | 0 | | | 0 |
| M17～M18 | 不指定 | # | # | # | # |
| M19 | 主轴定向停止 | | 0 | 0 | |
| M20～M29 | 永不指定 | # | # | # | # |
| M30 | 纸带结束 | | 0 | | 0 |
| M31 | 互锁旁路 | # | # | | 0 |
| M32～M35 | 不指定 | # | # | # | # |
| M36 | 进给范围 1 | 0 | | 0 | |
| M37 | 进给范围 2 | 0 | | 0 | |
| M38 | 主轴速度范围 1 | 0 | | 0 | |
| M39 | 主轴速度范围 2 | 0 | | 0 | |
| M40～M45 | 如有需要作为齿轮换挡，此外不指定 | # | # | # | # |
| M46 | 不指定 | # | # | # | # |
| M48 | 注销 M49 | | 0 | 0 | |
| M49 | 进给率修正旁路 | 0 | | 0 | |
| M50 | 3 号冷却液开 | 0 | | 0 | |
| M51 | 4 号冷却液开 | 0 | | 0 | |
| M52～M54 | 不指定 | # | # | # | # |
| M55 | 刀具直线位移，位置 1 | 0 | | 0 | |
| M56 | 刀具直线位移，位置 2 | 0 | | 0 | |
| M57～M59 | 不指定 | # | # | # | # |
| M60 | 更换工件 | | 0 | | 0 |
| M61 | 刀具直线位移，位置 1 | 0 | | 0 | |
| M62 | 刀具直线位移，位置 2 | 0 | | 0 | |
| M63～M70 | 不指定 | # | # | # | # |
| M71 | 刀具直线位移，位置 1 | 0 | | 0 | |
| M72 | 刀具直线位移，位置 2 | 0 | | 0 | |
| M73～M89 | 不指定 | # | # | # | # |
| M90～M99 | 永不指定 | # | # | # | # |

注：(1) 本表参照 JB 3208—83《数字控制机床穿孔程序格式中的准备功能 G 和辅助功能 M 的代码》编写，功能栏括号内的内容是为便于对功能的理解而附加的说明。(2)“#”号表示如选作特殊用途，必须在说明中标明。(3) M90～M99 可指定为特殊用途。(4)“不指定”代码表示在将来修订标准时，可能对它规定功能。

(3) 主轴变速功能（S 功能）

S 指令可指定四种主轴转速：S01，S02，S03，S04。主轴电机必须是可变速电机，在配套了相应的强电电路后，方可改变主轴转速。执行本指令时，接口发出信号 0.4 s 后信息自动撤除，程序继续向下执行。

(4) 刀具功能（T 功能）

①换刀与刀具补偿

加工一个零件往往需要用几把不同的刀具，每把刀具在转至切削方位时，其刀尖所处的位置并不相同，而系统要求在加工一个零件时，无论使用哪把刀具，其刀尖位置在切削前应处于同一点，否则零件加工程序很难编制。为使零件加工程序不受刀具安装位置给切削带来的影响，本系统设置了刀具补偿功能。

刀具补偿功能的代码形式为 Tab。其中，a 代表刀具号，可设 1～4 号（对应 4 方位刀架），若置 0 表示不换刀；b 代表补偿号，可设 1～8 组（对应 8 组补偿值），若置 0 表示取消刀补，刀具补偿值在%0 程序中设定。

**例** 11-22：设 $A$ 点为参考点位置，1 号刀尖位置如图 11-34 所示。在加工前 1 号刀应移至 $A$ 点，其增量值为 $U_1=-8$，$W_1=-5.1$，即 1 组刀补值在%0 号程序中应设为

N××××　U−8　W−5.1　T01

同样，2 号刀尖位置如图 11-35 所示，加工前 2 号刀也应移至 A 点，其增量值为 $U_2=-6.6$，$W_2=-7.2$，即第 2 组刀补值在%0 号程序中应设为

N××××　U−6.6　W−7.2　T02

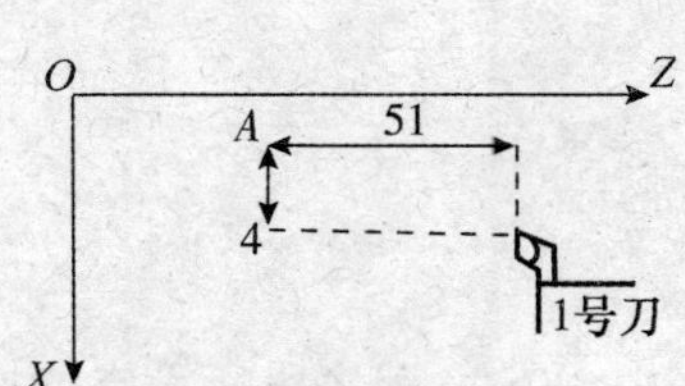


图 11-34　1 号刀位置示意图

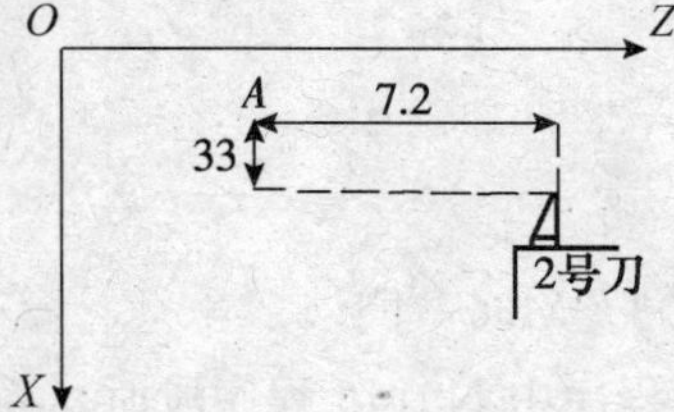


图 11-35　2 号刀位置示意图

若从 1 号换至 2 号刀，则应先撤销第 1 组刀补，然后再执行第 2 组刀补。

为了减少刀架因换刀所花费的时间，换刀后，原刀号补偿值的撤销和新换刀补码的加入是合并进行的。如上所述，1 号刀与 2 号刀移至 $A$ 点的增量不同，当 2 号刀执行刀补时实际只需运行

$$U_2-U_1=-6.6-(-8)=1.4$$

$$W_2-W_1=-7.2-(-5.1)=-2.1$$

也就是说，其实际增量值为 $U=1.4$，$W=-2.1$，即按新、原刀补的差值移动。

刀具补码运行按 G00 方式。

**例** 11-23：N0100　T00

执行本程序段，刀架补转位，取消刀补。

**例** 11-24：N0110　T03

执行本程序段，不换刀实行第 3 组刀补，位移为第 3 组刀补减去原先刀补。

**例** 11－25：N0120　T25

执行本程序段，绝对刀号刀架换至 2 号刀位，执行第 5 组刀补，位移为第 5 组刀补减去原先刀补。

②相对刀具号换刀

使用相对刀号自动刀架时，因其刀具就位是用时间来控制的，故编程中不存在刀号选择问题。用户应根据刀架生产厂家的使用说明中的有关刀具就位时间控制值来决定值的设定。相对刀位确定代码形式为 M06，F 的范围为 0～10 s。

**例** 11－26：N0120　M06　F3.5

执行本程序段，换刀信号持续 3.5 s，刀具转动就位，无刀补。

**例** 11－27：N130　T07　M06　F2.5

执行本程序段，换刀信号持续 2.5 s，刀具转换就位后进行第 7 组刀补。

③换刀偏置功能

为了方便和减少加工程序的执行时间，我们可将参考点设在靠近工件的地方，在换刀前让刀架先推出一段距离以便刀架转位，转位完毕后，再按相同距离返回。为此，本系统设置了换刀偏置功能，偏置量在%0 程序中设定，代号为 T99。

换刀偏置的运动按 G00 方式。

**例** 11－28：

```
%0
……
N0060　U100　W50　T99
……
%123
……
N0140　T03　M06　F1.5
```

执行%123 程序中 N0140 程序段时，系统先按%0 程序中 N0600 程序段所设定的换刀偏置运动，然后发信 1.5 s 转动刀架，转位完毕，再按相同的偏置返回，执行第 3 组刀补。偏置返回与刀补合并运动。

**例** 11－29：

```
%0
……
N0060　U100　W50　T99
……
%120
……
N0110　T14
```

执行%120 程序中 N0110 程序段时，系统按%0 程序中 N0060 程序段所设定的换刀偏置使 1 号刀就位，偏置撤销，同时执行第 4 组刀补。

4. 引导程序（%0 程序）

在程序存储区中有若干个加工程序，而%0 程序是程序存储区中一个必不可少的特殊程序。为使存储区中任意一个加工程序得以运行，都须在%0程序中设定好参数。系统是根据%0程序设定情况执行加工程序的，故又称%0程序为引导程序。

在%0程序中需要设定的参数有将要执行的加工程序程序号、加工中使用的快速进给速度、间隙补偿值、刀具补偿值和换刀偏置量等。其中，程序号必须设定，否则系统将不知道要执行哪一个加工程序。其他参数可以省略，由系统隐含设定。隐含设定中快速进给速度为3000 mm/min，其他参数均为0。

**例** 11-30：

| | |
|---|---|
| %0 | 引导程序（即%0程序） |
| N0010　L555 | 指定运行%555程序 |
| N0020　G00　F3500 | 快速进给速度3500 mm/min |
| N0030　U0.4　W0.2　S99 | 间隙补偿 |
| N0040　U−2.1　W5.4　T01 | 第1组刀补值 |
| N0050　U3.7　W−2.7　T02 | 第2组刀补值 |
| …… | …… |
| …… | …… |
| N0110　U−6.3　W−3.4　T08 | 第8组刀补值 |
| N0120　U200　W300　T99 | 设定换刀偏置量 |

每次在使用存储区内任意一个加工程序时，需在编辑状态下修改L后数字以及与该号零件有关的刀具补偿、换刀偏置等参数。所有这些参数不得用 $X$，$Z$ 值输入。

①工件号设定

**例** 11-31：N0010　L555

程序中L555指定将执行的加工程序是555号，如执行另一个程序则需修改L后的数字。

②快进速度的设定

**例** 11-32：N0020　G00　F4000

该程序段设定了系统快进速度，$Z$ 轴速度是 $X$ 轴速度的2倍。在加工程序中，G00快速点定位就使用这个速度；在回零、返回参考点指令执行时，也使用这个速度。如果不设定（即无此程序段），则系统自动将运行速度设为 $Z$ 轴3000 mm/min，$X$ 轴1500 mm/min，F值范围2000～6000 mm/min。

③间隙补偿量设定

刀具进给是靠步进电动机通过丝杠带动工作台实现的，在传动中往往存在着丝杠间隙，需要通过自动间隙补偿消除。

间隙补偿范围：0～2.55 mm（$X$ 轴指的是直径量）。

间隙补偿方式：纵向（或横向）第一次走步时，先间补再走程序，以后每次反向走步都先间补再走程序，速度为300 mm/min。

**例** 11-33：N0030　U0.4　W0.2　S99

该程序段设定了机床丝杠反向间隙补偿量，$X$ 轴0.4 mm（直径），$Z$ 轴0.2 mm。加工时系统将按此值自动补偿，设定时 $U$，$W$ 必须同时存在，如均不设定，则认为刀具偏置量为零。

④刀具补偿量设定

本系统可供设定的刀具补偿量共有 8 组：T01～T08。

**例** 11－34：N0400　U－2.1　W5.4　T01

该程序设定了第 1 组刀具补偿量（*U* 值为直径值）。设定时 *U*，*W* 必须同时存在，如均不设定，则认为刀具偏置量为零。

⑤换刀偏置量的设定

为了实现换刀偏置量功能，必须在%0 程序中设定偏置量。

**例** 11－35：N0070　U200　W50　T99

该程序段设定了换刀偏置量（*U* 值为直径值）。设定时 *U*，*W* 必须同时存在，如均不设定，则认为刀具偏置量为零。

5. 模态

所谓指令具备模态，是指有些指令不仅在本程序段内有作用，而且在后续的程序段内也有作用，直到被适当的指令代替或终止。利用模态特性可以节省程序编制。

**例** 11－36：

N0050　G01　X200.00　F300.00

N0060　Z100.00

N0070　X180.00

由于 G01 指令具有模态，并且相对应的 F 也具有模态，所以在 N0060 和 N0070 段中可省略 G01 和 F300.00，沿用了 N0050 段中的 G01 和 F300.00。由此可见，模态可使程序简化。

有些指令使原先具备模态的指令注销，我们称这些指令为终止模态。这些指令包括：G04，G30，G22，G92，M02，M06，M20，M26，M30，M97，M98，M99。

不具备模态的指令有：G04，G26，G27，G29，G80，G22，G92。

具备模态的指令及其相应的字母见表 11－7。

**表 11－7　具备模态的指令及其对应的字母**

| 具备模态的指令 | 相应具备模态的字母 |
| --- | --- |
| G00 | |
| G01 | F |
| G02，G03 | F |
| G32，G33 | F |
| G23 | X，Z（U，W），F |

6. 多指令共段

有些指令在所出现的程序段内不允许再包含其他指令，我们称这些指令为不允许多指令共段。

# 第四节　数控机床的编程

## 一、数控机床加工过程

从分析零件图开始到零件加工完毕，整个过程见图 11-36。

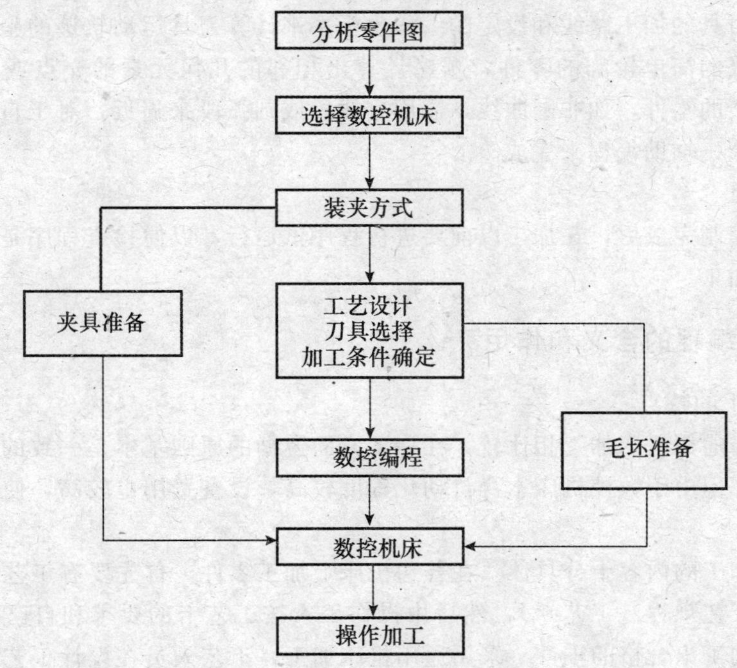


图 11-36　数控机床加工过程

1. 分析零件图

正确分析零件图，确定零件图的加工部位，根据零件图的技术要求，分析零件的形状、基准面、尺寸公差和粗糙度要求，以及加工面的种类、零件的材料、热处理等其他技术要求。

2. 数控机床的选择

根据零件形状和加工内容及范围，确定零件是否适宜在数控机床上加工以及在哪类设备上加工，确定使用机床的种类。

3. 装夹方式

工件的装夹方式直接影响产品的加工精度和加工效率，必须认真加以考虑。工件安装尽可能利用通用夹具，必要时也要设计制造专用夹具。铣削加工时装夹方法主要考虑以下因素：结构设计满足精度要求；容易定位和夹紧；易于排屑和清理；与刀具不干涉；定位准确；安装容易；有足够的刚度；尽量标准化；最小的加工制造量。

4. 加工工艺确定

在该阶段要确定加工的顺序和步骤，一般分粗加工、半精加工、精加工等阶段。粗加工一般留 1 mm 的加工余量，要使机床和刀具在能力允许的范围内在尽可能短的时间内完成；半精加工一般保留 0.1 mm 的加工余量；精加工直接形成产品的最终尺寸精度和表面粗糙度，对于要求较高的表面要分别进行加工。

5. 刀具选择

在对零件的加工部位进行分析之后，要确定使用的刀具。粗、精加工使用的刀具要分开，所采用的刀具要满足加工质量和效率的要求。

6. 数控编程

完成以上工作后，就进入关键的阶段——程序的编制。首先进行数学处理，根据零件的几何尺寸、刀具的加工路线和设定的编程坐标系来计算刀具运动轨迹的坐标值。对于由圆弧和直线组成的简单轮廓的零件，顺序计算出相邻的几何元素的交点或切点坐标值即可；对于较复杂的零件，如非圆曲线，需用直线段或圆弧段来逼近；对于自由直线、曲面等，要借助计算机辅助编程来完成。

7. 操作加工

加工程序编制完成后，在加工以前要进行程序试运行，以便检查程序是否正确，然后操作机床进行加工。

## 二、数控编程的含义和作用

1. 数控加工的特点

数控加工与通用机床加工相比较，在许多方面遵循的原则基本是一致的，在使用方法上也大致相同。但由于数控机床本身自动化程度较高，设备费用也较高，使数控加工也有其自身的特点：

(1) 数控加工的内容十分具体。在普通机床上加工零件，首先要有工艺人员事先制定好的零件加工工艺规程（工艺卡），然后由操作工人按工艺卡的要求和自己的生产经验手工操作机床，加工出合格的零件。采用通用机床加工，工艺人员在设计工艺规程时，对许多具体工艺问题没有进行许多的规定，留给操作工人根据自己的实践经验和习惯自行考虑和决定的空间。具体工艺问题有：工艺中各工步的划分和安排、刀具的几何形状、走刀路线、切削参数等。

数控机床按照编制好的加工程序自动地工作，加工出合格零件，操作人员的工作只是根据数控加工工艺文件的要求，装卸工件和刀具，调整机床原点，安装纸带或磁盘，键入各种所需参数等，然后启动机床自动加工，并对加工过程进行监督。由此看出，在通用机床加工中由操作工人来处理的许多工艺问题，在数控加工时就转变为编程人员必须事先设计和安排的内容。

(2) 数控加工的工艺过程相当严密。数控机床虽然自动化程度较高，但自适应性较差。即使现代化数控机床在自适应调整方面作出了不少努力和改进，但自由度也不大。例如，数控机床在钻深孔时就不知道孔中是否挤满了切屑，是否需要退一下刀，或先清理一下切屑再钻削。所以，在编制数控加工程序时必须注意加工过程的每一个细节，力求准确无误。否则，会由于编程人员的疏忽大意（如出现一个小点或一个逗号的差错）而酿成重大机床事故和质量事故。

2. 数控加工程序编制的含义

根据零件的图形尺寸、工艺过程、工艺参数、机床的运动以及刀具位移等内容，按照数控机床的编制格式用能识别的语言记录在程序单上，再按规定把程序单制备成控制介质（程序信息载体），如程序纸带或磁带，变成数控系统能读取的信息，再通过输入设备送入数控装置进行试切，若不符合就修改程序，直至合格为止。这一过程，包括编程前的一系列准备工作和编程后的善后处理工作，称为数控加工程序编制，简称加工程序编制。

3. 数控编程的作用

实践表明，数控机床的使用效果很大程度上取决于用户数控加工编程水平的高低。也就是说，加工程序编制工作是数控机床使用中最重要的一环，编程工作会直接影响数控机床的正确使用和数控加工特点的发挥。

做好加工程序编制工作的关键是编程员。大量加工实例分析表明，数控加工中失误的主要原因多为工艺方面的考虑不周、计算和编程时粗心大意。因此，对编程人员的素质要求较高。编程员既应通晓机械加工工艺、机床、刀具、夹具、数控系统的性能，熟悉工厂生产特点和生产习惯，又应在工作中加强责任心，与机床操作人员配合默契，不断吸取别人的先进经验，积累个人编程的经验和技巧，并努力实现编程工作自动化，以提高编程效率。

## 三、数控车床的编程

数控车床作为当今使用最广泛的数控机床之一，主要用于加工轴类、盘套类等回转体零件，能够通过程序控制自动完成内外圆柱面、锥面、圆弧、螺纹等工序的切削加工，并进行切槽、钻、扩、铰孔等工作。而近年来研制出的数控车削中心，使得在一次装夹中可以完成更多的加工工序，提高加工质量和生产效率，因此特别适宜复杂形状的回转类零件的加工。

### （一）数控车床的基本结构

1. 数控车床的机械构成

数控车床还没有脱离普通车床的结构形式，但数控车床的进给系统与普通车床有质的区别。它没有传统的走刀箱、溜板箱和挂轮架，而是直接用伺服电机通过滚珠丝杠驱动溜板和刀具，实现进给运动，因而大大简化了进给运动系统的结构。由于要实现 CNC，因此数控车床要有 CNC 装置电气控制和 CRT 操作面板。图 11 - 37 所示为数控车床的构成及其名称。

2. 数控车床的分类

数控车床的品种繁多，按控制系统的功能和机械结构可分为简易数控车床（经济型数控车床）、多功能数控车床和数控车削中心。

（1）简易数控车床（经济型数控车床）。低档次数控车床，一般用单板机和单片机进行控制，机械部分是在普通车床的基础上改进设计的。

（2）多功能数控车床。也称全功能型数控车床，由专门的数控系统控制，具备数控车床的各种结构特点。

（3）数控车削中心。在数控车床的基础上增加其他附加坐标轴。

3. 数控车床的加工特点

现代数控车床必须具备良好的便于操作的优点。数控车床加工有如下特点：

（1）节省调整时间。

（2）操作方便。

(3) 具备程序存储功能。

(4) 采用机械手和棒料供给装置，既节省又安全，并提高了自动化程度和操作效率。

(5) 加工合理化和工序集约化的数控车床可完成高速度和高精度加工及复合加工。

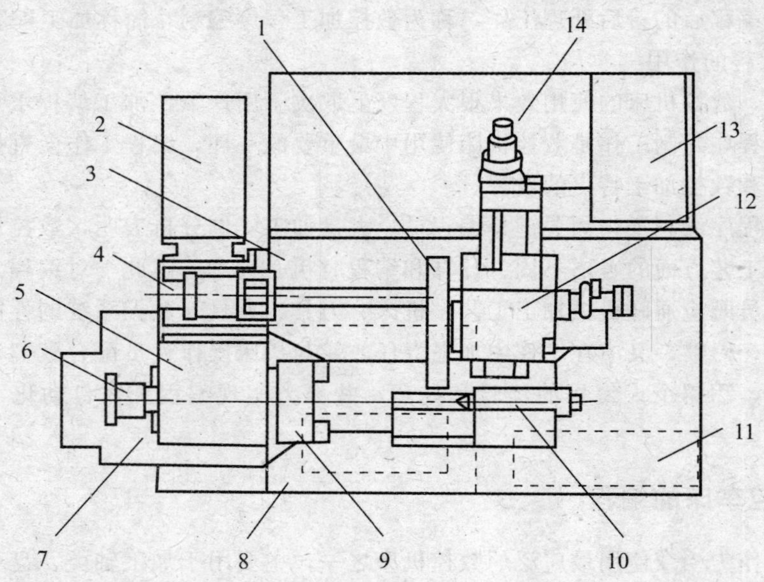


1-刀架；2-液压装置；3-床身；4-$Z$轴伺服电机；5-主轴头；
6-夹紧装置；7-主电动机；8-防护门；9-卡爪；10-尾架；
11-控制面板；12-往复台；13-CNC装置；14-$X$轴伺服电机

图 11-37 数控车床的构成

## (二) 数控车床编程知识

1. 数控车床的坐标系和运动方向

数控车床的坐标系是以径向为 $X$ 轴方向，纵向为 $Z$ 轴方向。指向主轴箱的方向为 $Z$ 轴的负方向，指向尾座方向是 $Z$ 轴的正向，操作者面向的方向为 $X$ 轴的正向。

2. 数控车床手工编程的方法

与其他数控车床相同，数控车床程序编制的方法也有两种：手工程序编制与自动程序编制。使用上述两种方法编制数控程序的步骤，请参考前几节的有关内容，本章主要以 FANUC-OT 系统为例介绍数控车床编程的特点，并结合实例介绍数控车床手动编程的方法。

(1) 数控车床的编程知识

**例** 11-37：N4 G1 X (U) ±4.3 Z (W) ±4.3 F3.4 S4 M8 T2

N4：代表第 4 个程序段。

X (U) ±4.3：坐标可以用正、负、小数表示，小数点以前 4 位数，小数点以后 3 位数。

F3.4：进给速度可以用小数表示，小数点以前 3 位数，小数点以后 4 位数。

用小数点输入的数据有特殊意义，需特别注意。例如，X3. 表示 3 mm，X3 表示 0.003 mm，X1.32 表示 1.32 mm。

此外，4.32 mm 的表示方法可以是 X4.32 或 X4320。

几种等效的表示方法：

N0012　G00　M08　X0012.340

↓　↓　↓　↓

N12　G0　M8　X12.34

数控车床编程指令的种类和意义与加工中心相比有不同的地方，详见表 11-8。

表 11-8　数控车床编程指令的种类和意义

| 机能 | 指令序号 | 意义 |
|---|---|---|
| 程序号码 | %（ISO） | 数控程序的编号 |
| 程序段序号 | N | 程序段序号 |
| 准备功能 | G | 指定数控机床的运动方式 |
|  | X，Z，U，W | 在各个坐标轴上的移动指令 |
|  | R | 圆弧半径、倒圆角 |
|  | C | 倒角量 |
|  | I，K | 圆弧中心的坐标 |
| 进给功能 | F | 指定进给速度，指定螺纹的螺距 |
| 主轴功能 | S | 指定主轴的回转速度 |
| 工具功能 | T | 指定刀具编号，指定刀具补偿编号 |
| 辅助功能 | M | 指定辅助机能的开关控制 |
|  | P，U，X | 停刀的时间 |
| 指定程序号 | P | 指定程序执行的编号 |
| 指定程序段序号 | P，Q | 指定程序开始执行和返回的程序段序号 |
|  | P | 子程序的重复操作次数 |

（2）程序段的构成

在数控装置中，程序的记录要靠程序号，调用某个程序可以通过程序号来调出，编辑程序也要首先调出程序号。

程序编号的结构如下：

%＿（用 4 位数（1～9999）表示，不允许为 0）

程序编号可以用下列方式：%3，%03，%103，%1003，%1234。

可以在程序编号的后面注上程序的名字并用括号括起。程序名可用 16 位字符表示，要求有利于理解。程序编号要单独使用一个程序段。

（3）程序段顺序号

为了区别和识别程序段，可在程序段的前面加上顺序号表示（1～9999），不可以使用 0。

顺序号能够代表程序段的先后，也可以是特定程序段的代号。某个程序段可以有顺序号，也可以没有，加工时不以顺序号的大小来为各个程序段排号。

3. 数控车床编程的特点

(1) 坐标的选取及坐标指令

数控车床有它特定的坐标系，前面一节已经介绍过。编程时可以按绝对坐标系或增量坐标系编程，也可采用混合坐标系编程。

*U* 及 *X* 坐标值，在数控车床的编程中是以直径方式输入的。即按绝对坐标系编程时，*X* 输入的是直径值；按增量坐标编程时，*U* 输入的是径向实际位移值的 2 倍，并附上方向符号（正向省略）。

(2) 车削固定循环功能

数控车床具备各种不同形式的固定循环功能，如内（外）圆柱面固定循环、内（外）锥面循环、端面固定循环、切槽循环、内（外）螺纹固定循环及组合面切削循环等，用这些固定循环指令可以简化编程。

(3) 刀具位置补偿

现代数控车床具有刀具位置补偿功能，可以完成刀具磨损和刀尖圆弧半径补偿以及安装刀具时产生误差的补偿。

## （三）数控车床的程序编制实例

图 11－38 所示的零件需进行精加工，$\phi$85 不加工。选用具有直线、圆弧插补功能的数控车床加工该零件，编制精加工程序。

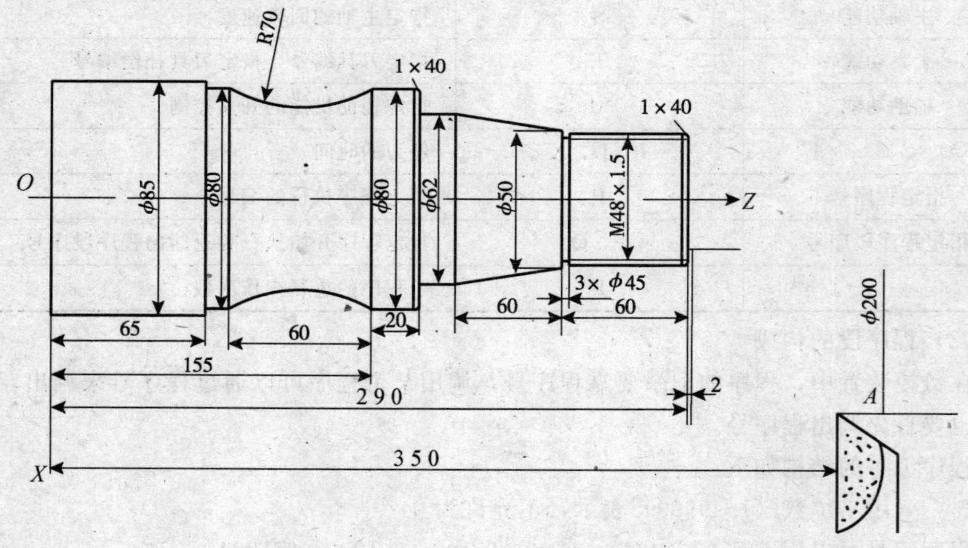


图 11－38 车削零件图

1. 根据图样要求，确定工艺方案及工艺路线

按先主后次的原则，确定加工路线。

(1) 先切削外轮廓面，自右向左加工，其加工路线为：倒角切削螺纹的实际外圆 $\phi$47.8→切削锥度部分→车削 $\phi$62 圆角→倒角→车削 $\phi$80→切削圆弧部分→车削 $\phi$80。

(2) 切槽。

(3) 车螺纹。

2. 选择刀具并画出刀具布置图

根据加工要求，选用三把刀具：Ⅰ号刀车外圆，Ⅱ号刀切槽，Ⅲ号刀车螺纹。刀具布置见图 11－39，采用对刀仪对刀，螺纹刀尖相对于Ⅰ号刀尖在 $Z$ 向偏置 15 mm，由Ⅲ号刀的程序进行补偿，保持刀尖的位置一致。

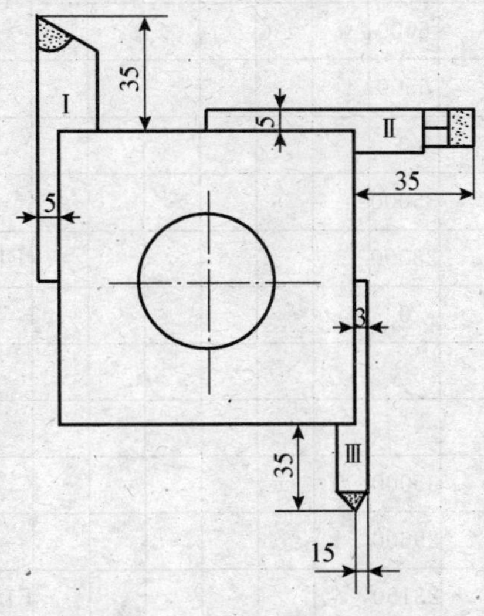


图 11－39　刀具布置图

在绘制刀具布置图时，应正确地选择换刀点，以便于在换刀过程中，刀具与工件、机床和夹具不会碰撞。本例中，换刀点为 $A$。车外圆时，主轴转速 S31＝630 r/min，进给速度选择为 F15；切槽时，主轴转速 S23＝315 r/min，进给速度选为 F10；切削螺纹时，主轴转速 S22＝200 r/min，进给速度选为 F150。

3. 编写程序单

确定 $O$ 为工作坐标系的原点，并将 $A$ 点（换刀点）作为对刀点，即程序的起点。该零件的加工程序见表 11－9。

**表 11－9**　　车削零件程序单

| N | G | X<br>U | +<br>− | | Z<br>W | +<br>− | | I | + | | K | + | | F | S | M | T | M | LF | |
|---|---|---|---|---|---|---|---|---|---|---|---|---|---|---|---|---|---|---|---|---|
| N001 | G92 | X | | 20000 | Z | | 35000 | | | | | | | | | | | | LF | 坐标设定 |
| N002 | G00 | X | | 4180 | Z | | 29200 | | | | | | | | S31 | M03 | T11 | M08 | LF | |
| N003 | G01 | X | | 4780 | Z | | 28900 | | | | | | | F15 | | | | | LF | 倒角 |
| N004 | | U | | 0 | W | — | 5900 | | | | | | | | | | | | LF | $\phi$47.8 |
| N005 | | X | 5000 | | W | | 59000 | | | | | | | | | | | | LF | 退刀 |
| N006 | | X | 6200 | | W | — | 6000 | I | | 6325 | K | — | 3000 | | | | | | LF | 锥度 |
| N007 | | U | | 0 | Z | | 15500 | | | | | | | | | | | | LF | $\phi$62 |
| N008 | | X | | 7800 | W | | 0 | | | | | | | | | | | | LF | 退刀 |
| N009 | | X | | 8000 | W | — | 100 | | | | | | | | | | | | LF | 倒角 |

续表

| N | G | X<br>U | +<br>— | | Z<br>W | +<br>— | | I | + | | K | + | | F | S | M | T | M | LF | |
|---|---|---|---|---|---|---|---|---|---|---|---|---|---|---|---|---|---|---|---|---|
| N010 | | U | | 0 | W | | 1900 | | | | | | | | | | | | LF | φ80 |
| N011 | G02 | U | | 0 | W | | 6000 | | | | | | | | | | | | LF | 退刀 |
| N012 | G01 | U | | 0 | Z | | 6500 | | | | | | | | | | | | LF | 退刀 |
| N013 | | X | | 9000 | W | | 0 | | | | | | | | | M00 | T10 | M09 | LF | |
| N014 | G00 | X | | 20000 | Z | | 35000 | | | | | | | | S23 | M03 | T22 | M08 | LF | 切槽 |
| N015 | | X | | 5100 | Z | | 23000 | | | | | | | F10 | | | | | LF | 延迟 |
| N016 | G01 | X | | 4500 | W | | 0 | | | | | | | | | | | | LF | 退刀 |
| N017 | G04 | U | | 50 | | | | | | | | | | | | | | | LF | 退刀 |
| N018 | G00 | X | | 5100 | | | | | | | | | | | | | | | LF | |
| N019 | | X | | 20000 | Z | | 35000 | | | | | | | | | | | | LF | 切螺纹 |
| N020 | G00 | X | | 5200 | Z | | 29600 | | | | | | | | S22 | M0 | T33 | M08 | LF | 切螺纹 |
| N021 | G76 | X | | 4720 | Z | | 23150 | | | | | | | F150 | | | | | LF | 切螺纹 |
| N022 | | | | | | | | I | — | 60 | K | | 0 | | | | | | LF | 切螺纹 |
| N023 | | | | | | | | I | — | 50 | | | | | | | | | LF | 切螺纹 |
| N024 | | | | | | | | I | — | 30 | | | | | | | | | LF | 切螺纹 |
| N025 | G00 | X | | 20000 | Z | | 35000 | | | | | | | | | | T30 | M02 | LF | 切螺纹 |

## 第五节　数控加工自动编程简介

### 一、概述

在数控加工中，零件加工程序的编制是一项十分重要的工作，因此几乎在数控机床出现的同时，就开展了自动编程技术的研究。1952 年，美国研制出第一台数控铣床。1953 年，美国麻省理工学院伺服机构实验室就开始研究数控自动编程，1955 年公布了 APT 系统（Automatically Programmed Tools System），1959 年开始用于生产。后来又出现了 APT-Ⅱ（平面曲线编程）、APT-Ⅲ（3～5 坐标立体曲面编程）、APT-Ⅳ（自由曲面编程），后又发展到 APT-V。

西欧和日本在自动编程技术方面发展比较晚，多数是在引用美国技术的基础上发展起来的。比较有名的自动编程系统有德国的 EXAPT 系统、日本的 FAPT 系统。

我国自 20 世纪 60 年代中期开始开发自动编程系统，20 世纪 70 年代中期开始用于生产，20 世纪 80 年代初期已有商品化的编程机供应用户。

最初出现的自动编程系统为语言输入方式的自动编程系统。对于这种编程系统，编程人员根据加工零件的几何尺寸、工艺要求、切削参数及辅助信息，使用规定的数控语言编写零件加工源程序，将其输入到计算机（编程机）中，计算机（编程机）便自动进行处理，生成刀位数据（刀具中心运动轨迹），编写出零件加工程序，制作穿孔纸带或存盘。

简单的自动编程系统只是使用计算机进行几何参数的辅助计算（如 APT-Ⅰ系统）。通过进一步开发，使得自动编程系统具有工艺参数计算功能，即由计算机自动选择毛坏、刀具，确定走刀路线。有的自动编程系统不仅能够自动计算出几何参数和工艺参数，还可以进行工艺参数的优化。只要给出零件加工的最终尺寸、精度和材料，计算机就能自动确定加工过程中所需要的全部信息，如 EXAPT 可以部分解决工艺过程的优化。

后来又出现了图形交互式自动编程系统、语音自动编程系统及数字化技术自动编程系统。

语音输入自动编程系统采用语音识别器，将操作人员发出的加工指令的声音转变为加工程序；在数字化技术自动编程系统中，采用测量机将无尺寸图形或实物模型的尺寸测量出来，送入计算机，处理成数控加工指令。

## 二、自动编程分类

1. 按计算机硬件的种类规格分类

（1）微机自动编程。

（2）大、中、小型计算机自动编程。

（3）工作站自动编程。

（4）依靠机床本身的数控系统进行自动编程。

2. 按计算机联网的方式分类

（1）单机工作方式的自动编程。

（2）联网工作方式的自动编程（有集中式、分布式和环网式）。

3. 按编程信息的输入方式分类

（1）批处理方式自动编程。在批处理方式下，编程人员一次性地将编程信息提交给计算机处理，如用数控语言 APT 的自动编程。由于信息的输入过程和编程结果较少有图形显示，故这种方式欠直观，较容易出错。

（2）人机对话式自动编程。又称图形交互式自动编程，是在人机对话的工作方式下，编程人员按菜单提示内容反复与计算机对话，完成编程全部工作。由于人机对话对图形定义、刀具选择、起刀点的确定、走刀路线的安排及各种工艺数据输入等都采用了图形显示，所以它能及时发现错误，使用直观、方便，是目前广泛应用的一种自动编程方式。

4. 按加工中采用的机床坐标数及联动性分类

（1）点位自动编程。

（2）点位直线自动编程。

（3）轮廓控制机床自动编程(加工中采用的联动坐标数量又有 2，2½，3，4，5 之分)。

5. 按语言性质分类

（1）数控语言自动编程。

（2）计算机高级语言自动编程。

6. 按程序编制系统（编程机）与数控系统紧密性分类

（1）离线自动编程。与数控系统相脱离的单独的程序编制称为离线自动编程。其特点是：可为多台数控机床编程，功能多而强，编程时不占用机床工作时间。

(2) 在线自动编程。数控系统不仅可用于控制机床，还可用于自动编程，称为在线自动编程。

自动编程需要有硬件和软件环境。硬件环境是指配置相应的计算机及其外围设备。软件环境是指程序、文档和使用说明书的集合。其中，程序（又称软件）包括系统软件和应用软件。系统软件是直接与计算机硬件发生关系的软件，起到管理系统和减轻应用软件负担的作用。应用软件是指直接形成和处理数控程序的软件，它需要通过系统软件才能与计算机硬件发生关系。应用软件可以是自动编程软件，包括识别处理由数控语言编写的源程序的语言软件（如 APT 语言软件）和各类计算机辅助设计/计算机辅助制造（CAD/CAM）软件以及其他工具软件和用于控制 CNC 机床的零件加工程序。

自动编程软件按所完成的功能分为前置计算程序和后置处理程序两部分。

前置计算程序用来完成工件坐标系中刀位数据的计算，如在图形交互式自动编程系统中，前置计算程序主要为图形 CAD 和零件 CAM 部分。

后置处理程序的主要功能是：将前置计算形成的刀位数据转换为 CNC 机床的加工程序；将前置计算中未作处理的数据或指令编入数控加工程序中。通常，提供多种专用的或通用的后置处理程序供选择调用。

## 三、图形交互式自动编程

### (一) 图形交互式自动编程的工作原理

与 APT 语言自动编程相比，图形交互式自动编程具有更高的灵活性、更高的效率和更高的准确性。

图形交互式数控自动编程系统普遍采用 CAD/CAM 软件。它的编程内容和步骤的流程如图 11-40 所示。由图可见，图形交互式自动编程系统实现了造型、刀具轨迹生成、加工程序自动生成的一体化。它的主要处理过程如下。

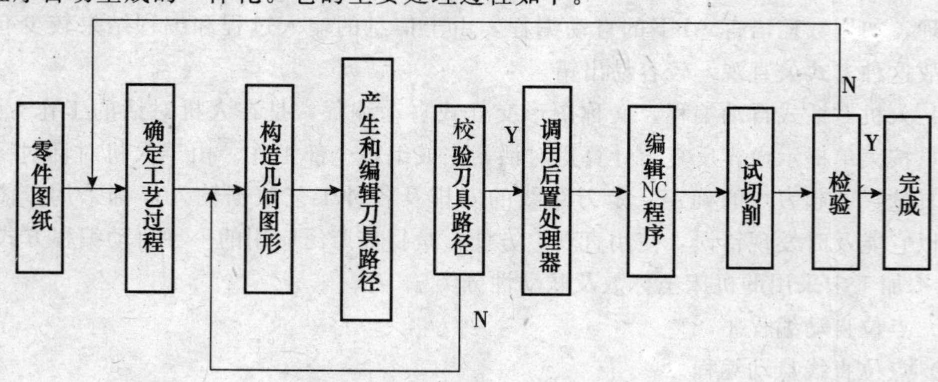


图 11-40　图形交互式自动编程的流程

1. 构造几何图形

图形交互式自动编程系统（CAD/CAM）可通过三种方法获取和建立零件几何模型。

(1) 软件本身提供的 CAD 设计模块。

(2) 其他 CAD/CAM 系统生成的图形，通过标准图形转换接口，转换成编程系统的图形格式。

(3) 三坐标测量机数据或三维多层扫描数据。

2. 产生和编辑刀具路径

产生刀具路径的基本过程为:

(1) 确定加工类型(轮廓、点位、挖槽或曲面加工),用光标选择加工部位,选择走刀路线或切削方式。

(2) 选取或输入刀具类型、刀号、刀具直径、刀具补偿号、加工预留量、进给速度、主轴转速、退刀安全高度、粗精切削次数及余量、刀具半径长度补偿状况、进退刀延伸线值等加工所需的全部工艺切削参数。

(3) 编程系统根据零件几何模型数据和切削加工工艺数据,经过计算、处理,生成刀具运动轨迹数据,即刀位文件。

刀位文件与采用的数控系统无关,是一个中性文件,因此通常称产生刀具路径的过程为前置处理。

要得到正确、高效的刀具轨迹,编程人员除了应熟练使用 CAD/CAM 软件外,还应熟悉生产现场情况,并具有全面的工艺知识和丰富的加工经验。

3. 校验刀具路径

刀具轨迹生成后,需在计算机上进行加工过程的模拟即仿真,以仔细了解刀具运动情况,确定刀具轨迹的正确性和合理性。一些软件的加工模拟主要是检查加工过程中刀具和零件之间的空间位置关系,没有考虑零件(或毛坯)的实际尺寸、零件的装夹情况以及机床的运动空间等,在使用时应结合实际情况进行判断。

4. 后置处理

后置处理的目的是生成针对某一特定数控系统的数控加工程序。由于各种机床使用的数控系统各不相同,不同数控系统所规定的指令及格式不尽相同,为此,自动编程系统通常提供多种专用或通用的后置处理文件,以便将生成的刀位文件转变为各种数控系统的数控加工程序。

目前,绝大多数优秀的 CAD/CAM 软件都提供开放式的通用后置处理文件,使用者可以根据自己的需要打开文件,按照希望输出的数控加工程序格式,修改文件中相关内容。这种通用后置处理文件,只要稍加修改,就能满足多种数控系统的要求。

后置处理的正向操作是将刀具轨迹数据文件转换为数控加工程序;反之,当需要把数控加工程序转换为刀具轨迹数据文件时,可以使用相关服务命令加以实现。这项功能可以用来对外来数控加工程序进行加工模拟检查。

其余的图形交互式各项流程项目与手工编程相似,这里不再赘述。

概括地讲,图形交互式自动编程系统采用图形输入方式,通过激活屏幕上的相应选单,利用系统提供的图形生成和编辑功能,将零件的几何图形输入到计算机中,完成零件造型。同时,以人机交互方式指定要加工的零件部位、加工方式和加工方向,输入相应的加工工艺参数,通过软件系统的处理自动生成刀具路径文件,并动态显示刀具运动的加工轨迹,生成适合指定数控系统的数控加工程序。最后,通过通信接口或软盘,把数控加工程序输送给机床数控系统。

图形交互式自动编程系统具有交互性好、直观性强、运行速度快、便于修改和检查、使用方便、容易掌握等特点，因此已成为国内外流行的 CAD/CAM 软件所普遍采用的数控编程方法。

## （二）图形交互式自动编程系统简介

随着计算机硬件技术的发展，用于图形处理的工作站与微机之间的差异逐渐缩小。由于微机的硬件价格低，而且易于掌握，便于用户进行软件开发、移植和扩充，而且它与各种数控装置的通信技术成熟，因此微机逐渐成为各类 CAD/CAM 软件的主要运行平台。

1. Pro/Engineer

Pro/Engineer 软件是美国 PTC 公司开发的 CAD/CAM 软件，在我国也有较多用户。它是一种最典型的采用面向对象的统一数据库和全参数化实体造型的软件，可工作在工作站和 UNIX 操作环境下，也可以运行在微机的 Windows 环境下。Pro/Engineer 包括从产品的概念设计、详细设计、工程图、工程分析、模具直至数控加工的产品开发全过程。

(1) Pro/Engineer CAD 功能。Pro/Engineer CAD 主要具有简单零件设计、装配设计、设计文档（绘图）和复杂曲面的造型等功能。它具有从产品模型生成模具模型的所有功能，可直接从实体模型生成全关联的工程视图，包括尺寸标注、公差、注释等；提供三坐标测量仪的软件接口，可将扫描数据拟合成曲面，完成曲面光顺和修改；还提供图形标准数据库交换接口，提供 Pro/Engineer 与 CATIA 软件的图形直接交换接口。

(2) Pro/ Engineer CAM 功能。它主要具有车削加工、2～5 轴铣削加工、电火花线切割、激光切割等功能。加工模块能自动识别零件毛坯和成品的特征，当特征发生修改时，系统能自动修改加工轨迹。20.0 版本能提供最佳刀具轨迹控制和智能化刀具轨迹创建，允许编程人员控制整体的刀具轨迹直到最细节的部分。

2. UG

Unigraphics（UG）是美国 EDS 公司发布的 CAD/CAE/CAM 一体化软件，广泛应用于航空、航天、汽车、通用机械及模具等领域，国内外已有许多科研院所和厂家选择 UG 作为企业的 CAD/CAM 系统。UG 可以运行在工作站和微机、UNIX 或 Windows 操作环境下。

(1) UG 的 CAD 功能。UG 提供给用户一个灵活的复合建模，包括实体建模、曲面建模、线框建模和基于特征的参数建模。无论装配图还是零件图设计，都从三维实体造型开始，可视化程度很高。三维实体生成后，可自动生成二维视图，如三视图、轴测图、剖视图等。其三维 CAD 是参数化的，一个零件尺寸的修改，可使相关零件产生相应的变化。UG 具有多种图形文件接口。该软件还具有人机交互方式下的有限元解算程序，可以进行应变、应力及位移分析，对二维、三维机构可进行复杂的运动学分析和设计仿真。

(2) UG 的 CAM 功能。UG 的 CAM 是一个功能强劲的、实用的、柔性的 CAM 系统。它能提供 2～4 轴车削加工，具有粗车、多次走刀、精车、车沟槽、车螺纹和中心钻孔等功能；提供 2～5 轴或更高的铣削加工，如型芯和型腔铣削；提供粗切单个或多个型腔，沿任意形状切去大量毛坯材料以及加工出型芯的全部功能。这些功能对加工模具和冷冲模特别有用。

UG 具有多种图形文件接口，可用于复杂形体的造型设计，特别适合大型企业和研究单位使用。

3. Master CAM

Master CAM 由美国 CNC 软件公司开发，是一种应用广泛的中低档 CAD/CAM 软件，是目前世界上安装套数最多的 CAD/CAM 系统。V5.0 以上版本运行于 Windows 或 Windows NT 下。

Master CAM 可应用于工程图的绘制、2～5 坐标的镗铣加工、车削加工、2～4 坐标的切割加工、钣金下料、火焰切割等。

Master CAM 的主要特点与功能有：

(1) 具有较高的绘图（CAD）功能

①有良好的中文对话式功能表。

②可作多视窗分割，并可由任意视角预先观看。

③可作 2D 和 3D 尺寸标注及注解，并可绘制工程图纸。

④可作 3D 变化直径螺旋线，曲线可直接投影于多重曲面上，曲线可延伸，可熔接两曲线，可沿曲面边界产生曲线，可沿曲面法向产生投影线。

⑤可绘制 True Type 的所有字型。

⑥可绘制举升（Loft）、昆氏（Coons）、直纹（Ruled）、旋转（Revolve）、扫描（Sweep）、牵引（Draft）等曲面。

⑦可对两曲面作熔接（Blend）、变化倒圆角曲面（Fillet）、曲面补正（Offset）、曲面修剪延伸（Trim/extend）、曲面倒圆角。

⑧曲面可作效果逼真的色彩渲染。

⑨图形的转换功能，包括镜像、等比例和不等比例缩放、平移旋转、补正等。

⑩具有 Undo 及 Undelete 功能等。

(2) 图档转换功能

可将如同 Auto CAD，CADKEY，Mi-CAD 等其他 CAD 绘图软件绘制好的零件图形，经由一些标准或特定的转换档，像 IGES 档、DXF 档、CADL 档等，转换至 Master CAM 系统内。还可用 BASIC，FORTRAN，PASCAL 或 C 语言等设计，并经由 ASCII 档转换至 Master CAM 中。反之亦可。

(3) CAM 功能

该软件具有较强的 CAM 功能。

①具有 2～5 坐标的加工功能。

②可用于曲面上雕刻文字图形。

③可设定材料库及刀具库，并自动计算切削条件。

④具有过切检测功能。

⑤刀具路径可编辑、修改、转换（如镜像、比例缩放、平移、旋转等）。

(4) 仿真与分析

①可动态模拟刀具运动路径。

②可控制模拟速度。

③可定义素材形状，设定刀具不同颜色。

④可实体切削模拟，并可测量实际切削完成后成品的各处坐标位置，可计算出实际加

工时间。

⑤计算并分析图素。

(5) 后置处理

①Master CAM 提供 400 种以上后置处理程序，如 FANUC，AB，Siemens，Fadal，Cincin-natit 等，以适应各种不同型号的数控系统。

②可反转不同系统的 NC 程序成刀具路径，并进行切削模拟。

③可产生加工报表，其内容包括刀具的加工顺序、加工时间、切削说明及切削条件等。

④可连接数控机床，作一般 NC 程序传输及 DNC 边传边做之控制。

(6) C-HOOK 开放式架构系统

图形交互式数控自动编程系统的几何造型主要有两大类：一类是实体造型，另一类是线框架造型。线框架造型通常是以非制式 B 样条为模型，以线素方式定义几何造型，是以曲面建模技术与数控加工相结合为基础而发展起来的 CAD/CAM 软件。它可自行撰写组合程序，有完整的 3rd party 支援架构。

4. CAXA 制造工程师

CAXA 制造工程师软件是北京北航海尔软件有限公司开发的具有自主知识产权的 CAD/CAM 软件。

(1) CAXA 的 CAD 功能

①提供线框造型、曲面造型方法来生成 3D 图形。

②采用 NURBS 非均匀 B 样条造型技术，能更精确地描述零件形体。

③有多种方法来构建复杂曲面，包括扫描、放样、拉伸、导动、等距、边界网格等。

④对曲面的编辑方法有任意裁剪、过渡、拉伸、变形、相交、拼接等。

⑤可生成真实感图形。

⑥具有 DXF 和 IGES 图形数据交换接口。

(2) CAXA 的 CAM 功能

①支持车削加工，如轮廓粗车、精车、切槽、钻中心孔、车螺纹。

②可以对轨迹的各种参数进行修改，以生成新的加工轨迹。

③支持线切割加工，如快、慢走丝切割。

④可输出 G 代码的后置格式。

⑤支持 2～5 轴铣削加工，提供轮廓、区域、3～5 轴加工。

⑥允许区域内有任意形状和数量的岛，分别指定区域边界和岛的起模斜度，自动进行分层加工。

⑦针对叶轮、叶片类零件提供 4～5 轴加工。

⑧支持钻削加工。

该系统提供丰富的工艺控制参数、多种加工方式（如粗加工、参数线加工、限制线加工、复杂曲线加工、曲面区域加工、曲面轮廓加工）、刀具干涉检查、动感仿真、数控代码反读、后置处理等功能。

## [复习思考题]

11 - 1 数控机床的加工原理与普通机床的加工原理有何不同？

11 - 2 数控车床是由哪几部分组成的？它们各有什么用处？

11 - 3 数控车床没有进给箱，如何实现不同的进给量及进给速度？如何实现车螺纹？

11 - 4 什么是点位控制、直线控制、轮廓控制数控机床？它们有何特点？

11 - 5 数控机床适合加工什么样的零件？

11 - 6 数控机床加工具有哪些特点？

11 - 7 试述手工编程的步骤。

11 - 8 什么是右手直角坐标系？

11 - 9 $Z$ 轴、$X$ 轴在机床上分布的原则是什么？车床和立式铣床的坐标轴如何分布？

11 - 10 如图 11 - 41 和图 11 - 42 所示，从 $S$ 点到 $E$ 点编程。

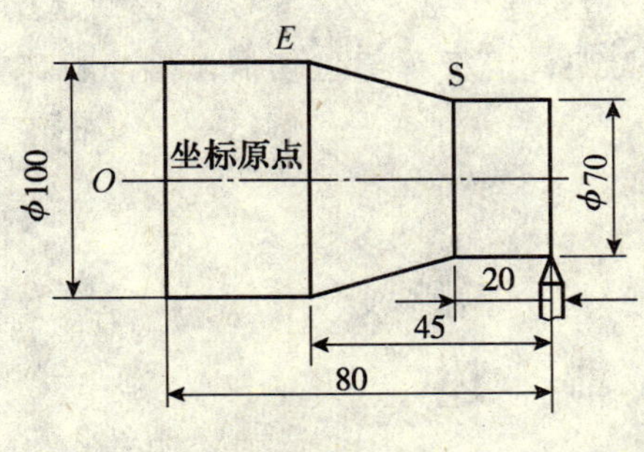


图 11 - 41 题 11 - 10 图

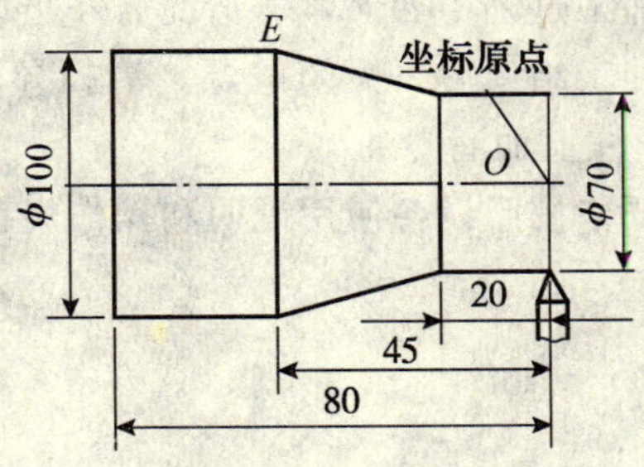


图 11 - 42 题 11 - 10 图

# 第十二章　特种加工

[特种加工实习安全技术]

1. 操作数控特种加工机床要遵守车工实习规范。

2. 打开电源后应使计算机复位，关掉功放开关，检查系统参数。

3. 输入程序，先以图形方式模拟运行，检查轨迹正确性，确认程序正确，可加工零件。

4. 加工过程中如遇紧急情况需停止加工，应按急停键，然后将刀具退回起点。

5. 加工结束后，关闭电源，清扫导轨、刀架、滑板等部位切屑，擦净机床，在导轨和滚珠丝杠上加润滑油。

6. 严格按照设备使用说明和操作规程操作。

## 第一节　概　述

随着科学技术的发展，零件的形状日趋微型化和复杂化，零件的材料也更多地选用高强度、高韧性、高硬度、高脆性、耐高温和磁性材料等。这些零件的加工，用一般的制造方法难以胜任，目前常采用特种加工方法。

所谓特种加工，就是直接利用电能、电化学能、声能、光能来进行加工的方法。它是近几十年发展起来的新工艺，在机械、电子、仪表、国防、航天及轻工等制造部门已成为不可缺少的加工方法。

相对传统的常规加工方法而言，它又称为非传统加工工艺。它与传统的机械加工方法比较，具有以下特点：

(1)“以柔克刚”。特种加工的工具与被加工零件基本不接触，加工时不受工件的强度和硬度的制约，故可加工超硬脆材料和精密微细零件，甚至工具材料的硬度可低于工件材料的硬度。

(2) 加工时主要用电、化学、电化学、声、光、热等能量去除多余材料，而不是主要靠机械能量切除多余材料。

(3) 加工机理不同于一般金属切削加工，不产生宏观切屑，不产生强烈的弹、塑性变形，故可获得很低的表面粗糙度，其残余应力、冷作硬化、热影响度等也远比一般金属切削加工小。

(4) 加工能量易于控制和转换，故加工范围广，适应性强。

特种加工的种类很多，本章仅简单介绍下述三种方法：利用电能的电火花加工、利用声能和机械能的超声波加工、利用光能的激光加工。

特种加工种类较多，按其原理可分为物理加工和化学加工。常用的特种加工见表12-1，生产中应用的主要有电火花加工、电解加工、激光加工、电子束加工及超声波加工等。

表 12-1　　常用特种加工类型

| 加工方法 | 常用代号 | 加工能量 | 可加工材料 | 应用范围 |
| --- | --- | --- | --- | --- |
| 电火花加工 | EDM | 电 | 任何导电的金属材料，如硬质合金、耐热钢、淬火钢等 | 穿孔、型腔加工、切割、强化等。 |
| 电解加工 | ECM | 电化学 | | 型腔加工、抛光、去毛刺、刻印等。 |
| 电解磨削 | ECG | 电化学、机械 | | 平面、内外圆、成形面加工。 |
| 超声波加工 | USM | 声 | 任何硬脆性材料 | 型腔加工、穿孔、抛光等。 |
| 激光加工 | LBM | 光 | 任何导电的金属材料 | 金属、非金属材料、微孔、切割、热处理、焊接、表面图形刻制等。 |
| 化学加工 | CHM | 化学 | | 金属材料、蚀刻图形、薄板加工等。 |
| 电子束加工 | EBM | 电 | | 金属、非金属、微孔、切割、焊接等。 |
| 离子束加工 | IBM | 电 | | 注入、镀覆、微孔、蚀刻。 |

# 第二节　电火花加工

## 一、电火花成形加工的基本原理

电火花加工是利用工具电极和工件电极间瞬时火花放电所产生的高温熔蚀工件表面材料来实现加工的方法，又称放电加工。其加工原理如图12-1所示。

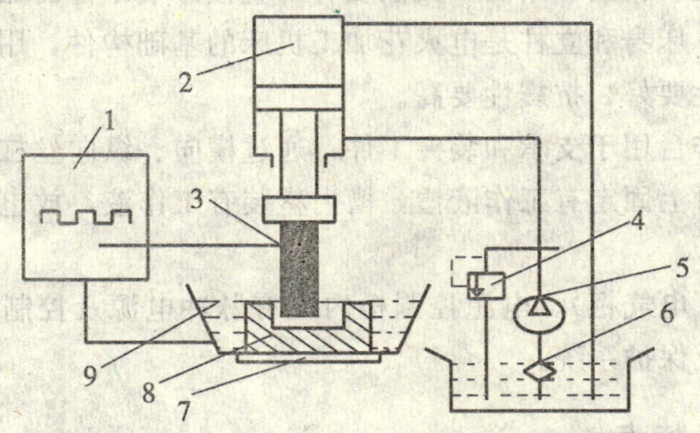


1-电源；2-液压缸；3-工具电极；4-溢流阀；5-液压泵；
6-滤油器；7-工作台；8-工件；9-绝缘液体

图12-1　电火花加工原理图

电火花加工时，工具电极3和工件8放入绝缘液体9中，在两极间加上直流100 V左右电压，由于工件和电极表面存在着无数凹凸不平处，极间电压将在“相对最靠近点”处使绝缘介质击穿电离。电离后的电子和正离子在电场力的作用下，相反极性的电极作加速运动，最终轰击电极（工件），形成放电通道，产生大量热能，使放电点周围的金属迅速熔化甚至汽化，并在放电爆炸力的作用下把熔化的金属抛出，以达到去除材料的目的。被抛离的金属屑由工作液带走，使工件表面产生微小的放电痕，一次脉冲放电结束，下一次在很短时间后又击穿放电，如此周而复始循环，并使电极向工件不断地移动。大量电痕的积累，就能在工件表面加工出和工具电极相吻合的型面、型腔。

## 二、电火花成形机床的组成及作用

电火花成形机床主要由主轴头、电源控制柜、床身、立柱、工作台及工作液槽等部分组成，图 12－2a）所示为分离式，图 12－2b）所示为整体式，油箱与电源箱放入机床内部成为整体。

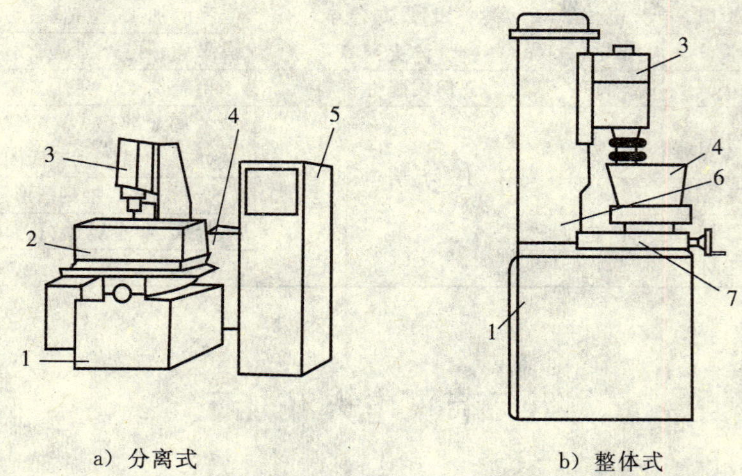


a）分离式　　b）整体式

1－床身；2－工作液槽；3－主轴头；4－工作液箱；5－电源箱；6－立柱；7－工作台

图 12－2　电火花加工设备

（1）主轴头。主轴头是电火花成形机床中最关键的部件，是自动调节系统中的执行机构。主轴头的结构、运动精度和刚度、灵敏度等都直接影响零件的加工精度和表面质量。

（2）床身和立柱。床身和立柱是电火花加工机床的基础构件，用以保证工具电极与工件之间相对位置，刚性要好，抗震性要高。

（3）工作台。工作台用于支承和装夹工件，通过横向、纵向丝杠可调节工件与工具电极的相对位置。工作台上固定有工作液槽，槽内盛装有工作液，放电加工部位浸在工作液介质中。

（4）电源控制柜（电气柜）。电源控制柜内设有脉冲电源及控制系统、主轴伺服控制系统、机床电气安全及保护系统。

## 三、电火花加工特点

（1）材料的去除是由高能量密度脉冲放电的电腐蚀作用实现的，因而可加工任何硬、脆、韧、软及高熔点的导电材料，在一定条件下（高压、附加电极、电解工作液）还可加工非导体和非导电材料。

（2）加工时，工件与电极不接触，因而加工时无切削力，有利于小孔、窄槽及各种复杂截面的型孔、曲线孔、型腔以及薄壁件的加工，且易实现微细加工。

（3）工艺参数可调节，能在同一台机床上连续进行粗、半精、精加工。精加工时尺寸精度视加工方式而异，穿孔达 0.05～0.01 mm，型腔达 0.1 mm，线切割可达 0.02～0.01 mm，表面粗糙度可达 0.8～1.6 μm。

（4）直接利用电能加工，便于实现加工过程的自动化。

### 四、电火花成形加工的应用

电火花成形加工主要用于模具中型孔、型腔的加工，由于加工速度的提高，设备自动化程度的提高，电火花加工也可直接加工出零件。其常见的加工类型如下：

(1) 穿孔加工。电火花加工可以加工各种型孔（圆孔、方孔、多边形孔、异形孔）、小孔（直径为 0.1～1 mm）和微孔（直径小于 0.1 mm）等，如拉丝模、喷孔、喷丝孔等。

(2) 型腔加工。电火花型腔加工主要用于锻模、挤压工模、压铸模等，其成形加工如图 12－3 所示。

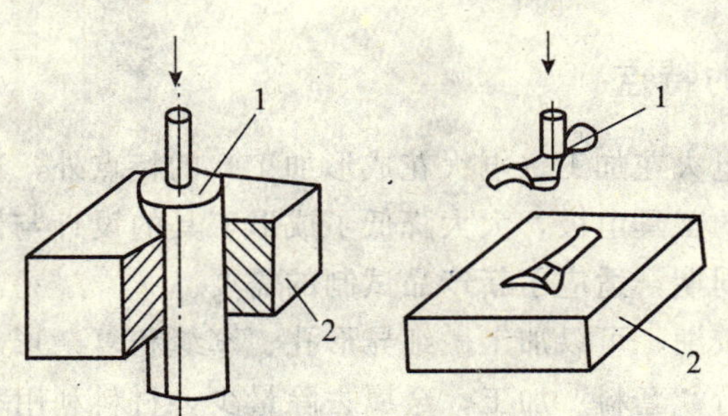


a) 电火花穿孔加工　　b) 电火花型腔加工

1－工具电极；2－工件

图 12－3　电火花成形加工

## 第三节　数控线切割加工

数控线切割加工既是数控加工又是电火花加工，不少学校金工实习中都有所安排，故就有关内容作一简介。

### 一、线切割加工原理及设备

(1) 线切割加工原理。电火花线切割是通过电极丝（即线状工具电极）与工件间规定的相对运动，实现切割工件的电火花加工，简称线切割。图 12－4 是线切割加工原理图。

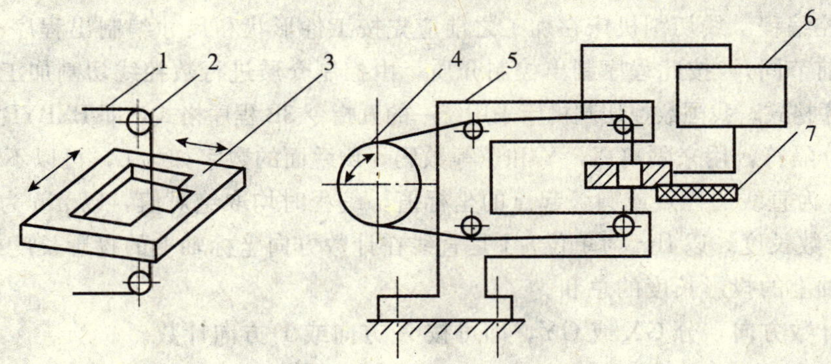


1－钼丝；2－导向轮；3－工件；4－传动轴；5－支架；6－脉冲电源；7－绝缘底板

图 12－4　电火花线切割加工原理

在脉冲电源的两端，一极接工件，另一极接电极钼丝（铜丝），贮丝筒使钼丝作正反向交替移动，在电极丝和工件之间浇注工作液介质，工作台在水平面两个坐标方向各自按预定的控制程序，根据火花间隙状态作伺服进给移动，从而合成各种曲线轨迹，使工件切割成形。

(2) 线切割加工设备。电火花线切割机床根据电极丝运行速度通常分为两类：一类是高速走丝电火花线切割机床（WEDM-HS），一般走丝速度为 8～10 m/s；另一类是低速走丝电火花线切割机床（WEDM-LS），一般走丝速度低于 0.2 m/s。

数控线切割加工机床主要由机床主体、脉冲电源、数控系统、工作液循环系统和机床附件等组成。

## 二、线切割加工的特点

线切割加工除具有电火花加工（电火花成形加工）的特点外，还有以下特点：

(1) 不用制作成形的工具电极，大大降低了成形工具的设计与制造费用，缩短了生产准备时间，缩短了加工周期，适应了新产品试制的需要。

(2) 由于电极丝比较细，可以加工微细异形孔、窄缝和复杂形状的工件。由于切缝很窄，且只对工件材料进行“套料”加工，金属去除量少，材料利用率高。

(3) 由于采用移动的长电极丝加工，电极丝损耗较少，从而提高了加工精度。

(4) 采用水或水基工作液不会引燃起火，操作比较安全。

## 三、线切割加工的应用

(1) 加工模具。适用于加工各种形状的冲模。

(2) 加工电极。加工电火花成形用的电极，也适合加工微细复杂形状的电极。

(3) 加工零件。在试制新产品时，可用线切割在板料上直接割出零件；修改设计，只需变更加工程序；可加工品种多、数量少的零件，特殊难加工材料的零件，材料试验样件，各种型孔、凸轮、样板、成形刀具，还可进行微细加工、异形槽加工等。

## 四、数控系统与编程技术

(1) 数控系统。数控系统是电火花线切割机的重要组成部分，图 12-5 与图 12-6 分别是电火花线切割机床的 NC 系统与 CNC 系统的组成方框图。

(2) 数控编程。线切割机床在加工之前应先按工件形状和尺寸编制出程序（其基本原理和过程与前节同），按此程序制出控制介质，由控制介质进行数控线切割加工。

(3) 程序格式。我国数控切割机床采用统一的五指令 3B 程序格式，即 BXBYBJGZ。其中

①B 为分隔符，用来隔离 X，Y 和 J 等数码，B 后面的数字如为 0，可以不写。

②X，Y 为直线的终点或圆弧起点的坐标值，编程时均取绝对值，以 μm 为单位。

③J 为计数长度，以 flm 为单位。J 是直线在计数方向坐标轴上的投影长度或圆弧在计数方向坐标轴上的投影长度的总和。

④G 为计数方向，分 GX 或 GY，即可按 $X$ 方向或 $Y$ 方向计数。

切割直线段时，当终点坐标值 |X| > IYI 时，取 Gx；|X| < |Y| 时，取 Gy；|X| = |Y| 时，第Ⅰ，Ⅲ象限内宜取 GY，而Ⅱ，Ⅳ象限内侧宜取 GX。

切割圆弧段时，当终点坐标值 |X| > |Y| 时，取 Gv；|X| < |Y| 时，取 GY；|X| = |Y|

时，可任意取 Gx 或 Gv。

⑤Z 为加工指令，分为直线 L 与圆弧 R 两大类。直线又按走向和终点所在象限分为 $L_1$，$L_2$，$L_3$，$L_4$ 四种。当直线位于 X 轴时，正向为 $L_1$，反向为 $L_3$；当直线位于 Y 轴时，正向为 $L_2$，反向为 $L_4$。圆弧又按第一步进入的象限及走向的顺、逆分为 $SR_1$，$SR_2$，$SR_3$，$SR_4$ 及 $NR_1$，$NR_2$，$NR_3$，$NR_4$ 八种，如图 12－7 所示。

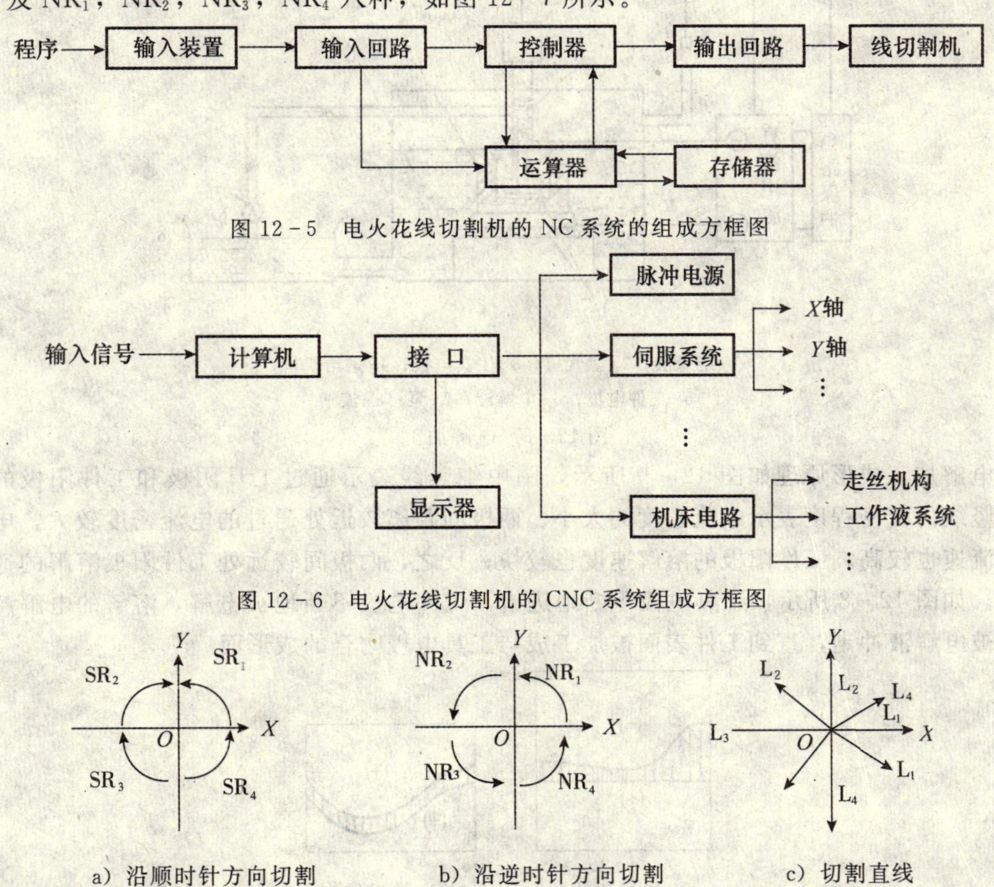


图 12－5 电火花线切割机的 NC 系统的组成方框图



图 12－6 电火花线切割机的 CNC 系统组成方框图



图 12－7 直线和圆弧的加工指令

# 第四节 电解加工

## 一、电解加工原理

电解加工是利用金属在电解液中发生阳极溶解而将零件加工成形的一种方法。

电解加工过程如图 12－8 所示，在工件（阳极）和工具（阴极）之间接入低电压（6～24 V）、大电流（500～2000 A）的直流电源，在两极间的狭小间隙（0.1～0.8 mm）内有高速的 NaCl（或 $NaNO_3$）通过，工件表面就会不断被电解。

常用的电解液质量分数为 14%～18% 的 NaCl 水溶液，由于 NaCl 和 $H_2O$ 的分解，在电解液中存在 $H^+$，$OH^-$，$Na^+$ 和 $Cl^-$ 四种离子，正的氢离子被吸引到阴极表面从电源得

到电子而析出 $H_2$，水稍被消耗。电解液中的 $Na^+$ 和 $Cl^-$ 起导电作用而不消耗。若工件阳极为铁基合金，则阳极的铁不断以 $Fe^{+2}$（$Fe^{+2}+2(OH)^- \rightarrow Fe(OH)_2\downarrow$）形成沉淀物被冲走。

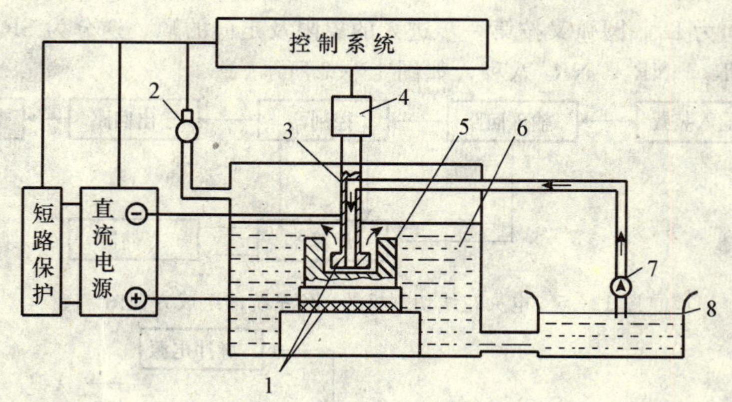


1-绝缘层；2-氢气口；3-工具电极；4-进给机构；
5-工件电极；6-电解液；7-泵；8-液槽
图 12-8 电解加工

电解加工成形原理如图 12-9 所示，图中细竖线表示通过工具阴极和工件阳极的电流，竖线的疏密程度表示电流密度的大小。两极间距离较近处通过的电流密度较大，电解液的流速也较高，工件阳极的溶解速度也较快；反之，两极间较远处工件阳极溶解的速度较慢。如图 12-8 所示，工具电极不断地进给，工件电极不断地被电解，溶解的电解产物不断被电解液冲走，直到工件表面被加工成与工具电极吻合的成形面。

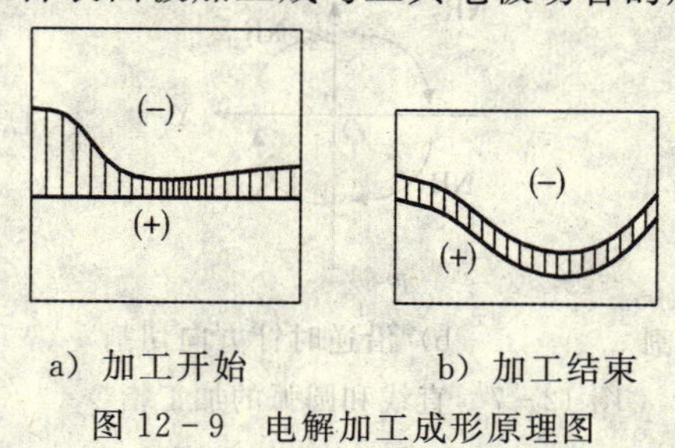


a）加工开始　　b）加工结束
图 12-9 电解加工成形原理图

## 二、电解加工工艺特点

（1）能以简单的进给运动一次加工出复杂形状的型面、型腔，生产率比电火花加工高 5～10 倍。

（2）可加工高硬度、高强度和高韧性等难切削的金属材料，如耐热合金、不锈钢、钛合金、模具钢、硬质合金等。

（3）加工中无切削力，适合加工薄零件。

（4）加工后零件表面无残余应力，加工质量较好，表面粗糙度可达 0.8～0.2 μm。型面、型腔成形尺寸精度为 0.10～0.30 mm，小孔尺寸精度为 0.05～0.01 mm，键槽尺寸精度为 0.05～0.15 mm。

（5）电解液腐蚀性较强，所以对加工设备均需采用防腐措施，机床费用高，电解物对环境污染严重。

### 三、电解加工的应用

电解加工主要用于加工各种形状复杂的型面，如汽轮机、航空发动机叶片，各种模具的型腔，如锻模、冲压模、深孔；还用于电解抛光、去毛刺、切割和刻印。电解加工适用于成批大量生产，多用于粗加工和半精加工。

## 第五节　激光加工

### 一、激光加工原理

激光是受激辐射为主的光，它除了具有自发辐射为主的一般光的特性（光的反射、折射、绕射以及光的干涉等）外，还具有强度高、单色性好、相干性好和方向性好等特性。由于激光发散角小和单色性好，在理论上可聚焦到尺寸与光的波长相近的能量集中的极小的面积上，焦点处的功率密度可达 $10^7 \sim 10^{11}$ W/$cm^2$，温度可高达万摄氏度以上。激光加工就是利用材料在激光照射下瞬时急剧熔化和汽化，并产生强烈的冲击波，使熔化物质爆炸式地喷溅来实现加工的。图 12－10 所示是激光加工原理图。工作物质受到光泵 7 激发，使光放大，并通过由全反射镜 5 和部分反射镜 8 组成的谐振腔的反馈作用，产生振荡。由部分反射镜一端输出激光投射到工件 10 上，工作台 11 的运动由程序控制装置 2 控制。输送装置用于向工作区输送工作介质，传感器 4 用于检测辐射的各种参数，传感器 3 用于测量加工区的温度、工件表面状况等工艺参数。

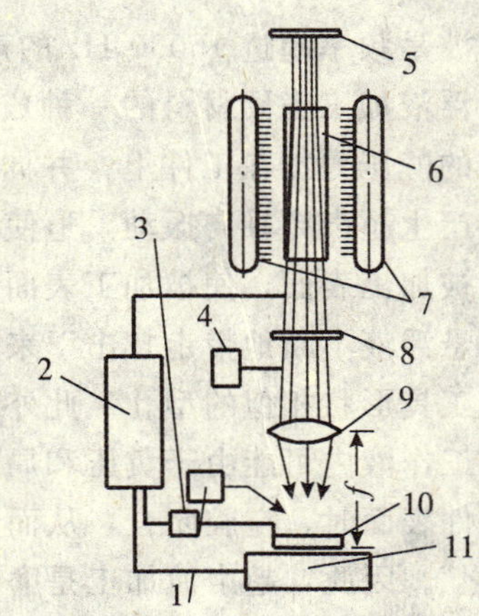


1 -介质输送系统；2 -程序控制装置；3，4 -传感器；5 -全反射镜；6 -激光工作物质；7 -光泵；8 -部分反射镜；9 -透镜；10 -工件；11 -工作台

图 12－10　激光加工原理图

激光加工的设备由激光器、激光器电源、光学系统及机械系统组成。常用的激光器可分为固体激光器和气体激光器。

### 二、激光加工工艺特点

（1）不使用刀具等切削工具，可通过惰性气体或光学透明介质进行加工，因此无机械加工变形，作用时间短，几乎不产生热变形，所以适用于加工易变形的薄板和橡胶等弹性工件。

（2）加工材料的范围广，几乎能加工所有的金属和非金属材料，如钢材、耐热合金、高熔点材料、陶瓷、复合材料等。

（3）加工效率高，打一只孔只需 0.001 s，可实现高速打孔和高速切割，还可以进行微细精密加工。

（4）容易实现加工自动化和柔性加工。

### 三、激光加工的应用

激光可在任何材料上打微型小孔，目前已应用于火箭发动机和柴油机的燃料喷嘴加工，化学纤维的喷丝板打孔，宝石轴、金刚石拉丝模加工等。

## 第六节　超声波加工

### 一、超声波加工的基本原理

超声波是频率超过 16000 Hz 的声波。超声波加工是利用工具端面作超声频振动，通过磨料悬浮液加工脆硬材料的一种成形方法，其加工原理如图 12 - 11 所示。加工时，工具以一定的静压力加在工件上，并向加工区内送入磨料悬浮液（磨料与水的混合液）。超声换能器产生超声频轴向振动，迫使工作液中悬浮的磨粒以很大的速度和加速度不断地撞击、抛磨被加工表面，使被加工表面的材料粉碎成很细的微粒，从工件上被打击下来。循环的磨料悬浮液不断地带走打击下来的工件材料，工具便逐渐地伸入工件中去，在工件上加工出与工具形状相似的型孔。此外，当工具端面以很大的加速度离开工件表面时，加工间隙中的工作液内可能由于负压和局部真空形成许多微空腔。当工具端面再以很大的加速度接近工件表面时，空腔闭合，从而形成可以强化加工过程的液压冲击波，这种现象称为“超声空化”。因此，超声波加工是磨粒在超声振动作用下的机械撞击和抛磨作用以及超声空化作用的综合结果。

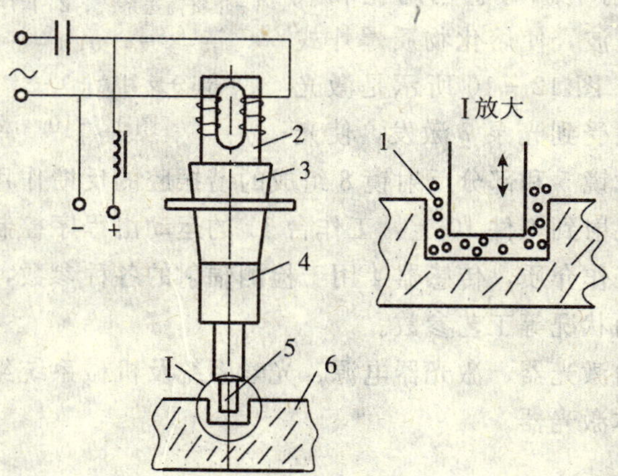


1 -磨粒悬浮液；2 -超声换能器；3，4 -变幅杆；5 -工具；6 -工件

图 12 - 11　超声波加工原理示意图

### 二、超声波加工的特点

（1）适合于加工各种硬脆材料，特别是不导电的非金属材料，如玻璃、陶瓷、石英、锗、硅、石墨、玛瑙、宝石、金刚石等。对于硬质的金属材料，如淬火钢、硬质合金等也能进行加工，但生产率较低，只宜作切削量很小的研磨和抛光。

（2）由于工具可用较软的材料做成较复杂的形状，故不需要使工具和工件作比较复杂的相对运动，因此超声波加工机床的结构比较简单，操作、维修方便。

（3）由于去除加工材料是靠极小磨料瞬时局部的撞击作用，故工件表面的宏观切削力很小，加工精度可达 0.01～0.021 mm，可以加工薄壁、窄缝、低刚度零件。

### 三、超声波加工的应用

（1）型孔和型腔的加工。超声波可用于对脆硬材料进行圆孔、型孔、型腔、套料、微细等加工，如图 12－12 所示。

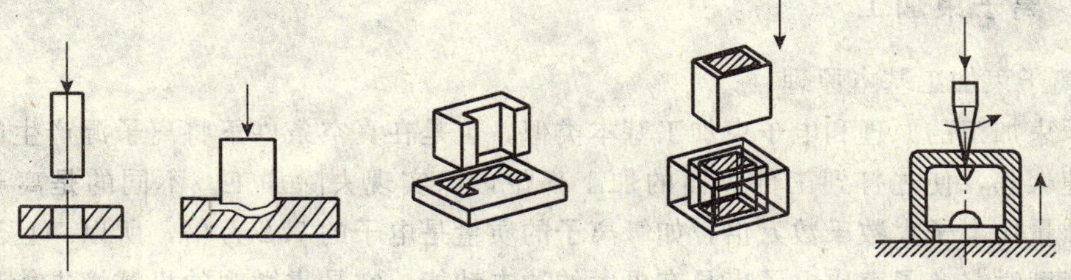


图 12－12　超声波加工的型孔、型腔类型

（2）切割加工。超声波加工可切割单晶硅片等脆硬的半导体材料和陶瓷材料。

（3）复合加工。为了提高加工速度及降低工具损耗，可以把超声波加工和其他加工方法相结合进行复合加工，例如用超声与电火花加工相结合来加工喷油嘴、喷丝板上的小孔或窄缝，可以大大提高加工速度和加工质量。超声波加工还可以研磨抛光电火花加工之后的模具表面、拉丝模小孔等，可以降低表面粗糙度。

## 第七节　电子束与离子束加工

### 一、电子束加工

1. 电子束加工原理

电子束加工是在真空的条件下，利用聚焦后能量密度极高（$10^6$～$10^9$ W/cm$^2$）的电子束以极高的速度（1/2～1/3 光速）冲击到工件表面极小的面积上，在极短的时间（几分之一微秒）内，使其大部分能量转为热能，在 $10^{-2}$ s 时间内使工件材料被冲击部分的温度升高到几千摄氏度以上，热量还来不及向周围扩散，就已把局部材料瞬时熔化、汽化直到蒸发去除。电子束是通过热效应进行加工的，其工作原理如图 12－13 所示。

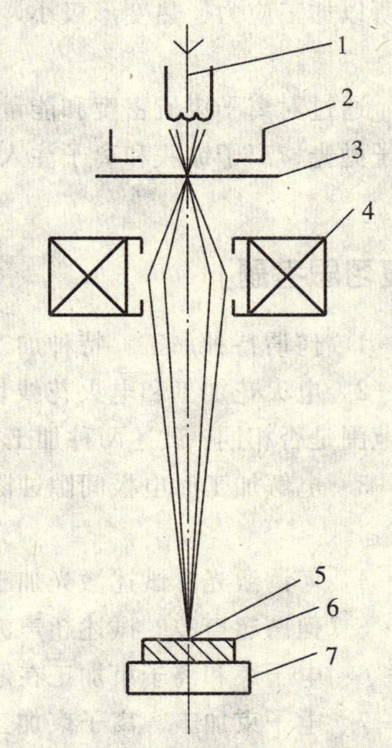


1－电子枪；2－控制栅极；3－加速阳极；4－聚焦系统；5－焦束斑点；6－工件；7－移动台

图 12－13　电子束加工原理

2. 电子束加工的特点及应用

（1）电子束束径小，最小直径达 0.01～0.05 mm，而且电子束长度可达束径的几十倍以上，故能加工微细的深孔、窄缝。

(2) 电子束能量密度高、聚焦范围小、加工速度快，一般厚度为 0.1～1 mm 的工件，打孔时间为 10 μs 至数秒，所以生产效率高。

(3) 因为是在真空中加工，故可防止氧化和产生杂质，适合于加工易氧化的金属及合金材料，特别是要求高纯度的半导体材料。此外，还可以用于焊接、切割、热处理、蚀刻等。

## 二、离子束加工

1. 离子束加工基本原理

离子束加工的原理和电子束加工基本类似，也是在真空条件下将离子源产生的离子束经过加速聚焦，使之打到工件表面的加工部位，以实现去除加工。不同的是离子带正电荷，其质量比电子大数千数万倍，如氩离子的质量是电子的 7.2 万倍，所以一旦离子加速到较高速度时，离子束比电子束具有更大的冲击动能。它是靠微观的机械撞击能量，而不是靠动能转化为热能加工工件的。

2. 离子束加工的特点与应用

(1) 由于离子束可以通过电子光学系统进行聚焦扫描，离子束轰击材料是逐层去除，离子束流密度及离子能量可以精确控制，所以离子束加工可达到毫微米级加工精度。离子束的加工是所有特种加工方法中最精密、最微细的加工方法，是当代毫微米加工技术的基础。

(2) 由于离子束加工是在真空中进行的，所以污染少，特别适用于对易氧化的金属、合金材料和要求纯度高的半导体材料进行加工。

(3) 离子束加工是靠离子轰击材料表面原子实现加工的，它是一种微观作用，宏观压力小，所以加工应力、热变形极小，加工质量高，适合于各种材料的加工和低刚度零件的加工。

(4) 通过对离子束流密度和能量的控制，可对工件进行离子溅射、离子铣削、离子蚀刻、离子抛光、离子镀膜和离子注入等加工。

## [复习思考题]

12-1　何谓特种加工？特种加工和常规加工工艺之间有何关系？

12-2　电火花加工和电火花线切割加工的加工能量均为电能，那么它们的成形原理和加工范围是否相同？试述两种加工方法成形原理和加工范围。

12-3　电解加工时电极间隙蚀除特性与电火花加工时的电极间隙蚀除特性有何不同？为什么？

12-4　何谓激光？试述激光加工的能量转换过程。

12-5　何谓超声波？试述超声波加工原理和加工范围。

12-6　电子束和离子束加工在原理上和应用范围上有何异同？

12-7　电子束加工、离子束加工和激光加工相比各自的适用范围如何？各有什么优缺点？

# 参考文献

1. 王瑞芳．金工实习．北京：机械工业出版社，2000
2. 柳秉毅．金工实习．北京：机械工业出版社，2002
3. 黄明宇，徐钟林．金工实习．北京：机械工业出版社，2002
4. 夏德荣，贺锡生．金工实习：机类．南京：东南大学出版社，1999
5. 王荣声．工程材料及机械制造基础．北京：机械工业出版社，1997
6. 孙以安，鞠鲁粤．金工实习．上海：上海交通大学出版社，1999
7. 黄乃瑜，罗吉荣．第九届国际铸造博览会（GIFA，99）综述：特种铸造部分．特种铸造及有色合金，1999（5）
8. 缪良．GFA′99 国际铸造展览会及其给我国铸造界的启示．铸造，1999（11）
9. 贺大铺．21 世纪我国内燃机铸造业的展望．中国铸造设备与技术，1999（6）
10. 机械工程手册编委会．机械工程手册（第 7 卷）机械制造工艺及设备（一）．北京：机械工业出版社，1996
11. 张志文．锻造工艺学．北京：机械工业出版社，1988
12. 齐桂森．机械制造工程概论．北京：航空工业出版社，1997
13. 王文翰．焊接技术手册．郑州：河南科技出版社，1999
14. 清华大学金属工艺教研室．金属工艺学实习教材．北京：高等教育出版社，1982
15. 骆志斌．金属工艺学．南京：东南大学出版社，1994
16. 杨惫智．工程材料及成形工艺基础．北京：机械工业出版社，1999
17. 马首生．精密合金与粉末冶金材料．北京：机械工业出版社，1982
18. 吴培熙，王祖玉．塑料制品生产工艺手册．北京：化学工业出版社，1991
19. 陈刚等．金工实习教材．合肥：炮兵学院出版社，1995
20. 陆剑中．金属切削原理与刀具．北京：机械工业出版社，1990
21. 吴恒文．机械加工工艺基础．北京：高等教育出版社，1990
22. 田柏龄．金工实验．北京：高等教育出版社，1997
23. 机械工程手册编委会．机械工程手册（第 8 卷）．机械制造工艺及设备卷．北京：机械工业出版社，1997
24. 刘晋春，赵家齐．特种加工（第 2 版）．北京：机械工业出版社，1998
25. 傅水根．机械制造工艺基础：金属工艺冷加工部分．北京：清华大学出版社，1996
26. 阎洪．金属表面处理新技术．北京：冶金工业出版社，1996
27. 张继世，刘江．金属表面工艺．北京：机械工业出版社，1995
28. 徐滨士，马世宁．中国表面工程的发展．先进制造技术论文集．北京：机械工业出版社，1998

29. 郭东明，周绵进．表面技术的发展与对策．先进制造技术论文集．北京：机械工业出版社，1998
30. 王雅然．金属工艺学综合性训练与实验指导书．北京：机械工业出版社，1999
31. 国家自然科学基金委员会工程与材料科学部，机械工程科学技术前沿编委会．机械工程科学技术前沿．北京：机械工业出版社，1996
32. 王章豹．发达国家先进制造技术发展趋势述要．合肥工业大学学报（自然科学版），1999
33. 蔡鹤攀．机器人将是21世纪技术发展的热点．中国机械工程，2000（11）
34. 谢友柏．产品的性能特征与现代设计．中国机械工程，2000（11）
35. 刘飞．绿色制造的研究现状与发展趋势．中国机械工程，2000（11）
36. 胡家秀，陈峰．机械创新设计概论．北京：机械工业出版社，2005
37. 董红玉．数控技术．北京：高等教育出版社，2004
38. 任玉田，包杰．新编数控机床技术．北京：北京理工大学出版社，2005
39. 赵玲．金属工艺学实习教材．北京：国防工业出版社，2002
40. 李卓，尹锦云．金工实习教材．北京：北京理工大学出版社，1995